Folha de Cola

1.001 Problemas de Estatística Para Leigos

Problemas de estatística assumem uma ampla variedade, de gráficos de pizz[illegible] gráficos de barras, médias e desvio padrão até correlação, regr[illegible] de confiança e testes de hipótese. Para ter sucess[illegible] de fazer conexões entre *ideias* e *fórmulas* estatíst[illegible] verá qual tipo de técnica é necessária para um pr[illegible] a forma de configurar o problema, resolvê-lo e faz[illegible] A maioria dos problemas estatísticos encontrados [illegible] terminologia, símbolos e fórmulas. Não se preocupe [illegible] de Cola lhe dará dicas para o sucesso.

Terminologia Usada em Estatística

Como qualquer assunto, estatística possui sua própria linguagem. A linguagem é o que lhe ajuda a saber o que o problema pede, quais os resultados necessários e como descrever e avaliar os resultados de uma maneira estatisticamente correta. Aqui está uma visão geral dos tipos de terminologia estatística:

- Quatro grandes termos em Estatística são população, amostra, parâmetro e estatística:
  - Uma *população* é o grupo inteiro de indivíduos que você quer estudar, e uma *amostra* é um subconjunto desse grupo.
  - Um *parâmetro* é uma característica quantitativa da população que você está interessado em estimar ou testar (assim como uma média populacional ou proporção).
  - Uma *estatística* é uma característica quantitativa de uma amostra que frequentemente ajuda a estimar ou testar o parâmetro da população (assim como uma média amostral ou proporção).
- *Estatística descritiva* são resultados únicos que você encontra quando analisa um conjunto de dados — por exemplo, a média amostral, a mediana, o desvio padrão, a correlação, a linha de regressão, a margem de erro e o teste estatístico.
- *Inferência estatística* se refere ao uso dos seus dados (e suas estatísticas descritivas) para fazer conclusões sobre a população. Os tipos principais de inferência incluem regressão, intervalos de confiança e testes de hipótese.

Compreendendo Fórmulas Estatísticas

Problemas estatísticos abundam em fórmulas – não há como evitá-las. Entretanto, normalmente existe um método para a loucura se você puder dividir as fórmulas em partes.

Para Leigos: A série de livros para iniciantes que mais vende no mundo.

1.001 Problemas de Estatística Para Leigos

Folha de Cola

Aqui estão algumas dicas úteis:

- Fórmulas para estatística descritiva basicamente pegam os valores no conjunto de dados e aplicam operações aritméticas. Frequentemente, as fórmulas parecem piores do que o processo em si. O segredo: se você pode explicar para o seu amigo como calcular um desvio padrão, por exemplo, a fórmula é mais como uma ideia adicional.
- Fórmulas para a linha de regressão têm base na álgebra. Ao invés do formato normal $y=mx+b$ que todos aprendem na escola, os estatísticos usam $y=a+bx$.
  - A inclinação, *b*, é o coeficiente para a variável *x*.
  - O intercepto em *y*, a, é onde a linha de regressão cruza o eixo *y*.

  As fórmulas, para encontrar *a* e *b*, envolvem cinco estatísticas: a média dos valores de *x*, a média dos valores de *y*, os desvios padrão para os *x*, os desvios padrão para os *y* e a correlação.
- Todas as várias fórmulas de intervalos de confiança, quando transformadas em uma lista, podem parecer uma confusão de notação. Entretanto, todas elas têm a mesma estrutura: uma estatística descritiva (da sua amostra) mais ou menos uma margem de erro. A margem de erro envolve um valor z^*- (da distribuição *Z*) ou um valor t^*- (da distribuição t) vezes o erro padrão. As partes que você precisa para o erro padrão são geralmente fornecidas no problema, e os valores z^*- ou t^*- vêm das tabelas.
- Testes de hipótese também possuem uma estrutura comum. Embora cada uma envolva uma série de passos a serem executados, todas se resumem a uma coisa: o teste estatístico. Um teste estatístico mede o quão distantes seus dados estão do que a população supostamente se parece. Ele pega a diferença entre sua amostra estatística e o parâmetro (alegado) da população e a padroniza para que você possa observá-la em uma tabela comum e tome uma decisão.

1.001 Problemas de Estatística

PARA

LEIGOS®

1.001 Problemas de Estatística Para Leigos®

Impresso no Brasil — 1ª Edição, 2016 - Edição revisada conforme o Acordo Ortográfico da Língua Portuguesa de 2009.

Obra disponível para venda corporativa e/ou personalizada. Para mais informações, fale com projetos@altabooks.com.br

Produção Editorial
Editora Alta Books

Produtor Editorial
Claudia Braga
Thiê Alves

Produtor Editorial (Design)
Aurélio Corrêa

Gerência Editorial
Anderson Vieira

Supervisão de Qualidade Editorial
Sergio de Souza

Assistente Editorial
Carolina Giannini

Marketing Editorial
Silas Amaro
marketing@altabooks.com.br

Gerência de Captação e Contratação de Obras
J. A. Rugeri
autoria@altabooks.com.br

Vendas Atacado e Varejo
Daniele Fonseca
Viviane Paiva
comercial@altabooks.com.br

Ouvidoria
ouvidoria@altabooks.com.br

Equipe Editorial
Bianca Teodoro
Christian Danniel
Izabelli Carvalho
Jessica Carvalho
Juliana de Oliveira
Renan Castro

Tradução
Samantha Batista

Copidesque
Audrey Pereira

Revisão Gramatical
Fatima Chaves da Silva

Revisão Técnica
Paulo Mendes
Bacharel em Química e Mestre em Físico-Química pela Universidade Federal de São Carlos (UFSCar)

Diagramação
Joyce Matos

Erratas e arquivos de apoio: No site da editora relatamos, com a devida correção, qualquer erro encontrado em nossos livros, bem como disponibilizamos arquivos de apoio se aplicáveis à obra em questão.

Acesse o site www.altabooks.com.br e procure pelo título do livro desejado para ter acesso às erratas, aos arquivos de apoio e/ou a outros conteúdos aplicáveis à obra.

Suporte Técnico: A obra é comercializada na forma em que está, sem direito a suporte técnico ou orientação pessoal/exclusiva ao leitor.

Dados Internacionais de Catalogação na Publicação (CIP)
Vagner Rodolfo CRB-8/9410

D889m Dummies Team

1.001 problemas de estatítica para leigos / Dummies Team ; traduzido por Samantha Batista. - Rio de Janeiro : Alta Books, 2016.
560 p. ; 17cm x 24cm.

Tradução de: 1,001 Practice Problems For Dummies
Inclui índice e apêndice.
ISBN: 978-85-508-0011-0

1. Matemática. 2. Estatística. I. Batista, Samantha. II. Título.

CDD 519.5
CDU 519.22

Rua Viúva Cláudio, 291 — Bairro Industrial do Jacaré
CEP: 20.970-031 — Rio de Janeiro (RJ)
Tels.: (21) 3278-8069 / 3278-8419
www.altabooks.com.br — altabooks@altabooks.com.br
www.facebook.com/altabooks — www.instagram.com/altabooks

1.001 Problemas de Estatística PARA LEIGOS®

ALTA BOOKS
EDITORA
Rio de Janeiro, 2016

Sumário Resumido

Sumário

Capítulo 9: Intervalos de Confiança: O Básico para uma Média Populacional e Proporções....75

Capítulo 10: Intervalos de Confiança para Duas Médias Populacionais e Proporções....91

Capítulo 11: Afirmações, Testes e Conclusões....97

Capítulo 12: O Básico de Teste de Hipóteses para uma Média Populacional Única: Testes-z e -t 105

Capítulo 13: Testes de Hipóteses para Uma Proporção, Duas Proporções ou Duas Médias Populacionais 117

Capítulo 14: Levantamentos. 127

Capítulo 15: Correlação 131

Capítulo 16: Regressão Linear Simples. 139

Introdução

Mil e um problemas de estatística! Isso provavelmente é mais do que um professor lhe atribuiria em um semestre (assim esperamos!). E é mais do que você jamais gostaria de enfrentar em uma sala de aula (e nós não recomendamos que você tente). Então, por que tantos problemas e por que este livro?

Muitos livros de exercícios não possuem tantas questões e até mesmo aqueles que realmente contêm um número alto de problemas não conseguem focar em todos os aspectos de cada tópico. Com tantos exercícios disponíveis neste livro, você poderá escolher com quantos problemas gostaria de trabalhar. E a maneira como estão organizados o ajudarão a encontrar e pesquisar problemas sobre tópicos específicos que você precisa estudar em um determinado momento. Ainda que esteja vendo distribuição normal, testes de hipóteses, a inclinação de uma linha de regressão ou histogramas, está tudo aqui e podem ser encontrados com facilidade.

E então há o fator do entretenimento. Que melhor maneira de atrair uma multidão do que convidar pessoas para uma maratona de problemas de estatística?!

O que Você Encontrará

Este livro contém 1.001 problemas de estatística divididos em 17 capítulos, organizados pelos principais tópicos estatísticos do primeiro semestre de um curso introdutório. Os problemas estão divididos basicamente em três níveis:

- **Literatura estatística:** Entendendo os conceitos básicos do tópico, incluindo termos e notações
- **Raciocínio:** Aplicando as ideias dentro de um contexto
- **Pensamento:** Juntando ideias e conceitos para resolver problemas mais difíceis

Além de fornecer problemas suficientes para trabalhar em cada capítulo, este livro também fornece soluções já trabalhadas com explicações detalhadas, então você não é deixado na mão se chegar a uma resposta errada. Esteja certo de que, ao trabalhar por 30 minutos em um problema, e chegar a uma resposta de 1,25, quando for para a parte de trás do livro para ver qual é a resposta correta, que na verdade é 1.218,31, você encontrará uma explicação detalhada para ajudá-lo a entender o que aconteceu de errado nos seus cálculos.

Como Este Livro de Exercícios É Organizado

Este livro está dividido em duas partes principais: as perguntas e as respostas.

Parte I: As Perguntas

As perguntas neste livro centralizam nas seguintes áreas:

- **Estatística descritiva e gráficos:** Depois que você coleta e revisa os dados, seu primeiro trabalho é dar sentido a eles. Isso pode ser feito de duas maneiras: (1) organize os dados de uma maneira visual para que possa vê-los e (2) acione alguns números que os descreva de uma maneira básica.
- **Variáveis aleatórias:** Uma *variável aleatória* é uma característica de interesse que varia de uma maneira aleatória. Cada tipo de variável aleatória tem seu próprio padrão no qual os dados caem (ou são esperados que caiam), com sua própria média e desvio padrão para os dados. O padrão de uma variável aleatória é chamada de sua *distribuição*.

  As variáveis aleatórias neste livro incluem a binomial, a normal (ou *Z*) e a *t*. Para cada variável aleatória, você pratica a identificação de suas características, vendo como o padrão (distribuição) se parece, determinando sua média e desvio padrão e, mais comumente, encontrando as probabilidades e percentis para ela.
- **Inferência:** Este termo pode parecer complexo (e dizem por aí que é mesmo), mas inferência, basicamente, só significa pegar a informação de seus dados (sua amostra) e usá-la para tirar conclusões sobre o grupo no qual você está interessado (sua população).

  Os dois tipos básicos de inferências estatísticas são intervalos de confiança e testes de hipótese:

  - Você usa *intervalos de confiança* quando quer fazer uma estimativa em relação à população, exemplo: "Qual porcentagem de todos os alunos do jardim de infância nos Estados Unidos ser obesa?"
  - Você usa *teste de hipótese* quando alguém tem um suposto valor em relação à população e você o está testando. Por exemplo, um pesquisador afirma que 14% dos alunos do jardim de infância são obesos atualmente, mas você questiona se esse número é realmente tão alto.

  Os fundamentos necessários para ambos os tipos de inferência são margem de erro, erro padrão, distribuições amostrais e o teorema central do limite. Todos eles têm um papel importante na estatística e podem ser complexos de alguma forma, então certifique-se de passar algum tempo nesses elementos como um fundo para intervalos de confiança e testes de hipótese.

- **Relações:** Um dos mais importantes e comuns usos da estatística é procurar por relações entre duas variáveis aleatórias. Se as variáveis forem categóricas (como gênero), você explorará relacionamentos através da utilização de tabelas de duas vias contendo linhas e colunas, e examinará as relações observando e comparando as porcentagens entre e dentro dos grupos. Se ambas as variáveis são numéricas, os relacionamentos serão explorados graficamente, através da utilização de diagramas de dispersão, que os quantificará através do uso de correlação e os utilizará para fazer previsões (uma variável prevendo a outra) utilizando regressão. Estudar relacionamentos o ajudará a entender a essência de como a estatística é aplicada no mundo real.
- **Pesquisas:** Antes de analisar os dados de todas as maneiras mencionadas nesta lista, você deve coletá-los. As pesquisas são um dos meios mais comuns para a coleta de dados; as principais ideias para tratar com a prática são por meio do planejamento, seleção de uma amostra de indivíduos representativa para pesquisar e executar a pesquisa adequadamente. O objetivo principal em todas essas áreas é evitar *viés* (favoritismo sistemático). Existem muitos tipos de viés e, neste livro, você praticará a identificação e a visualização de formas para minimizá-los.

Parte II: As Respostas

Esta parte fornece respostas detalhadas para cada pergunta deste livro. Você verá como montar e trabalhar cada problema e como interpretar a resposta.

Além Deste Livro

Você pode acessar a Folha de Cola Online, através do endereço: `www.altabooks.com.br`. Procure pelo título do livro/ISBN. Na página da obra, em nosso site, faça o download completo da Folha de Cola, bem como de erratas e possíveis arquivos de apoio.

Onde Ir Para Mais Ajuda

As soluções escritas para os problemas neste livro foram criadas para mostrar o que você precisa fazer para conseguir a resposta correta para esses exercícios específicos. Embora um pouco de informação de base seja injetada às vezes, as soluções não pretendem ensinar o material completo. Soluções para os problemas sobre um dado tópico contêm a linguagem, os símbolos e as fórmulas normais de estatística que são inerentes ao assunto, supondo-se que você está familiarizado com eles.

Caso você, algum dia, fique confuso sobre por quê um problema é feito de uma certa maneira, ou se quiser mais informações para preencher os vazios, ou apenas sinta que precisa voltar e refrescar sua memória sobre alguns dos tópicos, vários livros *Para Leigos* estão disponíveis como referência, incluindo *Estatística Para Leigos* e *Estatística II Para Leigos* e publicados no Brasil pela Alta Books.

Parte I

As Perguntas

1.001 Perguntas

Nesta parte...

A estatística pode dar problemas a qualquer um. Termos, notações, fórmulas — por onde começar? Você pode começar praticando problemas que aprimoram as habilidades certas. Este livro lhe dará prática — 1.001 problemas merecedores de prática, para ser exato. Trabalhar com problemas como estes lhe ajudará a compreender o que você faz e não entende sobre montar, trabalhar e interpretar suas respostas para problemas estatísticos. Aqui está uma decomposição em poucas palavras:

- Comece com vocabulário estatístico, estatística descritiva e gráficos (Capítulos 1 a 3).
- Trabalhe com variáveis aleatórias, incluindo a binomial e as distribuições normal e *t* (Capítulos 4 a 6).
- Decifre distribuições amostrais e margem de erro, e construa intervalos de confiança para médias de uma e duas populações e proporções (Capítulos 7 a 10).
- Domine os conceitos gerais de teste de hipótese e execute testes para médias de uma e duas populações e proporções (Capítulos 11 a 13).
- Vá para os bastidores de coleta de bons dados e identificação de dados ruins em pesquisas (Capítulo 14).
- Explore as correlações entre duas variáveis quantitativas, usando correlação e regressão linear simples (Capítulos 15 e 16).
- Procure as correlações entre duas variáveis categóricas usando tabelas de duas vias e independência (Capítulo 17).

Capítulo 1

Vocabulário Básico

Todas as áreas possuem jargão e a estatística não é uma exceção. O truque é dar conta dele desde o início para que, na hora de trabalhar com os problemas, você pegue indicações do texto e siga a direção certa. Você também pode usar os termos para pesquisar rapidamente no sumário ou no índice deste livro para encontrar os problemas que você precisa mergulhar num piscar de olhos. É como qualquer outra coisa: quanto antes entender o que a linguagem significa, mais cedo começará a se sentir confortável.

Os Problemas com os Quais Trabalhará

Neste capítulo, você ganhará uma visão ampla de alguns dos termos mais comuns utilizados em estatística e, talvez ainda mais importante, o contexto no qual eles são usados. Aqui está uma visão geral:

- Os quatro principais: população, amostra, parâmetro e estatística
- Os termos estatísticos de cálculo, como: média, mediana, desvio padrão, escore-*z* e percentil
- Tipos de dados, gráficos e distribuições
- Termos de análise de dados, como: intervalos de confiança, margem de erro e testes de hipótese

Com o que Tomar Cuidado

Preste bastante atenção aos seguintes:

- Selecione os quatro principais em todas as situações; eles lhe seguirão aonde quer que você vá.
- Entenda realmente a ideia de uma distribuição; é uma das ideias mais confusas em estatística, e ainda assim é usada repetidamente — então acerte em cheio agora para evitar ser massacrado depois.
- Foque não apenas nos termos para as estatísticas e análises que você calculará, mas também em suas interpretações, especialmente no contexto de um problema.

Escolhendo a População, a Amostra, o Parâmetro e a Estatística

1–4 *Você está interessado em saber qual porcentagem de todas as famílias de uma cidade grande que têm uma mulher solteira como a chefe da família. Para estimar esta porcentagem, você conduz uma pesquisa com 200 famílias e determina quantas destas 200 são lideradas por uma mulher solteira.*

1. Nesse exemplo, qual é a população?

2. Nesse exemplo, qual é a amostra?

3. Nesse exemplo, qual é o parâmetro?

4. Nesse exemplo, qual é a estatística?

Distinguindo Variáveis Quantitativas e Categóricas

5–6 *Responda os problemas sobre variáveis quantitativas e categóricas.*

5. Qual dos seguintes é um exemplo de uma variável quantitativa (também conhecida como variável numérica)?

(A) a cor de um automóvel

(B) o estado de residência de uma pessoa

(C) o CEP de uma pessoa

(D) a altura de uma pessoa, registrada em centímetros

(E) Alternativas (C) e (D)

6. Quais dos seguintes são exemplos de uma variável categórica (também conhecida como variável qualitativa)?

(A) anos de estudos completos

(B) o curso da faculdade

(C) graduação ou não no ensino médio

(D) receita anual (em dólares)

(E) Alternativas (B) e (C)

Compreendendo o Viés, as Variáveis e a Média

7–11 *Você está interessado na porcentagem de compradores femininos versus masculinos na loja de departamentos. Então, num sábado pela manhã, você posiciona coletores de dados em cada uma das quatro entradas da loja durante três horas e os faz registrar quantos homens e quantas mulheres entram na loja durante esse período.*

7. Por que coletar dados na loja em um sábado de manhã durante três horas pode causar viés nos dados?

(A) Isso pressupõe que os compradores de sábado representam a população total de pessoas que compram na loja durante a semana.

(B) Isso pressupõe que a mesma porcentagem de compradores femininos que compram no sábado de manhã compram em qualquer outro horário ou dia da semana.

(C) Talvez seja mais provável que casais comprem juntos no sábado de manhã do que durante o restante da semana, levando as porcentagens de homens e mulheres a serem mais próximas do que durante qualquer outro período da semana.

(D) Os elementos do estudo não foram selecionados aleatoriamente.

(E) Todas essas alternativas são verdadeiras.

8. Como uma variável é uma característica de cada indivíduo sobre o qual os dados são coletados, quais das seguintes são variáveis neste estudo?

(A) o dia que você escolheu para coletar os dados

(B) a loja que você escolheu observar

(C) o gênero de cada comprador que entrou durante o período de tempo

(D) o número de homens entrando na loja durante o período de tempo

(E) Alternativas (C) e (D)

9. Neste estudo, __________ é uma variável categórica e __________ é uma variável quantitativa.

10. Qual tabela ou gráfico seria apropriado para exibir a proporção de homens versus mulheres entre os compradores?

(A) um gráfico de barra

(B) um diagrama de tempo

(C) um gráfico de pizza

(D) Alternativas (A) e (C)

(E) Alternativas (A), (B) e (C)

11. Como você calcularia o número médio de compradores por hora?

Entendendo Estatísticas Diferentes e Termos de Análise de Dados

12–17 *Responda os problemas sobre estatísticas diferentes e termos de análise de dados.*

12. Qual dos seguintes conjuntos de dados tem uma mediana de 3?

(A) 3, 3, 3, 3, 3

(B) 2, 5, 3, 1, 1

(C) 1, 2, 3, 4, 5

(D) 1, 2, 4, 4, 4

(E) Alternativas (A) e (C)

13. Susan marca no 90º percentil em um exame de matemática. O que isso significa?

14. Você fez um levantamento de 100 pessoas e descobriu que 60% delas gostam de chocolate e 40% não. Qual das seguintes dá a distribuição da variável "chocolate versus não chocolate"?

(A) uma tabela de resultados

(B) um gráfico de pizza de resultados

(C) um gráfico de barra de resultados

(D) uma frase descrevendo os resultados

(E) todas os anteriores

15. Suponha que os resultados de um exame informam que seu escore-*z* é 0,70. O que isso lhe diz sobre como você se saiu no exame?

16. Uma enquete nacional relata que 65% dos americanos da amostra aprovam o presidente, com uma margem de erro de 6 pontos percentuais. O que isso significa?

17. Caso queira estimar a porcentagem de todos os americanos que planejam tirar férias por duas semanas ou mais neste verão, qual técnica estatística você deve utilizar para descobrir uma faixa de valores plausíveis para a porcentagem verdadeira?

Usando Técnicas Estatísticas

18–19 *Você leu um relato de que 60% dos graduados do ensino médio participaram de esportes durante seus anos no colégio.*

18. Você acredita que a porcentagem de graduados do ensino médio que praticaram esportes é mais alta do que o que foi relatado. Qual tipo de técnica estatística você usa para saber se você está certo?

19. Você acredita que a porcentagem de graduados do ensino médio que praticaram esportes é mais alta do que o que está no relatório. Se fizer um teste de hipótese para desafiar o relatório, qual desses valores-*p* você ficaria mais feliz em conseguir?

(A) $p = 0{,}95$

(B) $p = 0{,}50$

(C) $p = 1$

(D) $p = 0{,}05$

(E) $p = 0{,}001$

Trabalhando com o Desvio Padrão

20 *Resolva o problema sobre desvio padrão.*

20. Qual conjunto de dados tem o maior desvio padrão (sem fazer cálculos)?

(A) 1, 2, 3, 4

(B) 1, 1, 1, 4

(C) 1, 1, 4, 4

(D) 4, 4, 4, 4

(E) 1, 2, 2, 4

Capítulo 2

Estatística Descritiva

Estatística descritiva é a estatística que descreve os dados. Você tem os ingredientes básicos, como a média, a mediana e o desvio padrão, e então os conceitos e os gráficos que os constroem, como os percentis, o resumo dos cinco números e o diagrama de caixa. Seu primeiro trabalho analisando dados é identificar, entender e calcular essas estatísticas descritivas. Depois é preciso interpretar os resultados, o que significa ver e descrever sua importância no contexto do problema.

Os Problemas com os Quais Trabalhará

Os problemas neste capítulo focam nas seguintes grandes ideias:

- Calcular, interpretar e comparar estatísticas básicas, como a média e a mediana, e o desvio padrão e a variância
- Usar a média e o desvio padrão para dar faixas para dados em forma de sino
- Medir onde um certo valor está posicionado em um conjunto de dados utilizando percentis
- Criar um conjunto de cinco números (usando percentis) que podem revelar alguns aspectos da forma, centro e variação em um conjunto de dados

Com o que Tomar Cuidado

Preste muita atenção ao seguinte:

- Assegure-se de identificar qual estatística descritiva ou conjunto de estatísticas descritivas é necessário para um problema específico.
- Depois de entender a terminologia e cálculos para essas estatísticas descritivas, volte e olhe os resultados — faça comparações, veja se fazem sentido e encontre a história que eles contam.
- Lembre-se que um percentil não é uma porcentagem, mesmo embora pareçam ser a mesma coisa! Quando usados juntos, lembre-se que um percentil é um valor de corte no conjunto de dados, enquanto uma porcentagem é a quantidade de dados que fica abaixo do valor de corte.
- Esteja ciente das unidades de qualquer estatística descritiva que você calcular (por exemplo, dólares, pés ou milhas por galão). Algumas estatísticas descritivas estão nas mesmas unidades que os dados e algumas não estão.

Entendendo a Média e a Mediana

***21–32** Resolva os seguintes problemas sobre médias e medianas.*

21. Para o décimo mais próximo, qual é a média do seguinte conjunto de dados? 14, 14, 15, 16, 28, 28, 32, 35, 37, 38

22. Para o décimo mais próximo, qual é a média do seguinte conjunto de dados? 15, 25, 35, 45, 50, 60, 70, 72, 100

23. Para o décimo mais próximo, qual é a média do seguinte conjunto de dados? 0,8; 1,8; 2,3; 4,5; 4,8; 16,1; 22,3

24. Para o milhar mais próximo, qual é a média do seguinte conjunto de dados? 0,003; 0,045; 0,58; 0,687; 1,25; 10,38; 11,252; 12,001

25. Para o décimo mais próximo, qual é a mediana do seguinte conjunto de dados? 6, 12, 22, 18, 16, 4, 20, 5, 15

26. Para o décimo mais próximo, qual é a mediana do seguinte conjunto de dados? 18, 21, 17, 18, 16, 15.5, 12, 17, 10, 21, 17

27. Para o décimo mais próximo, qual é a mediana do seguinte conjunto de dados? 14, 2, 21, 7, 30, 10, 1, 15, 6, 8

28. Para a centena mais próxima, qual é a mediana do seguinte conjunto de dados? 25,2; 0,25; 8,2; 1,22; 0,001; 0,1; 6,85; 13,2

29. Compare a média e a mediana de um conjunto de dados que tem uma distribuição que está distorcida para a direita.

30. Compare a média e a mediana de um conjunto de dados que tem uma distribuição que está deslocada para a esquerda.

31. Compare a média e a mediana de um conjunto de dados que tem uma distribuição simétrica.

32. Qual medida de centro é mais resistente (ou menos afetada) por valores anômalos?

Investigando o Desvio Padrão e a Variância

33–48 *Resolva os seguintes problemas sobre desvio padrão e variância.*

33. O que mede o desvio padrão?

34. De acordo com a regra 68-95-99,7, ou regra empírica, se um conjunto de dados tem uma distribuição normal, aproximadamente qual porcentagem de dados estará dentro de um desvio padrão da média?

35. Um corretor de imóveis lhe diz que o custo médio de casas em uma cidade é R$176.000,00. Você quer saber quanto os preços das casas podem variar dessa média. Qual medida você precisa?

(A) desvio padrão

(B) amplitude interquartil

(C) variância

(D) percentil

(E) Alternativa (A) ou (C)

36. Qual(is) medida(s) de variação é/são sensível(is) a valores anômalos?

(A) margem de erro

(B) amplitude interquartil

(C) desvio padrão

(D) Alternativas (A) e (B)

(E) Alternativas (A) e (C)

37. Você pega uma amostra aleatória de dez proprietários de carros e pergunta, "Para o ano mais próximo, quantos anos tem o seu carro?" Suas respostas são as seguintes: 0 anos, 1 ano, 2 anos, 4 anos, 8 anos, 3 anos, 10 anos, 17 anos, 2 anos, 7 anos. Para o ano mais próximo, qual é o desvio padrão dessa amostra?

38. É retirada uma amostra das idades em anos de 12 pessoas que assistem a um filme. Os resultados são os seguintes: 12 anos, 10 anos, 16 anos, 22 anos, 24 anos, 18 anos, 30 anos, 32 anos, 19 anos, 20 anos, 35 anos, 26 anos. Para o ano mais próximo, qual é o desvio padrão para esta amostra?

39. Uma turma grande de matemática faz o exame parcial (prova semestral) que vale um total de 100 pontos. A seguir está uma amostra aleatória de 20 notas de alunos da turma:

Nota de 98 pontos: 2 alunos

Nota de 95 pontos: 1 aluno

Nota de 92 pontos: 3 alunos

Nota de 88 pontos: 4 alunos

Nota de 87 pontos: 2 alunos

Nota de 85 pontos: 2 alunos

Nota de 81 pontos: 1 aluno

Nota de 78 pontos: 2 alunos

Nota de 73 pontos: 1 aluno

Nota de 72 pontos: 1 aluno

Nota de 65 pontos: 1 aluno

Para o décimo mais próximo de um ponto, qual é o desvio padrão das notas do exame para os alunos nesta amostra?

40. Um fabricante de motores de jato mede uma parte da turbina com a aproximação de 0,001 centímetro. Uma amostra das partes tem o seguinte conjunto de dados: 5,001; 5,002; 5,005; 5,000; 5,010; 5,009; 5,003; 5,002; 5,001; 5,000. Qual é o desvio padrão para essa amostra?

41. Duas empresas pagam seus funcionários a mesma média salarial de R$42.000,00 por ano. Os dados salariais em Ace Corp. têm um desvio padrão de R$10.000,00, enquanto os dados salariais na Magna Company têm um desvio padrão de R$30.000,00. Se isso significa alguma coisa, o que significa?

42. Em qual das seguintes situações um pequeno desvio padrão seria mais importante?

(A) determinar a variação na riqueza de pessoas aposentadas

(B) medir a variação em componentes de circuitos quando manufaturar chips de computador

(C) comparar a população de cidades em diferentes áreas do país

(D) comparar a quantidade de tempo que leva para completar cursos educacionais na internet

(E) medir a variação na produção de diferentes variedades de macieiras

43. Suponha que você compare as médias e desvios padrão para as altas temperaturas diárias de duas cidades durante os meses de novembro até março.

Cidade Luz do Sol: $\mu = 46°F$; $\sigma = 18°F$

Cidade Lago: $\mu = 42°F$; $\sigma = 8°F$

Qual é a melhor análise para comparar as temperaturas nas duas cidades?

44. Todos os funcionários de uma companhia recebem um bônus de fim de ano de R$2.000,00. Como isso afetará o desvio padrão dos salários anuais na companhia nesse ano?

45. Calcule a variância da amostra e o desvio padrão para as seguintes medidas de pesos de maçãs: 7 oz, 6 oz, 5 oz, 6 oz, 9 oz. Expresse suas respostas nas unidades de medida adequadas e arredonde-as para o décimo mais próximo.

46. Calcule a variância da amostra e o desvio padrão para as seguintes medidas de tempo necessário para montar um aparelho de mp3: 15 min, 16 min, 18 min, 10 min, 9 min. Expresse suas respostas nas unidades de medida adequadas e arredonde para o número inteiro mais próximo.

47. Calcule o desvio padrão para estas velocidades de trânsito da cidade: 10 km/h, 15 km/h, 35 km/h, 40 km/h, 30 km/h. Expresse suas respostas nas unidades de medida adequadas e arredonde para o número inteiro mais próximo.

48. Qual dos seguintes conjuntos de dados tem o mesmo desvio padrão que o conjunto de dados com os números 1, 2, 3, 4, 5? (Faça este problema sem nenhum cálculo!)

(A) Conjunto de Dados 1: 6, 7, 8, 9, 10

(B) Conjunto de Dados 2: –2, –1, 0, 1, 2

(C) Conjunto de Dados 3: 0,1; 0,2; 0,3; 0,4; 0,5

(D) Alternativas (A) e (B)

(E) Nenhum dos conjuntos de dados dá o mesmo desvio padrão que o conjunto de dados 1, 2, 3, 4, 5.

Aplicando a Regra Empírica

49–56 *Use a regra empírica para resolver os seguintes problemas.*

49. De acordo com a regra empírica (ou a regra 68-95-99,7), se uma população tem uma distribuição normal, aproximadamente qual porcentagem de valores está dentro de um desvio padrão da média?

50. De acordo com a regra empírica (ou a regra 68-95-99,7), se uma população tem uma distribuição normal, aproximadamente qual porcentagem de valores está dentro de dois desvios padrão da média?

51. Se a idade média de aposentadoria para a população inteira de um país é 64 anos e a distribuição é normal com um desvio padrão de 3,5 anos, qual é a faixa etária aproximada na qual 95% da população se aposenta?

52. Os graduados do ano passado de uma faculdade de engenharia, que começaram a trabalhar como engenheiros, tiveram uma renda média do primeiro ano de R$48.000,00 com um desvio padrão de R$7.000,00. A distribuição dos níveis salariais é normal. Qual é a porcentagem aproximada de engenheiros do primeiro ano que ganharam mais de R$55.000,00?

53. Qual é uma condição necessária para usar a regra empírica (ou regra 68-95-99,7)?

54. Quais medidas de dados precisam ser conhecidas para usar a regra empírica (68-95-99,7)?

55. Os especialistas de controle de qualidade de uma empresa de fabricação de microscópios testam as lentes de cada microscópio para garantir que as dimensões estão corretas. Em um mês, 600 lentes são testadas. A espessura média é 2 milímetros. O desvio padrão é 0,000025 milímetros. A distribuição é normal. A empresa rejeita qualquer lente que tenha mais de dois desvios padrão da média. Aproximadamente quantas lentes de 600 serão rejeitadas?

56. Biólogos reúnem dados em uma amostra de peixes em um grande lago. Eles capturam, medem o comprimento e soltam 1.000 peixes. Eles descobrem que o desvio padrão é 5 centímetros e a média é 25 centímetros. Também notam que a forma da distribuição (de acordo com um histograma) é muito deslocada para a esquerda (o que significa que alguns peixes são menores que a maioria dos outros). Aproximadamente, qual porcentagem de peixes no lago provavelmente possuem um comprimento dentro de um desvio padrão da média?

Medindo a Posição Relativa com Percentis

57–64 *Resolva os seguintes problemas sobre percentis.*

57. Qual estatística relata a posição relativa de um valor em um conjunto de dados?

58. Qual é o nome estatístico para o 50º percentil?

59. Sua nota em um teste está no 85º percentil. O que isso significa?

60. Suponha que em uma turma de 60 alunos, as notas do exame final tenham uma distribuição aproximadamente normal, com uma média de 70 pontos e um desvio padrão de 5 pontos. A nota de Bob está posicionada no 90º percentil entre os alunos em seu exame. O que deve ser verdadeiro sobre a nota do Bob?

61. Em uma prova de múltipla escolha, sua nota real foi 82%, que foi relatada como estando no 70º percentil. Qual é o significado do resultado da sua prova?

62. Sete alunos receberam as seguintes notas (porcentagem correta) em um exame de ciências: 0%, 40%, 50%, 65%, 75%, 90%, 100%. Qual dessas notas está no 50º percentil?

63. Alunos marcaram as seguintes notas em um teste de estatística: 80, 80, 82, 84, 85, 86, 88, 90, 91, 92, 92, 94, 96, 98, 100. Calcule a nota que representa o 80º percentil.

64. Alguns dos alunos em uma turma estão comparando suas notas em um teste recente. Mary diz que ela quase marcou no 95º percentil. Lisa diz que ela marcou no 84º percentil. José diz que ele marcou no 88º percentil. Paul diz que ele quase marcou no 70º percentil. Bill diz que ele marcou no 95º percentil. Classifique os cinco alunos de acordo com suas notas da maior para a menor.

Mergulhando em Conjuntos de Dados e Estatística Descritiva

***65–80** Resolva os seguintes problemas sobre conjuntos de dados e estatística descritiva.*

65. Qual das seguintes estatísticas descritivas é menos afetada pela adição de um valor anômalo a um conjunto de dados?

(A) a média

(B) a mediana

(C) a amplitude

(D) o desvio padrão

(E) todas as anteriores

66. Qual das seguintes afirmações está incorreta?

(A) A mediana e o 1º quartil podem ser o mesmo.

(B) O valor máximo e mínimo podem ser o mesmo.

(C) O 1º e o 3º quartil podem ser o mesmo.

(D) A amplitude e a AIQ podem ser o mesmo.

(E) Nenhuma das anteriores.

67. Notas de um teste de uma turma de inglês são registradas como segue: 72, 74, 75, 77, 79, 82, 83, 87, 88, 90, 91, 91, 91, 92, 96, 97, 97, 98, 100. Encontre o 1º quartil, a mediana e o 3º quartil para o conjunto de dados.

68. Os retornos médios anuais dos últimos dez anos para 20 ações de serviços públicos têm as seguintes características:

1º quartil = 7

Mediana = 8

3º quartil = 9

Média = 8,5

Desvio padrão = 2

Amplitude = 5

Dê os cinco números que compõem o resumo dos cinco números para este conjunto de dados.

69. Bob tenta calcular o resumo de cinco números para um conjunto de notas de exame. Seus resultados são os seguintes:

Mínimo = 30

Máximo = 90

1º quartil = 50

3º quartil = 80

Mediana = 85

O que está errado no resumo de cinco números do Bob?

70. Qual dos seguintes conjuntos de dados tem uma média de 15 e um desvio padrão de 0?

(A) 0, 15, 30

(B) 15, 15, 15

(C) 0, 0, 0

(D) Não existe um conjunto de dados com um desvio padrão de 0.

(E) Alternativas (B) e (C)

71. Os salários iniciais (em dólares) de uma amostra aleatória de 125 graduados universitários foram analisados. As seguintes estatísticas descritivas foram calculadas e digitadas em um relatório:

Média: 24.329

Mediana: 20.461

Variância: 46.834,59

Mínimo: 18.958

Q_1: 22.663

Q_3: 29.155

Máximo: 31.123

Qual é o erro nessas estatísticas descritivas?

72. Qual das seguintes afirmações é verdadeira?

(A) Cinquenta por cento dos valores em um conjunto de dados está entre o 1º e o 3º quartis.

(B) Cinquenta por cento dos valores em um conjunto de dados está entre a mediana e o valor máximo.

(C) Cinquenta por cento dos valores em um conjunto de dados está entre a mediana e o valor mínimo.

(D) Cinquenta por cento dos valores em um conjunto de dados está na mediana ou abaixo dela.

(E) Todas as anteriores.

73. Quais das relações a seguir é verdadeira?

(A) A média é sempre maior que a mediana.

(B) A variância é sempre maior que o desvio padrão.

(C) A amplitude é sempre menor que a AIQ.

(D) A AIQ é sempre menor que o desvio padrão.

(E) Nenhuma das anteriores.

74. Suponha que o conjunto de dados contém os pesos de uma amostra aleatória de 100 recém-nascidos, em libras. Qual das estatísticas descritivas a seguir não é medida em libras?

(A) a média dos pesos

(B) o desvio padrão dos pesos

(C) a variância dos pesos

(D) a mediana dos pesos

(E) a amplitude dos pesos

75. Qual dos seguintes não é uma medida de dispersão (variabilidade) em um conjunto de dados?

(A) a amplitude

(B) o desvio padrão

(C) a AIQ

(D) a variância

(E) nenhuma das anteriores

76. O conjunto de dados contém cinco números com uma média de 3 e um desvio padrão de 1. A qual dos seguintes conjuntos de dados corresponde esses critérios?

(A) 1, 2, 3, 4, 5

(B) 3, 3, 3, 3, 3

(C) 2, 2, 3, 4, 4

(D) 1, 1, 1, 1, 1

(E) 0, 0, 3, 6, 6

77. Um supermercado pesquisou seus clientes durante uma semana para ver com que frequência cada cliente comprava na loja por mês. Os dados são exibidos no gráfico seguinte. Quais são as melhores medidas de dispersão e centro para esta distribuição?

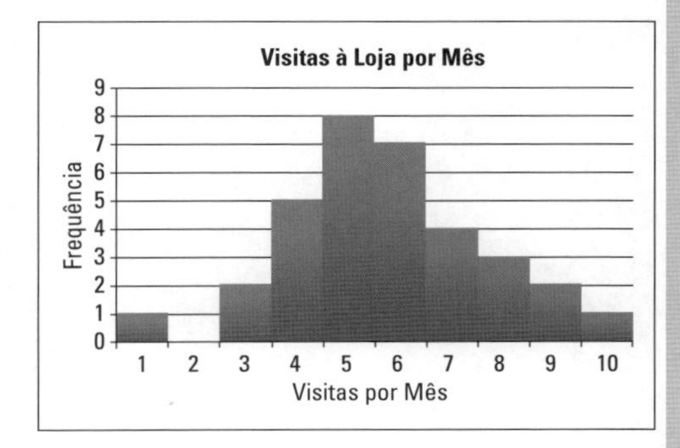

78. Alunos fizeram uma prova com 20 questões. O gráfico seguinte mostra a distribuição das notas. Quais são as melhores medidas de dispersão e centro para os dados?

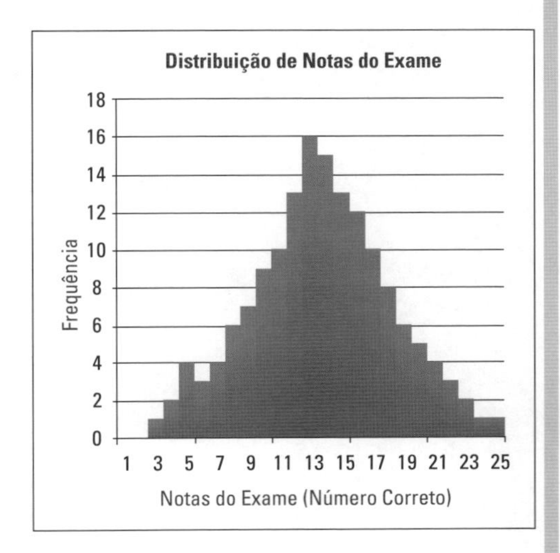

79. Uma companhia de Internet vende partes de computadores e acessórios. Os salários anuais para todos os empregados têm os seguintes parâmetros:

Média: R$78.000,00

Mediana: R$45.000,00

Desvio padrão: R$40.800,00

AIQ (amplitude interquartil): R$12.000,00

Amplitude: R$24.000,00 a R$2 milhões

Quais são as melhores medidas de dispersão e centro para os dados?

80. A distribuição de notas para um exame final em matemática tem os seguintes parâmetros:

Média: 83%

Mediana: 94%

Desvio padrão: 7%

AIQ (amplitude interquartil): 9%

Amplitude: 65% a 100%

Quais são as melhores medidas de dispersão e centro para os dados?

Capítulo 3

Representação Gráfica

Gráficos deveriam ser capazes de ser independentes e dar todas as informações necessárias para identificar o ponto principal rápida e facilmente. A mídia dá a impressão de que fazer e interpretar gráficos não é grande coisa. Entretanto, em estatística, você trabalha com dados mais complicados, consequentemente complicando seus gráficos um pouco.

Os Problemas com os Quais Trabalhará

Um bom gráfico exibe dados de uma maneira que é clara, faz sentido e tem um objetivo. Nem todos os gráficos possuem essas qualidades. Quando estiver trabalhando nos problemas neste capítulo, você ganhará experiência com o seguinte:

- Identificar o gráfico que é necessário para a situação específica atual
- Representar graficamente tanto os dados categóricos (qualitativos) quanto os dados numéricos (quantitativos)
- Juntar histogramas e interpretá-los corretamente
- Destacar dados coletados ao longo do tempo, usando um diagrama de tempo
- Encontrar e identificar problemas com gráficos enganosos

Com o que Tomar Cuidado

Alguns gráficos são fáceis de fazer e interpretar, alguns são difíceis de fazer, mas fáceis de interpretar, e alguns gráficos são complicados de fazer e ainda mais complicados de interpretar. Esteja pronto para lidar com o último caso.

- Certifique-se de entender as circunstâncias sob as quais cada tipo de gráfico será utilizado e como construí-lo. (Raramente alguém realmente lhe dirá qual tipo de gráfico fazer!)
- Preste muita atenção a como um histograma mostra a variabilidade em um conjunto de dados. Histogramas planos (ou achatados) podem ter um monte de variabilidade nos dados, mas diagramas de tempo planos não tem nenhuma — isso servirá para abrir os seus olhos.
- Diagramas em caixa são um problema enorme. Fazer um diagrama em caixa é uma coisa; entender o que fazer e (especialmente) o que não fazer ao interpretar diagramas de caixa é uma história completamente diferente.

Interpretando Gráficos de Pizza

81–86 O seguinte gráfico de pizza mostra a proporção de alunos matriculados em diferentes cursos de uma universidade.

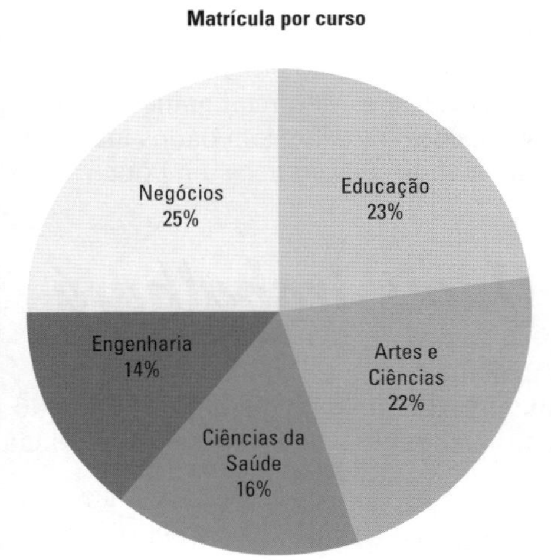

Ilustração por Ryan Sneed

81. Qual curso tem mais matrículas?

82. Se alguns alunos estiverem matriculados em mais de um curso, qual tipo de gráfico seria apropriado para exibir a porcentagem em cada curso?

(A) o mesmo gráfico de pizza

(B) um gráfico de pizza separado para cada curso mostrando qual porcentagem está matriculada e qual porcentagem não está

(C) um gráfico de barra onde cada barra representa um curso e a altura mostra qual porcentagem de alunos está matriculada

(D) Alternativas (B) e (C)

(E) nenhuma das anteriores

83. Qual porcentagem de alunos está matriculada ou no curso de Educação ou no curso de Ciências da Saúde?

84. Qual porcentagem de alunos não está matriculada no curso de Engenharia?

85. Quantos alunos estão matriculados no curso de Ciências da Saúde?

86. Se 25.000 alunos estão matriculados na universidade, quantos alunos estão no curso de Artes & Ciências?

Considerando Gráficos de Pizza Tridimensionais

87 Responda o seguinte problema sobre gráficos de pizza tridimensionais.

87. Qual característica de gráficos de pizza tridimensionais (também conhecido como gráficos de pizza "explodindo") os torna enganosos?

Interpretando Gráficos de Barras

***88–94** O seguinte gráfico de barras representa os planos de pós-graduação dos formandos de ensino médio. Suponha que cada aluno escolha uma dessas cinco opções. (**Nota:** Um ano sabático significa que o aluno ficará de folga por um ano antes de decidir o que fazer.)*

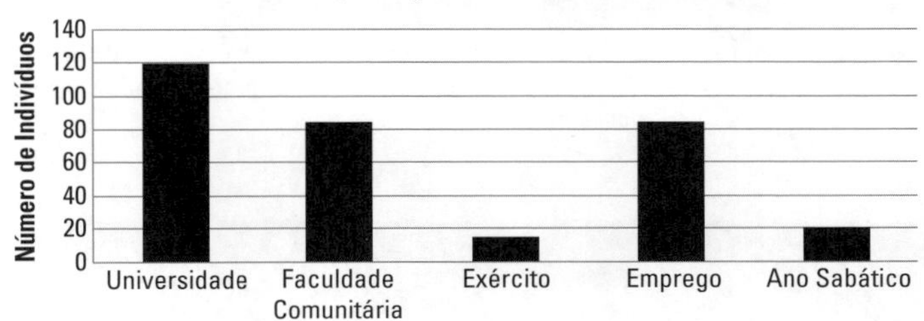

88. Qual é o plano de pós-graduação mais comum para esses formandos?

89. Qual é o plano de pós-graduação menos comum para esses formandos?

90. Presumindo que cada aluno escolheu apenas uma das cinco possibilidades, cerca de quantos alunos planejam tirar um ano sabático ou ir para a universidade?

91. Qual a totalidade dos alunos representados neste gráfico?

92. Qual porcentagem da turma de graduandos está planejando frequentar a faculdade comunitária?

93. Qual porcentagem da turma de graduandos não está planejando frequentar a universidade?

94. Este gráfico de barra exibe a mesma informação, mas é mais difícil de interpretar. Por que este é o caso?

© John Wiley & Sons, Inc.

Introduzindo Outros Gráficos

***95–96** Resolva os seguintes problemas sobre diferentes tipos de gráficos.*

95. Qual tipo de gráfico seria a melhor escolha para exibir dados representando a altura em centímetros de 1.000 jogadores de futebol do ensino médio?

96. A ordem das barras é significante em um histograma?

Interpretando Histogramas

***97–105** O histograma seguinte representa o índice de massa corporal (IMC) de uma amostra de 101 adultos dos EUA.*

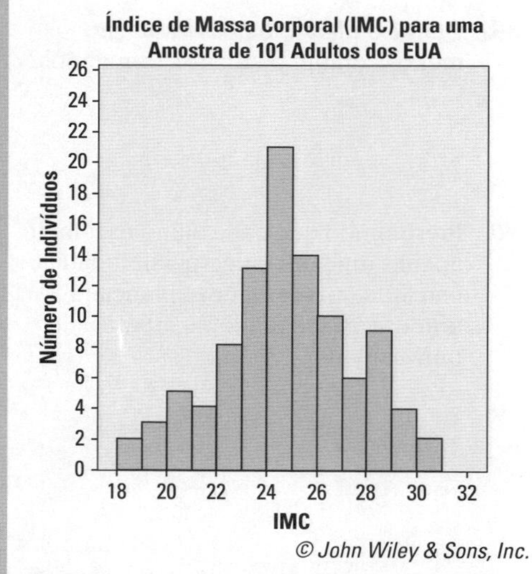

© John Wiley & Sons, Inc.

97. Por que não existem espaços entre as barras deste histograma?

98. O que o eixo *x* deste histograma representa?

99. O que a largura das barras representa?

100. O que o eixo *y* representa?

101. Como você descreveria a forma básica desta distribuição?

102. Qual é a amplitude dos dados neste histograma?

103. Julgando por esse histograma, qual barra contém o valor médio para os dados citados (considerando "valor médio" como similar a um ponto de equilíbrio)?

104. Quantos adultos nessa amostra têm um IMC na amplitude entre 22 e 24?

105. Qual porcentagem de adultos nessa amostra tem um IMC de 28 ou mais?

Indo Mais Fundo em Histogramas

106–112 *O histograma seguinte representa a renda declarada de uma amostra de 101 adultos dos EUA.*

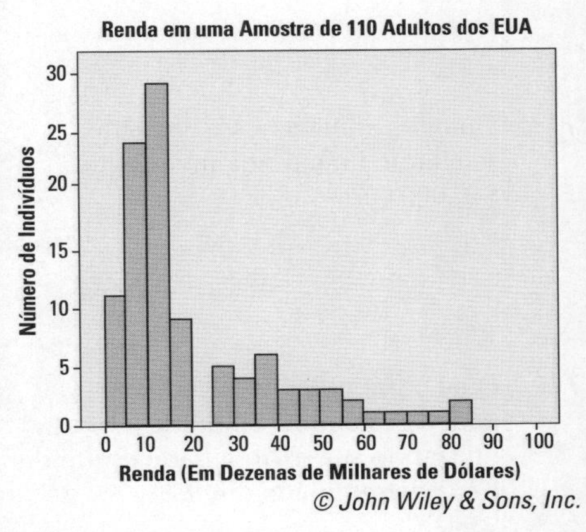

© John Wiley & Sons, Inc.

106. Como você descreveria a forma desta distribuição?

107. Qual seria a medida mais apropriada de centro para esses dados?

108. Qual valor será mais alto nessa distribuição, a média ou a mediana?

109. Qual é o valor mais baixo possível nesses dados?

110. Qual é o valor mais alto possível nesses dados?

111. Quantos adultos nessa amostra relataram uma renda menor que $10.000,00?

112. Qual barra contém a mediana para esses dados? (Indique a barra utilizando sua extremidade esquerda e sua extremidade direita.)

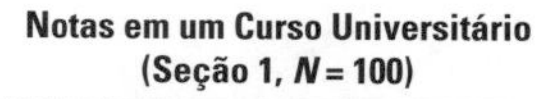

Comparando Histogramas

113–119 *Os histogramas seguintes representam as notas em um exame final comum de duas seções diferentes da mesma turma universitária de cálculo.*

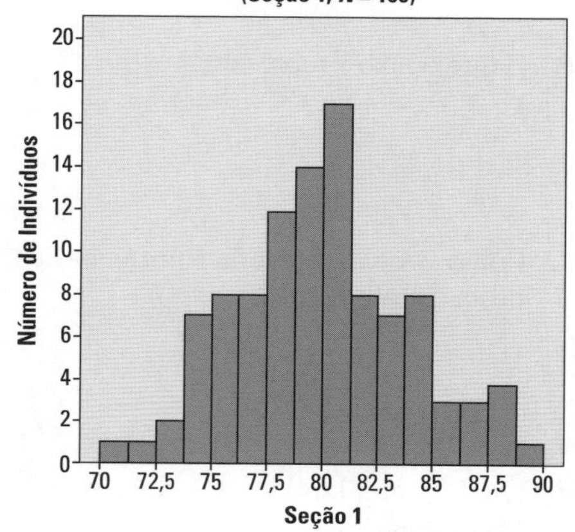

Ilustração por Ryan Sneed

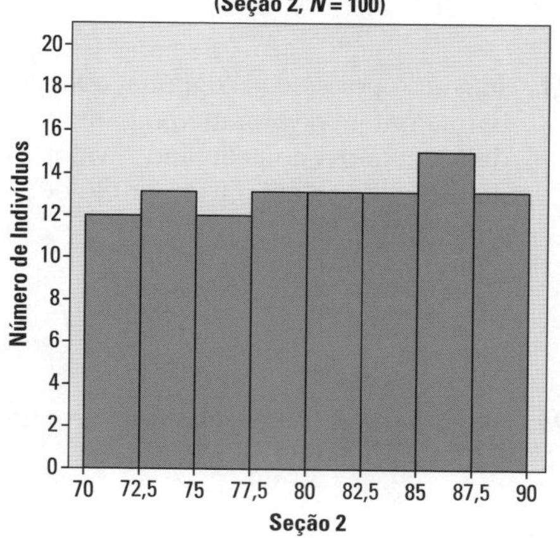

Ilustração por Ryan Sneed

113. Como você descreveria as distribuições de notas nas duas seções?

114. Qual distribuição de notas da seção tem maior amplitude?

115. Como você espera que a média e a mediana das notas na Seção 1 se comparem uma com a outra?

116. Como você espera que a média e a mediana das notas na Seção 2 se comparem uma com a outra?

117. Julgando pelo histograma, qual é a melhor estimativa para a mediana das notas da Seção 1?

118. Julgando pelo histograma, qual intervalo provavelmente contém a mediana das notas da Seção 2?

(A) abaixo de 75

(B) 75 a 77,5

(C) 77,5 a 82,5

(D) 85 a 90

(E) acima de 90

119. Qual seção tem a distribuição de notas que você espera que tenha um desvio padrão maior e por quê?

Descrevendo o Centro de uma Distribuição

120 *Resolva o seguinte problema sobre o centro de uma distribuição.*

120. Para a temporada de 2013 a 2014, os salários de 450 jogadores na NBA variaram de pouco menos de $1 milhão para mais de $30 milhões, com 19 jogadores ganhando mais de $15 milhões e cerca de metade ganhando $2 milhões ou menos. Qual seria a melhor estatística para descrever o centro desta distribuição?

Interpretando Diagramas de Caixa

121–128 *O diagrama em caixa a seguir representa dados sobre a média de notas de 500 alunos de um ensino médio.*

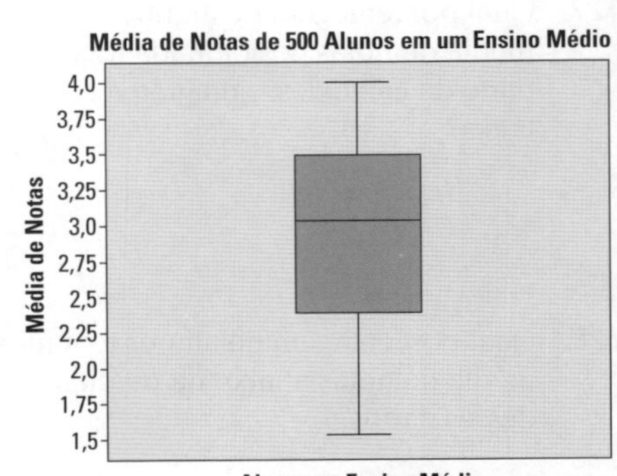

Ilustração por Ryan Sneed

121. Qual é a amplitude das médias de notas nesses dados?

122. Qual é a mediana das médias de notas?

123. Qual é a AIQ para esses dados?

124. O que a escala do eixo numérico significa nesse diagrama em caixa?

125. Onde está a média desse conjunto de dados?

126. Qual é a forma aproximada da distribuição desses dados?

127. Qual porcentagem de alunos tem uma média de notas posicionada fora da parte da caixa desse diagrama em caixa?

128. Qual porcentagem de alunos tem uma média de notas abaixo da mediana desses dados?

Comparando Dois Diagramas de Caixa

129–133 *O seguinte diagrama em caixa representa médias de notas de alunos de duas faculdades diferentes, chame-as de Faculdade 1 e Faculdade 2.*

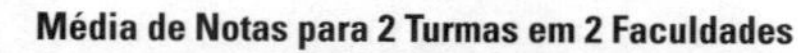

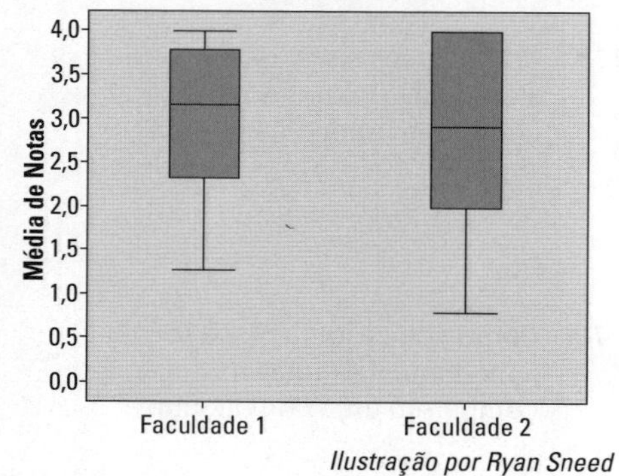

Ilustração por Ryan Sneed

129. Qual informação está faltando nesse gráfico e nos diagramas em caixa?

(A) o tamanho total da amostra

(B) o número de alunos em cada faculdade

(C) a média de cada conjunto de dados

(D) Alternativas (A) e (B)

(E) Alternativas (A), (B) e (C)

130. Qual conjunto de dados tem uma mediana maior, Faculdade 1 ou Faculdade 2?

131. Qual conjunto de dados tem uma AIQ maior, Faculdade 1 ou Faculdade 2?

132. Qual conjunto de dados tem uma amostra de tamanho maior?

133. Qual conjunto de dados tem uma porcentagem maior de médias de notas acima de sua mediana?

Comparando Três Diagramas de Caixa

134–139 *Esses diagramas em caixa lado a lado representam os preços de venda de casas (em milhares de dólares) em três cidades em 2012.*

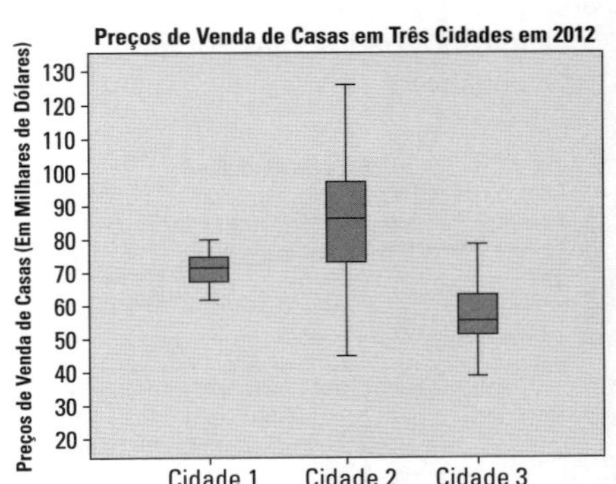

Ilustração por Ryan Sneed

134. Da maior para a menor, qual é a ordem das medianas dos preços de venda de casas das cidades?

135. Se o número de casas vendidas em cada cidade é o mesmo, qual cidade possui a maioria das casas vendidas por mais de $72.000,00?

136. Supondo que 100 casas foram vendidas em cada cidade em 2012, qual cidade possui a maioria das casas vendidas por mais de $72.000,00?

137. Qual cidade possui a menor amplitude em preços de casas?

138. Qual das seguintes afirmações é verdadeira?

(A) Mais da metade das casas na Cidade 1 foram vendidas por mais de $50.000,00.

(B) Mais da metade das casas na Cidade 2 foram vendidas por mais de $75.000,00.

(C) Mais da metade das casas na Cidade 3 foram vendidas por mais de $75.000,00.

(D) Alternativas (A) e (B)

(E) Alternativas (B) e (C)

139. Qual das seguintes afirmações é verdadeira?

(A) Cerca de 25% das casas na Cidade 1 foram vendidas por $75.000,00 ou mais.

(B) Cerca de 25% das casas na Cidade 2 foram vendidas por $75.000,00 ou mais.

(C) Cerca de 25% das casas na Cidade 2 foram vendidas por $98.000,00 ou mais.

(D) Cerca de 25% das casas na Cidade 3 foram vendidas por $75.000,00 ou mais.

(E) Alternativas (A) e (C)

Interpretando Gráficos de Tempo

140–146 *Os dados nos seguintes diagramas de tempo mostram a taxa anual de abandono escolar para um sistema escolar dos anos 2001 a 2011.*

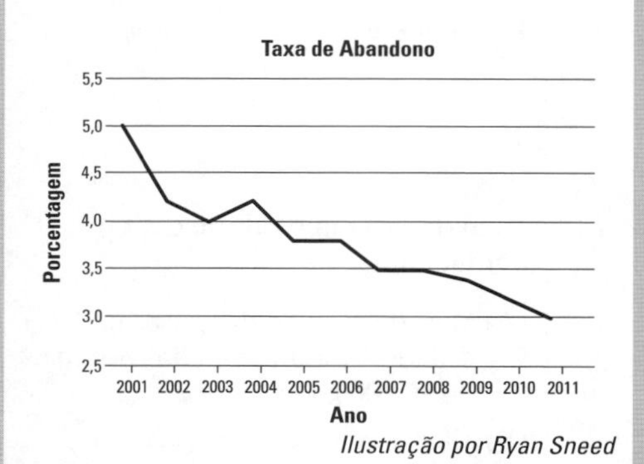

Ilustração por Ryan Sneed

140. Qual é o padrão geral na taxa de abandono de 2001 a 2011?

141. Qual foi a taxa de abandono aproximada em 2005?

142. Qual foi a mudança aproximada na taxa de abandono de 2001 a 2011?

143. Qual foi a mudança aproximada na taxa de abandono de 2003 a 2004?

144. Esse diagrama de tempo exibe os mesmos dados, mas por que ele é enganoso?

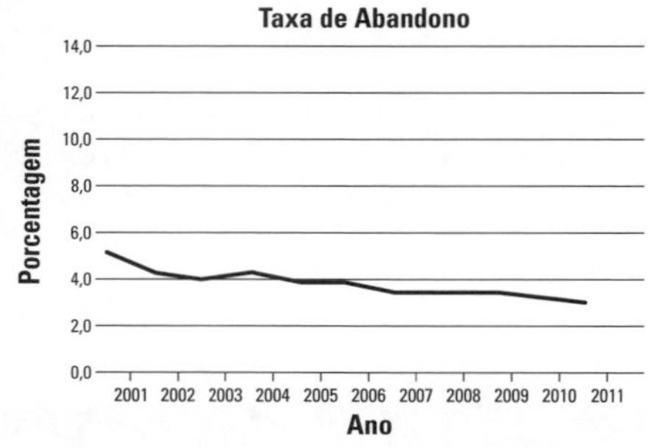

Ilustração por Ryan Sneed

145. Por que os números nesse diagrama representam taxas de abandono em vez do número de abandonos?

146. Esse diagrama de tempo exibe os mesmos dados, mas por que ele é enganoso?

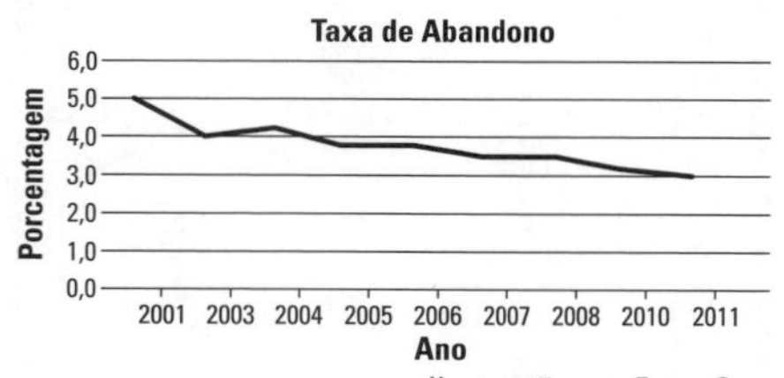

Ilustração por Ryan Sneed

Ganhando Mais Prática com Histogramas

147–148 *Os três histogramas seguintes representam rendas anuais relatadas, em milhares de dólares, de amostras de 100 indivíduos de três profissões; chame as rendas diferentes de Renda 1, Renda 2 e Renda 3.*

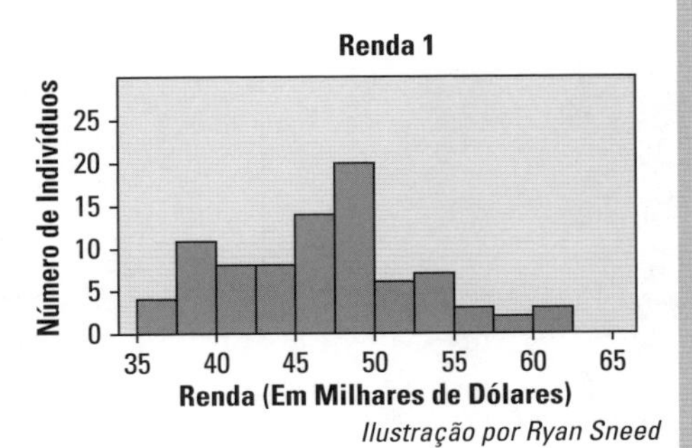

Ilustração por Ryan Sneed

Renda 2

Número de Indivíduos

0 5 10 15 20 25

35 40 45 50 55 60 65

Renda (Em Milhares de Dólares)

Ilustração por Ryan Sneed

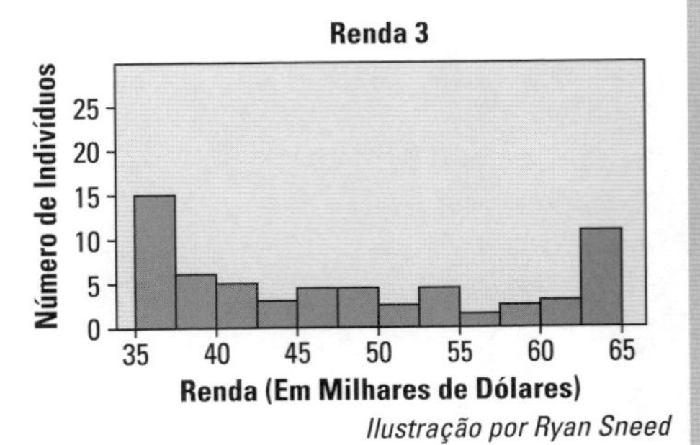

Ilustração por Ryan Sneed

147. Como você descreveria a forma aproximada dessas distribuições (Renda 1, Renda 2 e Renda 3)?

148. Todas as três amostras têm a mesma amplitude, de \$35.000,00 a \$65.000,00, mas elas diferem em variabilidade. Coloque as rendas das três profissões em ordem em termos de suas variabilidades, da maior para a menor, usando seus gráficos.

Capítulo 4

Variáveis Aleatórias e a Distribuição Binomial

Variáveis aleatórias representam quantidades ou qualidades que mudam aleatoriamente dentro de uma população. Por exemplo, se você perguntar para pessoas aleatórias qual é o nível de estresse delas em uma escala de 0 a 10, você não sabe o que elas vão dizer. Mas, você sabe quais são os valores possíveis e poderá ter uma ideia de quais números provavelmente serão relatados mais frequentemente (como 9 ou 10) e menos frequentemente (como 0 ou 1). Neste capítulo, você focará em variáveis aleatórias: seus tipos, seus possíveis valores e probabilidades, suas médias, seus desvios padrão e outras características.

Os Problemas com os Quais Trabalhará

Neste capítulo, você verá variáveis aleatórias em ação e como usá-las para pensar sobre uma população. Aqui estão alguns itens do menu:

- Distinguir variáveis aleatórias discretas versus contínuas
- Encontrar possibilidades para uma variável aleatória
- Calcular e interpretar a média, a variância e o desvio padrão para uma variável aleatória
- Encontrar probabilidades, média e desvio padrão para uma variável aleatória específica, a binomial.

Com o que Tomar Cuidado

Os problemas neste capítulo envolvem notação, fórmulas e cálculos. Prestar atenção aos detalhes fará diferença.

- Entender bem a notação; vários símbolos estão flutuando por este capítulo.
- Ser capaz de interpretar seus resultados, não apenas fazer cálculos, incluindo o uso adequado de unidades.
- Saber as maneiras de encontrar probabilidades binomiais; preste atenção à aproximação normal.

Comparando Variáveis Aleatórias Discretas e Contínuas

149–154 *Resolva os seguintes problemas sobre variáveis aleatórias discretas e contínuas.*

149. Qual das seguintes variáveis aleatórias é discreta?

(A) a quantidade de tempo que dura uma bateria

(B) o peso de um adulto

(C) a porcentagem de crianças em uma população que foi vacinada contra o sarampo

(D) o número de livros comprados por um estudante em um ano

(E) a distância entre um par de cidades

150. Qual das seguintes variáveis aleatórias não é discreta?

(A) o número de crianças em uma família

(B) a medida de chuva anual em uma cidade

(C) as presenças em um jogo de futebol

(D) o número de pacientes tratados em uma sala de emergência em um dia

(E) o número de aulas assistidas por um aluno em um semestre

151. Qual das seguintes variáveis aleatórias é discreta?

(A) a proporção de uma população que votou na última eleição

(B) a altura de um estudante universitário

(C) o número de carros registrado em um estado

(D) o peso de farinha em um saco anunciado como contendo dez libras

(E) a duração de uma ligação telefônica

152. Qual das seguintes variáveis aleatórias é contínua?

(A) o número de vezes que caiu cara em 30 jogadas de moeda

(B) o número de mortes de acidentes de avião em um ano

(C) a proporção da população americana que acredita em fantasmas

(D) o número de filmes produzidos no Canadá em um ano

(E) o número de pessoas presas por roubo de carros em um ano

153. Qual das seguintes variáveis aleatórias é contínua?

(A) o número de formandos em uma faculdade

(B) o número de medalhas de ouro ganhadas nas Olimpíadas de Verão de 2012 pelos atletas da Alemanha

(C) o número de escolas em uma cidade

(D) o número de médicos registrados nos Estados Unidos

(E) a quantidade de gasolina usada nos Estados Unidos em 2012

154. Qual das seguintes variáveis aleatórias não é contínua?

(A) a proporção de adultos em liberdade condicional em um estado

(B) a taxa de crescimento populacional para uma cidade

(C) a quantidade de dinheiro gasta por uma família em comida ao longo de um ano

(D) o número de espécies de pássaros observada em uma área

(E) a quantidade de tempo que se leva para caminhar 10 milhas

Entendendo a Distribuição de Probabilidade de uma Variável Aleatória

155–157 *A tabela seguinte representa a distribuição de probabilidades para X, a situação de emprego de adultos em uma cidade.*

X	P(X)
Empregado em tempo integral	0,65
Empregado em jornada parcial	0,10
Desempregado	0,07
Aposentado	0,18

155. Se você selecionar um adulto aleatoriamente desta comunidade, qual é a probabilidade de que o indivíduo esteja empregado em jornada parcial?

156. Se você selecionar um adulto aleatoriamente desta comunidade, qual é a probabilidade de que o indivíduo não seja aposentado?

157. Se você selecionar um adulto aleatoriamente desta comunidade, qual é a probabilidade de que o indivíduo esteja trabalhando ou em jornada parcial ou em tempo integral?

Determinando a Média de uma Variável Aleatória Discreta

158–159 *Tome X como o número de aulas assistidas por um estudante universitário em um semestre. Use a fórmula para encontrar a média de uma variável aleatória discreta X para responder aos seguintes problemas:*

$$\mu_x = \sum x_i p_i$$

158. Se 40% de todos os alunos estão assistindo quatro aulas, e 60% de todos os alunos estão assistindo três aulas, qual é o número médio (média) de aulas assistidas por este grupo de alunos?

159. Se metade dos alunos em uma turma tem 18 anos, um quarto tem 19 anos e um quarto tem 20 anos, qual é a idade média dos alunos desta turma?

Indo Mais Fundo na Média de uma Variável Aleatória Discreta

160–163 *Na tabela seguinte, X representa o número de automóveis das famílias em uma vizinhança.*

X	P(X)
0	0,25
1	0,60
2	
3	0,05

160. Qual é o valor que falta nessa tabela (representando o número de automóveis possuídos por duas famílias em uma vizinhança)?

161. Qual é o número médio de automóveis das famílias?

162. Se cada família que, atualmente, não possui um carro comprasse um, qual seria o número médio de carros?

163. Se todas as famílias que atualmente possuem três carros comprassem um quarto carro, qual seria o número médio de automóveis?

Trabalhando com a Variância de uma Variável Aleatória Discreta

164–165 *Use a seguinte fórmula para a variância de uma variável aleatória discreta X como necessário para responder aos problemas seguintes (arredonde cada resposta para duas casas decimais):*

$$\sigma_x^2 = \sum (x_i - \mu_x)^2 p_i$$

164. Se a variância de uma variável aleatória discreta *X* é 3, qual é o desvio padrão de *X*?

165. Se o desvio padrão de *X* é 0,65, qual é a variância de *X*?

Juntando a Média, a Variância e o Desvio Padrão de uma Variável Aleatória

166–169 *Na tabela seguinte, X representa o número de irmãos para os 29 alunos em uma turma de primeiro ano.*

X	P(X)
0	0,34
1	0,52
2	0,14

166. Qual é o número médio de irmãos para esses alunos?

167. Qual é a variância do número de irmãos para esses alunos?

168. Qual é o desvio padrão para o número de irmãos para esses alunos? Arredonde sua resposta para duas casas decimais.

169. Como a variância e o desvio padrão mudariam se o número de irmãos, X, dobrasse em cada caso mas os valores de probabilidade, $p(x)$, continuassem os mesmos?

Indo Mais Fundo na Média, Variância e Desvio Padrão de uma Variável Aleatória

***170–173** Na tabela seguinte, X representa o número de livros necessários para aulas em uma universidade.*

X	$P(X)$
0	0,30
1	0,25
2	0,25
3	0,10
4	0,10

170. Qual é o número médio de livros necessários?

171. Qual é a variância do número de livros necessários? Arredonde sua resposta para duas casas decimais.

172. Qual é o desvio padrão do número de livros necessários?

173. Como o desvio padrão e a variância mudariam se apenas 20% dos alunos precisassem de dois livros, mas agora 5% dos alunos precisassem de cinco livros (com todas as outras categorias sem modificações)?

Introduzindo Variáveis Aleatórias Binomiais

***174–178** Resolva os problemas seguintes sobre variáveis aleatórias binomiais.*

174. Qual(is) condição(ões) uma variável aleatória deve ter para ser considerada binomial?

(A) número fixo de ensaios

(B) exatamente dois resultados possíveis em cada ensaio: sucesso e fracasso

(C) probabilidade constante de sucesso para todas os ensaios

(D) ensaios independentes

(E) todas as anteriores

175. Você joga uma moeda 25 vezes e registra o número de caras. Qual é a variável aleatória binomial (X) neste experimento?

176. Você lança um dado de seis faces dez vezes e registra qual face fica para cima cada vez (X). Por que X não é uma variável aleatória binomial?

177. Você entrevista um número de empregados selecionados aleatoriamente e pergunta se eles são graduados no ensino médio, continua as entrevistas até que tenha 30 empregados que afirmam possuir graduação de ensino médio. Se X é o número de pessoas entrevistadas até conseguir 30 respostas "sim", por que X não é uma variável aleatória binomial?

178. Você recruta 30 pares de irmãos e testa cada indivíduo para ver se ele ou ela carrega uma mutação genética específica, e então adiciona o número total de pessoas (não pares) que possuem a mutação. Por que este não é um experimento binomial?

Descobrindo a Média, a Variância e o Desvio Padrão de uma Variável Aleatória Binomial

179–183 *Resolva os seguintes problemas sobre a média, o desvio padrão e a variância de variáveis aleatórias binomiais.*

179. Qual é a média de uma variável aleatória binomial com $n = 18$ e $p = 0{,}4$?

180. Qual é a média de uma variável aleatória binomial com $n = 25$ e $p = 0{,}35$?

181. Qual é o desvio padrão de uma distribuição binomial com $n = 18$ e $p = 0{,}4$? Arredonde sua resposta para duas casas decimais.

182. Qual é a variância de uma distribuição binomial com $n = 25$ e $p = 0{,}35$? Arredonde sua resposta para duas casas decimais.

183. Uma distribuição binomial com $p = 0{,}14$ tem uma média de 18,2. Qual é o n?

Descobrindo Probabilidades Binomiais com uma Fórmula

184–188 *X é uma variável aleatória binomial com $p = 0{,}55$. Use as fórmulas seguintes para a distribuição binomial para os problemas seguintes.*

$$P(X=x)=\binom{n}{x}p^x(1-p)^{n-x}$$

onde $\binom{n}{x}=\dfrac{n!}{x!\,(n-x)!}$ e

$n! = (n-1)(n-2)(n-3)...(3)(2)(1)$

184. Qual é o valor de $\binom{n}{x}$ se $n = 8$ e $x = 1$?

185. Qual é a probabilidade de exatamente um sucesso em oito tentativas? Arredonde sua resposta para quatro casas decimais.

186. Qual é a probabilidade de exatamente dois sucessos em oito tentativas? Arredonde sua resposta para quatro casas decimais.

187. Qual é o valor de $\binom{8}{0}$?

188. Qual é a probabilidade de conseguir, pelo menos, um sucesso em oito tentativas? Arredonde sua resposta para quatro casas decimais.

Indo Mais Fundo nas Probabilidades Binomiais Usando uma Fórmula

189–195 *Suponha que X tem uma distribuição binomial com p = 0,50.*

189. Qual é a probabilidade de exatamente oito sucessos em dez tentativas? Arredonde sua resposta para quatro casas decimais.

190. Qual é a probabilidade de exatamente três sucessos em cinco tentativas?

191. Qual é a probabilidade de exatamente quatro sucessos em cinco tentativas? Arredonde sua resposta para quatro casas decimais.

192. Qual é o valor de $\binom{5}{5}$?

193. Qual é a probabilidade de três ou quatro sucessos em cinco tentativas? Arredonde sua resposta para quatro casas decimais.

194. Qual é a probabilidade de, pelo menos, três sucessos em cinco tentativas? Arredonde sua resposta para quatro casas decimais.

195. Qual é a probabilidade de não mais que dois sucessos em cinco tentativas? Arredonde sua resposta para quatro casas decimais.

Encontrando Probabilidades Binomiais com a Tabela Binomial

196–200 *X é uma variável aleatória com uma distribuição binomial com n = 15 e p = 0,7. Use a tabela binomial (Tabela A-3 no apêndice) para responder aos problemas seguintes.*

196. Qual é $P(X = 6)$?

197. Qual é $P(X = 11)$?

198. Qual é $P(X < 15)$?

199. Qual é $P(4 < X < 7)$?

200. Encontre $P(4 \leq X \leq 7)$.

Indo Mais Fundo em Probabilidades Binomiais Usando uma Tabela Binomial

***201–205** X é uma variável aleatória com uma distribuição binomial com n = 11 e p = 0,4. Use a tabela binomial (Tabela A-3 no apêndice) para responder aos problemas seguintes.*

201. Qual é $P(X = 5)$?

202. Qual é $P(X > 0)$?

203. Qual é $P(X \leq 2)$?

204. Qual é $P(X > 9)$?

205. Qual é $P(3 \leq X \leq 5)$?

Usando a Aproximação Normal para a Binomial

***206–208** Resolva os problemas seguintes sobre a aproximação normal para a binomial.*

206. Qual das seguintes distribuições binomiais lhe permitiria usar a aproximação normal para a binomial?

(A) $n = 10, p = 0{,}3$

(B) $n = 10, p = 0{,}4$

(C) $n = 20, p = 0{,}9$

(D) $n = 25, p = 0{,}3$

(E) $n = 30, p = 0{,}4$

207. Você está conduzindo um experimento binomial jogando uma moeda honesta ($p = 0{,}5$) e registra quantas vezes surgem caras. Qual é o tamanho mínimo para n que lhe permitirá usar a aproximação normal para a binomial?

208. Você está conduzindo um experimento binomial e seleciona bolas de gude de um pote grande e registra quantas vezes tirou uma bola de gude verde. No geral, 30% das bolas de gude do pote são verdes. Qual é o tamanho mínimo para n que lhe permita usar a aproximação normal para a binomial?

Indo Mais Fundo na Aproximação Normal para a Binomial

209–214 *Você conduz um experimento binomial jogando uma moeda honesta ($p = 0.5$) 80 vezes e registra quantas vezes surgem caras (X). Use a aproximação normal para a distribuição binomial para calcular qualquer probabilidade nesse conjunto de problemas. Você pode fazê-lo porque as duas condições necessárias estão preenchidas: np e $n(1 - p)$ são ambos pelo menos 10.*

209. Como você escreveria formalmente a probabilidade de tirar pelo menos 50 caras?

210. Como você escreveria formalmente a probabilidade de tirar não mais que 30 caras?

211. Para usar a aproximação normal para a distribuição binomial, qual valor você usará para μ?

212. Para usar a aproximação normal para a distribuição binomial, qual valor você usará para σ? Arredonde sua resposta para duas casas decimais.

213. Qual é o valor de z correspondente ao valor de x em $P(X \geq 45)$? Arredonde sua resposta para duas casas decimais.

214. Qual é a probabilidade de você tirar pelo menos 45 caras em 80 arremessos? Arredonde sua resposta para quatro casas decimais.

Ganhando Mais Prática com Variáveis Binomiais

215–223 *X é uma variável binomial com $p = 0,45$ e $n = 100$.*

215. Qual é a média e o desvio padrão para a distribuição de X? Arredonde sua resposta para duas casas decimais.

216. Qual é o valor de z correspondente ao valor de x em $P(x \leq 40)$? Arredonde sua resposta para duas casas decimais.

217. Qual é $P(X \leq 40)$? Arredonde sua resposta para quatro casas decimais.

218. Qual é $P(X \geq 40)$? Arredonde sua resposta para quatro casas decimais.

219. Suponha que você quer encontrar $P(X = 40)$. Você pode tentar resolver isso utilizando a aproximação normal e convertendo $x = 40$ para seu valor z de $z = -1,00$. Qual é $P(Z = -1,00)$? Arredonde sua resposta para quatro casas decimais.

220. Qual é o valor de z correspondente a $x = 56$? Arredonde sua resposta para duas casas decimais.

221. Qual é $P(X \geq 56)$? Arredonde sua resposta para quatro casas decimais.

222. Qual é $P(X \leq 56)$? Arredonde sua resposta para quatro casas decimais.

223. Qual é $P(56 \leq X \leq 60)$? Arredonde sua resposta para quatro casas decimais.

Capítulo 5

A Distribuição Normal

A distribuição normal é a distribuição mais comum de todas. Seus valores assumem aquela forma de sino familiar, com mais valores próximos ao centro e menos quando você se afasta. Devido a suas boas qualidades e natureza prática, há muitas aplicações da distribuição normal não apenas neste capítulo, mas também em muitos capítulos seguintes. Entender a distribuição normal desde a base é crucial.

Os Problemas com os Quais Trabalhará

Neste capítulo você praticará, em detalhes, tudo o que precisa para saber sobre a distribuição normal e um pouco mais. Aqui está uma visão geral sobre com o que trabalhará:

- Encontrar probabilidades para uma distribuição normal (menor que, maior que ou entre)
- Entender a distribuição (-*Z*) normal padrão, suas propriedades e como seus valores são interpretados e usados
- Usar a tabela-*Z* para encontrar probabilidades
- Determinar os percentis para uma distribuição normal

Com o que Tomar Cuidado

A distribuição normal parece fácil, mas existem muitas nuances importantes também, então fique atento a elas. Aqui estão algumas coisas para se lembrar:

- Seja bem claro sobre o que é um escore-*z* e o que isso significa. Você utilizará isso ao longo deste capítulo.
- Certifique-se de entender como usar uma tabela-*Z* para encontrar as probabilidades que você quer.
- Saiba quando lhe for pedido uma porcentagem (probabilidade) e quando lhe for pedido um percentil (um valor da variável afiliada com uma certa probabilidade). Depois saiba o que fazer sobre isso.

Definindo e Descrevendo a Distribuição Normal

***224–234** Resolva os seguintes problemas sobre a definição de distribuição normal e como ela se parece.*

224. Quais são as propriedades de uma distribuição normal?

(A) É simétrica.

(B) Média e mediana são a mesma coisa.

(C) Os valores mais comuns estão próximos da média; os valores menos comuns estão longe dela.

(D) O desvio padrão marca a distância da média ao ponto de inflexão.

(E) Todas as anteriores.

225. Em uma distribuição normal, cerca de qual porcentagem dos valores está dentro de um desvio padrão da média?

226. Em uma distribuição normal, cerca de qual porcentagem dos valores está dentro de dois desvios padrão da média?

227. Em uma distribuição normal, cerca de qual porcentagem dos valores está dentro de três desvios padrão da média?

228. Quais são os dois parâmetros (pedaços de informação sobre a população) necessários para descrever uma distribuição normal?

229. Qual das seguintes distribuições normais terá o maior espalhamento quando representada graficamente?

(A) $\mu = 5, \sigma = 1{,}5$

(B) $\mu = 10, \sigma = 1{,}0$

(C) $\mu = 5, \sigma = 1{,}75$

(D) $\mu = 5, \sigma = 1{,}2$

(E) $\mu = 10, \sigma = 1{,}6$

230. Para uma distribuição normal com $\mu = 5$ e $\sigma = 1{,}2$; 34% dos valores estão entre 5 e qual número? (Considere que o número está acima da média.)

231. Para uma distribuição normal com $\mu = 5$ e $\sigma = 1{,}2$, cerca de 2.5% dos valores estão acima de qual valor? (Considere que o número está acima da média.)

232. Para uma distribuição normal com $\mu = 5$ e $\sigma = 1{,}2$, aproximadamente 16% dos valores estão abaixo de qual valor?

233. Uma distribuição normal com $\mu = 8$ tem 99,7% de seus valores entre 3,5 e 12,5. Qual é o desvio padrão para essa distribuição?

234. Qual é a média e o desvio padrão da distribuição-*Z*?

Trabalhando com Escores-z e Valores de X

235–239 Uma variável aleatória X tem uma distribuição normal, com uma média de 17 e um desvio padrão de 3,5.

235. Qual é o escore-z para um valor de 21,2?

236. Qual é o escore-z para um valor de 13,5?

237. Qual é o escore-z para um valor de 25,75?

238. Qual valor de X corresponde a um escore-z de –0,4?

239. Qual valor de X corresponde a um escore-z de 2,2?

Indo Mais Fundo em Escores-z e Valores de X

240–245 Todas as notas em um exame nacional têm uma distribuição normal e uma amplitude de 0 a 100, mas quando divididas, a Forma A do exame tem $\mu = 70$ e $\sigma = 10$, enquanto a Forma B tem $\mu = 74$ e $\sigma = 8$.

240. Quais são as notas em cada exame correspondentes a um escore-z de 1,5?

241. Quais são as notas em cada exame correspondente a um escore-z de –2,0?

242. Em termos de desvios padrão acima ou abaixo da média, qual nota da Forma B corresponde à nota 80 da Forma A?

243. Em termos de desvios padrão acima ou abaixo da média, qual nota da Forma B corresponde à nota 85 da Forma A?

244. Em termos de desvios padrão acima ou abaixo da média, qual nota da Forma A corresponde à nota 78 da Forma B?

245. Em termos de desvios padrão acima ou abaixo da média, qual nota da Forma A corresponde à nota 68 da Forma B?

Escrevendo Notações de Probabilidade

***246–248** Escreva as notações de probabilidade dos seguintes problemas.*

246. Escreva a notação de probabilidade para a área sombreada nesta distribuição-*Z* (onde $\mu = 0$ e $\sigma = 1$).

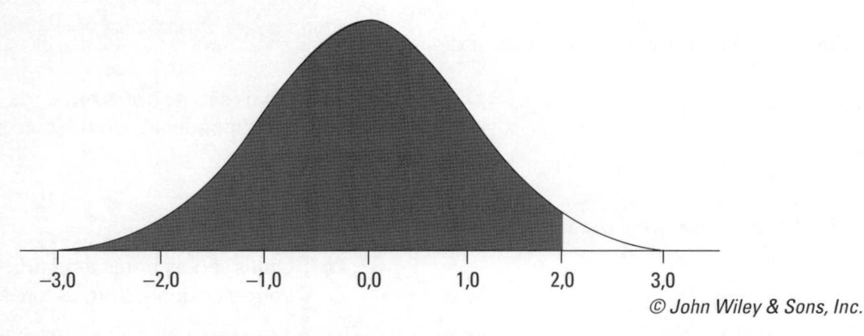

247. Escreva a notação de probabilidade para a área sombreada nesta distribuição-*Z* (onde $\mu = 0$ e $\sigma = 1$).

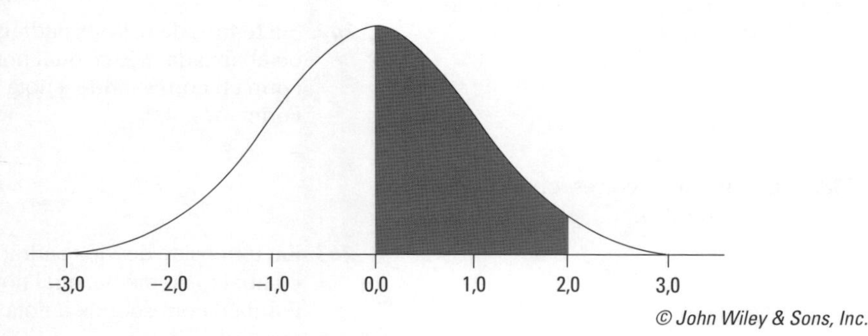

248. Escreva a notação de probabilidade para a área sombreada nesta distribuição-*Z* (onde $\mu = 0$ e $\sigma = 1$).

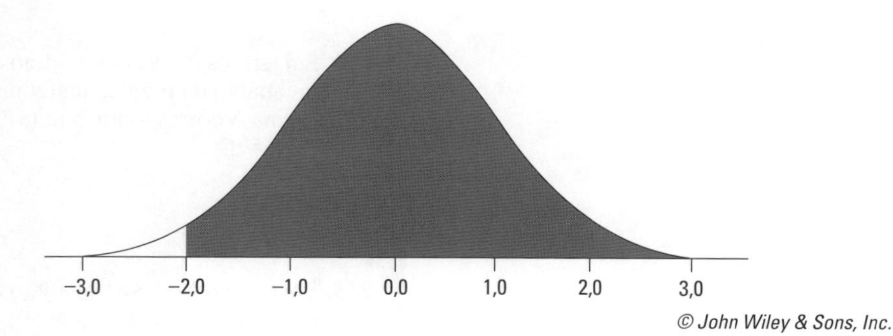

Introduzindo a Tabela-Z

249–253 *Use a tabela-Z (Tabela A-1 no apêndice) como necessário para responder aos seguintes problemas.*

249. Qual é $P(Z \leq 1,5)$?

250. Qual é $P(Z \geq 1,5)$?

251. Qual é $P(Z \geq -0,75)$?

252. Qual é $P(-0.5 \leq Z \leq 1,0)$?

253. Qual é $P(-1.0 \leq Z \leq 1,0)$?

Encontrando Probabilidades para uma Distribuição Normal

254–258 *O diâmetro de uma peça de uma máquina produzida por uma fábrica é normalmente distribuído, com uma média de 10 centímetros e um desvio padrão de 2 centímetros.*

254. Qual é a o escore-*z* para uma peça com um diâmetro de 13 centímetros?

255. Qual é a probabilidade de uma peça ter um diâmetro com pelo menos 13 centímetros?

256. Qual é a probabilidade de uma peça ter um diâmetro não superior a 13 centímetros?

257. Qual é a probabilidade de uma peça ter um diâmetro entre 10 e 13 centímetros?

258. Qual é a probabilidade de uma peça ter um diâmetro entre 7 e 10 centímetros?

Indo Mais Fundo em Escores-z e Probabilidades

259–270 *O peso de homens adultos em uma população é normalmente distribuído, com uma média de 160 libras e um desvio padrão de 20 libras.*

259. Qual é o escore-*z* para um peso de 135 libras?

260. Qual é o escore-*z* para um peso de 170 libras?

261. Qual é o escore-*z* para um peso de 115 libras?

262. Qual é o escore-*z* para um peso de 220 libras?

263. Qual é o escore-*z* para um peso de 205 libras?

264. Qual é a probabilidade de um peso ser maior que 220 libras?

265. Qual é a probabilidade de um peso ser menor que 220 libras?

266. Qual é a probabilidade de um peso estar entre 135 e 160 libras?

267. Qual é a probabilidade de um peso estar entre 205 e 220 libras?

268. Qual é a probabilidade de um peso estar entre 115 e 135 libras?

269. Qual é a probabilidade de um peso estar entre 135 e 170 libras?

270. Qual é a probabilidade de um peso estar entre 170 libras e 220 libras?

Descobrindo Percentis para uma Distribuição Normal

271–278 *Em uma população de idades adultas de 18 a 65, o IMC (índice de massa corporal) é normalmente distribuído com uma média de 27 e um desvio padrão de 5.*

271. Qual é a marca de IMC para a qual metade da população possui um valor mais baixo?

272. Qual IMC marca os 25% inferiores da distribuição para esta população?

273. Qual IMC marca os 5% inferiores da distribuição para esta população?

274. Qual IMC marca os 10% inferiores da distribuição para esta população?

275. Qual IMC marca os 10% superiores da distribuição para esta população?

276. Qual IMC marca os 5% superiores da distribuição para esta população?

277. Qual IMC marca os 30% superiores da distribuição para esta população?

278. Quais dois valores de IMC marcam o 1º e o 3º quartis da distribuição?

Indo Mais Fundo em Percentis para uma Distribuição Normal

279–284 *Notas em um exame são normalmente distribuídas, com uma média de 75 e um desvio padrão de 6.*

279. Qual é o valor onde apenas 20% dos alunos marcaram abaixo dele?

280. Qual é o valor onde apenas 5% dos alunos marcaram abaixo dele?

281. Qual é o valor onde apenas 10% dos alunos marcaram acima dele?

282. Qual é o valor onde apenas 1% dos alunos marcaram acima dele?

283. Qual é o valor onde apenas 2,5% dos alunos marcaram acima dele?

284. Qual é o valor onde apenas 5% dos alunos marcaram acima dele?

Ganhando Mais Prática com Percentis

285–290 *Em uma grande população de recrutas militares, o tempo necessário para correr uma milha tem uma distribuição normal com uma média de 360 segundos e um desvio padrão de 30 segundos.*

285. Qual tempo representa a linha de corte para os 5% dos tempos mais rápidos?

286. Qual tempo representa a linha de corte para os 50% dos tempos mais rápidos?

287. Qual tempo representa a linha de corte para os 10% dos tempos mais lentos?

288. Qual tempo representa a linha de corte para os 10% dos tempos mais rápidos?

289. Qual tempo representa a linha de corte para os 25% dos tempos mais rápidos?

290. Qual tempo representa a linha de corte para os 25% dos tempos mais lentos?

Capítulo 6

A Distribuição-*t*

A distribuição-*t* é uma parente da distribuição normal. Ela tem uma forma de sino com valores mais espalhados em torno do meio. Ou seja, não é tão bruscamente curva quanto à distribuição normal, o que reflete sua habilidade de trabalhar com problemas que possam não ser exatamente normais, mas quase.

Os Problemas com os Quais Trabalhará

Neste capítulo, você trabalhará em todos os prós e contras da distribuição-*t* e seu relacionamento com a distribuição (-*Z*) normal padrão. Aqui está no que você focará:

- Entender as características que tornam a distribuição-*t* similar ou diferente da distribuição (-*Z*) normal padrão.
- Encontrar probabilidades de várias distribuições-*t*, usando a tabela-*t*
- Encontrar valores cruciais na distribuição-*t* que são usados quando os intervalos de confiança são calculados

Com o que Tomar Cuidado

No decorrer do seu trabalho neste capítulo, lembre-se do seguinte:

- Selecione os quatro grandes — população, parâmetro, amostra e estatística — em cada situação; eles o seguirão onde quer que você vá.
- Conheça as circunstâncias nas quais você deverá usar a distribuição-*t*.
- A tabela-*t* (para a distribuição-*t*) é diferente da tabela-*Z* (para a distribuição-*Z*); certifique-se de entender os valores na primeira e última linhas.
- Preste bastante atenção para o termo *probabilidade caudal*, que aparece muito neste capítulo.

Entendendo a Distribuição-t e Comparando-a com a Distribuição-Z

291–300 *Resolva os seguintes problemas sobre a distribuição-t, suas características e como ela se compara com a distribuição-Z.*

291. Qual das seguintes é verdadeira para a distribuição-*t*, se comparada à distribuição-*Z*? (Assuma um número baixo de graus de liberdade.)

(A) A distribuição-*t* tem caudas mais espessas que a distribuição-*Z*.

(B) A distribuição-*t* tem um desvio padrão proporcionalmente maior que a distribuição-*Z*.

(C) A distribuição-*t* tem forma de sino, mas tem um pico mais baixo que a distribuição-*Z*.

(D) Alternativas (A) e (C)

(E) Alternativas (A), (B) e (C)

292. Qual distribuição-*t* você usa para um estudo envolvendo uma população com um tamanho amostral de 30?

293. Se uma distribuição-*t* específica de um estudo envolvendo uma população é t_{24}, qual é o tamanho amostral?

294. Se você representou graficamente uma distribuição normal padrão (distribuição-*Z*) como mesmo número de linhas que uma distribuição-*t* com 15 graus de liberdade, como você espera que elas se diferenciem?

295. Se você representou graficamente uma distribuição normal padrão (distribuição-*Z*) e uma distribuição-*t* com 20 graus de liberdade no mesmo número de linhas, como espera que elas se diferenciem?

296. Dadas diferentes distribuições-*t* com os seguintes graus de liberdade, qual delas você espera que se pareça mais com a distribuição-*Z*: 5, 10, 20, 30 ou 100?

297. Qual é a informação mínima necessária para reconhecer qual distribuição-*t* específica você tem?

298. Qual procedimento estatístico seria mais apropriado para testar uma afirmação sobre uma média populacional para uma distribuição normal quando você não sabe o desvio padrão da população?

299. Qual procedimento estatístico seria mais apropriado para um estudo testando uma afirmação sobre a média da diferença quando os sujeitos (e, consequentemente, os dados) estão em pares?

300. Qual é a distribuição-*t* específica resultante de um modelo pareado envolvendo um total de 50 observações?

Usando a Tabela-t

301–335 *Use a tabela-t (Tabela A-2 no apêndice) como necessário para resolver os seguintes problemas.*

301. Para um estudo envolvendo uma população e um tamanho amostral de 18 (supondo que você tem uma distribuição-*t*), qual linha da Tabela A-2 usará para encontrar a probabilidade de cauda direita ("maior que") afiliada com os resultados do estudo?

302. Para um estudo envolvendo um modelo pareado com um total de 44 observações, com os resultados assumindo uma distribuição-*t*, qual linha da Tabela A-2 você usará para encontrar a probabilidade afiliada com os resultados do estudo?

303. Qual coluna da Tabela A-2 você usaria para encontrar probabilidade de cauda superior ("maior que") de 0,025?

304. Qual coluna da Tabela A-2 você usaria para encontrar o valor-*t* para um teste bicaudal com $\alpha = 0{,}01$?

305. Qual coluna da Tabela A-2 você usaria para encontrar o valor-*t* para uma probabilidade geral de 0,05 para um teste bicaudal?

306. Para uma distribuição-*t* com 10 graus de liberdade, qual é $P(t \geq 1{,}81)$?

307. Para uma distribuição-*t* com 25 graus de liberdade, qual é $P(t \geq 2{,}49)$?

308. Qual é $P(t_{15} \geq 1{,}34)$?

309. Um valor-t de 1,80, de uma distribuição-*t* com 22 graus de liberdade, tem uma probabilidade de cauda superior ("maior que") entre quais dois valores na Tabela A-2?

310. Um valor-t de 2,35, de uma distribuição-*t* com 14 graus de liberdade, tem uma probabilidade de cauda superior ("maior que") entre quais dois valores na Tabela A-2?

311. Qual é $P(t_{15} \leq -2{,}60)$?

312. Qual é $P(t_{27} \leq -2{,}05)$?

313. Qual é $P(t_{27} \geq 2{,}05 \text{ ou } t_{27} \leq -2{,}05)$?

314. Qual é $P(t_9 \geq 3{,}25$ ou $t_9 \leq -3{,}25)$?

315. Qual é o 95º percentil para uma distribuição-*t* com 10 graus de liberdade?

316. Qual é o 60º percentil para uma distribuição-*t* com 28 graus de liberdade?

317. Qual é o 10º percentil para uma distribuição-*t* com 20 graus de liberdade?

318. Qual é o 25º percentil para uma distribuição-*t* com 20 graus de liberdade?

319. Qual valor é o 10º percentil para uma distribuição-*t* com 16 graus de liberdade?

320. Qual valor é o 5º percentil para uma distribuição-*t* com 16 graus de liberdade?

321. Qual das seguintes é uma razão para usar a distribuição-*t* em vez da distribuição-*Z* para calcular um intervalo de confiança para a média?

(A) Você tem um tamanho amostral pequeno.

(B) Você não sabe o desvio padrão da população.

(C) Você não sabe a média populacional.

(D) Alternativas (A) e (B)

(E) Alternativas (A), (B) e (C)

322. Ao usar a última linha da Tabela A-2, qual coluna você usaria para encontrar o valor-*t* para um intervalo de confiança de 99%?

323. Ao usar a primeira linha (cabeçalho de colunas) da Tabela A-2, qual coluna você usaria para encontrar o valor-*t* para um intervalo de confiança de 99%?

324. Qual é o valor-*t* para um intervalo de confiança de 95% para uma distribuição-*t* com 15 graus de liberdade?

325. Qual é o valor-*t* para um intervalo de confiança de 99% para uma distribuição-*t* com 23 graus de liberdade?

326. Qual é o valor-*t* para um intervalo de confiança de 90% para uma distribuição-*t* com 30 graus de liberdade?

327. Para uma distribuição-t com 19 graus de liberdade, qual é o nível de confiança de um intervalo de confiança com um valor-t de 2,09?

328. Para uma distribuição-t com 26 graus de liberdade, qual é o nível de confiança de um intervalo de confiança com um valor-t de 2,78?

329. Para uma distribuição-t com 12 graus de liberdade, qual é o nível de confiança de um intervalo de confiança com um valor-t de 1,36?

330. Considerando distribuições-t com diferentes graus de liberdade, qual das seguintes você esperaria que se assemelhasse mais à distribuição-Z: 30, 35, 40, 45 ou 50?

331. Considerando distribuições-t com diferentes graus de liberdade, qual das seguintes você esperaria que se assemelhasse menos à distribuição-Z: 10, 20, 30, 40 ou 50?

332. Considerando distribuições-t com diferentes graus de liberdade, qual das seguintes você esperaria que tivesse o maior valor-t para uma probabilidade de cauda direita de 0,05: 10, 20, 30, 40 ou 50?

333. Considerando distribuições-t com diferentes graus de liberdade, qual das seguintes você esperaria que tivesse o menor valor-t para uma probabilidade de cauda direita de 0,10: 10, 20, 30, 40 ou 50?

334. Para uma distribuição t_{40}, qual dos seguintes intervalos de confiança você esperaria que fosse o mais estreito: 80%, 90%, 95%, 98% ou 99%?

335. Para uma distribuição t_{50}, qual dos seguintes intervalos de confiança você esperaria que fosse o mais amplo: 80%, 90%, 95%, 98% ou 99%?

Usando a Distribuição-t para Calcular Intervalos de Confiança

336–340 *Use a Tabela A-2 no apêndice como necessário e as informações seguintes para resolver os seguintes problemas: O comprimento médio de uma população de todos os pregos sendo produzidos por uma certa fábrica tem como alvo ser $\mu_0 = 5$ centímetros. Suponha que não se sabe qual é o desvio padrão da população (σ). Você retira uma amostra de 30 parafusos e calcula seu comprimento médio. A média ($\bar{x}$) para sua amostra é 4,8, e o desvio padrão da sua amostra (s) é 0,4 centímetros.*

336. Calcule a estatística de teste adequada para as seguintes hipóteses:

H_0: $\mu = 5$ cm

H_1: $\mu \neq 5$ cm

337. Ao usar a Tabela A-2, qual é a probabilidade de conseguir um valor-t de –2,74 ou menos?

338. Qual é o intervalo de confiança de 95% para a média populacional? Arredonde sua resposta para duas casas decimais.

339. Qual é o intervalo de confiança de 90% para a média populacional? Arredonde sua resposta para duas casas decimais.

340. Qual é o intervalo de confiança de 99% para a média populacional? Arredonde sua resposta para duas casas decimais.

Capítulo 7

Distribuições Amostrais e o Teorema Central do Limite

Os resultados de amostras variam — esta é uma grande verdade da estatística. Você pega uma amostra aleatória de tamanho 100, encontra a média e repete o processo várias vezes com diferentes amostras de tamanho 100. As médias dessas amostras serão diferentes, mas a pergunta é, quanto? E o que afeta a quantidade de diferença? Entender o conceito de variabilidade entre todas as amostras possíveis ajuda a determinar o quão normal ou anormal seu resultado específico pode ser. Distribuições de amostra fornecem uma peça fundamental para responder esses problemas. Uma ferramenta que é frequentemente necessária no processo é o teorema central do limite. Neste capítulo, você trabalhará com ambos.

Os Problemas com os Quais Trabalhará

Aqui estão as principais áreas de foco neste capítulo:

- Trabalhar com médias amostrais como uma variável aleatória, com suas próprias distribuições, médias e desvios padrão (erros padrão) e então fazer o mesmo com proporções amostrais
- Entender o teorema central do limite, como usá-lo, quando usá-lo e quando ele não é necessário
- Calcular probabilidades para $\bar{X}$ e $\hat{p}$

Com o que Tomar Cuidado

As distribuições amostrais e o teorema central do limite são tópicos difíceis. Aqui estão alguns pontos principais para se lembrar:

- $\bar{x}$ é a média de uma amostra, e $\bar{X}$ representa qualquer média amostral possível para qualquer amostra.
- Tudo se baseia no entendimento do que é uma distribuição amostral — trabalhe até entender.
- O teorema central do limite é usado apenas em certas situações — conheça essas situações.
- Encontrar probabilidades para $\bar{X}$ e $\hat{p}$ implica dividir por uma quantidade envolvendo raiz quadrada de n. Não deixe isso de fora.

Introduzindo o Básico da Distribuição Amostral

341–347 *Resolva os seguintes problemas que introduzem o básico de distribuições amostrais.*

341. Uma característica de interesse que assume certos valores de uma maneira aleatória é chamada de __________.

342. Suponha que 10.000 alunos fizeram o exame de estatística AP este ano. Se você pegar cada amostra possível de 100 alunos que fizeram o exame AP e encontrar a nota média do exame para cada amostra e então juntar todas essas médias, o que isso representaria?

343. Uma média de notas é a média de pontos de um único aluno. Suponha que você encontrou uma média de notas para cada aluno em uma universidade e descobriu que a média de todas essas médias de notas é 3,11. Qual notação estatística você usaria para representar este valor de 3,11?

344. Se você lançar dois dados honestos, observar os resultados e encontrar o valor médio, você poderia conseguir qualquer número de 1 (onde ambos os dados resultaram 1) a 6 (onde ambos os dados resultaram 6). Entretanto, a longo prazo, se pegar a média de todos os pares possíveis dos dados, você teria 3,5 (porque esse é o valor médio dos números de 1 a 6). Como se representa 3,5 nesta situação usando notação estatística?

345. Suponha que você lance vários dados comuns de seis lados, escolha dois dados aleatoriamente e faça a média dos dois números. Suponha que a média desses dois dados seja 3,5. Como expressaria o 3,5 em notação estatística?

346. Qual das seguintes características é necessária para algo ser considerado uma distribuição amostral?

(A) Cada valor na população original deve ser incluída na distribuição.

(B) A distribuição deve consistir de proporções.

(C) A distribuição não pode consistir de porcentagens.

(D) Cada uma das observações na distribuição deve consistir de uma estatística que descreva uma coleção de pontos de dados.

(E) As amostras na distribuição devem ser retiradas de uma população de valores normalmente distribuídos.

347. Qual das seguintes *não* seria normalmente considerada como uma distribuição amostral?

(A) uma distribuição mostrando o peso médio por pessoa em várias centenas de grupos de três pessoas escolhidos aleatoriamente em uma feira estadual

(B) uma distribuição mostrando a proporção média de caras aparecendo em vários milhares de experimentos nos quais dez moedas foram lançadas a cada vez.

(C) uma distribuição mostrando a porcentagem média da mudança diária de preço na Dow Jones Industrial Stocks para várias centenas de dias escolhidos aleatoriamente dos últimos 20 anos.

(D) uma distribuição mostrando a proporção de peças descobertas como deficientes em cada uma das várias centenas das remessas de peças, cada uma das quais possui o mesmo número de peças.

(E) uma distribuição mostrando o peso individual de cada fã de futebol entrando no estádio em um dia de jogo.

Verificando Variáveis Aleatórias e Médias Amostrais

348-352 *Você tem um dado de seis lados com as faces numeradas de 1 a 6, e cada face tem a mesma probabilidade de resultar em qualquer lance.*

348. Qual é o significado para X neste exemplo?

349. Qual é o significado para $\bar{X}$ neste exemplo?

350. Suponha que você lançou o dado cinco vezes e obteve os valores de 3, 4, 2, 3 e 1. Qual é o valor de $\bar{x}$?

351. Suponha que você lançou o dado cinco vezes e obteve os valores de 3, 4, 6, 3 e 5. Qualé o valor de $\bar{x}$?

352. Qual das seguintes é a fórmula para o erro padrão de uma média amostral?

(A) $\sigma = \frac{\sigma_X}{\sqrt{n}}$

(B) $\sigma_{\bar{X}} = \frac{\sigma}{\sqrt{n}}$

(C) $\sigma_{\bar{X}} = \frac{\sigma_X}{\sqrt{n}}$

(D) $\sigma_{\bar{X}} = \frac{\sigma_X}{n}$

(E) $\sigma_X = \frac{\sigma_X}{\sqrt{n}}$

Examinando Erro Padrão

353-357 *Suponha que existe uma população de 100.000 indivíduos aos quais você faz 200 perguntas triviais; a pontuação deles é a quantidade de perguntas triviais que eles acertaram. Para essa população, a nota média é 158 e o desvio padrão das notas da população é 26.*

353. Suponha que foram retiradas várias amostras de 50 pessoas desta população específica, e para cada amostra foi encontrado $\bar{x}$, sua nota média. E você faz isso repetidamente até que tenha todas as notas médias possíveis de todas as amostras possíveis de 50 pessoas. Preencha as lacunas com os termos estatísticos apropriados: O __________ representa a quantidade de variação de notas do teste na população inteira, e o __________ representa a quantidade de variação em todas as médias de notas da trívia para todos os grupos de 50.

354. Suponha que foram retiradas 100 amostras de tamanho 30 e calcule a média e o erro padrão. Se retirarem 100 amostras de tamanho 50 da mesma população, você esperaria ver a média __________ e o erro padrão __________.

(A) ser aproximadamente a mesma; ser maior

(B) ser aproximadamente a mesma; ser menor

(C) ser menor; ser menor

(D) ser menor; ser maior

(E) ser menor; ser aproximadamente o mesmo

355. Para essa população específica, com sua média e desvio padrão dados, qual é o erro padrão para uma amostra de tamanho 50? Arredonde sua resposta para duas casas decimais.

356. Para essa população específica, com sua média e desvio padrão dados, qual é o erro padrão para uma amostra de tamanho 60? Arredonde sua resposta para duas casas decimais.

357. Para essa população específica, com sua média e desvio padrão dados, qual é o erro padrão para uma amostra de tamanho 30? Arredonde sua resposta para duas casas decimais.

Pesquisando Notação e Símbolos

358–364 *Resolva os seguintes problemas sobre notação e símbolos.*

358. Qual é a notação para a média de um conjunto de notas amostrado de uma população maior de notas?

359. Qual é a notação para o valor médio de uma variável aleatória X em uma população?

360. Qual símbolo representa o erro padrão das médias amostrais?

361. Qual símbolo representa o desvio padrão de notas individuais em uma população?

362. Suponha que você atribui um valor numérico para cada carta em um baralho padrão de 52 cartas (Ás =1, 2 = 2, 3 = 3 e assim por diante até Valete = 11, Dama = 12, Rei = 13). Então, você retira uma mão de cinco cartas, computa o valor médio das faces das cartas nesta mão, retorna as cartas ao baralho, embaralha as cartas e faz a mesma coisa novamente e faz isso repetidamente — um número infinito de vezes — registrando a cada vez o valor médio das cartas em sua mão. Qual símbolo representaria melhor o desvio padrão de todas as médias encontradas por esse método?

363. A cada manhã, a tripulação de um barco de pesca puxa uma rede cheia de peixes, escolhe aleatoriamente 50 desses peixes, calcula o peso médio dos peixes capturados e então registra esse número. Ao longo de vários anos, o dono do barco usa o desvio padrão desses pesos médios para fazer projeções financeiras para certificar-se de considerar flutuações aleatórias no tamanho médio dos peixes capturados ao estimar lucros. Qual símbolo melhor representa o valor que o dono está tentando estimar para fazer projeções financeiras?

364. Uma corretora de imóveis olha para sete casas vendidas recentemente que são comparáveis à casa que ela está tentando vender. Qual símbolo melhor representa o preço de venda de qualquer uma das casas?

Entendendo o Que Afeta o Erro Padrão

365–368 *Resolva os seguintes problemas sobre itens que afetam o erro padrão.*

365. Se todo o resto for mantido constante, qual dos seguintes é mais provável de resultar em um erro padrão maior?

(A) uma média populacional maior

(B) uma média populacional menor

(C) um tamanho amostral maior

(D) um tamanho amostral menor

(E) um desvio padrão populacional menor

366. Qual efeito teria no erro padrão da média amostral se você pudesse aumentar o tamanho de cada uma das amostras sem mudar o desvio padrão populacional?

367. A População A tem uma média de 1.000 e o desvio padrão de 70, enquanto a População B tem a média de 1.200 e um desvio padrão de 62. Para amostras de tamanho 35, qual terá um erro padrão menor para a média amostral $\bar{X}$?

368. Se um pesquisador de levantamento de amostragem pretende cortar o erro padrão da média pela metade, o que ele deve fazer em relação ao tamanho amostral da próxima vez?

Indo Mais Fundo no Erro Padrão

369–374 *Um especialista em controle de qualidade está estudando o comprimento dos parafusos produzidos em sua fábrica retirando amostras de peças completas e também as suas dimensões em centímetros (cm).*

369. Para um tamanho amostral 9, se $\sigma_X = 20$, qual é o erro padrão da média, $\sigma_{\bar{X}}$? Arredonde sua resposta para quatro casas decimais.

370. Para um tamanho amostral 16, se $\sigma_X = 20$, qual é o erro padrão da média, $\sigma_{\bar{X}}$?

371. Qual das seguintes seria esperado resultar em um erro padrão maior da média?

(A) um tamanho amostral maior

(B) um tamanho amostral menor

(C) um desvio padrão populacional menor

(D) um desvio padrão populacional maior

(E) Alternativas (B) e (D)

372. Se o erro padrão da média amostral é 5, para amostras de tamanho 25, qual é o desvio padrão da população?

373. Para uma amostra de tamanho 40, quais serão as unidades para o erro padrão?

374. Para estimar a média populacional, qual dos seguintes erros padrão lhe dará a estimativa mais precisa?

(A) 0,4856

(B) 0,6818

(C) 0,7241

(D) 1,3982

(E) 8,2158

Conectando Médias Amostrais e Distribuições Amostrais

375–385 *Resolva os seguintes problemas sobre médias amostrais e distribuições amostrais.*

375. Um pesquisador retira uma série de amostras de notas de exames de uma população de notas que tem uma distribuição normal. Qual tamanho amostral requerido (se algum) é necessário para que a distribuição das médias amostrais também tenha uma distribuição normal?

376. Qual das seguintes condições é suficiente para garantir que a distribuição amostral das médias amostrais tenha uma distribuição normal?

(A) Amostras de tamanho $n > 10$ são retiradas.

(B) A população de todas as notas possíveis é muito grande.

(C) Pelo menos 30 amostras são retiradas, com devolução, da distribuição de notas possíveis.

(D) Notas individuais x_i são normalmente distribuídas.

(E) Nenhuma das anteriores.

377. A produtividade individual diária de abelhas individuais tem uma distribuição normal, com cada abelha produzindo uma quantidade ligeiramente diferente de mel. Se amostras aleatórias de dez abelhas são retiradas, qual é o formato da distribuição amostral das médias amostrais de produção de mel?

378. Se a distribuição populacional é __________ e o tamanho amostral é __________, você precisa aplicar o teorema central do limite para supor que a distribuição amostral das médias amostrais é normal.

(A) normal, 10

(B) normal, 50

(C) deslocada para a direita, 60

(D) Alternativas (B) e (C)

(E) Alternativas (A), (B) e (C)

379. Se as notas individuais são __________, a distribuição amostral das médias amostrais para notas dessa população serão normais independentemente do tamanho amostral *n*.

380. Quando as notas individuais são normalmente distribuídas, o que você pode concluir sobre a forma da distribuição amostral das médias amostrais?

381. Você tem uma população de 10.000 notas de testes com uma distribuição normal. Se retirar todas as amostras possíveis, cada uma de tamanho 40, e representar graficamente suas médias, qual forma espera que este gráfico tenha?

382. Os tamanhos de sapatos adultos estocados em uma loja tem uma distribuição normal. Se um empregado da loja de sapatos retira aleatoriamente quatro pares de sapatos de cada vez do estoque, encontra o tamanho médio dos quatro pares, os recoloca na prateleira e repete este processo 30 vezes, com o que a distribuição das médias amostrais provavelmente parecerá?

383. Suponha que todas as amostras possíveis de tamanho 5 são repetidamente retiradas de uma população normalmente distribuída de 10.000 notas, a nota média em cada amostra é anotada e a distribuição das médias amostrais é examinada. O que você pode dizer confiantemente sobre a distribuição de todas as médias possíveis neste caso?

384. Suponha que amostras de tamanho 10 são repetidamente retiradas de uma população de pedras, e o peso médio de cada amostra seja registrado. A distribuição dos pesos na população de pedras é normalmente distribuída. Qual forma você espera que a distribuição de médias amostrais tenha?

385. Uma loja de ferramentas estoca pregos em comprimentos de 20 a 100 milímetros, com tamanhos de 5 milímetros de diferença (20, 25, 30, e assim por diante). A loja mantém o mesmo número de pregos de cada comprimento em estoque. Se uma amostra aleatória de tamanho 35 é retirada do estoque, o comprimento médio calculado e registrado, os pregos retornados ao estoque e o experimento repetido 100 vezes, qual forma você espera que a distribuição das médias amostrais assuma?

Indo Mais Fundo em Distribuições Amostrais de Médias Amostrais

386–392 *Use as descrições de Populações A-D para responder aos seguintes problemas. A distribuição de valores na População A é fortemente distorcida para a direita. A distribuição de valores na População B é achatada em toda a extensão (isso é chamado uma distribuição uniforme). A distribuição de valores na População C é fortemente distorcida para a esquerda. Os valores na População D têm uma distribuição normal.*

386. Imagine que amostras sejam retiradas repetidamente de cada população. Se cada amostra possui $n = 50$ observações, para qual população a distribuição amostral das médias amostrais será aproximadamente normal?

(A) População A

(B) População B

(C) População C

(D) População D

(E) todas as anteriores

387. Suponha que amostras de tamanho 20 sejam repetidamente retiradas das quatro populações. Qual população é mais provável de ter uma distribuição aproximadamente normal para a distribuição amostral da média amostral?

388. Suponha que amostras de tamanho 40 sejam repetidamente retiradas das quatro populações. Qual forma você espera que a distribuição amostral das médias amostrais assuma?

389. Suponha que cada população tenha 100.000 unidades. Se amostras são repetidamente retiradas de cada uma, qual forma você espera que as distribuições amostrais das médias amostrais tenha?

390. Suponha que você retirou todas as amostras possíveis de um tamanho específico da População C. Quão grande seu tamanho amostral deve ser antes que se espere que a distribuição amostral das médias amostrais seja normal?

391. Imagine que um pesquisador retire todas as amostras possíveis de tamanho 3 de uma distribuição normal. Qual forma geral a distribuição amostral das médias amostrais teria?

392. Imagine que um pesquisador retire todas as amostras possíveis de tamanho 100 de uma população que não tem uma distribuição normal. Qual forma geral a distribuição amostral das médias amostrais deveria ter?

Olhando o Teorema Central do Limite

393–400 *Resolva os seguintes problemas que envolvem o teorema central do limite.*

393. Suponha que um pesquisador retire amostras aleatórias de tamanho 20 de uma distribuição desconhecida. O pesquisador pode afirmar que a distribuição amostral das médias amostrais é, pelo menos, aproximadamente normal?

394. Como uma *regra geral*, aproximadamente, qual é o menor tamanho amostral que pode ser retirado com segurança de uma distribuição não-normal de observações se alguém quer produzir uma distribuição amostral normal de médias amostrais?

395. Um pesquisador retira uma amostra de 500 valores de uma grande população de notas que tem uma distribuição distorcida. O pesquisador, então, continua a fazer análises estatísticas que supõe que a distribuição amostral das médias amostrais é, pelo menos, aproximadamente normal. O que você pode concluir sobre se o pesquisador violou uma condição de seu procedimento estatístico?

396. Um pesquisador retira 150 amostras de 10 peças de uma população normalmente distribuída de observações individuais. O que o pesquisador pode concluir nesse caso?

397. Um pesquisador vai retirar uma amostra de 150 valores de uma população. O pesquisador quer encontrar probabilidades para a média amostral. Qual das seguintes afirmações é verdadeira?

(A) O teorema central do limite não pode ser usado porque você não sabe a distribuição da população.

(B) O teorema central do limite não pode ser usado porque o pesquisador está retirando apenas uma amostra.

(C) O teorema central do limite pode ser usado porque o tamanho amostral é grande o bastante e a distribuição da população é desconhecida.

(D) O teorema central do limite não é necessário porque você pode supor que a população é normal se não estiver afirmado.

(E) Isso não pode ser determinado pela informação dada.

398. A distribuição do comprimento dos parafusos produzidos por uma fábrica não é normal. Um pesquisador retira 150 amostras de 10 para cada da produção de parafusos do dia. O pesquisador pode usar o teorema central do limite neste caso para fazer conclusões sobre a variável aleatória $\bar{X}$?

399. Um pesquisador retira 40 amostas de 150 números para cada uma de uma população distorcida não-normal de observações individuais. O que o pesquisador pode concluir nesse caso?

400. Um pesquisador retira uma amostra de tamanho 32 de uma população cujos valores individuais são distorcidos para a direita (não normal). O pesquisador quer usar a distribuição normal para encontrar probabilidades em relação aos seus resultados. Ele pode usar o teorema central do limite neste caso?

Conseguindo Mais Prática com Cálculos de Média Amostral

401–405 *Suponha que as notas em um exame de matemática são normalmente distribuídas para alunos em uma universidade específica, com uma média de 10 e um desvio padrão de 3. Amostras de diferentes tamanhos são retiradas dessa população.*

401. Para uma amostra de 10 alunos, suas notas são como se segue: 7, 6, 7, 14, 9, 9, 11, 11, 11 e 11. Qual é a média amostral?

402. Você retira uma amostra e calcula a média amostral. Qual das seguintes é verdadeira?

(A) A média amostral sempre será menor que a média da população porque a amostra é apenas parte da população.

(B) A média amostral sempre será a mesma que a media da população.

(C) A média amostral sempre será maior que a média da população porque a amostra é apenas parte da população.

(D) Amostras maiores tendem a render estimativas mais precisas da média da população.

(E) Não há informação suficiente para afirmar.

403. Qual das seguintes é verdadeira sobre a relação entre a média de uma amostra específica e a média da população?

(A) A média amostral é a mesma que a média da população.

(B) A média amostral é a melhor estimativa para a média da população.

(C) Amostras maiores tendem a render estimativas mais precisas da média da população.

(D) Amostras menores tendem a render estimativas mais precisas da média amostral.

(E) Alternativas (B) e (C)

404. Suponha que a verdadeira média populacional é 10 e o desvio padrão da população é 3. Qual é a probabilidade de conseguir uma média amostral pelo menos tão longe da média como esta amostra deu, considerando que o tamanho amostral é $n = 10$?

405. Suponha que em uma amostra de 500 alunos, a nota média no teste foi determinada como sendo 9,7. Qual é a probabilidade de encontrar uma amostra de tamanho 500 cuja média é mais distante da média populacional do que a dessa amostra específica?

Encontrando Probabilidades para Médias Amostrais

406–411 *Encontre probabilidades para médias amostrais nos seguintes problemas.*

406. Se $\mu = 100$, $\sigma = 30$ e $n = 35$, qual é a probabilidade de encontrar uma média amostral de 10 ou mais unidades da média populacional?

407. Se $\mu = 100$, $\sigma = 40$ e $n = 64$, qual é a probabilidade de encontrar uma média amostral de 10 ou mais unidades da média populacional?

408. Se $\mu = 50$, $\sigma = 16$ e $n = 64$, qual é a probabilidade de encontrar uma média amostral de 10 ou mais unidades da média populacional?

409. Se $\mu = 50$, $\sigma = 16$ e $n = 16$, e se a população é normalmente distribuída, qual é a probabilidade de encontrar uma média amostral de 10 ou mais unidades da média populacional?

410. Se $\mu = 0$, $\sigma = 160$ e $n = 100$, qual é a probabilidade de encontrar uma média amostral de 10 ou mais unidades da média populacional?

411. Foi dito a um técnico de enfermagem que a contagem média de glóbulos brancos no sangue na população é de 7.250 glóbulos brancos por microlitro de sangue com um desvio padrão de 1.375, mas o técnico não sabe se as contagens de glóbulos brancos são normalmente distribuídas na população. Então ele pega 40 tubos de sangue de diferentes pessoas selecionadas aleatoriamente e consegue uma média de contagem de glóbulos brancos de $x = 7.616$ em média nos 40 tubos. Qual é a probabilidade dele conseguir uma média amostral tão alta ou mais alta que a atual?

Indo Mais Fundo em Probabilidades para Médias Amostrais

412–415 *O proprietário de uma fábrica de biscoitos faz biscoitos com gotas de chocolate com especificações bem precisas. O peso da população de biscoitos tem uma média de 12 gramas e o desvio padrão da população é de 0,1 gramas.*

412. O estatístico que trabalha na fábrica retira amostras aleatórias de 36 biscoitos do lote mais recente, um dia ele descobre que o peso médio de um biscoito nessa amostra é 12,011 gramas Qual é a probabilidade dele conseguir um valor tão próximo quanto esse ou mais próximo da média?

413. O estatístico que trabalha na fábrica retira amostras aleatórias de 49 biscoitos do lote mais recente, um dia ele descobre que o peso médio de um biscoito nessa amostra é 12,004 gramas Qual é a probabilidade dele conseguir um valor tão próximo quanto esse ou mais próximo da média?

414. O estatístico que trabalha na fábrica retira amostras aleatórias de 36 biscoitos do lote mais recente, um dia ele descobre que o peso médio de um biscoito nessa amostra é 12,02 gramas Qual é a probabilidade dele conseguir um valor tão próximo quanto esse ou mais próximo da média?

415. O estatístico que trabalha na fábrica retira amostras aleatórias de 49 biscoitos do lote mais recente, um dia ele descobre que o peso médio de um biscoito nessa amostra é 12,02 gramas Qual é a probabilidade dele conseguir um valor tão próximo quanto esse ou mais próximo da média?

Adicionando Proporções à Mistura

416–419 *Suponha que um pesquisador acredite que existe o viés de gênero na apresentação de zumbis em filmes. O pesquisador acredita que exatamente 50% de todos os zumbis com gêneros evidentes devem ser mulheres se não houver viés presente. O pesquisador pega uma lista de todos os filmes de zumbi já feitos, escolhe aleatoriamente 29 filmes desta lista e então escolhe um pedaço aleatório de cada filme para começar a assistir. O pesquisador codifica o gênero aparente do primeiro zumbi que aparece depois de escolher aleatoriamente a parte para começar a assistir. Os resultados são que 20 de 29 zumbis são aparentemente mulheres.*

416. Supondo que você está interessado na proporção de zumbis mulheres, qual é $\hat{p}$? Arredonde sua resposta para duas casas decimais.

417. Qual é p? Arredonde sua resposta para quatro casas decimais.

418. Qual é $\sigma_{\hat{p}}$? Arredonde sua resposta para quatro casas decimais.

419. No cenário de pesquisa apresentado, o teorema central do limite pode ser usado?

Compreendendo o Erro Padrão da Proporção Amostral

420–423 *Calcule o erro padrão para a proporção amostral nos seguintes problemas.*

420. Se $p = 0{,}9$ e $n = 100$ em uma distribuição binomial, qual é o erro padrão da proporção amostral?

421. Se $p = 0{,}1$ e $n = 100$ em uma distribuição binomial, qual é $\sigma_{\hat{p}}$?

422. Se $p = 0{,}5$ e $n = 100$ em uma distribuição binomial, qual é $\sigma_{\hat{p}}$?

423. Se $p = 0{,}67$ e $n = 60$ em uma distribuição binomial, qual é $\sigma_{\hat{p}}$?

Usando o Teorema Central do Limite para Proporções

424-425 *Determine como usar o teorema central do limite para proporções nos seguintes problemas.*

424. Se um pesquisador quer estudar uma população binomial onde $p = 0{,}1$, qual é o tamanho mínimo de n necessário para fazer uso do teorema central do limite?

425. Se um pesquisador quer estudar uma proporção populacional onde $p = 0{,}5$, qual é o tamanho mínimo de n necessário para fazer uso do teorema central do limite?

Combinando Escores-z a Proporções Amostrais

426–428 *Calcule os escores-z para proporções amostrais observadas nos seguintes problemas.*

426. Se $p = 0{,}5$, $n = 10$ e $\sigma_{\hat{p}} = 0{,}1581$, qual escore-$z$ corresponde a um $\hat{p}$ observado de 0,25? Arredonde sua resposta para duas casas decimais.

427. Se $p = 0{,}5$, $n = 25$ e $\sigma_{\hat{p}} = 0{,}1$, qual escore-z corresponde a um $\hat{p}$ observado de 0,25?

428. Se $p = 0{,}25$ e $n = 25$, qual escore-z corresponde a um $\hat{p}$ observado de 0,25?

Encontrando Probabilidades Aproximadas

429–431 *Todos esses problemas têm uma distribuição binomial. Em cada caso, encontre a probabilidade aproximada de $\hat{p} \leq 0{,}25$, usando o teorema central do limite se as condições apropriadas estiverem preenchidas.*

429. $p = 0{,}5$, $n = 10$

430. $p = 0{,}5$, $n = 25$

431. $p = 0{,}25$, $n = 40$

Ganhando Mais Prática com Probabilidades

432–435 *Imagine que uma moeda honesta é lançada repetidamente e o número total de caras ao longo de todos os lances é anotado.*

432. Se a moeda é lançada 36 vezes, qual é a probabilidade de conseguir pelo menos 21 caras?

433. Se a moeda é lançada 50 vezes, qual é a probabilidade de conseguir, pelo menos, dez caras?

434. Se a moeda é lançada 100 vezes, qual é a probabilidade de conseguir mais de 60 caras?

435. Uma grande corporação compra computadores em massa. Ela sabe que um certo fabricante garante que não mais de 1% de suas máquinas sejam defeituosas. A corporação tem observado uma taxa de defeito de 1,5% em 1.000 máquinas que comprou dessa empresa. Se o fabricante realmente alcança a taxa de defeito que afirma, qual é a probabilidade de observar uma taxa de defeito pelo menos tão alta quanto 1,5% em uma amostra aleatória de 1.000 máquinas?

Indo Mais Fundo em Probabilidades Aproximadas

436–440 *Um pesquisador começa com o conhecimento de que p = 0,3. O pesquisador descobre $\hat{p}$ como afirmado, usando n tentativas dadas na pergunta. Encontre a probabilidade aproximada em cada caso.*

436. Dada a informação fornecida, qual é a probabilidade aproximada de observar uma proporção $\hat{p}$ fora da amplitude 0,2 a 0,4 com 36 tentativas?

437. Dada a informação fornecida, qual é a probabilidade aproximada de observar uma proporção $\hat{p} < 2$ em 36 tentativas?

438. Dada a informação fornecida, qual é a probabilidade aproximada de observar uma proporção $\hat{p} < 0,4$ com 36 tentativas?

439. Usando a informação fornecida, qual é a probabilidade aproximada de observar uma proporção amostral $\hat{p}$ fora da amplitude 0,2 a 0,4 com 81 tentativas?

440. Qual é a probabilidade de observar uma proporção amostral $\hat{p}$ na amplitude 0,2 a 0,4 com 144 tentativas?

Capítulo 8

Encontrando Espaço para uma Margem de Erro

Uma margem de erro é a parte "mais ou menos" que deve ser adicionada aos seus resultados estatísticos para dizer a todos o reconhecimento de que os resultados amostrais variam de amostra em amostra. A margem de erro ajuda a indicar quanto você acredita que esses resultados podem variar, com um certo nível de confiança. A qualquer momento que estiver tentando estimar um número de uma população (como o preço médio da gasolina nos Estados Unidos), deve-se incluir uma margem de erro. E nunca é uma boa ideia presumir que uma margem de erro é baixa se não é dada.

Os Problemas com os Quais Trabalhará

O conjunto de problemas neste capítulo foca unicamente na margem de erro. Ela é relacionada ao intervalo de confiança e está recebendo seu próprio destaque porque é muito importante. Aqui está com o que você trabalhará:

- Entender exatamente o que significa margem de erro (MDE) e quando é usada
- Desmembrar os componentes da margem de erro e ver o papel de cada componente
- Examinar os fatores que aumentam ou diminuem a margem de erro e a maneira que o fazem
- Trabalhar em margem de erro para as médias populacionais assim como poucas proporções populacionais
- Interpretar os resultados de margem de erro adequadamente

Com o que Tomar Cuidado

Ao longo do seu trabalho nos problemas deste capítulo, preste muita atenção ao seguinte:

- Saber exatamente o que acontece quando certos valores mudam em uma margem de erro
- Entender o relacionamento entre valores de z e o nível de confiança necessário para uma margem de erro
- Calcular com precisão o tamanho amostral necessário para conseguir uma margem de erro específica que você queira
- Manter seu nível de entendimento alto e não se enterrar em cálculos

Definindo e Calculando Margem de Erro

441–446 *Resolva os seguintes problemas sobre o básico de margem de erros.*

441. Um levantamento de opiniões relata que 60% de todos os votantes que atenderam a uma ligação telefônica apoiam uma medida de vínculo para fornecer mais dinheiro às escolas, com uma margem de erro de ± 4%. O que o termo *margem de erro* adiciona ao seu conhecimento dos resultados do levantamento?

442. Um fabricante de suplementos esportivos afirma que, com base em uma amostra aleatória de 1.000 usuários de seus produtos, 93% de todos os seus usuários ganharam músculos e perderam gordura, com uma margem de erro de ± 1%. Qual informação crucial está faltando nessa afirmação?

443. Uma enquete mostra que Garcia está liderando contra Smith por 54% a 46% com uma margem de erro de ± 5% em um nível de confiança de 95%. A que conclusão você pode chegar acordo com a enquete?

444. Qual é a margem de erro para estimar uma média populacional, dadas as seguintes informações e um nível de confiança de 95%?

$\sigma = 15$
$n = 100$

445. Qual é a margem de erro para estimar uma média populacional, dadas as seguintes informações e um nível de confiança de 95%?

$\sigma = 5$
$n = 500$

446. Qual é a margem de erro para estimar uma média populacional, dadas as seguintes informações e um nível de confiança de 95%?

$\sigma =$ R\$10.000,00
$n = 40$

Usando a Fórmula para Margem de Erro ao Estimar uma Média Populacional

447–449 *Um pesquisador conduziu um levantamento na Internet de 300 alunos em uma faculdade específica para estimar a quantidade média de dinheiro que os alunos gastavam em alimentos por semana. O pesquisador sabe que o desvio padrão da população, σ, de gastos semanais é R\$25,00. A média da amostra é R\$85,00.*

447. Qual é a margem de erro se o pesquisador quiser ter 99% de confiança no resultado?

448. Qual é a margem de erro se o pesquisador quiser ter 95% de confiança no resultado?

449. Qual é o limite inferior de um intervalo de confiança de 80% para a média populacional, com base nesses dados?

Encontrando Valores-z^* Adequados para Níveis de Confiança Dados

450–452 *Use a Tabela A-4 para encontrar o valor-z^* adequado para os níveis de confiança dados exceto onde já estiverem notados.*

450. A Tabela A-1 (a tabela-Z) e a Tabela A-4 no apêndice são relacionadas mas não são a mesma coisa. Para ver a conexão, encontre o valor-z^* que você precisa para um intervalo de confiança de 95% utilizando a Tabela A-1.

451. Qual é o valor-z^* para um nível de confiança de 99%?

452. Qual é o valor-z^* para um nível de confiança de 80%?

Conectando Margem de Erro ao Tamanho da Amostra

453–455 *Um sociólogo está interessado na média de idade que as mulheres se casam. O sociólogo sabe que o desvio padrão de idade da população do primeiro casamento é de três anos para ambos, homens e mulheres, e isso não mudou nos últimos 60 anos. O sociólogo gostaria de demonstrar com 95% de confiança que a média de idade do primeiro casamento para mulheres é agora mais alta que a média de idade em 1990, que era de 24 anos.*

453. Se o sociólogo puder amostrar somente 50 mulheres, qual será a margem de erro?

454. Se o sociólogo puder amostrar 100 mulheres, qual será a margem de erro?

455. Qual é o menor número de participantes que o sociólogo pode amostrar para estimar a idade nupcial média para a população, com uma margem de erro de apenas dois anos?

Conseguindo Mais Prática com a Fórmula para Margem de Erro

456–460 *Duzentos parafusos de motor de avião serão amostrados de uma fabricação de muitos milhares de parafusos para estimar o comprimento médio de todos os parafusos (em milímetros).*

456. Supondo que $\sigma = 0{,}01$ milímetros e que você está usando um nível de confiança de 99%, encontre a margem de erro para estimar a média populacional.

457. Supondo que $\sigma = 0{,}05$ milímetros e que você está usando um nível de confiança de 99%, qual é a margem de erro para estimar a média populacional?

458. Supondo que $\sigma = 0{,}10$ milímetros e que você está usando um nível de confiança de 99%, qual é a margem de erro para estimar a média populacional?

459. A margem de erro pode ajudar as fábricas a determinar se estão fabricando partes dentro de uma faixa satisfatória de dimensões. Suponha que uma fábrica descubra que os pesos médios das partes que estão fabricando tem uma margem de erro (com 99% de confiança) que é duas vezes maior do que deveria ser, quando eles tentam estimar o tamanho médio das partes. Que passo a fábrica pode tomar em relação ao tamanho da amostra se quiser reduzir a margem de erro pela metade?

460. Um proprietário de fábrica inescrupuloso descobriu que a margem de erro para estimar o tamanho médio de uma parte produzida em fábrica é duas vezes maior do que deveria ser. Uma maneira de arrumar isso é ter certeza que os processos de fabricação são todos muito consistentes, mas é caro fazer isso e o proprietário da fábrica não quer passar por todo esse problema e gastar tudo isso. O proprietário da fábrica foi capaz de relatar imediatamente à diretoria que ele tinha cortado a margem de erro por um pouco mais que a metade. Supondo que nenhuma mudança tenha sido feita nos processos de produção, qual ação enganosa o dono da fábrica pode ter feito para conseguir este resultado?

Conectando Margem de Erro e Proporção Populacional

461–464 *Resolva os seguintes problemas relacionados à margem de erro e proporção populacional.*

461. Uma pesquisadora de mercado amostra 100 pessoas para descobrir um intervalo de confiança para estimar a média de idade de seus clientes. Ela descobre que a margem de erro é três vezes maior do que ela quer que seja. Quantas pessoas a pesquisadora deve adicionar à amostra para diminuir a margem de erro para o tamanho desejado?

462. Uma pesquisa de 10.000 adultos selecionados aleatoriamente por toda a Europa descobre que 53% está insatisfeito com o euro. Qual é a margem de erro para estimar a proporção entre todos os europeus que estão insatisfeitos com o euro? (Use um intervalo de confiança de 95%.) Dê sua resposta como uma porcentagem.

463. Um gabinete eleitoral de um município quer planejar para ter trabalhadores de enquetes suficientes para o dia das eleições, então conduz um levantamento telefônico para estimar qual proporção daqueles que são elegíveis para votar pretendem fazê-lo. O gabinete liga para 281 pessoas elegíveis na comunidade e descobre que 135 delas pretendem votar. Qual é a margem de erro para estimar a proporção populacional, usando um nível de confiança de 99%? Dê sua resposta como uma porcentagem.

464. Uma amostra de 922 famílias conclui que a proporção com um ou mais cachorros é 0,46. A margem de erro é relatada como 2,7%. Qual nível de confiança está sendo usado neste intervalo de confiança para a proporção?

Capítulo 9

Intervalos de Confiança: O Básico para uma Média Populacional e Proporções

Suponha que você quer encontrar o valor de um certo parâmetro populacional (por exemplo, o preço médio da gasolina em Ohio). Se a população é muito grande, você pega uma amostra (como 100 postos de gasolina escolhidos aleatoriamente) e usa esses resultados para *estimar* o parâmetro populacional. Sabendo que os resultados amostrais variam, você anexa uma margem de erro (mais ou menos), para cobrir sua base. Junte tudo e terá um *intervalo de confiança* — uma faixa de valores prováveis para o parâmetro populacional.

Os Problemas com os Quais Trabalhará

Os problemas neste capítulo lhe darão prática em calcular e interpretar alguns intervalos de confiança básicos. Aqui estão os destaques:

- Calcular um intervalo de confiança para uma média populacional quando o desvio padrão da população é conhecido (envolve a distribuição-*Z*) ou desconhecido (envolve a distribuição-*t*)
- Calcular um intervalo de confiança para uma proporção populacional quando a amostra é grande
- Encontrar e interpretar a margem de erro de um intervalo de confiança e quais fatores a afetam
- Determinar tamanhos amostrais necessários adequados para alcançar uma certa margem de erro

Com o que Tomar Cuidado

Quando estiver trabalhando com estes problemas, certifique-se de que pode fazer o seguinte:

- Saiba quando um intervalo de confiança é necessário — a palavra *estimativa* é sua deixa.
- Saiba quais condições verificar antes de decidir qual fórmula usar.
- Entenda cada parte de um intervalo de confiança, qual é seu papel e como ele pode ser afetado.
- Foque particularmente em como os resultados são *interpretados* (explicados em linguagem real) em vez de focar apenas nos cálculos.

Introduzindo Intervalos de Confiança

465–468 Uma loja de roupas está interessada na quantidade média gasta por todos os seus clientes durante as compras, então ela examina uma amostra aleatória de 100 registros de caixas registradoras eletrônicas e descobre que, entre aqueles que fizeram compras, a quantidade média gasta foi R$45,00 com um intervalo de confiança de 95% de R$41,00 a R$49,00.

465. Quais das seguintes afirmações são verdadeiras em relação ao intervalo de confiança de 95% para esses dados?

(A) Se o mesmo estudo fosse repetido muitas vezes, cerca de 95% das vezes o intervalo de confiança incluiria a média de dinheiro gasto da amostra, que é R$45,00.

(B) Se o mesmo estudo fosse repetido muitas vezes, cerca de 95% das vezes, o intervalo de confiança conteria a média de dinheiro gasto para todos os clientes.

(C) Existe uma probabilidade de 95% de que a média de dinheiro gasto por todos os clientes seja R$45,00.

(D) Alternativas (A) e (B)

(E) Alternativas (A), (B) e (C)

466. Qual das seguintes é uma razão para relatar um intervalo de confiança junto com uma estimativa pontual para estes dados?

(A) A loja estudou uma amosta de registros de vendas em vez da população inteira de registros de vendas.

(B) O intervalo de confiança, com certeza, contém o parâmetro populacional.

(C) Como os resultados amostrais variam, não é esperado que a média amostral corresponda exatamente à média populacional, então uma amplitude de valores prováveis é requerida.

(D) Alternativas (A) e (B)

(E) Alternativas (A) e (C)

467. Qual das seguintes afirmações é um argumento válido para retirar uma amostra de tamanho 500 em vez de uma de tamanho 100?

(A) A amostra maior produzirá uma estimativa menos deslocada da média amostral.

(B) A amostra maior produzirá uma estimativa mais precisa da média populacional.

(C) O intervalo de confiança de 95% calculado da amostra maior será mais estreito.

(D) Alternativas (B) e (C)

(E) Alternativas (A), (B) e (C)

468. Qual das seguintes afirmações é verdadeira em relação à média amostral de R$45,00?

(A) É a mesma que a média populacional.

(B) É um bom número para usar para estimar a média populacional.

(C) Se retirasse outra amostra de 100 da mesma população, você esperaria que a média amostral fosse exatamente R$45,00.

(D) Alternativas (A) e (C)

(E) Nenhuma das anteriores

Verificando Componentes de Intervalos de Confiança

***469–484** Resolva os seguintes problemas sobre componentes de intervalos de confiança.*

469. Considere as seguintes amostras de $n = 5$ de uma população. Sem fazer nenhum cálculo, qual você esperaria que tivesse o mais amplo intervalo de confiança de 95% se estiver usando a amostra para estimar a média populacional?

Amostra A: 5, 5, 5, 5, 5

Amostra B: 5, 6, 6, 6, 7

Amostra C: 5, 6, 7, 8, 9, 10

Amostra D: 5, 6, 7, 8, 9, 20

470. Ao analisar a mesma amostra de dados, qual intervalo de confiança teria a maior amplitude de valores?

(A) um com um nível de confiança de 80%

(B) um com um nível de confiança de 90%

(C) um com um nível de confiança de 95%

(D) um com um nível de confiança de 98%

(E) um com um nível de confiança de 99%

471. Como o intervalo de confiança será afetado se o nível de confiança aumentar de 95% para 98%?

472. Com todos os fatores permanecendo iguais, por que aumentar o nível de confiança aumenta a amplitude do intervalo de confiança?

473. Uma pesquisa com 100 americanos relata que 65% deles possuem um carro cada. O intervalo de confiança de 95% para a porcentagem de todos os lares americanos que possuem um carro é de 60% a 70%. Qual é a margem de erro para o intervalo de confiança nesse exemplo?

474. Se todos os outros fatores continuarem iguais, qual tamanho amostral criará o intervalo de confiança mais amplo?

(A) $n = 100$

(B) $n = 200$

(C) $n = 300$

(D) $n = 500$

(E) $n = 1.000$

475. Se todos os outros fatores são iguais, qual tamanho amostral resulta no intervalo de confiança mais estreito?

(A) $n = 200$

(B) $n = 500$

(C) $n = 1.000$

(D) $n = 2.500$

(E) $n = 5.000$

476. Um hospital está considerando qual tamanho amostral retirar em um estudo de precisão de seus registros clínicos. Se decidir usar uma amostra aleatória de 500 registros, em vez de uma amostra aleatória de 200 registros, qual das seguintes afirmações é verdadeira?

(A) A amostra de 500 terá um intervalo de confiança de 95% mais amplo.

(B) A amostra de 500 terá um intervalo de confiança de 95% mais estreito.

(C) A amplitude do intervalo de confiança de 95% não será afetada pelo tamanho amostral.

(D) A amostra de 500 produzirá uma estimativa mais precisa da média populacional.

(E) Alternativas (B) e (D)

477. Qual é a relação entre o nível de confiança e a amplitude do intervalo de confiança?

478. Suponha que a População A tenha substancialmente menos variabilidade que a População B. Comparando amostras do mesmo tamanho e com intervalos de confiança do mesmo nível de confiança, qual das seguintes afirmações é verdadeira?

(A) Espera-se que os intervalos de confiança relacionados às Populações A e B sejam os mesmos.

(B) Espera-se que o intervalo de confiança relacionado à População A seja mais amplo.

(C) Espera-se que o intervalo de confiança relacionado à População A seja mais estreito.

(D) Depende de como os dados foram coletados.

(E) Não há informação suficiente para dizer.

479. Uma universidade está planejando estudar a satisfação dos alunos com serviços tecnológicos no campus baseado em um levantamento de uma amostra de alunos aleatória. Qual das seguintes afirmações é verdadeira?

(A) Um nível de confiança de 80% produzirá um intervalo de confiança mais amplo que um nível de confiança de 90%.

(B) Um nível de confiança de 80% produzirá um intervalo de confiança mais estreito que um nível de confiança de 90%.

(C) Uma amostra de 300 alunos produzirá um intervalo de confiança mais estreito que uma amostra de 150 alunos.

(D) Alternativas (A) e (C)

(E) Alternativas (B) e (C)

480. As seguintes amostras são retiradas de diferentes populações. Supondo que as amostras sejam reflexões precisas da variabilidade das populações e o mesmo nível de confiança é usado para cada uma, qual amostra terá o intervalo de confiança mais amplo?

Amostra A: 10, 20, 30, 40, 50, 60, 70, 80, 90, 100

Amostra B: 1, 2, 3, 40, 50, 60, 70, 800, 900, 1000

Amostra C: 41, 42, 43, 44, 45, 46, 47, 48, 49, 50

Amostra D: 10, 15, 20, 21, 22, 23, 24, 25, 30, 35

Amostra E: 510, 520, 530, 540, 550, 560, 570, 580, 590, 600

481. Uma amostra aleatória de 100 pessoas retiradas de qual das populações seguintes produzirá o mais amplo intervalo de confiança para a média de rendimento?

(A) trabalhadores com idades de 22 a 30 que moram em Denver

(B) trabalhadores dos EUA com idades entre 22 e 30

(C) todos os trabalhadores dos EUA com idades entre 16 e 22

(D) todos os trabalhadores com idades entre 22 e 30 que moram na América do Norte (Canadá, os EUA e México), ajustado em dólares americanos

(E) todos os trabalhadores com idades entre 22 e 30 que moram em cidades dos EUA com populações menores que 10.000 habitantes.

482. Uma amostra aleatória retirada de qual das seguintes populações produzirá o intervalo de confiança mais estreito para altura média?

(A) crianças com idades de 1 a 5

(B) crianças com idades de 5 a 10

(C) crianças com idades de 10 a 16

(D) adolescentes com idades de 13 a 19

(E) adultos com idades de 55 a 65

483. Qual das seguintes amostras produzirá o intervalo de confiança mais amplo para a mesma média populacional?

(A) uma com nível de confiança de 95%, $n = 200$ e $\sigma = 8,5$

(B) uma com nível de confiança de 95%, $n = 200$ e $\sigma = 12,5$

(C) uma com nível de confiança de 95%, $n = 400$ e $\sigma = 8,5$

(D) uma com nível de confiança de 80%, $n = 200$ e $\sigma = 8,5$

(E) uma com nível de confiança de 80%, $n = 400$ e $\sigma = 8,5$

484. Qual das seguintes diminuirá a margem de erro de um intervalo de confiança?

(A) Aumentar o tamanho amostral de 200 para 1.000 elementos.

(B) Diminuir o nível de confiança de 95% para 90%.

(C) Aumentar o nível de confiança de 95% para 98%.

(D) Alternativas (A) e (B)

(E) Alternativas (A) e (C)

Interpretando Intervalos de Confiança

***485–489** Resolva os seguintes problemas sobre interpretação de intervalos de confiança.*

485. Uma amostra de alturas de meninos em uma turma mostra a altura média de 5 pés e 9 polegadas. A margem de erro é ± 4 polegadas para um intervalo de confiança de 95%. Qual das seguintes afirmações é verdadeira?

(A) O intervalo de confiança de 95% para a altura média de todos os meninos é entre 5 pés e 5 polegadas e 6 pés e 1 polegada.

(B) A média de qualquer amostra tem uma chance de 95% de ser entre 5 pés e 5 polegadas e 6 pés e 1 polegada.

(C) Com base nos dados, a altura média amostral é de 5 pés e 9 polegadas e 95% de todos os meninos terão entre 5 pés e 5 polegadas e 6 pés e 1 polegada.

(D) Isso significa que baseado nos dados amostrais, 95% das alturas são calculadas para ter uma média de 5 pés e 9 polegadas, 5% dos meninos têm mais de 4 polegadas a menos e 5% são pelo menos 4 polegadas mais altos que 5 pés e 9 polegadas.

(E) Isso significa que um menino selecionado aleatoriamente da turma tem uma chance de 95% de ter uma altura entre 5 pés e 5 polegadas e 6 pés e 1 polegada.

486. Uma amostra de alunos universitários mostrou que eles ganharam uma renda de verão média de R$4.500,00. A margem de erro é ± R$400,00 para um intervalo de confiança de 95%. O que isso significa?

487. Qual das seguintes descreve corretamente a margem de erro?

(A) A margem de erro é a porcentagem de erros que foram feitos ao retirar a amostra.

(B) A margem de erro é uma estimativa que se ajusta para o relato falso das pessoas entrevistadas.

(C) A margem de erro é usada para calcular a amplitude dos valores prováveis para um parâmetro populacional, com base em uma amostra.

(D) A margem de erro identifica a qualidade dos métodos de amostragem. Uma margem de erro de ± 5% indica um estudo bem planejado.

(E) A margem de erro mostra a distância dos resultados amostrais da média populacional.

488. Uma amostra de alunos universitários descobriu que a quantidade média que os alunos gastam em livros, suprimentos e taxas de laboratório foi R$450,00 por semestre, com uma margem de erro de ± R$50,00. O nível de confiança para estes resultados é 99%. Com base nesses resultados, qual das seguintes afirmações é verdadeira sobre a margem de erro?

(A) A margem de erro significa que 99% das taxas em livros estão entre R$50,00 de cada uma.

(B) A margem de erro mede a quantidade pela qual seus resultados amostrais poderiam mudar, com 99% de chance de confiança.

(C) A margem de erro significa que você tem que ajustar seus resultados em R$50,00 para considerar relatos imprecisos das pessoas entrevistadas.

(D) A margem de erro identifica a qualidade dos métodos amostrais. Uma margem de erro de ± R$50,00 indica um estudo fracamente planejado.

(E) A margem de erro mostra que a amplitude total de todas as compras em média foi de R$400,00 a R$500,00, e a média foi R$450,00.

489. Uma enquete de 1.000 prováveis votantes mostrou que o candidato Smith tinha 48% dos votos e o candidato Jones tinha 52% dos votos. A margem de erro era de ± 3% e o nível de confiança era de 98%. Qual candidato provavelmente ganhará as eleições?

Detectando Intervalos de Confiança Enganosos

***490–494** Resolva os seguintes problemas sobre intervalos de confiança enganosos.*

490. Em um levantamento, 6.500 dos primeiros 10.000 fãs em um jogo de futebol escolheram o sorvete de chocolate como seu sabor preferido. A empresa de sorvete fazendo o levantamento então afirma que 65% de todos os americanos preferem sorvete de chocolate a outros sabores com base neste levantamento. Qual das alternativas a seguir melhor descreve as conclusões da empresa de sorvetes?

(A) O levantamento tem um viés embutido.

(B) O levantamento terá resultados válidos porque o tamanho amostral é alto.

(C) Os resultados são enviesados porque o intervalo de confiança é muito amplo quando apenas 10.000 pessoas responderam.

(D) O levantamento não é válido porque não lista as escolhas de sabores feitas pelos outros fãs.

(E) Os resultados do levantamento são enviesados porque não mostram as pessoas que não gostam de sorvete.

491. Uma empresa retirou uma amostra aleatória de 30 empregados no primeiro ano e perguntou seus níveis de satisfação com seus trabalhos. Ela descobriu que 80% dos amostrados estavam "muito contentes" com seu emprego, ± 3% em um nível de confiança de 95%. A empresa pegou essa informação e relatou que 80% de todos os seus empregados estavam muito contentes com seus empregos, ± 3%. Existe, pelo menos, um problema com os resultados relatados pela empresa. Escolha a(s) resposta(s) que melhor descreve(m) o(s) problema(s).

(A) O levantamento é preciso porque é baseado em uma amostra aleatória.

(B) O levantamento é enviesado porque foi baseado apenas em empregados no primeiro ano, que podem se sentir diferentes sobre seus empregos do que outros empregados.

(C) O levantamento é enganoso porque não relata os resultados dos outros empregados no primeiro ano.

(D) O tamanho amostral é apenas 30. A margem de erro deve ser maior que 3% com base no tamanho da amostra e no nível de confiança.

(E) Alternativas (B) e (D)

492. Uma empresa conduziu uma pesquisa online aleatório de 1.000 visitantes em seu website durante os últimos três meses. A amostra mostrou que os visitantes tinham a média de cinco compras online em todos os sites de internet durante os últimos 12 meses. A margem de erro era ± 0,6 compras com um nível de confiança de 95%. Então a empresa conclui que o número médio de compras online para todos os visitantes de seu website durante os últimos três meses é 5, mais ou menos 0,6. Qual das seguintes alternativas melhor descreve a pesquisa?

(A) A pesquisa pode ser usada pela empresa para ajudar a prever os hábitos de consumo de todos os visitantes de seu website durante um ano.

(B) A pesquisa pode ser usada apenas pela empresa como parte de sua análise dos hábitos de consumo na Internet de todos os visitantes de seu website durante os últimos três meses.

(C) A pesquisa pode ser usada pela empresa como parte de sua análise sobre os hábitos de consumo na Internet de todos os seus clientes (da loja física e do website) durante os últimos três meses.

(D) A amostra é defeituosa e inutilizável porque faz o levantamento apenas de visitantes de seu website, não necessariamente aqueles que fazem compras.

(E) A pesquisa é defeituosa porque é baseado em uma amostra muito pequena.

493. Ao longo de um período de três meses, uma amostra aleatória de adolescentes que foram ao cinema local foi questionada quantas vezes eles haviam ido ao cinema no último ano. O objetivo do levantamento é estimar o número médio de filmes que um adolescente assistiu no último ano. Os resultados do levantamento foram os seguintes:

n = 1.000 adolescentes

$\bar{x}$ = 4,5 visitas

ME = 0,7 visitas

Nível de confiança = 95%

Qual das seguintes alternativas melhor descreve o levantamento?

(A) Os resultados são inválidos porque o levantamento foi feito em um cinema.

(B) O intervalo de confiança de 95% para o número médio de filmes assistidos por qualquer adolescente é entre 3,1 e 5,9 visitas por ano e é valido porque é isso que a fórmula lhe diz para calcular.

(C) Este levantamento não é um método válido para estimar quantas vezes um adolescente visitou um cinema nos últimos 12 meses porque o levantamento foi feito apenas em um período de três meses.

(D) Este levantamento não é válido porque foi baseado em uma amostra e não na população de todos os adolescentes.

(E) Alternativas (A) e (C)

494. Uma revista de moda do Colorado que tem 2 milhões de leitores descobriu em uma pesquisa por correspondência com 5.800 respostas que 56% dos respondentes escolheu Colorado como seu local favorito para morar, ± 2% com um nível de confiança de 98%. Qual das seguintes alternativas melhor descreve a pesquisa?

(A) A amostra é provavelmente baseada em uma amostra representativa dos leitores da revista porque é muito grande.

(B) A amostra não é baseada em uma amostra representativa dos leitores da revista.

(C) Como as revistas são feitas no Colorado, mais leitores que são desse estado provavelmente comprem-nas; portanto, eles provavelmente teriam votado que esse é o melhor lugar para se morar.

(D) Os resultados da amostra são provavelmente enviesados porque os entrevistados precisam fazer o esforço de enviar a pesquisa de volta.

(E) Alternativas (B), (C) e (D)

Calculando um Intervalo de Confiança para uma Média Populacional

495–522 *Calcule os intervalos de confiança para médias populacionais nos seguintes problemas.*

495. Em uma amostra aleatória de 50 jogadores de basquete de quadra em uma grande universidade, a média de pontos por jogo era 8, com um desvio padrão de 2,5 pontos e um nível de 95% de confiança. Qual das seguintes afirmações está correta?

(A) Com 95% de confiança, a média de pontos marcados por todos os jogadores de basquete de quadra é entre 7,3 e 8,7 pontos.

(B) Com 95% de confiança, a média de pontos marcados por todos os jogadores de basquete de quadra é entre 7,7 e 8,4 pontos.

(C) Com de 95% de confiança, a média de pontos marcados por todos os jogadores de basquete de quadra é entre 5,5 e 10,5 pontos.

(D) Com 95% de confiança, a média de pontos marcados por todos os jogadores de basquete de quadra é entre 7,2 e 8,8 pontos.

(E) Com 95% de confiança, a média de pontos marcados por todos os jogadores de basquete de quadra é entre 7,6 e 8,4 pontos.

496. No teste de Matemática do ENEM, uma amostra aleatória das notas de 100 alunos em uma escola de ensino médio tem a média de 650. O desvio padrão para a população é 100. Qual é o intervalo de confiança se o nível de confiança é de 99%?

497. Um pomar de macieiras produziu dez árvores de maçãs. De uma amostra aleatória de 50 maçãs, o peso médio de cada uma era 7 onças. O desvio padrão da população é de 1,5 onças. Qual é o intervalo de confiança se o nível de confiança é de 99%?

498. Uma amostra aleatória de 200 alunos em uma universidade constatou que eles passam três horas, em média, por dia fazendo lição de casa. O desvio padrão para todos os alunos da universidade é de uma hora. Qual é o intervalo de confiança se o nível de confiança é de 90%?

499. Análises de uma amostra aleatória de 200 pessoas com idades entre 18 e 22 anos mostraram que uma pessoa gasta uma média de R$32,50 em uma saída típica com um amigo. O desvio padrão da população para este grupo etário é de R$15,00. Qual é o intervalo de confiança se o nível de confiança é de 95%?

500. Uma amostra aleatória de 150 pessoas acima dos 17 anos de idade mostrou que uma pessoa passa a média de 30 minutos por dia em um exercício vigoroso. O desvio padrão da população para este grupo etário é de 15 minutos. Qual é o intervalo de confiança se o nível de confiança é de 90%?

501. Uma amostra aleatória de 200 graduados universitários mostrou que uma pessoa conseguiu uma média de R$36.000,00 de renda no primeiro ano depois da graduação. O desvio padrão de renda para todos os graduados universitários do primeiro ano é R$8.000,00. Qual é o intervalo de confiança se o nível de confiança é de 95%?

502. Uma amostra aleatória de 300 viagens de um ônibus urbano ao longo de uma rota específica mostrou que o tempo médio para completar a mesma rota era de 45 minutos. O desvio padrão para todas as viagens desta rota de ônibus é de 3 minutos. Qual é o intervalo de confiança se o nível de confiança é de 95%?

503. Uma amostra aleatória de 1.100 pedidos de itinerários de viagens, em um website de passagens aéreas, mostrou que a média do pedido de itinerário levava 4.5 segundos para ser calculado e exibido para o viajante. O desvio padrão para todos os pedidos de itinerários é de 2 segundos. Qual é o intervalo de confiança se o nível de confiança é de 98%?

504. Uma amostra aleatória de 200 MP3 players, em uma linha de montagem, mostrou que a quantidade média de tempo para montar um MP3 player era de 12,25 minutos. O desvio padrão da população para montagem é de 2,15 minutos. Qual é o intervalo de confiança se o nível de confiança é de 95%?

505. Uma amostra aleatória de 300 alunos universitários concluiu que a distância média para a cidade natal de um aluno era de 125 milhas. O desvio padrão para a distância para todos os alunos na universidade é de 40 milhas. Qual é o intervalo de confiança se o nível de confiança é de 90%?

506. Uma amostra aleatória de 75 especialistas de entradas de dados em um data center concluiu que os especialistas cometiam uma média de 2,7 erros em 10.000 itens de dados. O desvio padrão para os erros cometidos por todos os especialistas no banco é de 0,75 por 10.000 itens. Qual é o intervalo de confiança se o nível de confiança é de 95%?

507. Uma amostra aleatória de 500 tacos (do tipo que tem um comprimento de 38 polegadas) feito para os jogadores de beisebol da liga principal concluiu que o taco médio tinha um comprimento de 38,01 polegadas. O desvio padrão para todos os tacos de 38 polegadas é 0,01 polegadas. Qual é o intervalo de confiança se o nível de confiança é de 99%?

508. Uma amostra aleatória de 2.000 peças especiais de válvulas para um motor resultou em um comprimento médio de 3,2550 centímetros. O desvio padrão para a população de partes especiais de válvulas é 0,025 centímetros. Qual é o intervalo de confiança se o nível de confiança é de 99%?

509. Uma amostra aleatória de 40 compras de madeira de lei de qualidade média, feitas ao longo de um período de 12 meses por um fabricante de móveis de diferentes fornecedores mostrou um custo médio de R$0,78 por pé de tábua. O desvio padrão para o ano por toda a madeira comprada foi de R$0,12 por pé de tábua. Qual é o intervalo de confiança se o nível de confiança é de 95%?

510. Um teste de matemática padronizado foi dado a uma amostra aleatória de 25 alunos universitários do primeiro ano. A nota média foi 84% com um desvio padrão amostral de 5%. Qual é o intervalo de confiança se o nível de confiança é de 95%?

511. Uma amostra aleatória de 25 famílias concluiu que o tamanho médio da família tinha 3,4 pessoas, com um desvio padrão amostral de 0,8 pessoas. Qual é o intervalo de confiança se o nível de confiança é de 90%?

512. Uma amostra aleatória de 30 adolescentes concluiu que o número médio de amigos em redes sociais que cada pessoa tinha era de 85, com um desvio padrão amostral de 50 amigos. Qual é o intervalo de confiança se o nível de confiança é de 95%?

513. Uma amostra aleatória de 24 alunos universitários do primeiro ano concluiu que os alunos viajaram uma média de 400 milhas na viagem mais longa que fizeram no último ano, com um desvio padrão amostral de 300 milhas. Qual é o intervalo de confiança se o nível de confiança é 95%?

514. Uma amostra aleatória de 20 compradores saindo de um shopping concluiu que eles gastaram uma média de R$78,50 naquele dia, com um desvio padrão amostral de R$50,75. Qual é o intervalo de confiança se o nível de confiança é de 95%?

515. Uma amostra aleatória de 20 visitantes saindo de um museu concluiu que eles haviam passado uma média de três horas no museu, com um desvio padrão amostral de uma hora. Qual é o intervalo de confiança se o nível de confiança é de 90%?

516. Uma amostra aleatória de 50 pães de 1 Libra em uma padaria concluiu que o peso médio era de 18 onças, com um desvio padrão amostral de 1,5 onças. Qual é o intervalo de confiança se o nível de confiança é de 90%?

517. Uma amostra aleatória de dez pessoas comprando em uma mercearia concluiu que eles visitaram a loja uma média de 2,8 vezes por mês, com um desvio padrão amostral de 2 visitas. Você sabe de pesquisas anteriores que o número de visitas para compras por mês é aproximadamente normalmente distribuídas. Qual é o intervalo de confiança se o nível de confiança é de 80%?

518. Uma amostra aleatória de 18 alunos do primeiro ano em uma universidade concluiu que eles assistem a uma média de 5 filmes por mês (seja em cinemas, online ou em DVD), com um desvio padrão populacional de 3 filmes. Qual é o intervalo de confiança se o nível de confiança é de 90%?

519. Uma amostra aleatória de 25 visitantes a um parque de diversões concluiu que eles gastaram uma média de R$32,00 naquele dia enquanto estavam no parque. O desvio padrão populacional é R$6,00. Qual é o intervalo de confiança se o nível de confiança é de 99%?

520. Ao calcular os tamanhos amostrais necessários para uma margem de erro específica, qual dos seguintes resultados será arredondado para 118 (o número de elementos requeridos)?

(A) 117,2

(B) 117,6

(C) 118,1

(D) Alternativas (A) e (B)

(E) Alternativas (A), (B) e (C)

521. Ao calcular os tamanhos amostrais necessários para uma margem de erro específica, como os seguintes resultados seriam arredondados: 121,1; 121,5; 131,2 e 131,6?

522. Embora em termos gerais, pesquisadores prefiram ter tamanhos amostrais maiores do que menores, para conseguir resultados mais precisos, quais são alguns fatores limitantes no tamanho amostral usado em um estudo?

(A) Uma amostra maior frequentemente significa custos maiores.

(B) Pode ser difícil recrutar uma amostra maior (por exemplo, se você está estudando pessoas com uma doença rara).

(C) Em algum ponto, aumentar o tamanho da amostra pode não melhorar a precisão significantemente (por exemplo, aumentar o tamanho da amostra de 3.000 para 3.500).

(D) Alternativas (A) e (B)

(E) Alternativas (A), (B) e (C)

Determinando o Tamanho da Amostra Necessário

523–529 *Descubra o tamanho amostral necessário nos seguintes problemas.*

523. Uma médica quer estimar o IMC (*índice de massa corporal*, uma medida que combina informações sobre altura e peso) médio para seus pacientes adultos. Ela decide retirar uma amostra de registros clínicos e recuperar essa informação para eles. Ela quer uma estimativa com uma margem de erro de 1,5 unidades de IMC, com 95% de confiança e acredita que o desvio padrão populacional nacional do IMC adulto de 4,5 também se aplica a seus pacientes. Ela sabe que o IMC é aproximadamente normalmente distribuído para adultos. Qual é o tamanho da amostra que ela precisa retirar?

524. Uma médica quer estimar a altura de meninos de 6 anos em sua comunidade, usando uma amostra aleatória retirada de registros administrativos. Ela quer uma estimativa com uma margem de erro de 0,5 polegadas, com 95% de confiança e acredita que o desvio padrão populacional de 18 polegadas se aplica a sua população Ela também sabe que a altura é aproximadamente normalmente distribuída para essa população. Qual o tamanho da amostra que ela precisa retirar?

525. Você quer estimar a altura média de meninos de 10 anos da sua comunidade. O desvio padrão populacional é de 3 polegadas. Qual o tamanho da amostra que precisa para uma margem de erro que não seja maior que ± 1 polegada e um nível de confiança de 95% quando construir um intervalo de confiança para a altura média de todos os meninos de 10 anos de idade?

526. Você quer pegar uma amostra que meça os ganhos de trabalhos semanais de alunos do ensino médio durante o ano escolar. O desvio padrão populacional é de R$20,00. Qual o tamanho da amostra que precisa para uma margem de erro de não mais de ± R$5,00 e um nível de confiança de 99% quando construir um intervalo de confiança para a média semanal de ganhos para todos os alunos do ensino médio?

527. Você quer pegar uma amostra que meça os ganhos de trabalhos semanais de estudantes universitários durante o ano escolar. O desvio padrão populacional é R$55,00. Qual o tamanho da amostra que você precisa para uma margem de erro de não mais que ± R$10,00 e um nível de confiança de 90% quando construir um intervalo de confiança para a média semanal de ganhos de todos os estudantes universitários?

528. Você quer pegar uma amostra que meça a quantidade de horas de sono que os estudantes universitários têm por noite. O desvio padrão populacional é de 1,2 horas. Qual o tamanho da amostra (número de alunos) que precisa para uma margem de erro de não mais que ± 0,25 horas e um nível de confiança de 95% quando construir um intervalo de confiança para a média de quantidade de horas de sono de todos os estudantes universitários?

529. Você quer pegar uma amostra que meça a presença nos jogos universitários de basquete femininos da 1º Divisão. O desvio padrão populacional é 2.300. Qual o tamanho da amostra (número de jogos) que precisa para uma margem de erro de não mais que ± 800 e um nível de confiança de 95% quando construir um intervalo de confiança para a média de presenças em todos esses jogos?

Introduzindo uma Proporção Populacional

530–536 *Uma amostra aleatória de 100 alunos em uma universidade concluiu que 38 alunos estavam pensando em mudar de curso.*

530. Foi pedido para que você relate ambos, uma estimativa pontual (um único número) e um intervalo de confiança (amplitude de valores) para seu levantamento. Por que o intervalo de confiança seria pedido?

(A) Você pode errar nos seus cálculos.

(B) Você está usando dados amostrais para estimar um parâmetro.

(C) Se você retirasse diferentes amostras do mesmo tamanho, esperaria que os resultados fossem um pouquinho diferentes.

(D) Alternativas (B) e (C)

(E) Alternativas (A), (B) e (C)

531. O que 0,38 representa nesse exemplo?

(A) a proporção de alunos na universidade que estão pensando em mudar de curso

(B) o número de alunos na universidade que estão pensando em mudar de curso

(C) uma estimativa da proporção de todos os alunos na universidade que estão pensando em mudar de curso

(D) A proporção dos alunos na amostra de 100 que estão pensando em mudar de curso

(E) Alternativas (C) e (D)

532. Você pode usar a aproximação normal a binomial para calcular um intervalo de confiança para esses dados? Por que ou por que não?

533. Qual é o erro padrão para $\hat{p}$?

534. Com todos os outros valores relevantes fixos, qual dos seguintes níveis de confiança resultará no mais amplo intervalo de confiança?

(A) 80%

(B) 90%

(C) 95%

(D) 98%

(E) 99%

535. Em um nível de confiança de 90%, qual é o intervalo de confiança para a proporção de todos os alunos pensando em mudar seus cursos?

536. Em um nível de confiança de 95%, qual é o intervalo de confiança para a proporção de todos os alunos pensando em mudar seus cursos?

Conectando uma Proporção Populacional a uma Pesquisa

537–539 *Um website executou uma pesquisa com 200 clientes que compraram produtos online nos últimos 12 meses. O levantamento concluiu que 150 clientes estavam "muito satisfeitos".*

537. Qual é a proporção amostral e o erro padrão para a proporção amostral com base nesses dados?

538. Com um nível de confiança de 95%, qual é a margem de erro para a estimativa da proporção de todos os clientes que compraram produtos online nos últimos 12 meses?

539. Com um nível de confiança de 99%, qual é o intervalo de confiança para a proporção de todos os clientes que compraram produtos online nos últimos 12 meses? Arredonde para duas casas decimais.

Calculando um Intervalo de Confiança para uma Proporção Populacional

540–545 *Suponha que você tenha uma amostra aleatória de 80 com uma proporção amostral de 0,15.*

540. Você pode utilizar a aproximação normal a binomial para esses dados?

541. Com um nível de confiança de 80%, qual é o intervalo de confiança para a proporção populacional? Arredonde sua resposta para quatro casas decimais.

542. Com um nível de confiança de 90%, qual é o intervalo de confiança para a proporção populacional? Arredonde sua resposta para quatro casas decimais.

543. Com um nível de confiança de 95%, qual é o intervalo de confiança para a proporção populacional? Arredonde sua resposta para quatro casas decimais.

544. Supondo um nível de confiança de 98%, qual é o intervalo de confiança para a proporção populacional com base nestes dados? Arredonde sua resposta para quatro casas decimais.

545. Supondo um nível de confiança de 99%, qual é o intervalo de confiança para a proporção populacional com base nestes dados? Arredonde sua resposta para quatro casas decimais.

Indo Mais Fundo em Proporções Populacionais

546–547 *Resolva os seguintes problemas sobre intervalos de confiança e proporções populacionais.*

546. Suponha que o intervalo de confiança de 95% para uma proporção populacional com base em um certo conjunto de dados é de 0,20 a 0,30. Qual das seguintes poderia ser o intervalo de confiança de 98% para a proporção populacional usando os mesmos dados?

(A) 0,15 a 0,35

(B) 0,21 a 0,29

(C) 0,22 a 0,38

(D) 0,23 a 0,27

(E) 0,24 a 0,26

547. Suponha que o intervalo de confiança é de 95% para uma proporção populacional com base em um certo conjunto de dados é 0,20 a 0,30. Com base nos mesmos dados e pertencendo à mesma proporção populacional, qual nível de confiança o intervalo 0,22 a 0,28 poderia representar?

(A) 80%

(B) 90%

(C) 99%

(D) Alternativas (A) ou (B)

(E) Alternativas (A), (B) ou (C)

Ganhando Mais Prática com Proporções Populacionais

548–552 *Em uma amostra aleatória de 160 adultos em uma cidade grande, 88 eram a favor de uma nova taxa de vendas de 0,5%. Suponha que você possa usar a aproximação normal para a binomial para esses dados.*

548. Se você tivesse apenas um número para usar para estimar a proporção de todos os adultos na cidade que são a favor da nova taxa, qual número você usaria?

549. Qual é o erro padrão para $\hat{p}$?

550. Com um nível de confiança de 95%, qual é a margem de erro para estimar a proporção de todos os adultos na cidade que são a favor da nova taxa?

551. Com um nível de confiança de 99%, qual é a margem de erro para estimar a proporção de todos os adultos na cidade que são a favor da nova taxa?

552. Com um nível de confiança de 80%, qual é a margem de erro para estimar a proporção de todos os adultos na cidade que são a favor da nova taxa?

Capítulo 10

Intervalos de Confiança para Duas Médias Populacionais e Proporções

Muitos cenários do mundo real estão buscando comparar duas populações. Por exemplo, qual é a diferença em taxas de sobrevivência para pacientes com câncer tomando um novo remédio, comparadas à de pacientes com câncer tomando remédios já existentes? Qual é a diferença no salário médio para homens versus mulheres? Qual é a diferença no preço médio da gasolina desse ano comparado com o ano passado? Todas essas perguntas estão realmente lhe pedindo para comparar duas populações em termos de suas médias ou suas proporções para ver qual a diferença existente (se alguma). A técnica que você usa aqui são os intervalos de confiança para duas populações.

Os Problemas com os Quais Trabalhará

Os problemas neste capítulo lhe darão prática com o seguinte:

- Calcular e interpretar intervalos de confiança para a diferença em duas médias populacionais quando o desvio padrão da população é conhecido (envolve a distribuição-*Z*) ou desconhecido (envolve a distribuição-*t*)
- Calcular e interpretar intervalos de confiança para a diferença em duas proporções populacionais quando as amostras são grandes

Com o que Tomar Cuidado

Lembre-se do seguinte enquanto trabalha ao longo deste capítulo:

- Este capítulo é sobre *diferença em médias* e não *média das diferenças*.
- Quando você olha para a diferença entre duas médias (ou duas proporções), mantenha o controle de quais populações você está chamando de População 1 e População 2. Subtrair dois números na ordem oposta muda o sinal dos resultados!

- Se um intervalo de confiança para uma diferença em médias (ou proporções) contém valores negativos, valores positivos e zero, você não pode concluir que exista uma diferença.

Trabalhando com Intervalos de Confiança e Proporções Populacionais

553–557 *Uma enquete aleatória de 100 homens e 100 mulheres que provavelmente votariam na próxima eleição concluiu que 55% dos homens e 25% das mulheres apoiavam o candidato Johnson. Chame a população de homens de "População 1" e a população de mulheres de "População 2", enquanto trabalhar com estes problemas.*

553. Se pudesse usar apenas um número para estimar a diferença nas proporções de todos os homens e todas as mulheres apoiando o candidato Johnson entre todos os prováveis votantes, qual número você utilizaria?

554. Qual é o erro padrão para a estimativa da diferença em proporções nas populações de homens e mulheres?

555. Com um nível de confiança de 95%, qual é o intervalo de confiança para a diferença na porcentagem de homens e mulheres a favor de Johnson entre todos os prováveis votantes?

556. Com um nível de confiança de 90%, qual é o intervalo de confiança para a diferença na porcentagem de homens e mulheres a favor de Johnson entre todos os prováveis votantes?

557. Com um nível de confiança de 99%, qual é o intervalo de confiança para a diferença na porcentagem de homens e mulheres a favor de Johnson entre todos os prováveis votantes?

Indo Mais Fundo em Intervalos de Confiança e Proporções Populacionais

558–560 *Um levantamento aleatório concluiu que 220 de 300 adultos morando em grandes cidades (com populações de mais de 1 milhão) queriam mais financiamentos estatais para transporte público. Em cidades pequenas (com populações de menos de 100.000) 120 de 300 adultos pesquisados queriam mais financiamentos estatais. Chame a população de adultos morando em cidades grandes de "População 1" e a população de adultos vivendo em cidades pequenas de "População 2", enquanto trabalha com esses problemas.*

558. Se você tivesse apenas um número para estimar a diferença entre a proporção de adultos em cidades grandes e a proporção de adultos em cidades pequenas a favor de aumentar o financiamento estatal para transporte público, qual número você usaria?

559. Com um nível de confiança de 90%, qual é o intervalo de confiança para a diferença nas proporções populacionais? Dê sua resposta para quatro casas decimais.

560. Com um nível de confiança de 80%, qual é o intervalo de confiança para a diferença nas proporções populacionais?

Trabalhando com Intervalos de Confiança e Médias Populacionais

561–565 *Uma amostra aleatória de 70 meninos do 3º ano do ensino médio mostrou uma altura média de 71 polegadas. (Suponha que entre todos os meninos no ensino médio, suas alturas tenham um desvio padrão populacional de 2 polegadas.) Uma amostra aleatória de 60 meninas do 3º ano do ensino médio na mesma escola mostrou uma altura média de 67 polegadas. (Suponha que entre todas as meninas no ensino médio, suas alturas tenham um desvio padrão populacional de 1,8 polegadas.) Chame a população de meninos de "População 1" e a população de meninas de "População 2", enquanto trabalhar nestes problemas.*

561. Usando um nível de confiança de 95%, qual é o intervalo de confiança para a diferença populacional nas alturas médias de todos os meninos do 3º ano comparada com as meninas do 3º ano nesta escola? Arredonde para a centena mais próxima.

562. Usando um nível de confiança de 80%, qual é o intervalo de confiança para a diferença populacional nas alturas médias de todos os meninos do 3º ano comparada com as meninas do 3º ano nesta escola? Arredonde para a centena mais próxima.

563. Usando um nível de confiança de 99%, qual é o intervalo de confiança para a diferença populacional nas alturas médias de todos os meninos do 3º ano comparada com as meninas do 3º ano nesta escola? Arredonde para a centena mais próxima.

564. Usando um nível de confiança de 98%, qual é o intervalo de confiança para a diferença populacional nas alturas médias de todos os meninos do 3º ano comparada com as meninas do 3º ano nesta escola? Arredonde para a centena mais próxima.

565. Suponha que você quer um intervalo de confiança para a diferença nas alturas médias de todos os meninos do 3º ano comparadas a todas as meninas do 3º ano nesta escola. Em um caso, tratou a população dos meninos como População 1 e a população de meninas como População 2. Em outro caso, mudou a ordem e trata a população de meninas como População 1 e a população de meninos como População 2. Como os intervalos de confiança resultantes seriam diferentes?

Fazendo Cálculos Quando os Desvios Padrão das Populações São Conhecidos

566–571 *Uma amostra aleatória de 120 alunos universitários que cursavam física concluiu que eles passavam uma média de 25 horas por semana fazendo lição de casa; o desvio padrão para a população era de 7 horas. Uma amostra aleatória de 130 alunos universitários que cursavam Inglês concluiu que eles passavam uma média de 18 horas por semana fazendo lição de casa; o desvio padrão para a população era de 4 horas. Chame a população de estudantes de física de "População 1" e a população de estudantes de Inglês de "População 2", enquanto trabalhar nestes problemas.*

566. Usando um nível de confiança de 90%, qual é a margem de erro para a diferença estimada em tempo médio gasto em lição de casa para estudantes universitários de física versus estudantes universitários de inglês? Arredonde para uma casa decimal.

567. Usando um nível de confiança de 80%, qual é a margem de erro para a diferença estimada em tempo médio gasto em lição de casa para estudantes universitários de física versus estudantes universitários de inglês? Arredonde para uma casa decimal.

568. Usando um nível de confiança de 95%, qual é o intervalo de confiança para a diferença verdadeira em tempo médio gasto em lição de casa para estudantes universitários de física versus estudantes universitários de inglês? Arredonde sua resposta para a dezena mais próxima.

569. Usando um nível de confiança de 99%, qual é o intervalo de confiança para a diferença verdadeira em tempo médio gasto em lição de casa para estudantes universitários de física versus estudantes universitários de inglês? Arredonde sua resposta para a dezena mais próxima.

570. Se você não conhecesse os desvios padrão populacionais, como os seus cálculos dos intervalos de confiança seriam diferentes?

(A) Você usaria t^* de uma distribuição-t em vez de z^* da distribuição normal padrão.

(B) Você usaria os desvios padrão amostrais ao invés dos desvios padrão populacionais

(C) Você combinaria os tamanhos amostrais e dividiria a soma dos desvios padrão por $(n_1 + n_2)$.

(D) Alternativas (A) e (B)

(E) Alternativas (A), (B) e (C)

571. Se seus tamanhos amostrais fossem 35 estudantes de inglês e 20 estudantes de física, como, se de alguma forma, seus cálculos dos intervalos de confiança seriam diferentes?

Indo Mais Fundo em Cálculos Quando os Desvios Padrão da População São Conhecidos

572–574 *Uma amostra aleatória de 200 homens na América do Norte concluiu que sua média de idade no primeiro casamento era de 29 anos; o desvio padrão para a população era de 6 anos. Uma amostra aleatória de 220 mulheres na América do Norte concluiu que sua média de idade no primeiro casamento era 26 anos; o desvio padrão para a população era de 4 anos. Chame o grupo de homens de "População 1" e o grupo de mulheres de "População 2", enquanto trabalhar nestes problemas.*

572. Para um nível de confiança de 80%, qual é a margem de erro para a estimativa da diferença em média de idade no primeiro casamento para homens e mulheres? Arredonde sua resposta para a dezena mais próxima.

573. Para um nível de confiança de 90%, qual é a margem de erro para a estimativa da diferença em média de idade no primeiro casamento para homens e mulheres? Arredonde sua resposta para a dezena mais próxima.

574. Para um nível de confiança de 95%, qual é o intervalo de confiança para a verdadeira diferença em média de idade no primeiro casamento para homens e mulheres? Arredonde sua resposta para a dezena mais próxima.

Trabalhando com Desvios Padrão Populacionais Desconhecidos e Tamanhos de Amostra Pequenos

575–580 *Uma amostra aleatória de 20 meninos do 3º ano do ensino médio de uma escola mostrou um peso médio de 170 libras com um desvio padrão amostral de 18 libras. Uma amostra aleatória de 20 meninos da 8ª série na mesma escola mostrou um peso médio de 140 libras com um desvio padrão amostral de 12 libras Chame a população do 3º ano de "População 1" e a população da 8ª série de "População 2", enquanto trabalhar nestes problemas.*

575. Quais graus de liberdade você usará para calcular o intervalo de confiança para as diferenças nos pesos?

576. Usando um nível de confiança de 99%, qual é a margem de erro para a diferença estimada em pesos médios entre os meninos do 3º ano e os meninos da 8ª série nesta escola? Arredonde para o número inteiro de libras mais próximo.

577. Usando um nível de confiança de 80%, qual é a margem de erro para a diferença estimada em pesos médios entre os meninos do 3º ano e os meninos da 8ª série nesta escola? Arredonde para o número inteiro de libras mais próximo.

578. Usando um nível de confiança de 90%, qual é a margem de erro para a diferença estimada em pesos médios entre os meninos do 3º ano e os meninos da 8ª série nesta escola? Arredonde para o número inteiro de libras mais próximo.

579. Usando um nível de confiança de 95%, qual é o intervalo de confiança para a verdadeira diferença nos pesos médios entre os meninos do 3º ano e os meninos da 8ª série nesta escola? Arredonde as extremidades para o número inteiro mais próximo.

580. Usando um nível de confiança de 98%, qual é o intervalo de confiança para a verdadeira diferença nos pesos médios entre os meninos do 3º ano e os meninos da 8ª série nesta escola? Arredonde as extremidades para o número inteiro mais próximo.

Indo Mais Fundo em Desvios Padrão Populacionais Desconhecidos e Tamanhos de Amostra Pequenos

581-584 *Uma amostra aleatória de 20 homens na América do Norte concluiu que sua renda média anual depois de cinco anos de emprego, em milhares de dólares, era de 37, com um desvio padrão para a amostra de 3,5. Uma amostra aleatória de 25 mulheres na América do Norte concluiu que sua renda média anual depois de cinco anos de emprego, em milhares de dólares, era de 30, com um desvio padrão para a amostra de 3. Chame a população de homens de "População 1" e a população de mulheres de "População 2", enquanto trabalha com esses problemas.*

581. Você quer calcular um intervalo de confiança para a diferença verdadeira em salários médios para todos os homens e mulheres depois de cinco anos empregados (em milhares de dólares). Quais graus de liberdade você vai utilizar?

582. Com um nível de confiança de 90%, qual é a margem de erro para a diferença estimada entre o salário médio de homens e mulheres depois de cinco anos empregados (em milhares de dólares)? Arredonde sua resposta para uma casa decimal.

583. Com um nível de confiança de 95%, qual é a margem de erro para a diferença estimada entre o salário médio de homens e mulheres depois de cinco anos empregados? Arredonde sua resposta para uma casa decimal.

584. Com um nível de confiança de 99%, qual é o intervalo de confiança para a verdadeira diferença em renda média entre todos os Norte Americanos homens e mulheres, depois de cinco anos empregados? Arredonde os limites de confiança em sua resposta para uma casa decimal.

Capítulo 11

Afirmações, Testes e Conclusões

O teste de hipótese é um procedimento científico para fazer e responder perguntas. Testes de hipóteses ajudam pessoas a decidir se afirmações existentes sobre uma população são verdadeiras e são também comumente usados por pesquisadores para ver se suas ideias têm evidência suficiente para serem declaradas estatisticamente significantes. Este capítulo é sobre entender o básico dos testes de hipóteses.

Os Problemas com os Quais Trabalhará

Neste capítulo, você decomporá os elementos básicos de um teste de hipótese. Aqui está uma visão geral dos problemas com os quais você trabalhará:

- Estabelecer um par de hipóteses: a afirmação atual (hipótese nula) e a desafiante (hipótese alternativa)
- Usar dados para formar uma estatística de teste, que determina a distância entre as duas hipóteses
- Medir a força da nova evidência através de uma probabilidade (valor-*p*)
- Tomar sua decisão sobre se a afirmação atual pode ser derrubada
- Entender que sua decisão pode estar errada e quais erros você pode cometer

Com o que Tomar Cuidado

Testes de hipóteses possuem dois níveis em cada passo: como fazê-los e entender o que eles significam. Aqui estão algumas coisas para prestar muita atenção enquanto você trabalha ao longo deste capítulo:

- Perceber que é tudo sobre a hipótese nula e se você tem evidência suficiente para derrubá-la
- Saber o papel da estatística de teste, além de calculá-la e procurá-la em uma tabela
- Entender como interpretar um valor-*p* corretamente e porque um valor-*p* pequeno significa que você rejeitou H_0
- Ser claro sobre erros do Tipo I e Tipo II no sentido real — como alarmes falsos e oportunidades perdidas

Sabendo Quando Usar um Teste de Hipótese

585–586 Resolva os seguintes problemas sobre usar um teste de hipótese.

585. Qual das seguintes afirmações, como escritas atualmente, poderiam ser testadas usando um teste de hipótese?

(A) Uma fábrica de automóveis afirma que 99% de suas peças atendem às especificações.

(B) Uma fábrica de automóveis afirma que produz os carros de melhor qualidade no país.

(C) Uma fábrica de automóveis afirma que pode montar 500 automóveis por hora quando a linha de montagem está totalmente equipada.

(D) Alternativas (A) e (B)

(E) Alternativas (A) e (C)

586. Qual dos seguintes cenários, como afirmados atualmente, *não* poderiam envolver um teste de hipótese sem maiores esclarecimentos?

(A) Um partido político conduz um levantamento em uma tentativa de contradizer afirmações publicadas da proporção de apoio dos eleitores para uma lei proposta.

(B) Um laboratório comercial faz testes de amostras de um desinfetante, para as mãos, para ver se ele mata a porcentagem de bactérias afirmada pelo fabricante.

(C) Uma escola dá a seus alunos testes padronizados para medir níveis de desempenho comparados com os anos anteriores.

(D) Um laboratório pega amostras de um iogurte para ver se o fabricante atendeu seu padrão publicado como sendo de 99% livre de gorduras.

(E) Um grupo de avaliação de uma universidade faz levantamentos aleatórios com os alunos para ver se as afirmações da universidade em relação à proporção dos que estão satisfeitos com a vida estudantil são válidas.

Configurando Hipóteses Nulas e Alternativas

587–604 Determine as hipóteses nula e alternativa nos seguintes problemas.

587. Você decide testar a afirmação publicada que 75% dos eleitores em sua cidade são favoráveis a um assunto específico de vínculo escolar. Qual será sua hipótese nula?

588. Você decide testar a afirmação publicada que 75% dos eleitores em sua cidade são favoráveis a um assunto específico de vínculo escolar. Qual será sua hipótese alternativa?

589. Dada a hipótese nula H_0: $\mu = 132$, qual é a hipótese alternativa correta?

590. Uma universidade afirma que alunos que trabalham e estudam ganham uma média de R$10,50 por hora. Qual é a hipótese nula para um teste de hipótese para esta afirmação?

591. O fabricante do novo carro GVX Híbrido afirma que ele consegue fazer uma média de 52 milhas por galão de gasolina. Qual é a hipótese nula para esta afirmação?

592. Suponha que μ é o número médio de músicas em um MP3 player de propriedade de um estudante universitário. Escreva a descrição da hipótese nula H_0: $\mu = 228$

593. Um grupo de pesquisa anuncia que 78% dos adolescentes possui telefones celulares. Qual é a hipótese nula para um teste de hipótese desta afirmação?

594. Uma agência de viagens afirma que pessoas dos Estados 1 e 2 são igualmente prováveis de tirar férias no Havaí. Qual é a hipótese nula para esta afirmação?

595. De acordo com um relato de um jornal, sete entre dez americanos acham que o Congresso está fazendo um bom trabalho. Qual hipótese alternativa você usaria se acreditasse que esta proposição afirmada é alta demais?

596. A Amtrak afirma que uma viagem de trem da cidade de Nova York para Washington, a capital do país, leva uma média de 2,5 horas. Qual hipótese alternativa você usaria se achasse que a duração média da viagem é realmente maior?

597. Uma companhia aérea afirma que seus voos chegam mais cedo 92% das vezes. Qual hipótese alternativa você usaria se pensasse que esta estatística é alta demais?

598. Um fabricante de carros anuncia que um novo carro faz em média 39 milhas por galão de gasolina. Qual hipótese alternativa você usaria se pensasse que esta estatística é alta demais?

599. Uma empresa afirma que apenas 1 entre cada 200 computadores que vendem tem um defeito mecânico Qual hipótese alternativa você usaria se achasse que esta estatística é muito baixa?

600. Um hospital afirma que apenas 5% de seus pacientes estão insatisfeitos com o cuidado fornecido. Qual é a hipótese alternativa se você acha que essa estatística é baixa demais?

601. Um estudo de saúde afirma que americanos adultos consomem uma média de 3.300 calorias por dia. Qual hipótese alternativa você usaria se achasse que essa estatística está incorreta?

602. Um estudo afirma que adultos assistem uma média de 1,8 horas de televisão por dia. Qual hipótese alternativa você usaria se achasse que este número é baixo demais?

603. Uma empresa de investimento afirma que seus clientes têm um retorno médio de 8% em investimentos todos os anos. Qual hipótese alternativa você usaria se achasse que este número é alto demais?

604. Alguém afirma que alunos do ensino médio morando em cidades com populações maiores que 1 milhão (População 1) são 25% mais prováveis de ir à universidade do que alunos do ensino médio morando em cidades com populações menores que 1 milhão (População 2). Escreva a hipótese alternativa se você acha que esta estatística está incorreta.

Encontrando a Estatística de Teste e o Valor-p

***605–612** Você está conduzindo um experimento com as seguintes hipóteses:*

H_0: $\mu = 4$

H_a: $\mu \neq 4$

O erro padrão é 0,5 e o nível alfa é 0,05. A população de valores é normalmente distribuída.

605. Se $\bar{x} = 3$ em sua amostra, qual é a estatística de teste?

606. Se $\bar{x} = 4{,}5$ em sua amostra, qual é a estatística de teste?

607. Se $\bar{x} = 5{,}2$ em sua amostra, qual é a estatística de teste?

608. Se $\bar{x} = 3{,}6$ em sua amostra, qual é a estatística de teste?

609. Suponha que sua estatística de teste é 1,42. Qual é o valor-*p* para este resultado?

610. Suponha que sua estatística de teste é –1,56. Qual é o valor-*p* para este resultado?

611. Suponha que sua estatística de teste é 0,75. Qual é o valor-*p* para este resultado?

612. Suponha que sua estatística de teste é –0,81. Qual é o valor-*p* para este resultado?

Tomando Decisões com Base em Níveis Alfa e Estatísticas de Teste

613–618 *Suponha que você está conduzindo um estudo com as seguintes hipóteses:*

$H_0: p = 0{,}45$

$H_a: p > 0{,}45$

613. Se seu nível alfa (nível de significância) é 0,05 e sua estatística de teste é 1,51, qual será sua decisão?

614. Se seu nível alfa é 0,10 e sua estatística de teste é 1,51, qual será sua decisão?

615. Se seu nível alfa é 0,01 e sua estatística de teste é 1,98, qual será sua decisão?

616. Se seu nível alfa é 0,05 e sua estatística de teste é 1,98, qual será sua decisão?

617. Se seu nível alfa é 0,05 e sua estatística de teste é –1,98, qual será sua decisão?

618. Se seu nível alfa é 0,01 e sua estatística de teste é –3,0, qual será sua decisão?

Tirando Conclusões

619–633 *Tire conclusões depois de ler as informações dos seguintes problemas.*

619. O que significa se uma estatística de teste tem um valor-*p* de 0,01?

620. Você está conduzindo um teste de estatística com um nível alfa de 0,10. Qual das seguintes é verdadeira?

(A) Existe uma chance de 10% de você rejeitar a hipótese nula quando ela é verdadeira.

(B) Existe uma chance de 10% de você falhar em rejeitar a hipótese nula quando ela é falsa.

(C) Você deveria rejeitar a hipótese nula se sua estatística de teste tem um valor-*p* de 0,10 ou menos.

(D) Alternativas (A) e (C)

(E) Alternativas (B) e (C)

621. O nível alfa de um teste é 0,05. O valor-*p* para sua estatística de teste é 0,0515. Qual é a sua decisão?

622. Um teste foi feito com um nível de significância (nível α) de 0,05 e o valor-*p* era 0,001. Escreva a melhor descrição deste resultado.

623. Um teste é feito para desafiar a estatística que 70% das pessoas passam suas férias de verão em casa. O nível de significância é $\alpha = 0{,}05$.

H_0: $p = 0{,}70$

H_a: $p < 0{,}70$

valor-$p = 0{,}03$

O que você pode concluir sobre os resultados?

624. Se o nível de significância α é 0,02, qual valor-*p* para uma estatística de teste resultará em uma conclusão de teste para rejeitar H_0?

(A) 0,03

(B) 0,01

(C) 0,05

(D) 0,97

(E) 0,98

625. Se o nível de significância α é 0,05, qual valor-*p* para uma estatística de teste resultará em uma conclusão de teste para rejeitar H_0?

(A) 0,95

(B) 0,10

(C) 0,06

(D) 0,055

(E) 0,04

626. Com base nas informações seguintes, o que você conclui?

H_0: $p = 0{,}03$

H_a: $p \neq 0{,}03$

$\alpha = 0{,}01$

valor-$p = 0{,}007$

627. Com base nas informações seguintes, o que você conclui?

H_0: $p = 0{,}65$

H_a: $p > 0{,}65$

$\alpha = 0{,}03$

valor-$p = 0{,}02$

628. Com base nas informações seguintes, o que você conclui?

H_0: $\mu = 220$

H_a: $\mu < 220$

$\alpha = 0{,}05$

valor-$p = 0{,}06$

629. Com base nas informações seguintes, o que você conclui?

H_0: $p = 0{,}42$

H_a: $p > 0{,}42$

$\alpha = 0{,}05$

valor-$p = 0{,}42$

630. Com base nas informações seguintes, o que você conclui?

H_0: $\mu = 0{,}2$

H_a: $\mu > 0{,}2$

$\alpha = 0{,}02$

valor-$p = 0{,}2$

631. Com base nas informações seguintes, o que você conclui?

H_0: $\mu = 10$

H_a: $\mu \neq 10$

$\alpha = 0,01$

valor-$p = 0,018$

632. Com base nas informações seguintes, o que você conclui?

H_0: $\mu = 9,65$

H_a: $\mu > 9,65$

$\alpha = 0,05$

Estatística de teste: −1,88

valor-$p = 0,03$

633. Com base nas informações seguintes, o que você conclui?

H_0: $\mu = 348$

H_a: $\mu > 348$

$\alpha = 0,05$

valor-$p = 0,07$

Entendendo Erros Tipo I e Tipo II

***634–640** Resolva os seguintes problemas sobre erros Tipo I e Tipo II.*

634. Qual das seguintes descreve um erro Tipo I?

(A) aceitar a hipótese nula quando ela é verdadeira

(B) falhar em aceitar a hipótese alternativa quando ela é verdadeira

(C) rejeitar a hipótese nula quando ela é verdadeira

(D) falhar em rejeitar a hipótese alternativa quando ela é falsa

(E) nenhuma das anteriores

635. Qual das seguintes descreve um erro Tipo II?

(A) aceitar a hipótese alternativa quando ela é verdadeira

(B) falhar em aceitar a hipótese alternativa quando ela é verdadeira

(C) rejeitar a hipótese nula quando ela é verdadeira

(D) falhar em rejeitar a hipótese nula quando ela é falsa

(E) nenhuma das anteriores

636. Se o nível alfa é 0,01, qual é a probabilidade de um erro Tipo I?

637. Se o nível alfa é 0,05, qual é a probabilidade de um erro Tipo II?

638. Qual das seguintes é uma descrição do poder do teste?

(A) a probabilidade de aceitar a hipótese alternativa quando ela é verdadeira

(B) a probabilidade de falhar em aceitar a hipótese alternativa quando ela é verdadeira

(C) a probabilidade de rejeitar a hipótese nula quando ela é verdadeira

(D) a probabilidade de rejeitar a hipótese nula quando ela é falsa

(E) nenhuma das anteriores

639. Qual é a chave para evitar um erro Tipo II (detecção perdida)?

(A) ter um nível de significância baixo

(B) ter uma amostra aleatória de dados

(C) ter um tamanho amostral grande

(D) ter um valor-*p* baixo

(E) Alternativas (B) e (C)

640. Qual é a chave para evitar um erro Tipo I?

(A) ter um nível de significância baixo

(B) ter uma amostra aleatória de dados

(C) ter um tamanho amostral grande

(D) ter um valor-*p* baixo

(E) Alternativas (A), (B) e (C)

Capítulo 12

O Básico de Teste de Hipóteses para uma Média Populacional Única: Testes-*z* e -*t*

Conduzir um teste de hipótese é um pouco como fazer um trabalho de detetive. Cada população tem uma média e normalmente é desconhecida. Muitas pessoas afirmam que eles sabem qual é; outras supõe que ela não mudou do último valor; e em muitos casos, é esperado que a média populacional siga certas especificações. Seu modus operandi é desafiar ou testar aquele valor da média populacional que já está assumido, dado ou especificado e usar dados como suas evidências. É disso que se trata o teste de hipótese.

Os Problemas com os Quais Trabalhará

Neste capítulo você trabalhará as ideias básicas de teste de hipótese no contexto da média populacional, incluindo as seguintes áreas:

- Estabelecer a hipótese original, ou nula (o valor assumido ou especificado), e a hipótese alternativa (o que você acredita que seja)
- Trabalhar através dos detalhes de fazer um teste de hipótese
- Tirar conclusões e avaliar a chance de estar errado

Com o que Tomar Cuidado

Teste de hipótese pode parecer como uma operação "adição e subtração", mas isso só poderá levá-lo até certo ponto. Para realmente dominar os materiais neste capítulo, lembre-se do seguinte:

- Preste muita atenção no problema para determinar como estabelecer a hipótese alternativa.
- Certifique-se de que você pode calcular a estatística de teste e, mas importante, que sabe o que ela está lhe dizendo.
- Lembre-se que um valor-*p* pequeno vem de uma estatística de teste grande, e ambos significam rejeitar H_0.
- Tenha um sentimento intuitivo sobre o que são os erros Tipo I e Tipo II — não apenas memorize!

Sabendo o Que Você Precisa Para Executar um Teste-z

641–642 Descubra o que você precisa saber para executar um teste-z nos seguintes problemas.

641. O Dr. Thompson, um pesquisador da área da saúde, afirma que um adolescente nos Estados Unidos bebe uma média de 30 onças de refrigerante gaseificado e açucarado por dia. Uma turma de estatística do ensino médio decide testar sua afirmação e está aberta ao consumo de refrigerante sendo, em média, ou maior ou menor que as 30 onças diárias afirmadas. Eles conduzem um levantamento aleatório com 15 de seus colegas de turma e descobrem que o consumo de refrigerante autorrelatado é, em média, 25 onças por dia. Qual informação adicional você precisaria para executar um teste-*z* para determinar se os alunos nesta escola bebem significantemente mais ou menos refrigerante que o Dr. Thompson afirma que é consumido por adolescentes dos EUA em geral?

642. Você quer executar um teste-*z* para determinar se a amostra da qual uma média amostral é retirada difere significantemente de uma média populacional. Você tem a média amostral e o tamanho amostral ($n = 20$); qual outra informação precisa saber?

(A) se a característica de interesse é normalmente distribuída na população

(B) o tamanho da população

(C) a média populacional e o desvio padrão

(D) o desvio padrão amostral

(E) Alternativas (A) e (C)

Determinando Hipóteses Nulas e Alternativas

643–646 Descubra as hipóteses nula e alternativa nos seguintes problemas.

643. Um pesquisador acredita que pessoas que fumam têm contagens mais baixas de timidez que a média populacional em uma escala de timidez, que é de 25. Qual é a hipótese nula neste caso, dado que μ é a contagem de timidez média para todos os fumantes?

644. Suponha que um pesquisador ouviu que crianças assistem uma média de dez horas de TV por dia. O pesquisador acredita que isso está errado, mas não tem uma teoria sobre se isso está superestimado ou subestimado da verdade. Se o pesquisador quer fazer um teste-*z* de uma média populacional, qual será a hipótese alternativa do pesquisador?

645. A dona de uma loja de computadores lê que seus clientes compram cinco flash drives por ano, em média. A dona sente que, em média, seus clientes realmente compram mais do que isso, então ela faz um levantamento aleatório com os clientes em sua lista de endereços. Qual é a hipótese alternativa da dona da loja?

646. Um homem lê que o custo médio para lavar a seco uma camisa é de R$3,00, mas em sua cidade parece mais barato. Então ele escolhe aleatoriamente dez lavanderias a seco na cidade e lhes pergunta o preço para lavar a seco uma camisa. Qual será a hipótese alternativa do homem?

Introduzindo Valores-p

647–650 *Calcule os valores-p nos seguintes problemas.*

647. Um pesquisador tem uma hipótese alternativa *menor que* e quer executar um único teste-z de média amostral. O pesquisador calcula uma estatística de teste de $z = -1{,}5$ e então usa uma tabela-Z (como a Tabela A-1 no apêndice) para encontrar uma área correspondente de 0,0668, que é a área sob a curva à esquerda daquela do valor de z. Qual é o valor-p neste caso?

648. Suponha que um pesquisador tem uma hipótese alternativa *diferente de* e calcula uma estatística de teste que corresponde a $z = -1{,}5$ e então descobre, usando uma tabela-Z (como a Tabela A-1 no apêndice), uma área correspondente de 0,0668 (a área sob a curva à esquerda daquela do valor de z) Qual é o valor-p neste caso?

649. Um pesquisador tem uma hipótese alternativa *diferente de* e calcula uma estatística de teste que corresponde a $z = -2{,}0$. Usando uma tabela-Z (como a Tabela A-1 no apêndice), o pesquisador encontra uma área correspondente a 0,0228 à esquerda de –2,0, Qual é o valor-p neste caso?

650. Um cientista com uma hipótese alternativa *diferente de* calcula uma estatística de teste que corresponde a $z = 1{,}1$. Usando uma tabela-Z (como a Tabela A-1 no apêndice), o cientista descobre que isso corresponde à área curva de 0,8643 (à esquerda do valor da estatística de teste). Qual é o valor-p neste caso?

Calculando a Estatística de Teste-z

651–652 *Determine a estatística de teste-z nos seguintes problemas.*

651. Um gerente de uma cafeteria lê que a temperatura preferida para o café no populoso EUA é 110 graus Fahrenheit com um desvio padrão de 10 graus. Entretanto, o gerente não acredita que isso seja verdade para seus clientes. Através de um teste complexo e extenso, o gerente descobre que uma amostra aleatória de 50 de seus clientes prefere seu café, em média, a 115 graus Fahrenheit. Calcule a estatística de teste-z para este caso e dê sua resposta para duas casas decimais.

652. Um músico muito orientado matematicamente leu estudos mostrando que a peça de música popular média tem 186,39 mudanças de acordes com um desvio padrão de 26,52. O músico examina uma amostra aleatória de 40 das suas músicas preferidas e descobre a média de 172,12 mudanças de acordes. Calcule a estatística-z para este caso e dê sua resposta para quatro casas decimais.

Encontrando Valores-p Fazendo Testes com uma Média Populacional

653–654 Calcule os valores-p nos seguintes problemas.

653. Uma empresa de canetas faz um levantamento no mercado e descobre que as pessoas esperam, em média, usar uma caneta por 40 dias antes de ter que substituí-la, com um desvio padrão de 9 dias. O diretor da empresa de pesquisa acredita que os clientes são, na verdade, menos ambiciosos e esperariam usar uma caneta por menos de 40 dias. O diretor de pesquisa conduz um levantamento de clientes com 25 clientes e descobre que seus clientes, em média, esperam substituir uma caneta depois de 36 dias. Qual é o valor-*p* se o diretor usar uma distribuição-*Z* para fazer um teste de uma média populacional?

654. Uma agricultora de frutas vermelhas decidiu plantar amoras silvestres depois de ler que os arbustos dão uma média de 3 libras de frutas por ano, com um desvio padrão de 1 libra. A agricultora suspeita que ela não conseguirá tantas frutas por causa das condições de crescimento que não estão totalmente certas. A agricultora identifica uma amostra aleatória de 100 arbustos e mantém controle cuidadoso de quantas frutas cada arbusto dá. No final do ano, a agricultora descobre que a média produzida por cada um dos arbustos em sua amostra foi de 2,9 libras de frutas. Suponha que a agricultora conduza um teste-*z* de uma única média populacional. Qual valor-*p* ela conseguirá?

Chegando a Conclusões sobre Hipóteses

655–657 Descubra as conclusões que podem ser retiradas dos seguintes problemas.

655. Uma psiquiatra lê que a idade média de alguém que é diagnosticado pela primeira vez com esquizofrenia é 24 anos, com um desvio padrão de 2 anos. A psiquiatra suspeita que os pacientes esquizofrênicos em sua clínica foram diagnosticados com menos idade do que 24 anos. Ela examina os registros para uma amostra aleatória de pacientes da clínica e descobre que a idade do primeiro diagnóstico na amostra é 23,5 anos em média. Se a idade no primeiro diagnóstico é normalmente distribuída e o valor-*p* descoberto neste caso é 0,02 e a psiquiatra quer executar um teste com um nível de significância de 0,05, a qual conclusão a psiquiatra chega?

656. Passageiros de avião carregam uma média de 45 libras de bagagem em um voo, com um desvio padrão de 10 libras. Um pesquisador suspeita que viajantes a negócios carregam menos que isso em média. O pesquisador amostra aleatoriamente 250 viajantes a negócios e descobre que eles carregam uma média de 44,5 libras de bagagem quando viajam. O pesquisador quer um nível de significância de 0,05. A qual conclusão o pesquisador pode chegar com base neste padrão de dados se o pesquisador executa um teste-*z* para uma média populacional?

657. Em uma cidade específica, um pé quadrado de espaço de escritório custa, em média, R$2,00 por mês de aluguel, com um desvio padrão de R$0,50. Um lojista espera abrir uma loja em um bairro com aluguel significantemente mais barato do que isso, usando um nível de significância de 0,05. Ele amostra 49 escritórios aleatoriamente do bairro em que está mais interessado. O lojista descobre que o aluguel médio em sua amostra é R$3,00 por mês. Ele conduz um teste-*z* e descobre que seu valor-*p* é 0,10. O que o lojista pode concluir sobre seu aluguel médio?

Indo Mais Fundo em Valores-p

658–659 *Calcule os valores-p nos seguintes problemas.*

658. Suponha que a temperatura média de uma pessoa saudável seja 98,6 graus Fahrenheit com um desvio padrão de 0,5 graus. Uma médica acredita que a média de temperatura de seus pacientes é mais alta que isso, então ela seleciona aleatoriamente 36 de seus pacientes e descobre que a temperatura deles é 98,8 em média. Se a médica conduzir um teste-*z* para uma média populacional, qual será o valor-*p* para estes resultados? Dê sua resposta para quatro casas decimais.

659. O índice médio de satisfação para os clientes de uma empresa é 5 (em uma escala de 0 a 7), com um desvio padrão de 0,5 pontos. Um pesquisador suspeita que a divisão Nordeste tem clientes que estão mais satisfeitos. Depois de amostrar aleatoriamente 60 clientes da divisão Nordeste e lhes perguntar sobre sua satisfação, o pesquisador descobre um nível médio de satisfação de 5,1. Qual é o valor-*p* neste caso se o pesquisador fizer um teste-*z* para uma única média amostral?

Indo Mais Fundo em Conclusões Sobre Hipóteses

660–665 *Descubra as conclusões que podem ser tiradas nos seguintes problemas.*

660. Em uma empresa, os empregados digitam uma média de 20 palavras por minuto. Índices de digitação são normalmente distribuídos com um desvio padrão de 3. O gerente de uma grande divisão da empresa acredita que seus empregados fazem melhor do que isso. Ele amostra aleatoriamente 30 empregados de sua divisão e descobre uma média de digitação de 30,5 palavras por minuto. Se o gerente quer um nível de significância de 0,05, o que ele pode concluir?

661. Uma ceramista acredita que seus assistentes de workshop podem cobrir um determinado tamanho de vaso com apenas 2 onças de verniz, que é o padrão industrial. Ela sabe que a quantidade de verniz necessária para cobrir um vaso do tamanho especificado segue uma distribuição normal com um desvio padrão de 0,8 onças, e ela acredita que seu workshop ainda está colocando muito verniz em cada vaso. Ela amostra 30 vasos de uma grande linha de produção e descobre uma média amostral de 2,3 onças de verniz. Usando um nível de significância de 0,01, o que ela pode concluir?

662. Uma pesquisadora acredita que as culturas de tecido em seu laboratório são significantemente mais densas que a média. A pesquisadora pega uma amostra aleatória de 40 espécimens de tecido de seu laboratório e descobre que o peso médio é 0,005 gramas por milímetro cúbico. Livros didáticos afirmam que tais tecidos deveriam pesar 0,0047 gramas por milímetro cúbico com um desvio padrão de 0,00047 gramas. O que esta pesquisadora pode concluir se ela usar um teste-*z* de uma amostra e um nível de significância de 0,001?

663. Em média, galinhas põe 15 ovos por mês com um desvio padrão de 5. Um fazendeiro testa essa afirmação em suas próprias galinhas. Ele amostra 30 de suas galinhas e descobre que elas põe uma média de 16,5 ovos por mês. Ele pode rejeitar a hipótese nula que suas galinhas põe em média o mesmo número de ovos que a população maior de galinhas? Use um teste-*z* de uma amostra e um nível de significância de 0,05.

664. Uma empresa de mudanças nacionalmente conhecida sabe que uma família típica usa 110 caixas em uma mudança de longa distância, com um desvio padrão de 30 caixas. Uma empresa de Chicago quer ver como se compara. A empresa amostra aleatoriamente 80 famílias da área de Chicago e descobre que elas usaram, em média, 103 caixas em sua mudança mais recente. Usando um teste-*z* de uma amostra e um nível de significância de 0,05, qual é sua decisão?

665. Uma revista de viagens afirma que a família americana que usa um carro para fazer viagens de férias viaja uma média de 382 milhas de casa. Uma pesquisadora acredita que famílias com cachorros que saem de férias de carro viajam, em média, uma distância diferente. Ela retira uma amostra de 30 famílias com cachorros que dirigem em suas férias e descobre que eles dirigem uma média de 398 milhas. (Suponha que o desvio padrão da população é 150 milhas.) Com um nível de significância de 0,05 e um teste-*z* de uma amostra, o que você pode concluir destes dados?

Indo Mais Fundo em Hipóteses Nulas e Alternativas

666–667 *Descubra as hipóteses nula e alternativa nos seguintes problemas.*

666. Uma revista relata que o número médio de minutos que adolescentes dos EUA passam mandando mensagens por dia é 120. Você acredita que é menos que isso. Quais são suas hipóteses nula e alternativa?

667. Uma fatia de pizza contém em média 250 calorias, com um desvio padrão de 35 calorias. Um pesquisador nutricional suspeita que fatias de pizza no campus universitário onde ele trabalha contém um número mais alto de calorias. Esse pesquisador amostra aleatoriamente 35 fatias de pizza na área de seu campus e descobre uma média de 265 calorias. Quais são as hipóteses nula e alternativa?

Sabendo Quando Usar um Teste-t

***668–670** Resolva os seguintes problemas sobre saber quando usar um teste-t.*

668. Quais das seguintes condições indica que você deveria usar um teste-*t* em vez de usar uma distribuição-*Z* para testar uma hipótese sobre uma única média populacional? (Suponha que a população tem uma distribuição normal.)

(A) O desvio padrão da população é desconhecido.

(B) O desvio padrão da população é conhecido.

(C) O desvio padrão amostral é desconhecido.

(D) O desvio padrão amostral é conhecido.

(E) Nenhuma das condições anteriores é relacionada a um teste-*t*.

669. Um pesquisador está tentando decidir se usa uma distribuição-*Z* ou um teste-*t* para avaliar uma hipótese sobre uma única média populacional. Qual das seguintes condições indicaria que o pesquisador deveria usar o teste-*t*?

(A) O desvio padrão populacional não é conhecido.

(B) O tamanho amostral é apenas $n = 50$.

(C) A média amostral é menor que a média populacional.

(D) A hipótese alternativa é uma hipótese *diferente de*.

(E) A distribuição amostral de médias amostrais é normal.

670. Um aluno descobre que uma amostra de 50 de seus amigos relata, em média, que eles passam 43 horas por semana usando sites de redes sociais, com um desvio padrão amostral de 8 horas. O aluno acredita que isso seja significantemente menor do que as afirmações de jornalistas de que os alunos passam 50 horas por semana usando sites de redes sociais. O aluno tem uma hipótese alternativa *menor que* sobre uma única média populacional. Como o aluno deveria testar essa hipótese?

Conectando Hipóteses a Testes-t

***671–674** Resolva os seguintes problemas sobre hipóteses e testes-t.*

671. Um aluno acredita que seus amigos passam menos tempo em sites de redes sociais, em média, do que é afirmado na mídia. Se μ_1 é a quantidade média de tempo gasto pelos amigos do aluno e μ_0 é a quantidade de tempo afirmada pela mídia, qual é a hipótese nula que o aluno usaria para fazer um teste-*t* em uma única média populacional?

672. Um aluno acredita que seus amigos passam menos tempo em sites de redes sociais, em média, do que é afirmado na mídia. Se μ_1 é a quantidade média de tempo gasto pelos amigos do aluno e μ_0 é a quantidade de tempo afirmada pela mídia, qual é a hipótese alternativa que o aluno usaria para fazer um teste-*t* em uma única média populacional?

673. Uma rede nacional de lojas diz em seu anúncio que o preço médio de um certo produto para cabelo que vende por todos o país é de R$10,00 por garrafa (a hipótese nula). Uma gerente de uma das lojas da rede acredita que é mais do que isso. Ela amostra 30 garrafas do produto aleatoriamente de sua própria loja e conduz um teste-*t*. Seu valor-*p* é menor que 0,05 (nível de significância pré-especificado) então ela rejeita a hipótese nula (Suponha que o desvio padrão da população é desconhecido.) Com base nos dados da gerente, ela pode concluir que o preço médio para este produto no país inteiro é realmente maior do que R$10,00 por garrafa?

674. Suponha que uma dentista acredite que seus pacientes experienciam menos dor que a média de pacientes odontológicos. Ela amostra 40 dos seus pacientes e recebe classificações de dor deles depois que ela lhes faz uma obturação. A dentista então compara sua média amostral e desvio padrão com o valor da população que ela encontra em um jornal médico. A classificação de dor média de sua amostra foi de 3,2 (em uma escala de 10 pontos) e o jornal médico relatou uma classificação de dor média de 3,5. Quais são as hipóteses nula e alternativa neste caso?

Calculando Estatísticas de Teste

***675–676** Descubra estatísticas de teste nos seguintes problemas.*

675. Use as seguintes informações para calcular um valor-*t* (estatística de teste).

Média amostral: 30
Média populacional afirmada: 35
Desvio padrão amostral: 10
Tamanho amostral: 16

Qual é o valor para a estatística de teste, *t*?

676. Acredita-se que a quantidade média de tempo que uma pessoa dorme nos Estados Unidos por noite é 6,3 horas. Uma mãe acredita que mães dormem muito menos do que isso. Ela entra em contato com uma amostra aleatória de 20 outras mães em um site de rede social e descobre que elas dormem uma média de 5,2 horas por noite, com um desvio padrão de 1,8 horas. Usando estes dados, qual é o valor da estatística de teste *t* de um teste-*t* para uma única média populacional?

Trabalhando com Valores Críticos de t

***677–680** Resolva os seguintes problemas sobre o valor crítico de t*

677. Um pesquisador levanta a hipótese de que uma população de interesse tem uma média maior que 6,1. O pesquisador usa uma amostra de 15. Qual é o valor crítico de *t* necessário para rejeitar a hipótese nula, usando um nível de significância de 0,05?

678. Suponha que um pesquisador acredite que uma população de interesse amostrada tem uma média que difere do valor afirmado de 100, mas não está certo da direção da diferença. O pesquisador quer um nível de significância de 0,05 com um tamanho amostral de $n = 10$ Qual valor crítico de *t* deve o pesquisador usar para um teste-*t* envolvendo uma única média populacional?

679. Acredita-se que a quantidade média de tempo que uma pessoa dorme nos Estados Unidos é de 6,3 horas por noite. Uma psicóloga acredita que mães dormem muito menos que isso. Ela entra em contato com uma amostra aleatória de outras mães em um site de rede social para mães e descobre entre a amostra de 20 mães uma média de 5,2 horas de sono por noite com um desvio padrão de 18 horas. Se essa psicóloga quer um nível de significância de 0,05 e estabelece uma hipótese alternativa *menor que*, o que ela concluiria com base no valor-*t* de –2,733 neste caso?

680. Uma pesquisadora quer usar um intervalo de confiança de 90% para determinar se sua amostra de 17 rolamentos diferem em qualquer direção de um valor alvo médio de 0,0112 gramas. Na amostra, o desvio padrão é 0,0019 gramas e a média é 0,0123 gramas. Como o valor crítico de *t* se compara com o valor observado de *t* neste caso?

Conectando Valores-p e Testes-t

***681–685** Resolva os seguintes problemas sobre valores-p e testes-t.*

681. Um estudo descobre um valor-*t* de estatística de teste de 1,03 para um teste-*t* em uma única média populacional. O tamanho amostral é 11 e a hipótese alternativa é $H_a: \mu \neq 5$. Usando a Tabela A-2 no apêndice, qual amplitude de valores, com certeza, incluirá o valor-*p* para este valor de *t*?

682. Uma pesquisadora acredita que sua média amostral é menor que 90 e encontra uma média de 89,8 com um desvio padrão amostral de 1. Usando a tabela-*t* (Tabela A-2 no apêndice), e dado que a amostra tinha 29 observações, qual é o valor-*p* aproximado?

683. Imagine que custe uma média de R$50.000,00 por ano para encarcerar alguém no Brasil. Uma diretora de presídio quer saber como os custos em sua prisão se comparam à média populacional, então ela amostra aleatoriamente 12 de suas detentas, revê seus registros cuidadosamente e descobre um custo médio de R$58.660,00 por detenta, com um desvio padrão de R$10.000,00. Se ela executar um teste-*t* em uma única média populacional, qual será o valor-*p* aproximado para estes dados?

684. Um pesquisador tem uma hipótese alternativa *maior que* e observa uma média populacional maior que o valor afirmado. A estatística de teste *t* para um teste-*t* para uma única média populacional é 2,5, com 14 graus de liberdade. Qual é o valor-*p* associado com esta estatística de teste?

685. Um pesquisador com uma hipótese alternativa *diferente de* observa uma média amostral menor que o valor afirmado. Descobre-se que a estatística de teste é –2,5 com 20 graus de liberdade. Qual é o valor-*p* associado com este valor de *t* da estatística de teste se o pesquisador executar um teste-*t* para uma única média populacional?

Chegando a Conclusões de Testes-t

686–692 *Tire conclusões de testes-t nos seguintes problemas.*

686. Uma instrutora afirma que seus alunos levam uma média de 45 minutos para completar seus exames. Você acha que o tempo médio é mais alto que isso, então decide investigar isso usando um nível de significância de 0,01 e retira uma amostra, encontra a estatística de teste e descobre que o valor-*p* é 0,0001 (pequeno para os padrões de qualquer um). Qual é a sua conclusão?

687. Suponha que afirmem que pessoas que tocam instrumentos musicais têm habilidades médias em habilidade verbal. Um cientista, entretanto, tem uma hipótese de que pessoas que tocam instrumentos musicais são abaixo da média em habilidades verbais. Em um teste de habilidades verbais com uma nota média populacional de 100, uma amostra aleatória de oito músicos produzem uma nota média de 97,5, com um desvio padrão de 5. A habilidade verbal, como medida pelo teste, é normalmente distribuída na população. O que o cientista deve concluir se o nível de significância para este teste é 0,05?

688. A presidente de uma grande corporação acredita que seus empregados doam menos dinheiro para a caridade do que o alvo da corporação de R$50,00 por ano, por empregado. Ela conduz um levantamento de 10 empregados aleatoriamente selecionados e descobre uma doação anual média de R$43,40 com um desvio padrão de R$5,20. As doações são normalmente distribuídas nesta população. Se a presidente faz um teste-*t* para uma única média populacional, com um nível de significância de 0,05, o que ela deve concluir?

689. Um fabricante de casacos promete que seus casacos para inverno rigoroso dão a sensação de aquecimento até uma temperatura de –5 graus Celsius, mas ele acredita que seus casacos realmente protejam bem as pessoas até em temperaturas mais frias. Ele faz um levantamento de 15 de seus clientes, e eles relatam, em média, que os casacos dão a sensação de aquecimento até uma temperatura de –6.5 graus Celsius com um desvio padrão de 1,0 grau Celsius. Se o fabricante de casacos quer um nível de significância de 0,10 ($\alpha = 0{,}10$), o que ele deveria concluir se ele executar um teste-*t* de uma amostra, supondo que as temperaturas são normalmente distribuídas?

690. Uma professora acredita que outros professores em sua escola conseguem avaliações mais baixas comparadas às de professores de outras escolas no distrito. Ela sabe que a avaliação média de professores no distrito é uma classificação de 7,2 em uma escala de 10 pontos, com notas normalmente distribuídas. Ela faz um levantamento de seis professores aleatoriamente selecionados em sua escola e descobre uma média de classificação de professores entre eles de 6,667 com um desvio padrão de 2. O que ela deveria concluir de um teste-*t* de uma única população, usando seus dados e um nível de significância de 0,05?

691. Uma empresa de picolés tenta manter seus produtos na temperatura de –1,92 graus Celsius. A presidente da empresa acredita que os freezers estão com a temperatura muito baixa, assim desperdiçando dinheiro para manter os produtos mais frios do que o necessário. Ela amostra aleatoriamente cinco freezers e descobre que eles estão funcionando em uma temperatura média de –2,25 graus Celsius, com um desvio padrão amostral de 1,62 graus. No geral, a temperatura é normalmente distribuída para esta marca de freezer. Usando um nível de significância de 0,01, o que ela deve concluir?

692. Você recebe as seguintes informações e lhe pedem para executar um teste-*t* em uma única média populacional. A hipótese nula é que o peso médio de todas as partes de um objeto de certo tipo é 50 gramas por objeto: $H_0: \mu = 50$. A hipótese alternativa é que os objetos são, em média, mais pesados: $H_a: \mu > 50$. A média amostral é 54 gramas e o desvio padrão amostral é 8 gramas. O tamanho amostral é 16. O peso é normalmente distribuído nesta população. Usando um nível de significância de $\alpha = 0{,}05$, qual é a sua conclusão?

Realizando um Teste-t para uma Única Média Populacional

693–694 *Suponha que você espere que o número médio de contas em um saco de 1 libra vindo de uma fábrica é de 1.200. Entretanto, o varejista acredita que o número médio é maior. Você retira uma amostra aleatória de 30 sacos e descobre que a média desta amostra é 1.350 contas, com um desvio padrão de 500. Supondo que a população de valores é normalmente distribuída, você usa estas informações para executar um teste-t para uma única média populacional.*

693. Usando um nível de significância de 0,01, qual é a sua decisão?

694. Usando um nível de significância de 0,05, qual é a sua decisão?

Chegando a Mais Conclusões a partir de Testes-t

695–700 *Determine as conclusões que devem ser tiradas nos seguintes problemas.*

695. Um consultor financeiro popular afirma que, em média, uma pessoa deveria gastar mais de R$100,00 por mês em entretenimento. Um pesquisador acredita que uma pessoa média gasta mais do que isso e conduz um levantamento de 25 pessoas escolhidas aleatoriamente. Neste levantamento, descobriu-se que a média mensal gasta em entretenimento é R$118,44 com um desvio padrão de R$35,00. Supondo que o gasto siga uma distribuição normal na população e usando um nível de significância de $\alpha = 0{,}01$, o que o pesquisador deveria concluir com base em um teste-*t* de uma única média?

696. Uma companhia de queijos de Wisconsin leu que, em média, uma pessoa na Europa consome 25,83 quilogramas de queijo por ano. O diretor de vendas da empresa acredita que os americanos consumam ainda mais queijo. A empresa faz um levantamento de uma amostra aleatória de americanos e descobre que eles comem, em média, 27,86 quilogramas de queijo por ano com um desvio padrão de 6,46 quilogramas. Suponha que o consumo de queijo entre os americanos é normalmente distribuído. Se existiam 30 pessoas na amostra e o nível de significância é 0,05, o que os gerentes da companhia de queijos podem concluir sobre a hipótese de seu diretor de vendas?

697. Um professor de meditação lê que a quantidade de tempo ideal de meditação por dia é 20 minutos. Ele quer saber se a prática de seus alunos difere significantemente da quantidade ideal de meditação executando um teste-*t* em uma única média, usando um nível de significância $\alpha = 0{,}10$. Ele faz o levantamento de nove pessoas escolhidas aleatoriamente de suas turmas de meditação e descobre que eles meditam por uma média de 24 minutos por dia com um desvio padrão de 5 minutos. Supondo que o tempo de meditação entre todos os alunos é normalmente distribuído, o que o professor deveria concluir?

698. Suponha que afirmam que uma impressora a laser para trabalhos pesados produza uma média de 20.000 páginas de impressão antes de precisar de revisão. Suponha também que a saída de páginas de tais impressoras até que a revisão seja necessária é normalmente distribuída. Uma empresa que usa muitas impressoras a laser para trabalhos pesados amostra aleatoriamente 16 de suas impressoras para ver quantas páginas conseguem, por impressora, antes de precisar de revisão. O estudo descobre uma média de 18.356 páginas entre revisões e um desvio padrão de 2.741 páginas. Usando um nível de significância de 0,05 e uma hipótese alternativa *diferente de*, qual é a sua decisão?

699. Uma doutoranda ouviu que as dissertações têm, em média, 90 páginas, mas ela acredita que as dissertações escritas por alunos em seu programa podem ter um tamanho médio diferente. Ela seleciona aleatoriamente dez dissertações completadas por pessoas que passaram pelo seu programa e descobre um tamanho médio de 85,2 páginas com um desvio padrão de 7,59 páginas. Se ela supor que a quantidade de páginas das dissertações é normalmente distribuída e executar um teste-*t* em uma única média com um nível de significância de 0,05, o que ela deve concluir?

700. Uma madeireira anda por uma floresta com seu marido. Ele estima que a árvore média na floresta tem 30 anos. Como todas as árvores em uma certa área da floresta devem ser derrubadas, a madeireira escolhe aleatoriamente cinco árvores, as corta e conta os anéis. Ela está interessada em saber apenas se essas árvores diferem da média estimada por seu marido de 30 anos em média, então ela escolhe um nível de significância de $\alpha = 0{,}50$. A média de sua amostra deu 33 anos com um desvio padrão de 5,6 anos. Nesta floresta, a idade da árvore é normalmente distribuída. Qual é a conclusão da madeireira com base em um teste de significância para a verdadeira idade média de todas as árvores que deverão ser derrubadas?

Capítulo 13

Testes de Hipóteses para Uma Proporção, Duas Proporções ou Duas Médias Populacionais

Este capítulo lhe dará prática fazendo testes de hipótese para três cenários específicos: testando proporção de uma população; testando para uma diferença entre proporções de duas populações; e testando para uma diferença entre duas médias populacionais. A maioria dos testes de hipóteses usam uma estrutura familiar, então os padrões irão se desenvolver, mas cada teste de hipótese tem seus próprios elementos especiais, e você os trabalhará aqui.

Os Problemas com os Quais Trabalhará

Neste capítulo, você praticará estabelecer e executar três diferentes testes de hipótese, focando especificamente no seguinte:

- Saber qual teste de hipótese usar e quando
- Estabelecer e entender as hipóteses nula e alternativa corretamente em todos os casos
- Trabalhar através de fórmulas adequadas e saber onde pegar os números necessários
- Calcular e interpretar a estatística de teste e os valores-*p*

Com o que Tomar Cuidado

Enquanto você passa por mais testes de hipóteses, saber suas similaridades e diferenças é importante. Aqui estão algumas notas sobre este capítulo:

- A notação tem um papel enorme — faça uma lista para você mesmo a fim de manter tudo em ordem.
- As fórmulas complicam um pouco neste capítulo. Certifique-se de identificar e entender as partes da fórmula e quais pistas você precisa para defini-las.
- Se você encontrar diferença estatisticamente significante, deixe claro qual população é a que tem a maior proporção ou média.

Testando Uma Proporção Populacional

701–715 *Resolva os seguintes problemas sobre testar uma proporção populacional.*

701. Um banco abrirá uma nova filial em um bairro específico, se puder ter uma certeza razoável de que pelo menos 10% de seus residentes pretendem fazer suas transações bancárias na nova filial. O banco utilizará um nível de significância de 0,05 para tomar esta decisão. O banco faz uma pesquisa com residentes de um bairro específico e descobre que 19 entre 100 pessoas aleatoriamente inquiridas disseram que considerariam fazer suas transações bancárias na nova filial. Execute um teste-*z* para uma única proporção e determine se o banco deveria abrir a nova filial, considerando sua política padrão.

702. Uma central de atendimento corporativo espera resolver 75% ou mais das ligações de clientes através de um sistema de reconhecimento de voz computadorizado automático. Eles fazem um levantamento aleatório de 50 clientes recentes; 45 relatam que seu problema foi resolvido. O gerente da corporação pode concluir que o sistema computadorizado está alcançando o objetivo mínimo, usando um nível de significância de 0,05? Use um teste-*z* para uma única proporção para fornecer uma resposta.

703. Um sebo comprará uma coleção de livros se tiver uma certeza razoável de que pode vender, pelo menos, 50% dos livros nos próximos seis meses. Um cliente entra com 30 livros; o lojista os avalia e determina que 17 provavelmente serão vendidos nos próximos seis meses. Usando um limiar de um nível de significância de 0,05, o lojista deveria fazer uma oferta pela coleção de livros? Use o teste-*z* para uma única proporção para decidir.

704. A dona de uma fábrica espera manter um padrão de menos de 1% de defeitos. Ela amostra aleatoriamente 1.000 rolamentos e descobre que 6 deles são defeituosos A dona da fábrica pode concluir que o processo está produzindo uma taxa de defeitos de 1% ou menos? Use um teste-*z* para uma única proporção e um nível de significância de 0,05 para decidir.

705. Os dois símbolos $\hat{p}$ e p_0 aparecem ao longo de um teste de hipótese para uma proporção (por exemplo, a fórmula para a estatística de teste é $\frac{\hat{p}-p_0}{EP}$). Qual é a diferença entre estes dois símbolos?

706. Um fabricante de computadores está disposto a comprar componentes de um fornecedor apenas se puder ter uma certeza razoável de que a taxa de defeito é menor que 1%. Se inspecionar um carregamento de 10.000 componentes selecionados aleatoriamente e descobrir que 90 são defeituosos, o fabricante de computadores deveria trabalhar com este fornecedor? Execute um teste de hipótese usando um teste-*z* em uma única proporção. O nível de significância é 0,01.

707. Qual é a diferença entre o símbolo *p* e o termo "valor-*p*" em um teste de hipótese para uma proporção?

(A) *p* é a proporção populacional verdadeira e um valor-*p* é uma proporção amostral.

(B) Um valor-*p* é a proporção populacional verdadeira e *p* é a proporção amostral.

(C) Um valor-*p* é o valor afirmado para a população e *p* é o valor real da proporção populacional.

(D) *p* é o valor afirmado para a proporção populacional e o valor-*p* é o valor real da proporção populacional.

(E) Nenhuma das anteriores.

708. Um antiquário está disposto a comprar coleções de antiguidades se, pelo menos, não mais que 5% dos itens da coleção inteira forem falsos. Em uma venda estatal recente, o negociante amostrou aleatoriamente 10 itens dos 200 itens à venda e descobriu que 2 eram falsos. O negociante deveria comprar essa coleção inteira, com base em um teste-*z* para uma única proporção, usando um nível de significância de 0,01?

709. Um banco de sangue quer garantir que nenhum de seus sangues carregue doenças aos destinatários. Ele testa uma amostra de 1.000 espécimens e descobre que 2 deles têm doenças potencialmente mortais. O diretor da pesquisa pediu que um teste-*z* em uma única proporção seja feito. Com qual confiança um banco de sangue pode dizer que a proporção populacional verdadeira de doenças nos espécimens de sangue é maior que 0?

710. Uma câmara municipal europeia gosta de garantir que não mais que 3% das pombas que habitam a cidade carreguem doenças que humanos podem pegar de excrementos. Enquanto houver evidência significativa de que menos de 3% das pombas carregam doenças humanas potenciais, a câmara deixa as pombas em paz. Se não existe evidência suficiente, ela trabalha agressivamente para controlar a população de pombas aprisionando-as e movendo-as ou atirando nelas.

A câmara municipal amostra aleatoriamente 200 pombas e descobre que 6 têm excrementos com transmissão potencial de doenças para humanos. A câmara deveria tentar controlar a população de pombas ou deixá-las em paz, considerando suas orientações e um limiar de $\alpha = 0,05$?

711. Um designer de moda gosta de usar pequenos defeitos para tornar suas peças mais interessantes. Ele envia designs para fábricas no exterior e rejeita carregamentos se a taxa real de defeito é qualquer coisa diferente de 25%. O designer não quer taxas muito maiores ou muito menores que 25%. Em um grande carregamento recente, em uma amostra aleatória de 50 peças foi encontrada uma taxa de defeito de 12%. O carregamento deveria ser aceito ou rejeitado, se um teste-*z* para uma única proporção populacional e um nível de significância $\alpha = 0,05$ forem usados para tomar a decisão?

712. Suponha que você lance uma moeda 100 vezes e consiga 55 caras e 45 coroas. Você quer saber se a moeda é honesta, então conduz um teste de hipótese para ajudá-lo a decidir Quais são as hipóteses nula e alternativa nesta situação? (**Nota:** p representa a probabilidade geral de conseguir caras, também conhecido como a proporção de caras ao longo de um infinito número de lançamentos da moeda.)

713. Joe afirma que ele tem PES (percepção extrassensorial), e tem o objetivo de provar isso. Ele lhe pede para embaralhar cinco baralhos normais. Um por um, você pega uma carta, anota seu naipe (ouros, espadas, copas ou paus), e a retorna para o baralho. Enquanto seleciona cada carta, Joe lhe diz qual ele acha que é o naipe. Você repete esse processo 100 vezes e então olha a proporção de respostas corretas que Joe deu (designadas como $\hat{p}$). suponha que você quer que ele tenha uma pontuação pelo menos 20% acima da precisão que esperaria do acaso. Neste cenário, quais são as hipóteses nula e alternativa?

714. Um biólogo quer estudar linhas celulares onde aproximadamente 25% das células em uma amostra tenham um fenótipo específico. Como resultado, o biólogo quer rejeitar qualquer amostra de células que se diferenciem do alvo de 25% de fenótipo presente com base em um nível de significância de 0,10. Em uma amostra de 1.000.000 de células, descobre-se que 250.060 têm o fenótipo. A amostra deveria ser estudada ou rejeitada? Use um teste-*z* para uma única proporção para responder.

715. Suponha que Bob tenha uma mercearia e ele tenha observado os clientes enquanto esperam na fila do caixa para pagar por suas compras. Com base em suas observações, ele acredita que mais de 30% dos clientes compram pelo menos um item no corredor do caixa. Você acredita que a porcentagem é ainda maior que essa e conduz um teste de hipótese para descobrir qual é a história. Suas hipóteses nula e alternativa são H_0: $p = 0,30$ e H_a: $p > 0,30$. Você pega uma amostra aleatória de 100 clientes e observa seu comportamento no corredor do caixa. Sua amostra conclui que apenas 20% dos clientes compraram itens. A qual conclusão você pode chegar em relação a H_0 neste ponto (se alguma)?

Comparando Duas Médias Populacionais Independentes

716–720 *Um gerente de uma grande rede de mercearias acredita que empregados felizes são mais produtivos que os infelizes. Ele amostra aleatoriamente 60 dos caixas de suas mercearias e os classifica em um dos dois grupos: aqueles que sorriem bastante (Grupo 1) e aqueles que não (Grupo 2). Depois de classificar a amostra aleatória, acontece de ter 30 em cada grupo. Ele então examina seus pontos de produtividade (com base na rapidez e precisão que eles são capazes de atender os clientes) e consegue os seguintes dados para cada grupo:*

Média de pontos do Grupo 1: 33,3

Média de pontos do Grupo 2: 14,4

A população de pontos de produtividade é normalmente distribuída com um desvio padrão de 17,32, o que supõe-se que seja o desvio padrão populacional que se aplica a ambos os Grupos, 1 e 2.
Conduza um teste adequado para ver se existe uma diferença nos níveis de produtividade entre os dois grupos entre todos os empregados, usando um $\alpha = 0,05$.

716. Quais são as hipóteses nula e alternativa adequadas para este teste?

717. Qual é o valor crítico para um teste-*z* para esta hipótese?

718. Qual é o erro padrão para este teste?

719. Qual é a estatística de teste para estes dados?

720. Qual é a sua decisão, a partir desses dados?

Indo Mais Fundo em Duas Médias Populacionais Independentes

721–725 *Uma psicóloga leu uma afirmação de que a inteligência média difere entre fumantes e não fumantes e decidiu investigar. Ela amostrou 30 fumantes e 30 não fumantes e lhes deu um teste de QI. Ela usou um nível alfa de 0,10. A média para os fumantes é 51,9 e a média para os não fumantes é 52,6. A variância da população para cada grupo é 5.*

721. Quais são as hipóteses nula e alternativa para estes dados?

722. Qual é o valor crítico para um teste-z para esta hipótese?

723. Qual é a estatística de teste para estes dados?

724. Qual é a sua decisão, dados estes dados?

725. Suponha que você estivesse usando um nível alfa de 0,05. Qual seria a sua decisão em relação a estes dados?

Conseguindo Mais Prática em Duas Médias Populacionais Independentes

726–730 *Um pesquisador do sono investiga a performance seguida a uma noite com dois níveis diferentes de privação de sono. No Grupo 1, foi permitido a 40 pessoas dormir por 5 horas. No Grupo 2, foi permitido a 35 pessoas dormir por três horas. A medida do resultado foi a performance em um teste de memória com um desvio padrão da população de 6 em cada grupo. A nota média no teste de memória no grupo que dormiu três horas foi 58; no grupo que dormiu cinco horas foi 62.*

726. Se o pesquisador está interessado em se a performance difere de acordo com a quantidade de horas dormidas, quais são as hipóteses nula e alternativa?

727. Se o pesquisador está interessado em se mais sono está associado com uma performance melhor, quais são as hipóteses nula e alternativa?

728. Usando um teste-z para duas médias populacionais, qual é a estatística de teste para estes dados?

729. Usando um teste-*z* para duas médias populacionais, uma hipótese alternativa *diferente de* e um nível alfa de 0,01, qual é a decisão do pesquisador em relação a estes dados?

730. Usando um teste-*z* para duas médias populacionais, uma hipótese alternativa *maior que* e um nível alfa de 0,05, qual é a decisão do pesquisador em relação a estes dados?

Usando o Teste-t Emparelhado

731–736 *Uma companhia de energia municipal quer encorajar as famílias a economizar energia. Ela decide testar duas campanhas publicitárias. A primeira enfatiza o potencial de economizar dinheiro economizando energia (o apelo da "carteira"). A segunda enfatiza o valor humanitário de reduzir a emissão de carbono (o apelo "moral"). A companhia escolhe aleatoriamente dez famílias e apresenta um apelo aleatoriamente escolhido entre os dois para elas, observa seu consumo de energia por um mês e então apresenta o outro apelo e observa seu consumo de energia por um mês. O consumo de energia é expresso em quilowatts.*

Com o apelo da "carteira" como Grupo 1 e o apelo "moral" como Grupo 2, os resultados são os seguintes:

$$\bar{d} = -83.5$$

$$s_d = 46.39$$

$$n = 10$$

$$GL = 9$$

Suponha que o consumo de energia seja normalmente distribuído em ambos os pontos temporais. A pergunta da pesquisa é se o consumo de energia difere seguindo um apelo em vez do outro.

731. Qual é o teste adequado para determinar se um apelo tem mais sucesso que o outro?

732. Dadas as informações fornecidas, qual das seguintes é uma afirmação verdadeira em relação a estes dados amostrais?

(A) O apelo da carteira teve mais sucesso.

(B) O apelo moral teve mais sucesso.

(C) Houve grande variabilidade nos dados do apelo da carteira.

(D) Houve grande variabilidade nos dados do apelo moral.

(E) Em média, não houve diferença entre os apelos da carteira e moral.

733. Quais são os graus de liberdade para um teste adequado para estes dados?

734. Qual é o erro padrão para um teste-*t* pareado nestes dados? Arredonde sua resposta para duas casas decimais.

735. Qual é a estatística de teste para estes dados? Arredonde para duas casas decimais.

736. Usando uma hipótese alternativa *diferente de* e um nível alfa de 0,10, qual é sua conclusão em relação a estes dados?

Indo Mais Fundo no Teste-t Emparelhado

737–745 *Uma criança precoce quer saber quais são as duas marcas de baterias que tendem a durar mais. Ela escolhe sete brinquedos, cada um requer uma bateria. Para cada brinquedo, então aleatoriamente escolhe uma das marcas, coloca uma bateria nova daquela marca no brinquedo, liga-o e registra o tempo antes que a bateria acabe. Depois repete o experimento com uma bateria não utilizada na primeira tentativa com cada brinquedo.*

Seus dados estão listados na tabela seguinte (em termos de horas de vida da bateria antes da falha):

	Marca 1	Marca 2	Diferença
Brinquedo 1	11,1	12,8	−1,7
Brinquedo 2	10,2	12,4	−2,2
Brinquedo 3	10,3	10,8	−0,5
Brinquedo 4	7,9	8,7	−0,8
Brinquedo 5	10,9	12,0	−1,1
Brinquedo 6	14,2	13,5	0,7
Brinquedo 7	7,1	8,0	−0,9

Suponha que a diferença de pontos é normalmente distribuída. O desvio padrão da amostra de pontos diferentes (s_d) é 0,9214.

737. Qual é o teste adequado para determinar se as duas marcas têm uma vida de bateria diferente?

738. Se a criança afirma que uma marca dura mais que a outra, quais são as hipóteses nula e alternativa para esta pergunta da pesquisa?

739. Qual é $\bar{d}$ para estes dados? Arredonde sua resposta para quatro casas decimais.

740. Qual é o erro padrão para estes dados? Arredonde sua resposta para quatro casas decimais.

741. Em um nível alfa de 0,05, dada a hipótese alternativa *diferente de*, qual é o valor crítico de t?

742. Em um nível alfa de 0,01, dada a hipótese alternativa *diferente de*, qual é o valor crítico de t?

743. Qual é a estatística de teste para estes dados? Arredonde sua resposta para quatro casas decimais.

744. Em um nível $\alpha = 0,01$, qual é sua decisão em relação a estes dados?

745. Em um nível $\alpha = 0,05$, qual é sua decisão em relação a estes dados?

Comparando Duas Proporções Populacionais

746–752 *Um consultor de segurança de informática está interessado em determinar qual das duas regras geradoras de senhas é mais segura Uma regra requer que os usuários incluam pelo menos um caractere especial (*, @, !, % ou $); a outra não.*

O consultor cria 100.000 contas fantasmas e as observa por seis meses, monitorando cuidadosamente para logins inapropriados. Entre as 50.000 contas com senhas que usavam a primeira regra (requerendo caracteres especiais), 1.055 foram invadidas por ameaças de segurança. Entre as 50.000 que seguiram a segunda regra, ocorreram 2.572 falhas na segurança.

746. Qual é o teste estatístico adequado para tratar desta questão da pesquisa?

747. Suponha que um pesquisador afirme que os sistemas de senhas diferem em força. Quais são as hipóteses nula e alternativa adequadas para esta questão da pesquisa?

748. Quais são os valores de $\hat{p}_1$ e $\hat{p}_2$ para estes dados?

749. Qual é o valor de $\hat{p}$ para estes dados?

750. Qual é o erro padrão para estes dados? Arredonde sua resposta para quatro casas decimais.

751. Qual é a estatística-*z* para estes dados? Arredonde sua resposta para duas casas decimais.

752. Usando um nível de significância de 0,05 e uma hipótese alternativa *diferente de*, qual é sua decisão com base nesses dados?

Indo Mais Fundo em Duas Proporções Populacionais

753–760 *Uma diretora de presídio quer ver se é benéfico ou prejudicial dar acesso à Internet às prisioneiras. Ela atribui aleatoriamente prisioneiras em 100 celas para receberem tal acesso e 100 celas para serem observadas como controle. A variável do resultado é se cada cela relatou um problema de comportamento durante a semana seguinte à introdução do acesso à Internet.*

Daquelas no grupo da Internet (Grupo 1), 50 das celas relataram episódios de alteração de comportamento e daquelas no grupo de não Internet (Grupo 2), 70 celas tiveram tais incidentes. Se adequado, conduza um teste-z para proporções independentes e relate seus resultados. Use um nível de confiança de 95%.

753. Quais são os valores de $\hat{p}_1$ e $\hat{p}_2$ para estes dados?

754. Qual é o valor de $\hat{p}$ para estes dados?

755. Qual é o erro padrão para estes dados? Arredonde sua resposta para quatro casas decimais.

756. Para as seguintes hipóteses e um nível alfa de 0,01, qual é o valor crítico para a estatística de teste?

$H_0: p_1 = p_2$
$H_a: p_1 \neq p_2$

757. Para as seguintes hipóteses e um nível alfa de 0.01, qual é o valor crítico para a estatística de teste?

$H_0: p_1 = p_2$
$H_a: p_1 > p_2$

758. Qual é a estatística de teste para estes dados, dadas as seguintes hipóteses? Arredonde sua resposta para quatro casas decimais.

$H_0: p_1 = p_2$
$H_a: p_1 \neq p_2$

759. Qual é a sua decisão em relação a esses dados, dados o nível alfa de 0,05 e as seguintes hipóteses?

$H_0: p_1 = p_2$
$H_a: p_1 \neq p_2$

760. Qual é a sua decisão em relação a esses dados, dados o nível alfa de 0,01 e as seguintes hipóteses?

$H_0: p_1 = p_2$
$H_a: p_1 \neq p_2$

Capítulo 14

Levantamentos

Levantamentos de dados estão em todo lugar e sua qualidade pode variar de boa para ruim e para péssima. A habilidade de avaliar levantamentos criticamente é o foco deste capítulo.

Os Problemas com os Quais Trabalhará

Os problemas neste capítulo focam nas seguintes grandes ideias:

- Entender o básico e as nuances de levantamentos bons e ruins (questões envolvidas em planejar o levantamento, selecionar uma amostra de participantes e coletar os dados)
- Identificar problemas que comumente ocorrem em levantamentos e amostras que criam vieses
- Usar a terminologia adequada no tempo adequado para descrever um problema que foi descoberto com um levantamento ou uma amostra

Com o que Tomar Cuidado

Preste bastante atenção no seguinte:

- A maneira que a amostra é selecionada depende da situação — saiba as diferenças.
- Termos específicos são usados para descrever problemas com levantamentos e amostras. Certifique-se que você capta as diferenças sutis. Aqui estão os termos mais comuns:
  - **Base de amostragem:** Uma lista de todos os membros da população-alvo.
  - **Censo:** Pegar informações desejadas de todos na população-alvo.
  - **Amostra aleatória:** Cada membro da população tem uma chance igual de ser selecionado para a amostra.
  - **Viés:** Injustiça sistemática em seleção de amostra ou coleta de dados.
  - **Amostra de conveniência:** Escolhida exclusivamente por conveniência, não baseada em aleatoriedade.
  - **Amostra autosselecionada/voluntária:** Amostra onde pessoas determinam estar envolvidos por conta própria.
  - **Viés de não-resposta:** Ocorre quando alguém na amostra não retorna ou não termina o levantamento.
  - **Viés de resposta:** Quando o entrevistado faz o levantamento, mas não dá a informação correta.
  - **Subcobertura:** Quadro de amostragem não inclui uma representação adequada de certos grupos dentro da população-alvo.

Planejando e Criando Levantamentos

761–766 *Você está interessado na boa vontade de motoristas adultos (acima de 18 anos) em uma área metropolitana em pagar um pedágio para viajar em estradas menos congestionadas. Você retira uma amostra de 100 motoristas adultos e administra um levantamento neste tópico para eles.*

761. Qual é a população-alvo para este estudo?

762. Suponha que você colete os dados de uma maneira que torna provável que os entrevistados do levantamento não sejam representativos da população-alvo. Como isso é chamado?

763. Se você tivesse que selecionar sua amostra retirando números aleatórios da lista telefônica e ligar durante o dia nos dias de semana, como essas ações poderiam enviesar os resultados?

(A) Nem todo mundo tem um telefone ou um número de telefone listado.

(B) Nem todo mundo está em casa durante o dia nos dias de semana.

(C) Nem todo muito está disposto a participar de enquetes por telefone.

(D) Alternativas (A) e (B)

(E) Alternativas (A), (B) e (C)

764. Qual é o principal problema com a pergunta do levantamento "Você não concorda que motoristas deveriam estar dispostos a pagar mais por estradas menos congestionadas?"

765. Das 100 pessoas na sua amostra, 20 escolhem não participar. Mais tarde você descobre que elas estão em uma faixa de renda mais baixa que aquelas que participaram. Que problema isso introduz no seu estudo?

766. Uma das suas questões pergunta se o entrevistado votou na última eleição. Você encontra uma proporção muito mais alta de indivíduos afirmando que votaram do que está indicado nos registros públicos. Isso é exemplo de que?

Selecionando Amostras e Conduzindo Levantamentos

767–775 *Resolva os seguintes problemas sobre selecionar amostras e conduzir levantamentos.*

767. Por que o viés é particularmente problemático em levantamentos?

768. Qual dos seguintes é um exemplo de um bom censo de 2.000 alunos em uma escola de ensino médio?

(A) calcular a média de idade de todos os alunos usando seus registros oficiais

(B) perguntar a idade dos primeiros 25 alunos que chegarem na escola em um dado dia e calcular a média desta informação

(C) enviar um e-mail a todos os alunos pedindo para que respondam com sua idade e calcular a média daqueles que responderem

(D) Alternativas (A) e (C)

(E) Alternativas (A), (B) e (C)

769. Você quer fazer um levantamento de alunos em uma escola de ensino médio e calcular a média de idade. Qual dos seguintes procedimentos resultará em uma amostra aleatória simples?

(A) classificar os alunos como homens e mulheres e retirar uma amostra aleatória de cada

(B) usar uma lista de alunos alfabetizados e selecionar cada 15º nome, começando com o primeiro

(C) selecionar três mesas da lanchonete aleatoriamente durante a hora do almoço e perguntar aos alunos dessas mesas suas idades

(D) selecionar um aluno aleatoriamente, pedir a ele ou ela que indique três amigos para participar e continuar desta maneira até que você tenha seu tamanho amostral

(E) numerar os alunos utilizando a lista oficial da escola e selecionar a amostra usando um gerador aleatório de números

770. Suponha que você pretenda conduzir um levantamento entre empregados em uma firma. Você usa um arquivo fornecido pelo departamento pessoal para seu arquivo amostral, não percebendo que ele exclui pessoas contratadas nos últimos seis meses. Em qual tipo de viés provavelmente resultará?

771. Suponha que você conduza um levantamento mostrando um número 0800 na tela da televisão durante um programa popular e convidando as pessoas a ligarem com a resposta para uma pergunta postada. Em que tipo de viés isso provavelmente resultará?

772. Suponha que você conduza um levantamento entrevistando as primeiras 50 pessoas que vê no shopping. Em que tipo de viés isso provavelmente resultará?

773. Às vezes as escalas são revertidas durante o curso de um levantamento. Por exemplo, com itens da escala Likert, 1 pode às vezes significar *concordo fortemente* e às vezes *discordo fortemente*. Qual é uma razão para essa reversão?

774. Qual é o maior problema que faz da pergunta "Todo mundo deveria ir à faculdade e buscar emprego remunerado?" menos que ideal?

775. Por que alguns levantamentos incluem "não sei" como uma resposta?

(A) porque o entrevistado pode estar desinformado sobre o tópico

(B) porque o entrevistado pode não lembrar de informações o suficiente para responder a pergunta

(C) porque o entrevistado pode achar a pergunta ofensiva

(D) Alternativas (A) e (B)

(E) Alternativas (A), (B) e (C)

Capítulo 15

Correlação

Neste capítulo você explorará possíveis relações lineares entre um par de variáveis quantitativas (numéricas), *X* e *Y*. Sua pergunta básica é essa: Enquanto a variável *X* aumenta em valor, a variável *Y* aumenta com ela, diminui em valor ou basicamente não reage de maneira nenhuma? Responder a esta pergunta requer o uso de gráficos assim como de cálculos e interpretação de uma certa medida numérica de intimidade — correlação.

Os Problemas com os Quais Trabalhará

Seu trabalho neste capítulo é procurar, descrever e quantificar possíveis relações lineares entre duas variáveis quantitativas, usando os seguintes métodos:

- Representar graficamente pares de dados em um diagrama de dispersão e descrever o que você vê
- Medir a força e a direção de uma relação linear, usando correlação
- Interpretar a correlação adequadamente e conhecer suas propriedades
- Entender quais elementos podem afetar a correlação

Com o que Tomar Cuidado

Correlação é mais que somente um número, é uma maneira de descrever relações de uma maneira universal.

- Entender que a correlação se aplica a variáveis quantitativas (como idade e altura), mesmo embora a "definição das ruas" de correlação relacione quaisquer variáveis (como sexo e padrão de votação).
- Conhecer as muitas propriedades de correlação — algumas são contraintuitivas (por exemplo, você pode achar que trocar os valores de *X* e *Y* mudará a correlação, mas não muda).
- Lembre-se sempre: "Um homem não vive apenas da correlação." Você sempre precisa olhar um diagrama de dispersão dos dados também. (Nenhum deles é infalível sozinho.)

Interpretando Diagramas de Dispersão

776–781 Este diagrama de dispersão representa as notas gerais de 24 alunos do ensino médio e do primeiro ano da faculdade.

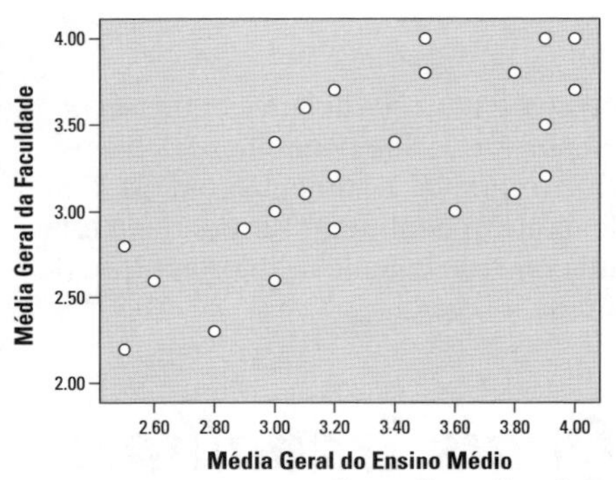

Ilustração por Ryan Sneed

776. Como você descreveria a relação linear entre a Média Geral do ensino médio e a Média Geral da faculdade?

(A) forte

(B) fraco

(C) positivo

(D) negativo

(E) Alternativas (A) e (C)

777. Olhando para as seguintes Médias Gerais do ensino médio para cinco alunos, qual delas você preveria que tivesse a maior Média Geral da faculdade?

(A) 2,5

(B) 2,8

(C) 3,1

(D) 3,4

(E) 4,0

778. Como você sabe que este diagrama de dispersão exibe uma relação linear positiva entre as duas variáveis?

779. Como você sabe que este diagrama de dispersão exibe uma relação linear relativamente forte entre as duas variáveis?

780. Se essas duas variáveis quantitativas tivessem uma correlação de 1, como o diagrama de dispersão seria diferente?

781. Se essas duas variáveis quantitativas tivessem uma correlação de –1, como o diagrama de dispersão se pareceria?

(A) Todos os pontos ficariam alinhados em uma linha reta.

(B) Todos os pontos teriam que estar entre –1 e 0.

(C) Todos os pontos teriam um declive para baixo da esquerda para a direita.

(D) Alternativas (A) e (C)

(E) Alternativas (A), (B) e (C)

Criando Diagramas de Dispersão

782–783 Resolva os seguintes problemas sobre fazer diagramas de dispersão.

782. Para um grupo de adultos, suponha que você queira criar um diagrama de dispersão entre altura e uma outra variável. Qual(is) variável(is) seria(m) candidata(s) adequada(s)?

(A) gênero

(B) raça/etnia

(C) peso

(D) CEP residencial

(E) Alternativas (C) e (D)

783. Você tem um conjunto de dados contendo quatro variáveis coletadas de um grupo de crianças de 5 a 21 anos de idade. As variáveis são altura, idade, peso e gênero. Qual(is) par(es) de variáveis é(são) adequado(s) para fazer um diagrama de dispersão?

(A) altura e idade

(B) altura e gênero

(C) gênero e idade

(D) altura e peso

(E) Alternativas (A) e (D)

Entendendo o Que as Correlações Indicam

784–787 *Descubra o que as correlações indicam nos seguintes problemas.*

784. Qual das seguintes correlações indica uma relação linear negativa forte entre duas variáveis quantitativas?

(A) –0,2

(B) –0,8

(C) 0

(D) 0,4

(E) 0,8

785. Qual das seguintes correlações indica uma relação linear positiva fraca entre duas variáveis quantitativas?

(A) –0,2

(B) –0,6

(C) 0,2

(D) 0,75

(E) 0,9

786. Qual das seguintes correlações indica uma relação linear positiva forte entre duas variáveis quantitativas?

(A) –0,7

(B) –0,1

(C) 0,2

(D) 0,4

(E) 0,9

787. Qual das seguintes correlações indica uma relação linear negativa fraca entre duas variáveis quantitativas?

(A) –0,2

(B) –0,8

(C) –1

(D) 0,4

(E) 0,8

Indo Mais Fundo em Diagramas de Dispersão

788–790 *Neste diagrama de dispersão, X e Y ambas representam variáveis de medição.*

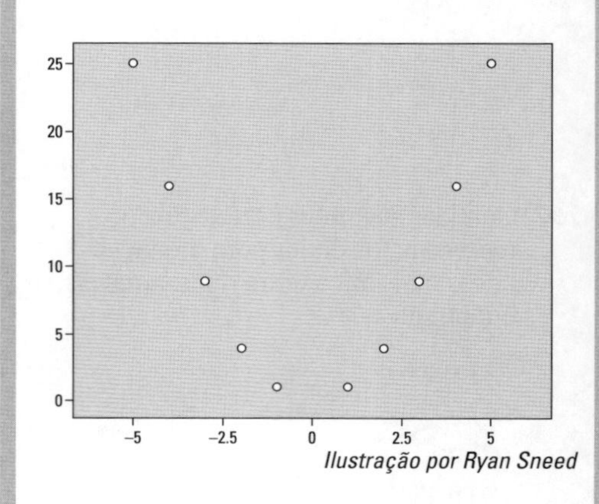

Ilustração por Ryan Sneed

788. Como você descreve a relação entre as duas variáveis quantitativas neste diagrama de dispersão?

789. Qual é o seu melhor palpite para a correlação para estas duas variáveis quantitativas?

790. Por que a correlação é uma escolha ruim para descrever uma relação entre essas duas variáveis específicas?

Indo Mais Fundo no Que as Correlações Indicam

791–793 *Descubra o que as correlações nos seguintes problemas indicam.*

791. Qual das seguintes correlações representa os dados com a relação linear mais forte entre duas variáveis quantitativas?

(A) –0,85

(B) –0,56

(C) 0,23

(D) 0,45

(E) 0,6

792. Qual das seguintes correlações representa os dados com a relação linear mais fraca entre duas variáveis quantitativas?

(A) –0,63

(B) –0,23

(C) 0,1

(D) 0,45

(E) 0,73

793. Qual das seguintes correlações representa a possível relação linear mais forte entre duas variáveis quantitativas?

(A) –1

(B) 0

(C) 1

(D) Alternativas (A) e (C)

(E) Alternativas (A), (B) e (C)

Calculando Correlações

794–799 *Use o seguinte conjunto de dados para ajudar com o cálculo da correlação nos seguintes problemas.*

X	Y
1	2
2	2
3	4
4	3

Ilustração por Ryan Sneed

794. Qual é o valor de $\bar{x}$ para estes dados?

795. Qual é o valor de $\bar{y}$ para estes dados?

796. Qual é o valor de $n - 1$ neste caso?

797. Qual é o valor de s_x para estes dados?

798. Qual é o valor de s_y para estes dados?

799. Suponha que você tem as seguintes informações sobre duas variáveis *X* e *Y*:

$$\sum_x \sum_y (x-\bar{x})(y-\bar{y})=2{,}5$$

Usando a fórmula para correlação, calcule a correlação entre essas duas variáveis.

Notando as Mudanças das Correlações

800–803 *Use estas informações para responder os seguintes problemas: As estatísticas a seguir descrevem duas variáveis, X e Y:*

$\bar{x} = 8{,}00;\ \bar{y} = 8{,}53$

$s_x = 4{,}47;\ s_y = 5{,}36$

$n = 15$

$$\sum_x \sum_y (x-\bar{x})(y-\bar{y})=274$$

800. Qual é a correlação de *X* e *Y* neste caso?

801. Se o tamanho amostral é mudado para 20, com todos os outros valores dados iguais, como a correlação mudará?

802. Se s_y mudasse para 4,82, com todos os outros valores dados iguais, como a correlação de *X* e *Y* mudará?

803. Se $\sum_x \sum_y (x-\bar{x})(y-\bar{y})$ é mudada para 349, como a correlação de *X* e *Y* muda?

Observando as Propriedades de Correlações

804–806 *Resolva os seguintes problemas sobre propriedades de correlações.*

804. Suponha que você calcule a correlação entre as alturas de pais e filhos, medidas em polegadas, e então converta os dados para centímetros; como a correlação muda?

805. Qual dos seguintes valores não é possível para uma correlação?

(A) –2,64

(B) 0,99

(C) 1,5

(D) Alternativas (A) e (C)

(E) Alternativas (A), (B) e (C)

806. Se você calcula a correlação entre as alturas e pesos de um grupo de estudantes e então calcula a correlação entre seus pesos e alturas, como as duas correlações irão se comparar?

Indo Mais Fundo em Como as Correlações Podem Mudar

807–810 *Você conduz um estudo para ver se mudar o tamanho da fonte da exibição de texto em uma tela de computador influencia na compreensão da leitura.*

807. Qual variável corresponde a "compreensão da leitura" neste estudo?

(A) a variável *X*

(B) a variável *Y*

(C) a variável de resposta

(D) Alternativas (A) e (C)

(E) Alternativas (B) e (C)

808. Qual variável corresponde a "tamanho da fonte" neste estudo?

(A) a variável *X*

(B) a variável *Y*

(C) a variável de resposta

(D) Alternativas (A) e (C)

(E) Alternativas (B) e (C)

809. Como a correlação mudará se você trocar a designação das duas variáveis — ou seja, se você tornar a variável *X* a variável *Y* e tornar a variável *Y* a variável *X*?

810. Como a correlação muda se o tamanho da fonte do texto é medido em centímetros em vez de polegadas?

Tirando Conclusões sobre Correlações

811–813 *Tire conclusões sobre as correlações nos seguintes problemas.*

811. Se uma correlação entre duas variáveis quantitativas é calculada para ser 1,2, o que você conclui?

812. Se você calcula uma correlação de –0,86 entre duas variáveis quantitativas, o que você conclui?

813. Se você compara uma correlação de 0,27 entre duas variáveis quantitativas, o que você conclui?

Ganhando Mais Prática com Diagramas de Dispersão e Mudanças de Correlação

814–817 *Você conduz um estudo para ver se a quantidade de tempo gasto estudando por semana é relacionado à Média Geral para um grupo de estudantes da faculdade de ciências da computação.*

814. Como você designa a variável "tempo gasto estudando" em um diagrama de dispersão dos seus dados?

815. Como você designa a variável "Média Geral" em um diagrama de dispersão dos seus dados?

(A) a variável *X*

(B) a variável *Y*

(C) a variável de resposta

(D) Alternativas (A) e (C)

(E) Alternativas (B) e (C)

816. Como a correlação muda se você trocar a medida do tempo de estudo de minutos para horas?

817. Como a correlação muda se você mudar a designação das duas variáveis — ou seja, se tornar a variável *X* a variável *Y* e tornar a variável *Y* a variável *X*?

Tirando Mais Conclusões sobre Correlações

***818–820** Tire conclusões sobre as correlações nos seguintes problemas.*

818. Se você calcula uma correlação de –0,23 entre duas variáveis quantitativas, o que você conclui?

819. Se você calcula a correlação entre duas variáveis quantitativas como sendo 1,05, o que você conclui?

820. Se você calcula uma correlação de –0,87 entre duas variáveis quantitativas, o que você conclui?

Capítulo 16

Regressão Linear Simples

Com regressão linear simples, você procura por um certo tipo de relação entre duas variáveis quantitativas (numéricas) (como médias do ensino médio e da faculdade). Essa relação especial é uma *relação linear* — uma em que pares de dados lembram uma linha reta. Depois que encontrar essa relação certa, ajuste uma linha a ela e use-a para fazer previsões para futuros valores. Parece romântico, não?

Os Problemas com os Quais Trabalhará

Seu trabalho neste capítulo é encontrar e interpretar os resultados de uma linha de regressão e seus elementos e verificar cuidadosamente quão bem sua linha se ajusta. ***Nota:*** A regressão assume que você descobriu que aquela relação forte existe (veja o Capítulo 15 para os detalhes de correlação e diagramas de dispersão).

- Encontrar a melhor linha de ajuste (regressão) para descrever uma relação linear.
- Entender e/ou interpretar a inclinação e a interseção-*y* da linha de regressão.
- Usar a linha de regressão para fazer previsões para uma variável dada outra, onde for adequado.
- Avaliar o ajuste da linha e procurar por anomalias, como padrões pouco frequentes ou pontos que se destaquem.

Com o que Tomar Cuidado

É fácil de se perder com todos esses cálculos de regressão. Lembre-se sempre que entender e interpretar seus resultados é tão importante quanto calculá-los!

- Medidas de inclinações mudam e são usadas por todos os lados em regressão — certifique-se de sabê-las muito bem.
- Equações não são espertas — você tem que saber quando elas podem ser usadas e aplicadas e quando não podem.
- Existem muitas técnicas para determinar quão bem uma linha se ajusta e para apontar problemas. Conheça todas as ferramentas disponíveis e as especificidades do que seus resultados lhe dizem.

Introduzindo a Linha de Regressão

***821** Resolva o seguinte problema sobre o básico da linha de regressão.*

821. Quais condições devem ser atendidas antes de ser adequado encontrar a linha de regressão dos mínimos quadrados entre duas variáveis quantitativas?

(A) Ambas as variáveis são numéricas.

(B) O diagrama de dispersão indica uma relação linear.

(C) A correlação é, pelo menos, moderada.

(D) Alternativas (A) e (C)

(E) Alternativas (A), (B) e (C)

Sabendo as Condições para Regressão

***822–823** Neste diagrama de dispersão, as duas variáveis diagramadas são quantitativas (numéricas) A correlação é $r = 0,75$.*

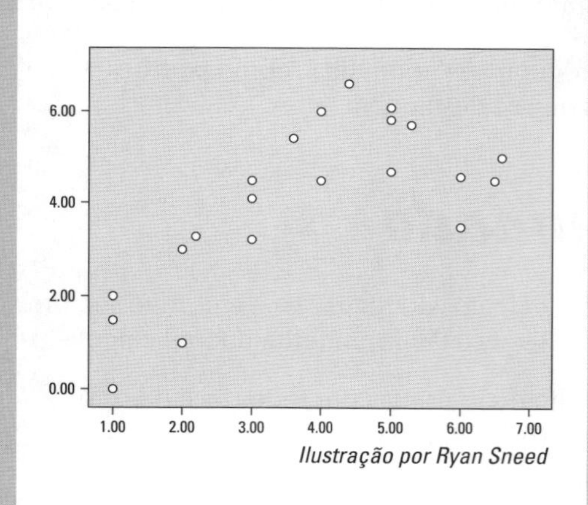

Ilustração por Ryan Sneed

822. Olhando para este diagrama de dispersão, qual das seguintes violações de uma condição necessária para ajustar uma linha de regressão é observada?

(A) As variáveis não são numéricas.

(B) A correlação delas não é forte o bastante.

(C) A relação delas não é linear.

(D) Alternativas (B) e (C)

(E) Nenhuma das anteriores.

823. A equação para calcular a linha de regressão dos mínimos quadrados é $y = mx + b$. Se duas variáveis têm uma relação negativa, qual letra será precedida pelo sinal de negativo?

Examinando a Equação para Calcular a Linha de Regressão de Mínimos Quadrados

***824–825** Resolva os seguintes problemas sobre a equação para a linha de regressão de mínimos quadrados.*

824. A equação para calcular a linha de regressão dos mínimos quadrados é $y = mx + b$. Qual letra nesta equação representa a inclinação na linha de regressão?

825. A equação para calcular a linha de regressão dos mínimos quadrados é $y = mx + b$. Qual letra nesta equação representa a interseção-*y* para a linha de regressão?

Encontrando Inclinações e Interseções em y de uma Linha de Regressão

826–829 *A relação linear entre duas variáveis é descrita pela linha de regressão $y = 3x + 1$. (Suponha que a correlação seja forte e que o diagrama de dispersão mostra uma relação linear forte.)*

826. Qual é a inclinação da linha de regressão?

827. Qual é a interseção-*y* para a linha de regressão?

828. Se $x = 3{,}5$, qual é o valor esperado de *y*?

829. Se $x = 0{,}4$, qual é o valor esperado de *y*?

Observando as Mudanças de Variáveis em uma Linha de Regressão

830–832 *Suponha que a relação linear entre duas variáveis quantitativas é descrita por uma linha de regressão $y = -1{,}2x + 0{,}74$. (Suponha que a correlação seja forte e que o diagrama de dispersão mostre uma relação linear forte.)*

830. Se *x* aumenta por 1,5, como o valor de *y* muda?

831. Se *x* diminui por 2,3, como o valor de *y* muda?

832. Onde esta linha de regressão intersecciona o eixo-*y*?

Encontrando uma Linha de Regressão

833–842 *Este diagrama de dispersão mostra a relação entre as notas de GRA verbal (GRA_V) e GRA matemática (GRA_M) de um grupo de formandos do ensino médio.*

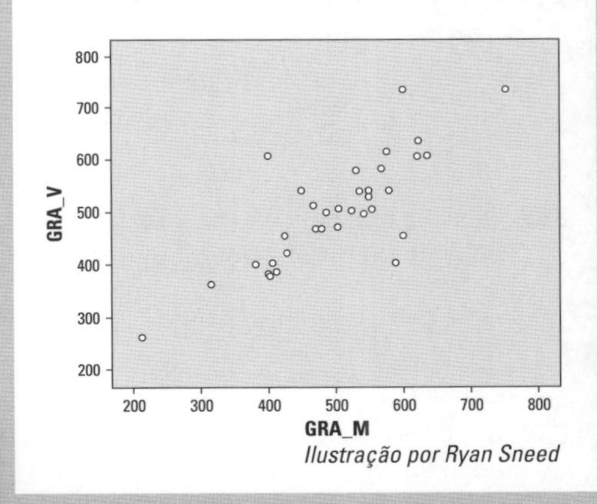

Ilustração por Ryan Sneed

Para o propósito desta análise, considere GRA_M como sendo a variável X e GRA_V como sendo a variável Y. Essas variáveis e sua relação são caracterizadas pelas seguintes estatísticas:

$\bar{x} = 502{,}9$; $\bar{y} = 506{,}1$

$s_x = 103{,}2$; $s_y = 103{,}2$

$r = 0{,}792$

833. Como você caracteriza a relação linear entre *X* e *Y* neste caso?

834. Qual é a amplitude de valores aproximada para cada uma dessas variáveis?

835. Sem fazer nenhum cálculo, qual é a melhor estimativa para a inclinação da linha de regressão para estas variáveis?

836. Qual é a verdadeira inclinação calculada para a linha de regressão para estes dados?

837. Qual é a interseção-*y* para a linha de regressão para estes dados?

838. Qual é a real equação calculada da linha de regressão para estes dados?

839. A relação linear entre duas variáveis quantitativas é descrita pela equação $y = 0{,}792x + 107{,}8$. Usando esta equação, se $x = 230$, qual é o valor esperado de *y*?

840. O Aluno A tem uma nota de matemática 210 pontos mais alta que o Aluno B. Quanto você espera que a nota verbal do Aluno A seja mais alta comparada à do Aluno B?

841. O Aluno C tem uma nota de matemática 50 pontos mais baixa que o Aluno D. Usando a equação de regressão, como você espera que suas notas verbais se comparem?

842. Existe uma correlação positiva forte entre GRA_M e GRA_V nestes dados. Por que você não pode supor que este é uma relação de causa e efeito?

Indo Mais Fundo em Encontrar uma Linha de Regressão

843–852 *O diagrama de dispersão representa dados sobre tamanho de casas (em pés quadrados) e preço de venda (em milhares de dólares) para 35 vendas recentes em uma comunidade americana. O tamanho da casa é a variável X e o preço de venda é a variável Y.*

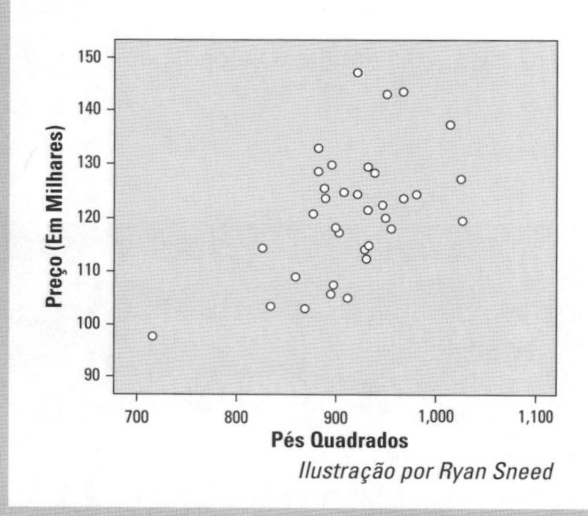

Ilustração por Ryan Sneed

As estatísticas seguintes descrevem estas duas variáveis e sua relação no conjunto de dados:

$\bar{x} = 915{,}1$; $\bar{y} = 121{,}1$

$s_x = 58{,}5$; $s_y = 11{,}8$

$r = 0{,}527$

843. Como você descreve a relação linear entre estas duas variáveis?

844. Dados os seguintes tamanhos de casas em pés quadrados, qual tamanho de casa você espera vender pelo maior preço?

(A) 800 pés quadrados

(B) 850 pés quadrados

(C) 870 pés quadrados

(D) 890 pés quadrados

(E) 910 pés quadrados

845. Qual é a inclinação da linha de regressão para estes dados?

846. Qual é a interseção-*y* da linha de regressão para estes dados?

847. Qual é a equação da linha de regressão para estes dados?

848. Por quanto você espera que uma casa de 1.000 pés quadrados seja vendida (em dólares)?

849. Por quanto você espera que uma casa de 1.500 pés quadrados seja vendida (em dólares)?

850. Por quanto você espera que uma casa de 890 pés quadrados seja vendida (em dólares)?

851. A Casa A é 90 pés quadrados maior que a Casa B. De quanto você espera que seja a diferença de preço entre elas (em dólares)?

852. A Casa C tem 54 pés quadrados a menos que a Casa D. De quanto você espera que seja a diferença de preço entre elas (em dólares)?

Conectando com Correlação e Relações Lineares

853–856 *Use o seguinte diagrama de dispersão para responder os seguintes problemas.*

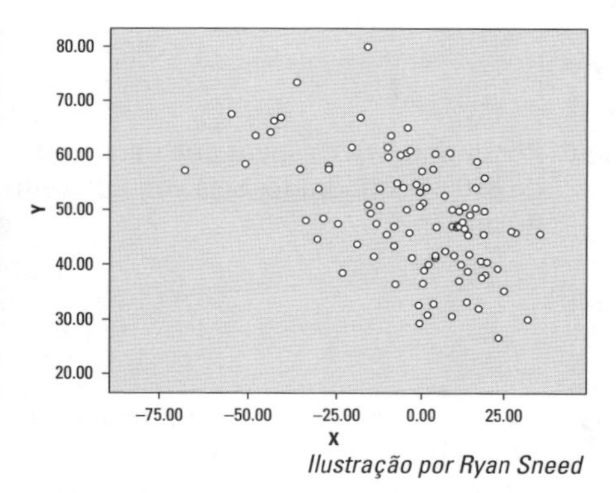

Ilustração por Ryan Sneed

853. Em palavras, como você descreveria a relação linear geral entre as variáveis X e Y neste diagrama de dispersão?

854. Em termos de números, qual é o valor mais plausível para a correlação entre X e Y?

855. Se as variáveis X e Y fossem trocadas neste diagrama de dispersão, como a correlação seria afetada?

856. O diagrama de dispersão sugere que X e Y são boas candidatas para uma análise de regressão linear?

Determinando Se as Variáveis São Candidatas para uma Análise de Regressão Linear

857–859 *Descubra se você pode usar as variáveis nos próximos problemas em uma análise de regressão linear.*

857. Suponha que você esteja considerando executar uma linha de regressão com duas variáveis, X e Y. Como uma verificação preliminar, você calcula a correlação e descobre que é 0,54. Neste ponto, você pode dizer que essas variáveis são boas candidatas para uma análise de regressão linear? Por que ou por que não?

858. Suponha que você esteja considerando executar uma linha de regressão com duas variáveis, X e Y. Como uma verificação preliminar, você calcula a correlação e descobre que é 0,05. Neste ponto, você pode dizer que essas variáveis são boas candidatas para uma análise de regressão linear? Por que ou por que não?

859. Qual das seguintes correlações indica uma relação linear mais forte entre duas variáveis? (Suponha que os diagramas de dispersão correspondam à correlação, respectivamente.)

(A) –0,9

(B) –0,5

(C) 0,0

(D) 0,9

(E) Alternativas (A) e (D)

Indo Mais Fundo em Correlações e Relações Lineares

860–865 *Como parte de um estudo de comportamentos saudáveis, você coleta dados sobre alturas e pesos para um grupo de adultos. O diagrama de dispersão dos dados indica uma possível relação linear.*

860. Se a correlação entre altura e peso é 0,65, qual é a correlação entre peso e altura?

861. Originalmente, você coletou alturas em polegadas e pesos em libras. Você decidiu converter as medidas para centímetros e quilogramas, respectivamente, e recalcular a correlação. Como ela mudará?

862. Para mulheres neste conjunto de dados, o coeficiente de correlação entre peso e altura é 0,50. Para homens, é 0,80. O que estas duas correlações lhe dizem sobre a relação linear entre peso e altura para mulheres e homens neste conjunto de dados? (Suponha que o diagrama de dispersão concorde com as correlações em ambos os casos.)

863. Qual das seguintes não representa um valor possível para a correlação em geral?

(A) –1,5

(B) –0,6

(C) 0,0

(D) 0,2

(E) 0,8

864. Uma correlação forte e um padrão linear forte em um diagrama de dispersão lhe permitem concluir uma relação de causa e efeito entre duas variáveis *X* e *Y*? Por que ou por que não?

865. Se você quer prever o peso usando a altura, qual variável é designada como a variável *X*, altura ou peso?

Descrevendo Relações Lineares

866–872 *Como parte de um estudo de desempenho acadêmico, você coleta dados sobre Médias Gerais, curso, minutos gastos estudando por semana e minutos gastos assistindo TV por semana de uma amostra aleatória de alunos do penúltimo ano da faculdade. Um diagrama de dispersão de minutos estudando e Médias Gerais sugere uma relação linear.*

866. Para a amostra inteira, a correlação entre minutos estudando e Média Geral é 0,74. Como você descreve a relação linear entre estas duas variáveis?

867. Suponha que as respostas para minutos gastos estudando por semana tenham a amplitude de 0 a 480 minutos. Além disso, a média das respostas é 250 minutos com um desvio padrão de 60 minutos. Um diagrama de dispersão entre minutos estudados e Média Geral demonstra uma tendência linear e o coeficiente de correlação das duas variáveis é 0,84. Entre as cinco escolhas dadas, quantos minutos gastos estudando é a previsão mais provável para alunos com as maiores Médias Gerais, em média? Escolha a melhor resposta.

(A) 20 minutos

(B) 60 minutos

(C) 250 minutos

(D) 260 minutos

(E) 450 minutos

868. Para a amostra inteira, a correlação entre minutos assistindo TV e Média Geral é –0,38. Como você descreveria a relação linear entre estas duas variáveis?

869. Dada a correlação de –0,68 entre minutos assistindo TV e Média Geral para cinco alunos, qual das seguintes quantidades de minutos você esperaria que o aluno com a maior Média Geral tenha gasto assistindo TV, em média? (Suponha que o diagrama de dispersão sugira uma relação linear.)

(A) 30

(B) 80

(C) 120

(D) 250

(E) 500

870. Para o propósito de uma análise de regressão, qual é a escolha mais lógica para a variável *Y*: tempo gasto estudando ou Média Geral?

871. Entre estudantes de inglês, a correlação entre minutos gastos estudando e Média Geral é 0,48. Entre estudantes de engenharia, é 0,78. Dadas essas informações, qual das seguintes afirmações sobre a relação linear entre tempo gasto estudando e Média Geral é correta para este conjunto de dados? Suponha que o diagrama de dispersão sugira algum tipo de relação linear entre as variáveis em cada caso.

(A) A relação linear é mais forte para os estudantes de inglês.

(B) A relação linear é mais forte para os estudantes de engenharia.

(C) A relação linear é igual para os estudantes de inglês e engenharia.

(D) A correlação não pode ser usada para comparar dois grupos.

(E) Não há informações suficientes para dizer.

872. Você calcula a correlação de –2,56 entre minutos gastos estudando por semana e minutos gastos assistindo TV por semana. O que você conclui?

Ganhando Mais Prática Encontrando uma Linha de Regressão

873–877 *Você conduz uma pesquisa incluindo variáveis para renda atual (medida em milhares de dólares) e satisfação de vida (medida em uma escala de 0 a 100, com 100 sendo muito satisfeito e 0 sendo pouco satisfeito). Um diagrama de dispersão dos dados sugere uma relação linear.*

873. Se você quer prever a satisfação de vida usando renda, qual variável você designaria como *X*?

874. Para estes dados, a média de satisfação é 60,4 e o desvio padrão de satisfação é 12,5. A média de renda é 80,5 e o desvio padrão de renda é 16,7. O coeficiente de correlação entre satisfação e renda é 0,77. Qual é a inclinação para a linha de regressão prevendo satisfação de renda?

875. Para estes dados, a média de satisfação é 60,4 e o desvio padrão de satisfação é 12,5. A média de renda é 80,5 e o desvio padrão de renda é 16,7. O coeficiente de correlação entre satisfação e renda é 0,77. Qual é a interseção-*y* para a linha de regressão quando prevendo satisfação de renda?

876. A inclinação e a interseção-*y* para a relação linear entre renda (*X*) e satisfação de vida (*Y*) são 0,58 e 13,7, respectivamente. Qual é a equação descrevendo a relação linear entre renda e satisfação de vida com base nesses dados?

877. Neste conjunto de dados, rendas (valores *x*) variam de R$50.000,00 até R$150.000,00. Qual das seguintes qualificaria como extrapolação quando tentando prever satisfação de vida (*Y*) usando renda (*X*)?

(A) prever satisfação para alguém com uma renda de R$75.000,00

(B) prever satisfação para alguém com uma renda de R$45.000,00

(C) prever satisfação para alguém com uma renda de R$200.000,00

(D) Alternativas (A) e (B)

(E) Alternativas (B) e (C)

Fazendo Previsões

878–884 *Um empreiteiro examina o custo de ter o trabalho de carpintaria feito em algumas de suas construções no ano atual. Ele descobre que o custo para um dado trabalho pode ser previsto por esta equação:*

$$y = R\$50x + R\$65$$

Aqui, y é o custo de um trabalho, e x é o número de horas que um trabalho precisa para ser terminado. Então o custo de um dado trabalho pode ser previsto por uma taxa base de R$65,00 por trabalho mais o custo de R$50,00 por hora. Suponha que o diagrama de dispersão e a correlação, ambos, indiquem relações lineares fortes.

878. Qual é o custo previsto de um trabalho que leva 2,5 horas para ser completado?

879. Qual é o custo previsto para um trabalho que leva 4,75 horas para ser completado?

880. Quanto dinheiro a mais você prevê que um trabalho que leve 3,75 horas para ser completado custará comparado com um trabalho que leve 3,5 horas para ser completado?

881. Suponha que em uma cidade diferente, uma equação parecida prevê os custos de carpintaria, mas o intercepto é R$75,00 (a inclinação continua a mesma). Qual é o custo previsto para um trabalho que leva 2 horas nesta cidade?

882. Suponha que você está comparando o custo previsto de um trabalho que dura 3,5 horas em duas cidades (a primeira com um intercepto de R$65,00 e a segunda com um intercepto de R$75,00). Quanto a mais você prevê que um trabalho que dure 3,5 horas custará na primeira cidade versus na segunda cidade?

883. Em uma terceira cidade, os custos de carpintaria são previstos por uma equação com uma inclinação de R$60,00 e um intercepto de R$65,00. Quanto você prevê que um trabalho que dure 2,3 horas custará?

884. Olhando para os dados de um ano anterior, a equação prevendo os custos na primeira cidade tem um intercepto de R$65,00 e uma inclinação de R$60,00. Comparado com o ano atual, quando a mais um trabalho que dura 3,6 horas custa do que no ano anterior?

Compreendendo Valores Esperados e Diferenças

885–893 *Você conduz uma pesquisa sobre classificação de satisfação no trabalho (medida em uma escala de 0 a 100 pontos, com 100 sendo muito satisfeito) e anos de experiência entre empregados de uma grande companhia. A relação linear entre essas duas variáveis é descrita pela linha de regressão* $y = 1,4x + 62$. *Aqui,* y *é a classificação de satisfação no trabalho e* x *são os anos de emprego. Suponha que o diagrama de dispersão e a correlação projetem uma relação linear.*

885. Quais são o *interseção-y* e a inclinação para esta equação?

886. O que a inclinação significa em uma equação de regressão simples?

887. O que o *interseção-y* significa em uma equação de regressão simples?

888. Para estes dados, qual é a classificação de satisfação no trabalho esperada para alguém com 20 anos de experiência em média?

889. Para estes dados, qual é a classificação de satisfação no trabalho esperada para alguém com dois anos de experiência em média?

890. Qual é a diferença esperada em classificações de satisfação no trabalho quando se compara alguém com 15 anos de experiência e alguém com 8 anos de experiência?

891. Qual é a diferença esperada em classificações de satisfação no trabalho, em média, quando se compara alguém com 15 anos de experiência e alguém recém-contratado (com 0 anos de experiência)?

892. Qual é a diferença esperada, em média, em classificações de satisfação no trabalho quando se compara alguém com 11,5 anos de experiência e alguém recém-contratado (com 0 anos de experiência)?

893. Para uma segunda companhia, a equação prevendo satisfação no trabalho de anos de emprego, em média, é $y = 1{,}4x + 67$. Comparando empregados com 10 anos de experiência, quanto difere a previsão de classificação de satisfação no trabalho de um empregado da segunda empresa com a da primeira, em média?

Indo Mais Fundo em Valores Esperados e Diferenças

894–902 *Você coleta dados em pés quadrados e valor de mercado para casas em duas comunidades, e quer usar pés quadrados para prever o valor de mercado. As variáveis x_1 e x_2 representam as medidas em pés quadrados de casas na Comunidade 1 e na Comunidade 2, respectivamente, e y_1 e y_2 representam o valor de mercado de casas na Comunidade 1 e na Comunidade 2, respectivamente. Os diagramas de dispersão e as correlações, ambas indicam relações lineares fortes para cada comunidade. As equações de regressão descrevendo essas relações lineares são*

$$y_1 = 77x_1 - 15.400$$
$$y_2 = 74x_2 - 11.300$$

894. Qual é o valor de mercado esperado para uma casa com 1.500 pés quadrados na Comunidade 1, em média?

895. Qual é o valor de mercado esperado para uma casa com 1.840 pés quadrados na Comunidade 1, em média?

896. Qual é o valor de mercado esperado para uma casa com 1.500 pés quadrados na Comunidade 2, em média?

897. Qual é o valor de mercado esperado para uma casa com 980 pés quadrados na Comunidade 2, em média?

898. Comparando duas casas com 1.000 pés quadrados cada, uma na Comunidade 1 e uma na Comunidade 2, como os valores esperados delas diferem, em média?

899. Comparando duas casas com 1.620 pés quadrados cada, uma na Comunidade 1 e uma na Comunidade 2, como os valores esperados delas diferem, em média?

900. Comparando duas casas com 1.930 pés quadrados cada, uma na Comunidade 1 e uma na Comunidade 2, como os valores esperados delas diferem, em média?

901. Qual tem um valor de mercado esperado maior: uma casa na Comunidade 1 com 1.100 pés quadrados ou uma casa na Comunidade 2 com 1.200 pés quadrados, em média?

902. Suponha que os tamanhos das casas para a Comunidade 1 em sua amostra variem de 800 pés quadrados até 2.780 pés quadrados. Qual dos seguintes constituiria extrapolação?

(A) estimar o valor de mercado de uma casa na Comunidade 1 com 2.700 pés quadrados

(B) estimar o valor de mercado de uma casa na Comunidade 1 com 2.900 pés quadrados

(C) estimar o valor de mercado de uma casa na Comunidade 1 com 750 pés quadrados

(D) Alternativas (A) e (B)

(E) Alternativas (B) e (C)

Indo Mais Fundo em Previsões

903–905 *Para um grupo de 100 alunos do ensino médio, a seguinte equação relaciona suas notas do ENEM de matemática (variando de 200 a 800) com os minutos por semana assistindo TV (denotados por x, variando de 0 a 720): ENEM = 725 – 0,5x*

903. Qual é a nota do ENEM de matemática previsto para um aluno que assiste 360 minutos de TV por semana?

904. Qual é a nota do ENEM de matemática previsto para um aluno que assiste 600 minutos de TV por semana?

905. O Aluno A assiste 60 minutos de TV por semana, o Aluno B assiste 800 minutos de TV por semana e o Aluno C assiste 220 minutos de TV por semana. Classifique os alunos do maior para o menor em termos de suas notas esperadas no ENEM de matemática.

Ganhando Mais Prática com Valores Esperados e Diferenças

906–915 *Você coleta dados sobre renda (em milhares de dólares) e anos de experiência de empregados de meio período trabalhando para duas empresas, e você calcula equações de regressão separadas para explorar essas relações lineares. As equações de regressão descrevendo estas relações lineares são*

$$y_1 = 6,7x_1 + 2,5$$

$$y_2 = 7,2x_2 + 1,2$$

Aqui, y_1 e x_1 são salário esperado e anos de experiência para um empregado na Empresa 1, e y_2 e x_2 são salário esperado e anos de experiência para um empregado na Empresa 2.

906. Qual é o salário esperado para um empregado de meio período na Empresa 1 com 6 anos de experiência?

907. Qual é o salário esperado para um empregado de meio período na Empresa 1 com 17 anos de experiência?

908. Qual é o salário esperado para um empregado de meio período na Empresa 2 com 2,5 anos de experiência?

909. Quanto você espera que um empregado de meio período na Empresa 2 com 13 anos de experiência ganhe a mais quando comparado com um empregado de meio período na Empresa 2 com 7 anos de experiência?

910. Quanto você espera que um empregado de meio período na Empresa 2 com 6,5 anos de experiência ganhe a mais quando comparado com um empregado de meio período na Empresa 2 com 1,2 anos de experiência?

911. Qual empresa tem o maior salário inicial esperado para estes empregados de meio período?

912. Qual empresa tem a maior taxa esperada de aumento de salário para estes empregados de meio período?

913. Compare os salários esperados entre um empregado na Empresa 1 com 3 anos de experiência e um empregado na Empresa 2 com 5,5 anos de experiência. Qual empregado tem o salário esperado maior?

914. Compare os salários esperados entre um empregado na Empresa 1 com 3,8 anos de experiência e um empregado na Empresa 2 com 4,3 anos de experiência. Qual empregado tem o salário esperado maior?

915. Sob quais circunstâncias você poderia declarar que uma relação forte entre x e y o levam a concluir que uma mudança em x *causa* uma mudança em y?

(A) replicação desse estudo em outras empresas

(B) um estudo longitudinal monitorando o crescimento em salários de empregados individuais enquanto os anos de emprego aumentam

(C) adicionando variáveis adicionais ao modelo para controlar outras influências no salário

(D) Alternativas (A) e (B)

(E) Alternativas (A), (B) e (C)

Capítulo 17

Tabelas de Duas Vias e Independência

Muitas aplicações de estatística envolvem variáveis categóricas, como gênero (masculino/feminino), opinião (sim/não/indeciso), posse de casa própria (sim/não) ou tipo sanguíneo. Uma aplicação estatística comum é procurar relações entre duas variáveis categóricas. Neste capítulo, você focará em pares de variáveis categóricas: como organizar e interpretar seus dados (a parte das tabelas de duas vias) e como descrever descobertas e procurar relações (a parte de verificar independência).

Os Problemas com os Quais Trabalhará

Neste capítulo, você trabalhará com todos os prós e contras de tabelas de duas vias e como interpretá-las e usá-las, incluindo

- Ser capaz de ler e interpretar todas as partes de uma tabela de duas vias usando ou contagens ou porcentagens
- Encontrar a probabilidade marginal, conjunta e condicional em uma tabela de duas vias ou gráfico relacionado
- Usar probabilidades de uma tabela de duas vias para procurar por e descrever relações entre duas variáveis categóricas

Com o que Tomar Cuidado

Números parados em uma tabela pequena parecem suficientemente fáceis, mas você ficaria surpreso com todas as informações que pode tirar de uma tabela e quantas equações, fórmulas e notações pode espremer delas. Esteja preparado e lembre-se do seguinte:

- Os números dentro de uma tabela de duas vias representam interseções de duas características.
- O que vai no denominador é a chave para todas as probabilidades de tabelas de duas vias. Preste atenção para qual grupo você está olhando; o número total naquele grupo se torna seu denominador.
- A formulação dos problemas para tabelas de duas vias pode ser extremamente complicadas; uma pequena mudança na formulação pode levar a uma resposta totalmente diferente. Pratique quantos problemas você puder.

Introduzindo Variáveis e Tabelas de Duas Vias

916–920 *Resolva os seguintes problemas sobre variáveis em tabelas de duas vias.*

916. Quais das seguintes variáveis são categóricas (ou seja, seus possíveis valores caem em categorias não numéricas)?

(A) tipo sanguíneo

(B) país de origem

(C) renda anual

(D) Alternativas (A) e (B)

(E) Alternativas (A), (B) e (C)

917. Quais das seguintes variáveis são categóricas?

(A) gênero

(B) cor de cabelo

(C) CEP

(D) Alternativas (A) e (B)

(E) Alternativas (A), (B) e (C)

918. Quais das seguintes variáveis seriam adequadas para uma tabela de duas vias?

(A) anos de educação

(B) altura em centímetros

(C) posse de casa própria (sim/não)

(D) gênero

(E) Alternativas (C) e (D)

919. Para uma tabela de duas vias incluindo educação como uma das variáveis, quais das seguintes seriam maneiras adequadas de categorizar os dados?

(A) se alguém é graduado no ensino médio

(B) se alguém é graduado na universidade

(C) o nível mais alto de escolaridade completo

(D) Alternativas (A) e (B)

(E) Alternativas (A), (B) e (C)

920. Quantas células uma tabela 2x2 contém? (Uma célula é qualquer combinação possível de duas variáveis sendo estudadas.)

Lendo uma Tabela de Duas Vias

921–933 *Esta tabela 2x2 exibe resultados de uma enquete de alunos universitários homens e mulheres selecionados aleatoriamente em uma certa faculdade, perguntando se eles eram a favor de aumentar as taxas estudantis para expandir o programa de atletismo da faculdade. Os resultados de suas opiniões estão desmembrados por gênero na seguinte tabela.*

	A Favor do Aumento da Taxa	Contra o Aumento da Taxa
Homens	72	108
Mulheres	48	132

Ilustração por Ryan Sneed

921. O que o valor 72 representa nesta tabela?

922. O que o valor 132 representa nesta tabela?

923. Quantos alunos são mulheres e a favor do aumento da taxa?

924. Quantos alunos homens foram incluídos nesta enquete?

925. Quantas alunas mulheres foram incluídas nesta enquete?

926. Quantas pessoas são a favor do aumento da taxa?

927. Quantas pessoas são contra o aumento da taxa?

928. Qual é o número total de pessoas que participaram da enquete?

929. Qual a proporção de alunos homens favoráveis ao aumento da taxa?

930. Qual proporção de alunas mulheres não é favoráveis ao aumento da taxa?

931. Qual proporção de todas as pessoas não é favorável ao aumento da taxa?

932. O seguinte gráfico de pizza foi calculado com base apenas nas 180 mulheres que foram perguntadas sobre suas opiniões sobre se eram favoráveis ao aumento da taxa. O que os 27% representam?

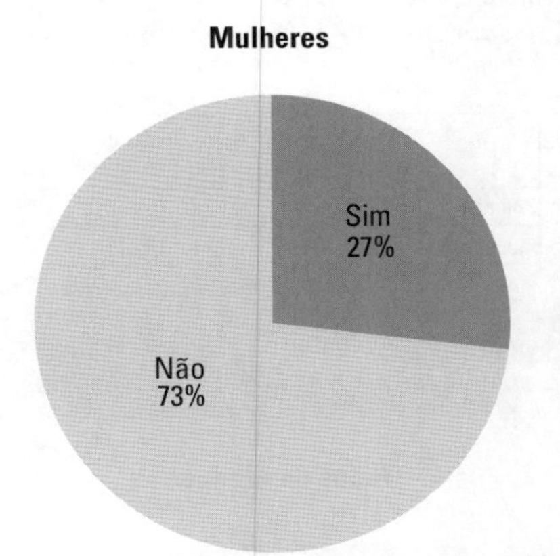

Ilustração por Ryan Sneed

933. Nesta enquete, 360 pessoas foram perguntadas por suas opiniões sobre se eram favoráveis ao aumento da taxa. Um desmembramento dos resultados é exibido no seguinte gráfico de pizza. O que os 33% representam?

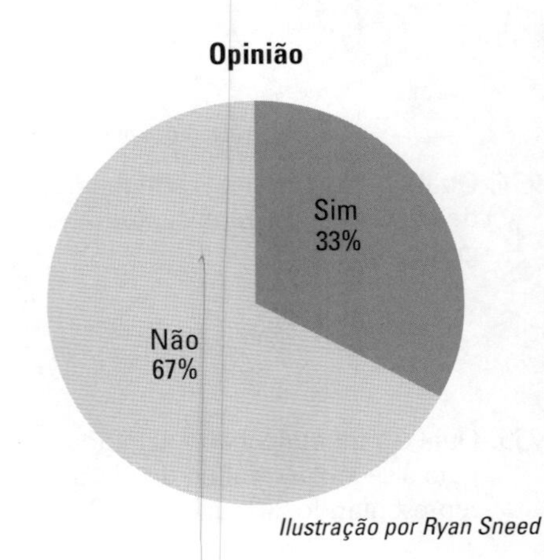

Ilustração por Ryan Sneed

Interpretando uma Tabela de Duas Vias Através do Uso de Percentagens

934–937 *Esta tabela 2x2 exibe resultados de uma enquete de 360 alunos universitários homens e mulheres selecionados aleatoriamente de uma certa faculdade, perguntando se eles eram a favor de aumentar taxas estudantis para expandir o programa de atletismo da faculdade. Os resultados de suas opiniões estão desmembrados por gênero na seguinte tabela.*

	A Favor do Aumento da Taxa	Contra o Aumento da Taxa
Homens	72	108
Mulheres	48	132

Ilustração por Ryan Sneed

O seguinte gráfico de pizza desmembra o gênero e a opinião de todos os 360 alunos inquiridos.

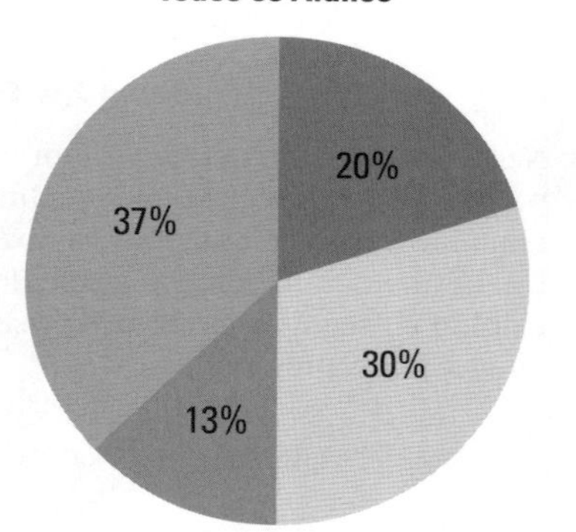

Ilustração por Ryan Sneed

934. Qual é a maneira mais adequada de descrever os 37% representados neste gráfico de pizza?

935. Qual é a identificação adequada para a seção no gráfico de pizza representando 20% dos dados?

936. Qual é a identificação adequada para a seção no gráfico de pizza representando 30% dos dados?

937. Qual é a identificação adequada para a seção no gráfico de pizza representando 13% dos dados?

Interpretando uma Tabela de Duas Vias Através do Uso de Contagens

938–950 *A tabela seguinte exibe informações sobre fumo de cigarros e diagnóstico de hipertensão para um grupo de pacientes em uma clínica médica.*

	Diagnóstico de Hipertensão	Sem Diagnóstico de Hipertensão
Fumante	48	24
Não Fumante	26	50

Ilustração por Ryan Sneed

938. Quantos pacientes são fumantes?

939. Quantos pacientes têm diagnóstico de hipertensão?

940. Quantos pacientes são ambos, não fumantes e têm um diagnóstico de hipertensão?

941. Quantos pacientes são fumantes e têm um diagnóstico de hipertensão?

942. Qual é o número total de pacientes neste estudo?

943. Quantos pacientes não têm um diagnóstico de hipertensão e são fumantes?

944. Quantos pacientes não têm um diagnóstico de hipertensão e são não fumantes?

945. Qual proporção dos pacientes com um diagnóstico de hipertensão são fumantes?

946. Qual proporção dos pacientes com um diagnóstico de hipertensão são não fumantes?

947. Qual proporção de não fumantes tem um diagnóstico de hipertensão?

948. Qual proporção de não fumantes não tem um diagnóstico de hipertensão?

949. Qual proporção de todos os pacientes neste estudo são fumantes e não tem diagnóstico de hipertensão?

950. Qual proporção de todos os pacientes neste estudo são não fumantes e não tem diagnóstico de hipertensão?

Conectando Probabilidades Condicionais a Tabelas de Duas Vias

951–955 *A tabela seguinte exibe informações sobre fumo de cigarros e diagnóstico de hipertensão para um grupo de pacientes em uma clínica médica.*

	Diagnóstico de Hipertensão	Sem Diagnóstico de Hipertensão
Fumante	48	24
Não Fumante	26	50

Ilustração por Ryan Sneed

O seguinte gráfico de barra exibe os dados de fumo e hipertensão para o grupo de pacientes na clínica médica.

Nota: *Este gráfico mostra duas barras, uma para o grupo com diagnóstico de hipertensão e uma para o grupo sem diagnóstico de hipertensão. O total de porcentagens dentro de cada barra soma 100%. Qualquer porcentagem dentro de um grupo representa uma probabilidade condicional para aquele grupo — ou seja, a porcentagem dentro daquele grupo com uma certa característica. Use termos de probabilidade condicional e notação para responder estes problemas.*

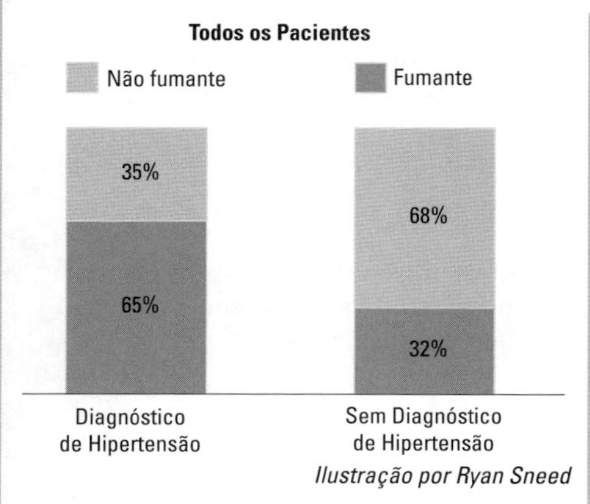

Ilustração por Ryan Sneed

951. O que a área identificada por 35% representa?

952. O que a área identificada por 65% representa?

953. O que a área identificada por 68% representa?

954. O que a área identificada por 32% representa?

955. Com base nesses dados, e entendendo que você está trabalhando com apenas uma única amostra de dados, qual das seguintes afirmações parece ser verdadeira?

(A) É mais provável que pacientes com um diagnóstico de hipertensão sejam fumantes do que não fumantes.

(B) É menos provável que pacientes com um diagnóstico de hipertensão sejam fumantes do que não fumantes.

(C) É mais provável que pacientes sem um diagnóstico de hipertensão sejam fumantes do que não fumantes.

(D) É mais provável que pacientes sem um diagnóstico de hipertensão sejam não fumantes do que fumantes.

(E) Alternativas (A) e (D)

Investigando Variáveis Independentes

956–960 *Resolva os seguintes problemas sobre variáveis independentes.*

956. Se as variáveis A e B são independentes, qual das seguintes deve ser verdade?

(A) $P(A) = P(B)$

(B) $P(A) \neq P(B)$

(C) $P(A)$ não depende se B ocorre ou não

(D) $P(A)$ depende de $P(B)$

(E) Alternativas (A) e (C)

957. Você coleta dados sobre a escolha de curso entre uma amostra aleatória de alunos de uma grande universidade. Você descobre que entre estudantes de engenharia, 70% são homens e, entre estudantes de inglês, 80% são mulheres. Qual das seguintes afirmações é verdadeira?

(A) Gênero e escolha de curso são independentes.

(B) Gênero e escolha de curso não são independentes.

(C) Existem mais homens do que mulheres matriculados na universidade.

(D) Existem menos homens do que mulheres matriculados na universidade.

(E) Impossível dizer qualquer coisa sem mais informações.

958. Suponha que em uma população de formandos do ensino médio, a escolha de se matricular na educação superior depois da formatura é independente de gênero. Qual das seguintes afirmações seria verdadeira?

(A) O mesmo número de homens e mulheres escolhem se matricular na educação superior.

(B) A mesma proporção de homens e mulheres escolhem se matricular na educação superior.

(C) Mais homens se alistam no serviço militar e mais mulheres vão direto para o trabalho em tempo integral.

(D) Alternativas (B) e (C)

(E) Nenhuma das anteriores

959. Uma pequena cidade tem 300 eleitores homens registrados e 350 eleitoras mulheres registradas. No geral, 60% dos eleitores votou por uma iniciativa de vínculo. Se votar é independente de gênero nesta amostra, quantas mulheres votaram pela iniciativa de vínculo?

960. Uma escola primária tem 200 alunos homens e 190 alunas mulheres. No geral, 40% dos alunos participam de atividades depois da aula. Se a participação é independente de gênero nesta amostra, quantos meninos não participam de atividades depois da aula?

Calculando Probabilidade Marginal e Mais

961–970 *A tabela seguinte representa os dados de um levantamento no tipo de dieta e nível de colesterol entre um grupo de adultos na faixa etária de 50 a 75 anos.*

Nota: *Uma dieta vegetariana exclui carne, e uma dieta vegana exclui qualquer produto derivado de animal além da carne. A dieta regular nesta tabela se refere àqueles que não são nem veganos nem vegetarianos.*

	Colesterol Alto	Sem Colesterol Alto	
Vegetariano			100
Vegano			100
Dieta Regular			100
	100	200	300

Ilustração por Ryan Sneed

961. Qual é a probabilidade marginal de ser um vegetariano?

962. Qual é a probabilidade marginal de não ser vegano?

963. Qual é a probabilidade marginal de ter colesterol alto?

964. Qual é a probabilidade marginal de não ter colesterol alto?

965. Se a dieta e o nível de colesterol são independentes, qual das seguintes você esperaria ser verdadeira nesta amostra?

(A) A mesma porcentagem de vegetarianos, veganos e com dieta regular terá colesterol alto.

(B) A porcentagem de veganos, vegetarianos e com dieta regular com colesterol alto é diferente.

(C) Entre aqueles com colesterol alto, números iguais serão vegetarianos, veganos e com dieta regular.

(D) Diferentes números de pessoas com colesterol alto serão vegetarianos, veganos e com dieta regular.

(E) Alternativas (A) e (C)

966. Se a dieta e o nível de colesterol são independentes, quantos adultos neste conjunto de dados você espera que sejam vegetarianos com colesterol alto?

967. Se ser vegetariano e ter colesterol alto são independentes, quantos adultos neste conjunto de dados você esperaria que fossem vegetarianos com colesterol alto?

968. Suponha que, nestes dados, 10 vegetarianos e 20 veganos tenham colesterol alto. Quantas pessoas com dieta regular têm colesterol alto?

969. Suponha que, nestes dados, dez vegetarianos têm colesterol alto. Quantos vegetarianos não têm colesterol alto?

970. Suponha que, nestes dados, 35 pessoas com dieta regular não têm colesterol alto. Quantas pessoas com dieta regular têm colesterol alto?

Adicionando Probabilidade Conjunta à Mistura

971–978 *Esta tabela contém dados de uma pesquisa que perguntou a uma amostra de adultos qual tipo de telefone eles mais usam comumente. Os adultos foram classificados em três categorias de idade: 18 a 40 anos, 41 a 65 anos e 66 anos ou mais.*

	Smartphone	Outro telefone móvel	Telefone fixo
Idade 18-48	60	30	10
Idade 41-65	40	40	20
Idade 66 ou mais	20	30	50

Ilustração por Ryan Sneed

971. Quantas pessoas participaram desta pesquisa?

972. Qual é a probabilidade marginal de que um indivíduo da amostra tenha entre 41 e 65 anos?

973. Qual é a probabilidade marginal de que o tipo de telefone mais comumente usado por um entrevistado não seja um telefone fixo?

974. Qual é a probabilidade conjunta de se ter entre 18 e 40 anos e usar mais comumente um smartphone?

975. Qual é a probabilidade conjunta de se ter 66 anos ou mais e usar mais comumente um telefone fixo?

976. Suponha que as frequências marginais sejam corretas, mas que as entradas das células da tabela são desconhecidas. Se idade e preferência de telefone fossem independentes, quantas pessoas com idades entre 18 e 40 anos prefeririam um smartphone?

977. Suponha que as frequências marginais sejam corretas, mas que as entradas das células da tabela são desconhecidas. Se idade e preferência de telefone fossem independentes, quantas pessoas com 66 anos ou mais prefeririam um telefone móvel?

978. Comparando os valores observados nesta tabela e os valores esperados sob independência, o que você pode concluir sobre idade e preferência de telefone?

(A) Idade e preferência de telefone são independentes.

(B) É menos provável que pessoas entre 18 e 40 anos prefiram smartphones do que seria esperado se idade e preferência de telefone fossem independentes.

(C) É menos provável que pessoas com 66 anos ou mais prefiram smartphones do que seria esperado se idade e preferência de telefone fossem independentes.

(D) É mais provável que pessoas com 66 anos ou mais prefiram smartphones do que seria esperado se idade e preferência de telefone fossem independentes.

(E) Alternativas (B) e (D)

Indo Mais Fundo em Probabilidades Condicionais e Marginais

***979** Responda o seguinte problema.*

979. Suponha que você tem uma tabela 2x2 exibindo os valores de gênero (masculino ou feminino) e posse de computador laptop (sim ou não) para alunos universitários, 100 homens e 100 mulheres. No geral, 75% dos alunos possui um laptop; 85% dos alunos homens possui um laptop, assim como 65% das alunas mulheres. Gênero e posse de laptop são independentes neste conjunto de dados?

(A) Sim, porque a taxa de posse geral é 75%.

(B) Sim, porque as probabilidades marginais e condicionais são as mesmas.

(C) Não, porque as taxas de posse diferem por gênero.

(D) Não, porque a taxa de posse marginal difere das taxas de posse condicionais.

(E) Alternativas (C) e (D)

Compreendendo o Número de Células em uma Tabela de Duas Vias

980 *Determine quantas células uma tabela de duas vias terá no seguinte problema.*

980. Você está construindo uma tabela de duas vias exibindo as respostas para duas perguntas em uma pesquisa: tipo de residência (casa própria, apartamento alugado ou condomínio) e categoria de renda anual (R$20.000,00 ou menos; R$21.000,00 a R$45.000,00; R$46.000,00 a R$75.000,00 e R$76.000,00 ou mais). Quantas células essa tabela terá?

Incluindo Probabilidade Condicional

981–992 *Este gráfico de barra exibe resultados de frequência de uma pesquisa conduzida com uma amostra aleatória de adultos, perguntando seu gênero e se eles possuem um carro. Todas as quatro combinações são exibidas no gráfico, parecido com uma tabela de duas vias.*

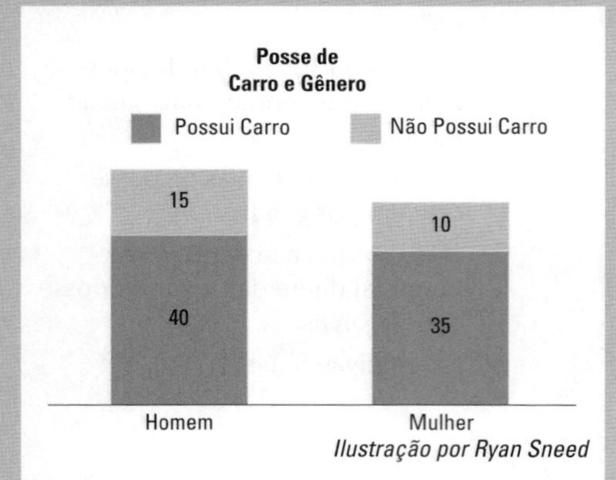

Ilustração por Ryan Sneed

981. Qual foi o tamanho amostral total para este levantamento?

982. Se uma pessoa é homem, qual é a probabilidade dele possuir um carro?

983. Dado que uma pessoa é mulher, qual é a probabilidade dela possuir um carro?

984. Qual é a probabilidade marginal de se possuir um carro?

985. Qual é a probabilidade condicional de ser homem, dada a posse de um carro?

986. Qual é a probabilidade condicional de ser mulher, dada a posse de um carro?

987. Supondo que a probabilidade marginal de se possuir um carro entre todos os adultos também se aplica ao grupo de homens, quantos dos homens nesta amostra possuiriam carros?

988. Supondo que a probabilidade marginal de se possuir um carro entre todos os adultos também se aplica ao grupo de mulheres, quantas das mulheres nesta amostra possuiriam carros?

989. Qual é a probabilidade marginal de ser homem?

990. Qual é a probabilidade marginal de ser mulher?

991. Qual das seguintes afirmações é verdadeira quando você compara a prevalência de posse de carro entre mulheres e homens?

(A) Nesta amostra, mais homens que mulheres possuem carros.

(B) Nesta amostra, mais mulheres que homens possuem carros.

(C) Nesta amostra, a probabilidade condicional de possuir um carro é mais alta para homens.

(D) Nesta amostra, a probabilidade condicional de possuir um carro é mais alta para mulheres.

(E) Alternativas (A) e (D)

992. Qual das seguintes alternativas reforçaria sua habilidade de tirar conclusões sobre a relação entre posse de carro e gênero?

(A) replicação da pesquisa em outros locais

(B) replicação da pesquisa com uma amostra maior

(C) replicar a pesquisa com uma amostra nacionalmente representativa

(D) Alternativas (A) e (B)

(E) Alternativas (A), (B) e (C)

Indo Fundo em Projetos de Pesquisa

***993** Resolva o seguinte problema sobre projetos de pesquisa.*

993. Qual dos seguintes projetos de pesquisa oferece a melhor justificativa para fazer afirmações de causa e efeito a partir de resultados estatísticos?

(A) uma pesquisa com levantamento de dados

(B) um ensaio clínico aleatório

(C) um estudo observacional

(D) Alternativas (A) e (B)

(E) Alternativas (A) e (C)

Indo Mais Fundo em Tabelas de Duas Vias

***994–1.001** Esta tabela exibe resultados de um estudo avaliando a efetividade de um novo instrumento de triagem para depressão. Todos os participantes no estudo receberam o teste de triagem e também foram clinicamente avaliados para depressão.*

	Avaliação Positiva	Avaliação Negativa
Triagem positiva	25	20
Triagem negativa	10	60

Ilustração por Ryan Sneed

994. Suponha que uma terceira categoria, chamada "Inconclusivo", tenha sido adicionada a cada uma das duas variáveis. Quantas células a tabela teria então?

995. Qual é a probabilidade marginal de ser triado positivamente para depressão?

996. Qual é a probabilidade marginal de ser avaliado positivamente para depressão?

997. Qual é a probabilidade condicional de ser avaliado positivamente para depressão, dado o resultado de triagem positivo?

998. Qual é a probabilidade condicional de ser avaliado positivamente para depressão, dado o resultado de triagem negativo?

999. Dos quatro resultados possíveis (triagem positiva e avaliação positiva; triagem positiva e avaliação negativa; triagem negativa e avaliação positiva; e triagem negativa e avaliação negativa), qual tem a maior probabilidade conjunta?

1.000. Os resultados desta amostra sugerem que a triagem positiva para depressão e ser diagnosticado para depressão são independentes? Por que ou por que não?

1.001. Qual das seguintes poderia fortalecer sua confiança em tirar conclusões casuais deste estudo?

(A) A amostra do estudo ser selecionada aleatoriamente da população.

(B) A pessoa fazendo a avaliação não ter conhecimento dos resultados de triagem.

(C) Este estudo ter replicado um estudo anterior que produziu resultados similares.

(D) Alternativas (A) e (B)

(E) Alternativas (A), (B) e (C)

Parte II

As Respostas

1.001 Respostas

Nesta parte...

Esta parte fornece soluções completamente trabalhadas e discussões para cada um dos problemas na Parte I. Certifique-se de trabalhar em um problema o melhor possível antes de espiar nas soluções — dessa maneira você será capaz de avaliar quais ideias já tem sob controle e quais precisa focar por mais tempo.

Enquanto estiver trabalhando nos problemas e lendo as explicações das respostas, você talvez decida que poderia melhorar em certas áreas ou que precisa de mais material de suporte para lhe dar uma vantagem. Sem problemas! Os seguintes livros estão disponíveis, cortesia dos nossos amigos *Para Leigos* e publicados no Brasil pela Alta Books:

- *Estatística Para Leigos*
- *Estatística II Para Leigos*

Visite `www.altabooks.com.br/para-leigos` para mais informações.

Capítulo 18

Respostas

1. todas as famílias da cidade

Uma *população* é o grupo inteiro que você está interessado em estudar. O objetivo aqui é estimar qual porcentagem de *todas as famílias em uma cidade grande* tem uma mulher solteira como a chefe da família. A população engloba todas as famílias e a variável é se uma mulher solteira lidera a família.

2. as 200 famílias selecionadas

A *amostra* é um subconjunto retirado da população total que você está interessado em estudar. Então, neste exemplo, o subconjunto engloba as 200 famílias selecionadas das existentes na cidade.

3. a porcentagem de famílias lideradas por mulheres solteiras na cidade.

Um *parâmetro* é alguma característica da população. Como estudar uma população diretamente não é normalmente possível, parâmetros são normalmente estimados usando estatística (números calculados a partir dos dados de uma amostra).

4. a porcentagem de famílias lideradas por mulheres solteiras entre as 200 famílias selecionadas

A *estatística* é um número que descreve alguma característica que você calculou a partir dos dados de sua amostra; a estatística é usada para estimar o parâmetro (a mesma característica na população).

5. D. a altura de uma pessoa, registrada em centímetros

Variáveis quantitativas são medidas e representadas numericamente, têm significado numérico e podem ser usadas em cálculos. (É por isso que outro nome para elas é variáveis numéricas.) Embora CEPs sejam escritos em números, os números são simplesmente etiquetas convenientes e não têm significado numérico (por exemplo, você não somaria dois CEPs)

6. E. Alternativas (B) e (C) (o curso da faculdade; graduação ou não no ensino médio)

Uma variável categórica não tem um significado numérico ou quantitativo, mas simplesmente descreve uma qualidade ou característica de alguma coisa. O curso da faculdade (como inglês ou matemática) e a graduação no ensino médio (sim ou não), ambos descrevem qualidades não numéricas.

Os números usados em dados categóricos ou qualitativos designam uma qualidade em vez de uma medida ou quantidade. Por exemplo, você pode atribuir o número 1 para uma pessoa que seja casada e o número 2 para uma pessoa que não é casada. Os números em si não têm significados — ou seja, você não somaria os números.

7. E. Todas essas alternativas são verdadeiras.

O viés é o favoritismo sistemático nos dados. Você quer pegar dados que representem todos os clientes da loja, não importa qual dia ou qual horário eles façam compras, se eles compram em casal ou sozinhos, e assim por diante. Não se pode assumir que as pessoas que compraram durante aquelas três horas naquela manhã de sábado são representativas da clientela total da loja. Esta amostra não foi retirada aleatoriamente — todo mundo que entrou foi contado.

8. E. Alternativas (C) e (D) (o gênero de cada comprador que entrou durante o período de tempo; o número de homens entrando na loja durante o período de tempo)

Uma variável é uma característica ou medida na qual os dados são coletados e cujo resultado pode mudar de um indivíduo para o próximo. Isso significa que gênero é uma variável e o número de homens entrando na loja também é uma variável. O dia que você coleta dados e a loja que você observa são apenas parte do projeto do seu estudo e foram determinados de antemão.

9. gênero; número de compradores

Gênero é uma variável categórica (as categorias são homem e mulher) e *número de compradores* é uma variável quantitativa (porque representa uma contagem). O dia da coleta dados e a loja que você observa são apenas parte do projeto do seu estudo e foram determinados de antemão.

10. D. Alternativas (A) e (C) (um gráfico de barra; um gráfico de pizza)

Gênero é uma variável categórica, então ambos, o gráfico de barra e o gráfico de pizza, são adequados para exibir a proporção de homens versus mulheres entre os compradores. Você poderia usar um diagrama de tempo apenas se soubesse quantos homens e quantas mulheres estavam na loja em cada período individual de tempo.

11. Some o total de compradores de cada observador e divida este total por 3.

O número médio de compradores por hora é calculado pela divisão do número total de compradores (encontrado quando se soma o total de cada observador) e dividindo pelo número de horas (3).

12. E. Alternativas (A) e (C) (3, 3, 3, 3, 3; 1, 2, 3, 4, 5)

Para encontrar a mediana, coloque os dados em ordem do menor para o maior e encontre o valor no meio. Não importa quantas vezes um número esteja repetido. Neste caso, cada um dos conjuntos de dados 3, 3, 3, 3, 3 e 1, 2, 3, 4, 5 têm a mediana de 3.

13. Significa que 90% dos alunos que fizeram o exame tiveram notas menores que ou iguais à de Susan.

Um *percentil* exibe a posição relativa de uma nota em uma população identificando a porcentagem de valores abaixo daquela nota. Susan marcou no 90º percentil, então 90% das notas dos alunos são menores que ou iguais à de Susan.

14. E. todas as anteriores

Todas as alternativas estão corretas. Uma distribuição é basicamente uma lista de todos os valores possíveis da variável e com que frequência eles ocorrem. Em uma frase, você pode dizer, "60% de 100 pessoas inquiridas disseram que gostam de chocolate e 40% disseram que não" — esta frase dá a distribuição. Você também pode fazer uma tabela com linhas chamadas "Gostam de chocolate" e "Não gostam de chocolate" e mostrar as porcentagens, ou pode usar um gráfico de pizza ou um gráfico de barra para descrever visualmente a distribuição.

15. Sua nota é 0,70 desvios padrão acima da média.

Um escore-*z* lhe diz quantos desvios padrão um valor de dados está abaixo ou acima da média. Se seu escore-z é 0,70, sua nota do exame é 0,70 desvios acima da média. Isso não lhe diz sua nota exatamente ou quantos alunos marcaram mais ou menos que você, mas lhe diz onde o valor de dados está, comparado com a nota *média* no exame.

16. Significa que é provável que entre 59% e 71% de todos os americanos aprovam o presidente.

A *margem de erro* lhe diz o quanto é provável que seus resultados da amostra mudem de amostra para amostra. É medido como "mais ou menos uma certa quantidade". Neste caso, a margem de erro de 6% lhe diz que o resultado desta amostra (65% de aprovação do presidente) poderia mudar até 6% de qualquer lado. Portanto, usando os resultados da amostra para tirar conclusões sobre toda a população, o melhor que você pode dizer é, "Com base nos dados, a porcentagem de todos os americanos que aprovam o presidente está provavelmente entre 59% (65% – 6%) e 71% (65% + 6%)."

17. um intervalo de confiança

Você usa um intervalo de confiança quando quer estimar um parâmetro populacional (um número descrevendo a população) quando não tem informação anterior sobre ela. Em um intervalo de confiança, você pega uma amostra, calcula a estatística e soma/subtrai uma margem de erro para chegar à sua estimativa.

18. um teste de hipótese

Você usa um teste de hipótese quando alguém relata ou afirma que um parâmetro populacional (como a média populacional) é igual a um certo valor e se quer desafiar essa afirmação. Aqui, a afirmação é que a porcentagem de todos os graduados do ensino médio que participaram em esportes é igual a 60%. Você acha que é maior que isso, então está desafiando essa afirmação.

19. E. $p = 0{,}001$

Um valor-*p* mede o quão forte a sua evidência é contra o valor relatado pela outra pessoa. Um valor-*p* pequeno significa que sua evidência é forte contra eles; um valor-*p* grande diz que sua evidência é fraca contra eles. Neste caso, o menor valor-*p* é 0,001, que em qualquer livro de estatística é considerado altamente significante, significando que seus dados e resultados de teste mostram forte evidência contra o relatório.

20. C. 1, 1, 4, 4

O desvio padrão mede quanta variabilidade (diversidade) existe no conjunto de dados, comparado com a média. Se todos os valores de dados são iguais, o desvio padrão é 0. Para aumentar o desvio padrão, mova os valores cada vez mais longe da média. A escolha que os move para mais longe da média aqui é 1, 1, 4, 4.

21. 25,7

Usa a fórmula para calcular a média

$$\bar{x} = \frac{\sum x}{n}$$

onde $\bar{x}$ é a média, $\sum$ representa a soma dos valores de dados e n é o número de valores no conjunto de dados.

Neste caso, $x = 14 + 14 + 15 + 16 + 28 + 28 + 32 + 35 + 37 + 38 = 257$ e $n = 10$. Então a média é

$$\frac{257}{10} = 25{,}7$$

22. 52,4

Use a fórmula para calcular a média

$$\bar{x} = \frac{\sum x}{n}$$

onde $\bar{x}$ é a média, $\sum$ representa a soma dos valores de dados e n é o número de valores no conjunto de dados.

Neste caso, $x = 15 + 25 + 35 + 45 + 50 + 60 + 70 + 72 + 100 = 472$ e $n = 9$. Então a média é

$$\frac{472}{9} = 52{,}4444$$

A pergunta pede pelo décimo mais próximo, então você arredonda para 52,4.

23. 7,5

Use a fórmula para calcular a média

$$\bar{x} = \frac{\sum x}{n}$$

onde $\bar{x}$ é a média, $\sum$ representa a soma dos valores de dados e n é o número de valores no conjunto de dados.

Neste caso, $x = 0{,}8 + 1{,}8 + 2{,}3 + 4{,}5 + 4{,}8 + 16{,}1 + 22{,}3 = 52{,}6$ e $n = 7$. Então a média é

$$\frac{52{,}6}{7} = 7{,}5143$$

A pergunta pede pelo décimo mais próximo, então você arredonda para 7,5.

24. 4,525

Use a fórmula para calcular a média

$$\bar{x} = \frac{\sum x}{n}$$

onde $\bar{x}$ é a média, $\sum$ representa a soma dos valores de dados e n é o número de valores no conjunto de dados.

Neste caso, $x = 0{,}003 + 0{,}045 + 0{,}58 + 0{,}687 + 1{,}25 + 10{,}38 + 11{,}252 + 12{,}001 = 36{,}198$ e $n = 8$. Então a média é

$$\frac{36{,}198}{8} = 4{,}52475$$

A pergunta pede pelo milhar mais próximo, então você arredonda para 4,525.

25. 15,0

Para achar a mediana, coloque os números em ordem do menor para o maior:

4, 5, 6, 12, 15, 16, 18, 20, 22

Como este conjunto de dados tem um número ímpar de valores (nove), a mediana é simplesmente o número do meio no conjunto de dados: 15.

26. 17,0

Para achar a mediana, coloque os números em ordem do menor para o maior:

10, 12, 15.5, 16, 17, 17, 17, 18, 18, 21, 21

Como este conjunto de dados tem um número ímpar de valores (11), a mediana é simplesmente o número do meio no conjunto de dados: 17.

27. 9,0

Para achar a mediana, coloque os números em ordem do menor para o maior:

1, 2, 6, 7, 8, 10, 14, 15, 21, 30

Como este conjunto de dados tem um número par de valores (dez), a mediana é a média dos dois números do meio:

$$\frac{8+10}{2} = 9{,}0$$

28. 4,04

Para achar a mediana, coloque os números em ordem do menor para o maior:

0,001; 0,1; 0,25; 1,22; 6,85; 8,2; 13,2; 25,2

Porque este conjunto de dados tem um número par de valores (dez), a mediana é a média dos dois números do meio:

$$\frac{1,22+6,85}{2}=4,035$$

A pergunta pede pelo centésimo mais próximo, então arredonde para 4,04.

29. A média terá um valor mais alto que a mediana.

Uma distribuição de conjunto de dados que é distorcida para a direita é assimétrica e tem um grande número de valores na extremidade inferior e poucos números na extremidade superior. Neste caso, a mediana, que é o número do meio quando você ordena os números do menor para o maior, fica posicionada na gama mais baixa de valores (onde a maioria dos números estão). Entretanto, como a média encontra a média de todos os valores, ambos, alto e baixo, os poucos pontos afastados de dados na extremidade alta faz a média aumentar, tornando-a mais alta que a mediana.

30. A média terá um valor mais baixo que a mediana.

Uma distribuição de conjunto de dados que é deslocada para a esquerda é assimétrica e tem um grande número de valores na extremidade superior e poucos números na extremidade inferior. Neste caso, a mediana, que é o número do meio quando você ordena os números do menor para o maior, fica posicionada na gama mais alta de valores (onde a maioria dos números estão). Entretanto, como a média encontra a média de todos os valores, ambos, altos e baixos, os poucos pontos afastados de dados na extremidade baixa faz a média diminuir, tornando-a mais baixa que a mediana.

31. A média e a mediana serão bastante próximas uma da outra.

Quando um conjunto de dados tem uma distribuição simétrica, a média e a mediana ficam próximas porque o valor do meio no conjunto de dados, quando ordenado do menor para o maior, lembra o ponto de equilíbrio nos dados, que ocorre na média.

32. mediana

A mediana é o valor do meio dos pontos de dados quando ordenados do menor para o maior. Quando os dados estão ordenados, eles não levam mais em conta os valores de nenhum outro ponto de dados. Isso os torna resistentes a serem influenciados por pontos discrepantes. (Em outras palavras, anomalias não afetam a mediana realmente.) em contraste, a média leva em conta cada valor específico de dados. Se os pontos de dados contêm algumas anomalias que são valores extremos para um lado, a média será puxada em direção a esses pontos discrepantes.

33. o quão concentrados os dados são em torno da média

Um desvio padrão mede a quantidade de variabilidade entre os números em um conjunto de dados. Ele calcula a distância típica de um ponto de dados para a média dos mesmos. Se o desvio padrão é relativamente grande, isso significa que os dados estão bem espalhados afastados da média. Se o desvio padrão é relativamente pequeno, isso significa que os dados estão concentrados perto da média.

34. aproximadamente 68%

De acordo com a regra empírica, uma curva em forma de sino de uma distribuição normal terá 68% dos pontos de dados dentro de um desvio padrão da média.

35. E. Alternativa (A) ou (C) (desvio padrão ou ver Q)

O desvio padrão é uma maneira de medir a distância típica que os dados estão da média e está nas mesmas unidades dos dados originais. A variância é uma maneira de medir a distância *quadrada* típica da média e não está nas mesmas unidades que os dados originais. Ambos, o desvio padrão e a variância, medem variação nos dados, mas o desvio padrão é mais fácil de interpretar.

36. E. Alternativas (A) e (C) (margem de erro; desvio padrão)

O desvio padrão mede a distância típica dos dados até a média (usando todos os dados para calcular). Pontos discrepantes estão longe da média, então quanto mais anomalias existirem, mais alto será o desvio padrão. Calcula-se a margem de erro usando o desvio padrão amostral, então ela também é sensível a anomalias. A amplitude interquartil é a amplitude dos 50% do meio dos dados, então anomalias não serão incluídas, tornando-a menos sensível a anomalias do que o desvio padrão ou a margem de erro.

37. 5 anos

A fórmula para o desvio padrão amostral do conjunto de dados é

$$s=\sqrt{\frac{\sum\left(x-\bar{x}\right)^2}{n-1}}$$

onde x é um valor único, $\bar{x}$ é a média de todos os valores, $\sum\left(x-\bar{x}\right)^2$ representa a soma das diferenças quadradas da média, e n é o tamanho amostral.

Primeiro, encontre a média do conjunto de dados somando os pontos de dados e então dividindo-os pelo tamanho amostral (neste caso, $n = 10$):

$$\bar{x} = \frac{0+1+2+4+8+3+10+17+2+7}{10}$$
$$= \frac{54}{10} = 5{,}4$$

Então, subtraia a média de cada número no conjunto de dados e faça o quadrado das diferenças, $(x - \bar{x})^2$:

$(0 - 5{,}4)^2 = (-5{,}4)^2 = 29{,}16$

$(1 - 5{,}4)^2 = (-4{,}4)^2 = 19{,}36$

$(2 - 5{,}4)^2 = (-3{,}4)^2 = 11{,}56$

$(4 - 5{,}4)^2 = (-1{,}4)^2 = 1{,}96$

$(8 - 5{,}4)^2 = (2{,}6)^2 = 6{,}76$

$(3 - 5{,}4)^2 = (-2{,}4)^2 = 5{,}76$

$(10 - 5{,}4)^2 = (4{,}6)^2 = 21{,}16$

$(17 - 5{,}4)^2 = (11{,}6)^2 = 134{,}56$

$(2 - 5{,}4)^2 = (-3{,}4)^2 = 11{,}56$

$(7 - 5{,}4)^2 = (1{,}6)^2 = 2{,}56$

Em seguida, some os resultados das diferenças quadradas:

$$29{,}16 + 19{,}36 + 11{,}56 + 1{,}96 + 6{,}76 + 5{,}76 + 21{,}16 + 134{,}56 + 11{,}56 + 2{,}56 = 244{,}4$$

Finalmente, substitua os números na fórmula para o desvio padrão amostral:

$$s = \sqrt{\frac{\sum (x-\bar{x})^2}{n-1}}$$
$$= \sqrt{\frac{244{,}4}{10-1}}$$
$$= \sqrt{27{,}156}$$
$$= 5{,}21$$

A pergunta pede pelo ano mais próximo, então arredonde para 5 anos.

38. 8 anos

A fórmula para o desvio padrão amostral do conjunto de dados é

$$s = \sqrt{\frac{\sum (x-\bar{x})^2}{n-1}}$$

onde x é um valor único, $\bar{x}$ é a média de todos os valores, $\sum(x-\bar{x})^2$ representa a soma das diferenças quadradas da média, e n é o tamanho amostral.

Primeiro, encontre a média do conjunto de dados somando os pontos de dados e então dividindo-os pelo tamanho amostral (neste caso, $n = 12$):

$$\begin{aligned}\bar{x} &= \frac{12+10+16+22+24+18+30+32+19+20+35+26}{12}\\ &= \frac{264}{12} = 22\end{aligned}$$

Então, subtraia a média de cada número no conjunto de dados e faça o quadrado das diferenças, $(x - \bar{x})^2$:

$(12 - 22)^2 = (-10)^2 = 100$

$(10 - 22)^2 = (-12)^2 = 144$

$(16 - 22)^2 = (-6)^2 = 36$

$(22 - 22)^2 = (0)^2 = 0$

$(24 - 22)^2 = (2)^2 = 4$

$(18 - 22)^2 = (4)^2 = 16$

$(30 - 22)^2 = (8)^2 = 64$

$(32 - 22)^2 = (10)^2 = 100$

$(19 - 22)^2 = (-3)^2 = 9$

$(20 - 22)^2 = (-2)^2 = 4$

$(35 - 22)^2 = (13)^2 = 169$

$(26 - 22)^2 = (4)^2 = 16$

Em seguida, some os resultados das diferenças quadradas:

$$100 + 144 + 36 + 0 + 4 + 16 + 64 + 100 + 9 + 4 + 169 + 16 = 662$$

Finalmente, substitua os números na fórmula para o desvio padrão amostral:

$$\begin{aligned}s &= \sqrt{\frac{\sum(x-\bar{x})^2}{n-1}}\\ &= \sqrt{\frac{662}{12-1}}\\ &= \sqrt{60{,}1818}\\ &= 7{,}76\end{aligned}$$

A pergunta pede pelo ano mais próximo, então arredonde para 8 anos.

39. 8,7 pontos

A fórmula para o desvio padrão amostral do conjunto de dados é

$$s = \sqrt{\frac{\sum(x-\bar{x})^2}{n-1}}$$

onde x é um valor único, $\bar{x}$ é a média de todos os valores, $\sum(x-\bar{x})^2$ representa a soma das diferenças quadradas da média, e n é o tamanho amostral.

Primeiro, encontre a média do conjunto de dados. Embora você não tenha uma lista de todos os valores individuais, sabe que a nota no teste para cada aluno na amostra Por exemplo, sabe-se que três alunos marcaram 92 pontos, então, se listar a nota de cada aluno individualmente, verá 92 três vezes, ou (92)(3). Para encontrar a média desta maneira, multiplique cada nota no exame pelo número de alunos que receberam essa nota, some os produtos e então divida pelo número de alunos na amostra ($n = 20$):

$(98)(2) = 196$

$(95)(1) = 95$

$(92)(3) = 276$

$(88)(4) = 352$

$(87)(2) = 174$

$(85)(2) = 170$

$(81)(1) = 81$

$(78)(2) = 156$

$(73)(1) = 73$

$(72)(1) = 72$

$(65)(1) = 65$

$$\bar{x} = \frac{196+95+276+352+174+170+81+156+73+72+65}{20}$$

$$= \frac{1.710}{20} = 85{,}5$$

A seguir, subtraia a média de cada nota de exame diferente no conjunto de dados e faça o quadrado das diferenças $(x - \bar{x})^2$. ***Nota:*** Existem 11 notas de exame diferentes aqui — 98, 95, 92, 88, 87, 85, 81, 78, 73, 72 e 65 — mas 20 alunos. Primeiro, trabalhe com as 11 notas do exame.

$(98 - 85{,}5)^2 = (12{,}5)^2 = 156{,}25$

$(95 - 85{,}5)^2 = (9{,}5)^2 = 90{,}25$

$(92 - 85{,}5)^2 = (6{,}5)^2 = 42{,}25$

$(88 - 85{,}5)^2 = (2{,}5)^2 = 6{,}25$

$(87 - 85{,}5)^2 = (1{,}5)^2 = 2{,}25$

$(85 - 85{,}5)^2 = (-0{,}5)^2 = 0{,}25$

$(81 - 85{,}5)^2 = (-4{,}5)^2 = 20{,}25$

$(78 - 85{,}5)^2 = (-7{,}5)^2 = 56{,}25$

$(73 - 85{,}5)^2 = (-12{,}5)^2 = 156{,}25$

$(72 - 85{,}5)^2 = (-13{,}5)^2 = 182{,}25$

$(65 - 85{,}5)^2 = (-20{,}5)^2 = 420{,}25$

Agora, multiplique cada valor pelo número de alunos que tirou essa nota:

$(156{,}25)(2) = 312{,}5$

$(90{,}25)(1) = 90{,}25$

$(42{,}25)(3) = 126{,}75$

$(6{,}25)(4) = 25$

$(2{,}25)(2) = 4{,}5$

$(0{,}25)(2) = 0{,}5$

$(20{,}25)(1) = 20{,}25$

$(56{,}25)(2) = 112{,}5$

$(156{,}25)(1) = 156{,}25$

$(182{,}25)(1) = 182{,}25$

$(420{,}25)(1) = 420{,}25$

Então, some esses resultados:

$312{,}5 + 90{,}25 + 126{,}75 + 25 + 4{,}5 + 0{,}5 + 20{,}25 + 112{,}5 + 156{,}25 + 182{,}25 + 420{,}25 = 1.451$

Finalmente, substitua os números na fórmula para o desvio padrão amostral:

$$\begin{aligned} s &= \sqrt{\frac{\sum (x-\bar{x})^2}{n-1}} \\ &= \sqrt{\frac{1.451}{20-1}} \\ &= \sqrt{76{,}37} \\ &= 8{,}74 \end{aligned}$$

A pergunta pede pelo décimo mais próximo de um ponto, então arredonde para 8,7.

40. 0,0036 cm

A fórmula para o desvio padrão amostral do conjunto de dados é

$$s = \sqrt{\frac{\sum (x-\bar{x})^2}{n-1}}$$

onde x é um valor único, $\bar{x}$ é a média de todos os valores, $\sum(x-\bar{x})^2$ representa a soma das diferenças quadradas da média, e n é o tamanho amostral.

Primeiro, encontre a média do conjunto de dados somando os pontos de dados e então dividindo-os pelo tamanho amostral (neste caso, $n = 10$):

$$\bar{x} = \frac{5{,}001+5{,}002+5{,}005+5{,}010+5{,}009+5{,}003+5{,}002+5{,}001+5{,}000}{10}$$
$$= \frac{50{,}033}{10} = 5{,}0033$$

Então, subtraia a média de cada número no conjunto de dados e faça o quadrado das diferenças $(x - \bar{x})^2$:

$(5{,}001 - 5{,}0033)^2 = (-0{,}0023)^2 = 0{,}00000529$

$(5{,}002 - 5{,}0033)^2 = (-0{,}0013)^2 = 0{,}00000169$

$(5.005 - 5{,}0033)^2 = (0{,}0017)^2 = 0{,}00000289$

$(5{,}000 - 5{,}0033)^2 = (-0{,}0033)^2 = 0{,}00001089$

$(5{,}010 - 5{,}0033)^2 = (0{,}067)^2 = 0{,}00004489$

$(5{,}009 - 5{,}0033)^2 = (0{,}0057)^2 = 0{,}00003249$

$(5{,}003 - 5{,}0033)^2 = (-0{,}0003)^2 = 0{,}00000009$

$(5{,}002 - 5{,}0033)^2 = (-0{,}0013)^2 = 0{,}00000169$

$(5{,}001 - 5{,}0033)^2 = (-0{,}0023)^2 = 0{,}00000529$

$(5{,}000 - 5{,}0033)^2 = (-0{,}0033)^2 = 0{,}00001089$

A seguir, some os resultados dos quadrados das diferenças:

$0{,}00000529 + 0{,}00000169 + 0{,}00000289 + 0{,}00001089 + 0{,}00004489 + 0{,}00003249 + 0{,}00000009 + 0{,}00000169 + 0{,}00000529 + 0{,}00001089 = 0{,}0001161$

Finalmente, substitua os números na fórmula para o desvio padrão amostral:

$$s = \sqrt{\frac{\sum(x-\bar{x})^2}{n-1}}$$
$$= \sqrt{\frac{0{,}0001161}{10-1}}$$
$$= \sqrt{0{,}0000129}$$
$$= 0{,}0036$$

O desvio padrão amostral para a parte da turbina do motor do jato é 0,0036 centímetro.

41. Existe mais variação em salários na Magna Company do que na Ace Corp

O desvio padrão maior na Magna Company mostra uma variação maior de salários em ambas as direções da média do que a Ace Corp. O desvio padrão mede, em média, o quão espalhado estão os dados (por exemplo, os salários altos e baixos em cada empresa.)

42. B. medir a variação em componentes de circuitos quando manufaturar chips de computador

A qualidade da vasta maioria dos processos de fabricação depende em reduzir a variação ao mínimo possível. Se um processo de fabricação tem um grande desvio padrão, isso indica uma falta de previsibilidade na qualidade e utilidade do produto final.

43. Cidade Lago tem uma temperatura média mais baixa e com menos variabilidade em temperaturas que a Cidade Luz do Sol.

Cidade Lago tem um desvio padrão muito menor que a Cidade Luz do Sol, então suas temperaturas mudam (ou variam) menos. Você não sabe a amplitude real de temperaturas para nenhuma das cidades.

44. Não haverá mudança no desvio padrão.

Todos os pontos de dados subirão R$2.000,00, e como resultado, a média também aumentará em R$2.000,00. Mas cada distância de salário individual (ou desvio) da média será a mesma, então o desvio padrão permanecerá o mesmo.

45. A variância da amostra é 2,3 onças^2. O desvio padrão é 1,5 onças.

Você encontra a variância amostral com a seguinte fórmula:

$$s^2 = \frac{\sum (x - \bar{x})^2}{n - 1}$$

onde x é um valor único, $\bar{x}$ é a média de todos os valores, $\sum (x - \bar{x})^2$ representa a soma das diferenças quadradas da média, e n é o tamanho amostral.

Primeiro, encontre a média somando os pontos de dados e dividindo-os pelo tamanho amostral (neste caso, $n = 5$):

$$\begin{aligned} \bar{x} &= \frac{7+6+5+6+9}{5} \\ &= \frac{33}{5} = 6{,}6 \end{aligned}$$

Então, subtraia a média de cada ponto de dados e faça o quadrado das diferenças, $(x - \bar{x})^2$:

$$(7 - 6{,}6)^2 = (0{,}4)^2 = 0{,}16$$

$$(6 - 6{,}6)^2 = (-0{,}6)^2 = 0{,}36$$

$$(5 - 6{,}6)^2 = (-1{,}6)^2 = 2{,}56$$

$$(6 - 6{,}6)^2 = (-0{,}6)^2 = 0{,}36$$

$$(9 - 6{,}6)^2 = (2{,}4)^2 = 5{,}76$$

Em seguida, substitua os números na fórmula para a variância amostral:

$$\begin{aligned} s^2 &= \frac{\sum (x-\bar{x})^2}{n-1} \\ &= \frac{0{,}16+0{,}36+2{,}56+0{,}36+5{,}76}{5-1} \\ &= \frac{9{,}2}{4} = 2{,}3 \end{aligned}$$

A variância amostral é 2,3 onças². Mas essas unidades não fazem sentido porque não existem “onças quadradas”. Entretanto, o desvio padrão é a raiz quadrada da variância, então pode ser expressado nas unidades originais: $s = 1{,}5$ onças (arredondando). Por isso, o desvio padrão é preferido sobre a variância quando se trata de medir e interpretar a variabilidade em um conjunto de dados.

46. A variância amostral é 15 minutos². O desvio padrão é 4 minutos.

Você encontra a variância amostral com a seguinte fórmula:

$$s^2 = \frac{\sum (x-\bar{x})^2}{n-1}$$

onde x é um valor único, $\bar{x}$ é a média de todos os valores, $\sum (x-\bar{x})^2$ representa a soma das diferenças quadradas da média, e n é o tamanho amostral.

Primeiro, encontre a média somando os pontos de dados e dividindo-os pelo tamanho amostral (neste caso, $n = 5$):

$$\begin{aligned} \bar{x} &= \frac{15+16+18+10+9}{5} \\ &= \frac{68}{5} = 13{,}6 \end{aligned}$$

Então, subtraia a média de cada ponto de dados e faça o quadrado das diferenças, $(x - \bar{x})^2$:

$(15 - 13{,}6)^2 = (1{,}4)^2 = 1{,}96$

$(16 - 13{,}6)^2 = (2{,}4)^2 = 5{,}76$

$(18 - 13{,}6)^2 = (4{,}4)^2 = 19{,}36$

$(10 - 13{,}6)^2 = (-3{,}6)^2 = 12{,}96$

$(9 - 13{,}6)^2 = (-4{,}6)^2 = 21{,}16$

Em seguida, substitua os números na fórmula para a variância amostral:

$$\begin{aligned} s^2 &= \frac{\sum (x-\bar{x})^2}{n-1} \\ &= \frac{1{,}96+5{,}76+19{,}36+12{,}96+21{,}16}{5-1} \\ &= \frac{61{,}2}{4} = 15{,}3 \end{aligned}$$

A variância amostral é 15,3 minutos². Mas essas unidades não fazem sentido porque não existem “minutos quadrados”. Entretanto, o desvio padrão é a raiz quadrada da variância, então pode ser expressado nas unidades originais: $s = 3{,}91$ minutos (arredondado para 4). Por isso, o desvio padrão é preferido sobre a variância quando se trata de medir e interpretar a variabilidade em um conjunto de dados.

47. O desvio padrão é 13 quilômetros/hora.

Você encontra o desvio padrão com a seguinte fórmula:

$$s = \sqrt{\frac{\sum (x - \bar{x})^2}{n-1}}$$

onde x é um valor único, $\bar{x}$ é a média de todos os valores, $\sum (x - \bar{x})^2$ representa a soma das diferenças quadradas da média, e n é o tamanho amostral.

Primeiro, encontre a média somando os pontos de dados e dividindo-os pelo tamanho amostral (neste caso, $n = 5$):

$$\begin{aligned} \bar{x} &= \frac{10+15+35+40+30}{5} \\ &= \frac{130}{5} = 26 \end{aligned}$$

Então, subtraia a média de cada ponto de dados e faça o quadrado das diferenças, $(x - \bar{x})^2$:

$$(10 - 26)^2 = (-16)^2 = 256$$

$$(15 - 26)^2 = (-11)^2 = 121$$

$$(35 - 26)^2 = (9)^2 = 81$$

$$(40 - 26)^2 = (14)^2 = 196$$

$$(30 - 26)^2 = (4)^2 = 16$$

Em seguida, substitua os números na fórmula para o desvio padrão:

$$\begin{aligned} s &= \sqrt{\frac{\sum (x - \bar{x})^2}{n-1}} \\ &= \sqrt{\frac{256+121+81+196+16}{5-1}} \\ &= \sqrt{\frac{670}{4}} = 12{,}942 \end{aligned}$$

Arredondado para um número inteiro, o desvio padrão é 13 quilômetros/hora.

48. D. Alternativas (A) e (B) (Conjunto de Dados 1; Conjunto de Dados 2)

O conjunto de dados original contém os números 1, 2, 3, 4, 5. O Conjunto de Dados 1 apenas muda esses números cinco unidades para cima para ter 6, 7, 8, 9, 10. O desvio padrão representa a distância típica (ou média) da média, e embora a média no Conjunto de Dados 1 mude de 3 para 8, as distâncias de cada ponto para essa nova média permanecem as mesmas que eram para o conjunto de dados original, então a distância média da média é a mesma.

O Conjunto de Dados 2 contém os números –2, –1, 0, 1, 2. Esses números mudam os valores do conjunto de dados original três unidades para baixo. Por exemplo, 1 – 3 = –2, 2 – 3 = –1, e assim por diante. Portanto, o desvio padrão não muda do conjunto de dados original.

O Conjunto de Dados 3 divide todos os números no conjunto de dados original por 10, fazendo-os ficar mais perto da média, em média, do que o conjunto de dados original. Portanto, o desvio padrão é menor.

49. aproximadamente 68%

A regra empírica afirma que, em uma distribuição normal (em forma de sino), aproximadamente 68% dos valores estão dentro de um desvio padrão da média.

50. cerca de 95%

A regra empírica afirma que, em uma distribuição normal (em forma de sino), aproximadamente 95% dos valores estão dentro de dois desvios padrão da média.

51. cerca de 57 a 71 anos

A regra empírica afirma que, em uma distribuição normal, 95% dos valores estão dentro de dois desvios padrão da média. "Dentro de dois desvios padrão" significa dois desvios padrão abaixo da média *e* dois desvios padrão acima da média.

Neste caso, a média é 64 anos, e o desvio padrão é 3,5 anos. Então, dois desvios padrão é (3,5)(2) = 7 anos.

Para encontrar a extremidade inferior da amplitude, subtraia dois desvios padrão da média: 64 – 7 = 57 anos. E então, para encontrar a extremidade superior da amplitude, some dois desvios padrão da média: 64 + 7 anos = 71 anos.

Então cerca de 95% das pessoas que se aposentam o fazem entre as idades de 57 a 71 anos.

52. cerca de 16%

A regra empírica afirma que, aproximadamente 68% dos valores estão dentro de um desvio padrão da média. "Dentro de um desvio padrão" significa um desvio padrão abaixo da média *e* um desvio padrão acima da média.

Neste caso, a média é R$48.000,00, então cerca de 50% dos engenheiros receberam menos que R$48.000,00. Em uma distribuição normal, metade dos valores estão acima da média e metade estão abaixo da média. O desvio padrão é R$7.000,00.

Para encontrar a extremidade inferior da amplitude dentro de um desvio padrão da média, subtraia o desvio padrão da média: R$48.000,00 – R$7.000,00 = R$41.000,00; para encontrar a extremidade superior da amplitude, some o desvio padrão da média: R$48.000,00 + R$7.000,00 = R$55.000,00.

Porque a distribuição normal é simétrica, 34% dos valores estarão entre R$41.000,00 e R$48.000,00 e 34% estarão entre R$48.000,00 e R$55.000,00.

Portanto, 50% + 34% = 84% dos dados é R$55.000,00 e abaixo, o que deixa 16% dos dados acima de R$55.000,00.

53. se uma população tem uma distribuição normal

Você pode usar a regra empírica apenas se a distribuição da população for normal. Note que a regra diz que *se* a distribuição é normal, *então* aproximadamente 68% dos valores estão dentro de um desvio padrão da média, não o contrário. Muitas distribuições têm 68% dos valores dentro de um desvio padrão da média que não se parecem com uma distribuição normal.

54. a média e o desvio padrão da população

A regra empírica descreve a distribuição dos dados em uma população em termos de média e desvio padrão. Por exemplo, a primeira parte da regra empírica diz que cerca de 68% dos valores estão dentro de um desvio padrão da média, então tudo o que você precisa saber é a média e o desvio padrão para usar a regra.

55. 30

Se você supor que as 600 lentes testadas vêm de uma população com uma distribuição normal (o que é verdade), pode-se aplicar a regra empírica (também conhecida como a regra 68-95-99,7).

Usando a regra empírica, aproximadamente 95% dos dados estão dentro de dois desvios padrão da média, e 5% dos dados estão fora dessa amplitude. Como as lentes que estão mais de dois desvios padrão da média são rejeitadas, você pode esperar cerca de 5% das 600 lentes, ou que (0,05)(600) = 30 lentes, sejam rejeitadas.

56. não pode ser determinado com a informação dada

Você poderia usar a regra empírica (também conhecida como a regra 68-95-99,7) se a forma da distribuição de comprimentos de peixes fosse normal; entretanto, esta distribuição é dita como "muito deslocada para a esquerda", então não pode usar esta regra. Com a informação dada não pode responder a esta pergunta.

57. percentil

Um percentil divide os dados em duas partes, a porcentagem abaixo do valor e a porcentagem acima do valor. Em outras palavras, um percentil mede onde um valor de dados individual está comparado ao resto dos valores de dados. Por exemplo, o 90º percentil é o valor onde 90% dos valores estão abaixo dele e 10% dos valores estão acima dele.

58. mediana

O 50º percentil é o valor onde 50% dos valores caem abaixo dele e 50% caem acima dele. Essa é a mesma definição de uma mediana.

59. Significa que 15% das notas foram melhores que a sua nota.

O percentil é a posição relativa em um conjunto de dados dos valores mais baixos aos valores mais altos. Se sua nota está no 85º percentil, significa que 85% das notas estão abaixo da sua nota e 15% estão acima da sua nota.

60. A nota de Bob é acima de 70.

Uma nota no 90º percentil significa que 90% das notas eram mais baixas. Com 60 notas e uma distribuição aproximadamente normal, o 90º percentil certamente estará acima da média, aqui dada como 70.

61. Significa que 30% dos alunos tiraram uma nota maior que a sua e que você respondeu corretamente 82% das perguntas da prova.

O 70º percentil significa que 70% das notas estavam abaixo da sua nota e 30% estavam acima da sua nota. Sua nota real foi 82%, o que significa que você respondeu 82% das perguntas da prova corretamente.

62. 65%

O 50º percentil não significa uma nota de 50%; ele é a mediana (ou o número do meio) do conjunto de dados. O número do meio é 65%, então esse é o 50º percentil.

63. 95

Uma pontuação percentual é diferente de um percentil. Neste caso, a nota percentual é a porcentagem de perguntas que você respondeu corretamente; um percentil expressa a posição relativa de uma nota em termos das outras notas.

Use o procedimento para calcular um percentil. Para calcular o k^o percentil (onde k é qualquer número entre 0 e 100), siga os passos seguintes:

1. Coloque todos os números no conjunto de dados em ordem do menor para o maior:

   80, 80, 82, 84, 85, 86, 88, 90, 91, 92, 92, 94, 96, 98, 100

2. Multiplique a porcentagem k pelo número total de valores, n:

   $(0{,}80)(15) = 12$

3. Como seu resultado no Passo 2 é um número inteiro, conte os números no conjunto de dados da esquerda para a direita até chegar ao número encontrado no Passo 2 (neste caso, o 12º número). O k^o percentil é a média desse valor correspondente no conjunto de dados e do valor que o segue diretamente.

   Encontre a média do 12º e do 13º números no conjunto de dados:

   $$\frac{94+96}{2} = \frac{190}{2} = 95$$

O 80º percentil é 95.

64. Bill, Mary, Jose, Lisa e, então, Paul

Se sua nota está no k^o percentil, isso significa que k porcento dos estudantes tirou uma nota menor que você e o restante tirou notas melhores. Por exemplo, alguém marcando no 95º percentil sabe que 95% dos outros alunos tiraram notas menores que ele e 5% tiraram notas mais altas.

Ao falar sobre notas no exame, a pessoa que marca no maior percentil tirou uma nota melhor que todo o restante da lista. Então, classificando da maior para a menor em termos de onde as notas se posicionam comparadas umas com as outras, você tem Bill primeiro, seguido por Mary, depois José, depois Lisa e, então, Paul.

65. B. a mediana

A mediana de um conjunto de dados é o valor do meio depois que você coloca os dados em ordem do menor para o maior (ou a média dos dois valores do meio se seu conjunto de dados contém um número par de valores). Porque a mediana só se preocupa com o meio do conjunto de dados, adicionar uma anomalia não afetará muito (ou nada) seu valor. Ela apenas adiciona um valor a uma extremidade ou à outra do conjunto de dados classificados.

A média é baseada na soma de todos os valores de dados, o que inclui a anomalia, então a média será afetada pela adição de uma anomalia. O desvio padrão envolve a média em seu cálculo, por isso também é afetado por anomalias. A amplitude é talvez a mais afetada por uma anomalia, porque é a distância entre os valores mínimo e máximo, então adicionar uma anomalia ou torna o valor mínimo menor ou o valor máximo maior. De qualquer maneira, a distância entre o mínimo e o máximo aumenta.

66. E. Nenhuma das anteriores.

É estranho, mas verdadeiro, que todos os cenários são possíveis. Você pode usar um conjunto de dados como um exemplo onde todos os quatro cenários ocorrem ao mesmo tempo: 5, 5, 5, 5, 5, 5, 5. Neste caso, o mínimo e o máximo são ambos 5, e a mediana (valor do meio) é 5. A mediana corta o conjunto de dados no meio, criando uma metade superior e uma metade inferior do conjunto de dados. Para encontrar o 1º quartil, pegue a mediana da metade inferior do conjunto de dados, que lhe dá 5 neste caso; para achar o 3º quartil, pegue a mediana da metade superior do conjunto de dados (também 5). A amplitude é a distância do mínimo ao máximo, que é 5 – 5 = 0. A AIQ é a distância do 1º ao 3º quartil, que é 5 – 5 = 0. Por isso, a amplitude e a AIQ são iguais.

67. 1º quartil = 79, mediana = 90, 3º quartil = 96

O 1º quartil é o 25º percentil, a mediana é o 50º percentil e o 3º quartil é o 75º percentil.

Para encontrar os valores para esses números, use o procedimento para calcular um percentil. Para calcular o *k*º percentil (onde *k* é um número entre 1 e 100), siga esses passos:

1. Coloque todos os números no conjunto de dados em ordem, do menor para o maior:

   72, 74, 75, 77, 79, 82, 83, 87, 88, 90, 91, 91 ,91 ,92, 96, 97, 97, 98, 100.

2. Multiplique a porcentagem *k* vezes o número total de valores, *n*.

   Para o 1º quartil (ou 25%): (0,25)(19) = 4,75.

   Para a mediana (ou 50%): (0,50)(19) = 9,5.

   Para o 3º quartil (ou 75%): (0,75)(19) = 14,25

3. Como os resultados no Passo 2 não são números inteiros, arredonde para cima para o número inteiro mais próximo e então conte os números no conjunto de dados da esquerda para a direita (do menor para o maior número) até que você alcance o valor do número arredondado. O valor correspondente no conjunto de dados é o *k*º percentil.

Para o 1º quartil, arredonde 4,75 para cima para 5 e então encontre o quinto número no conjunto de dados: 79.

Para a mediana, arredonde 9,5 para cima para 10 e então encontre o décimo número no conjunto de dados: 90.

Para o 3º quartil, arredonde 14,25 para cima para 15 e então encontre o 15º número no conjunto de dados: 96.

68. O resumo de cinco números não pode ser encontrado.

O resumo de cinco números de um conjunto de dados inclui o valor mínimo, o 1º quartil, a mediana, o 3º quartil e o valor máximo. Você não tem o valor mínimo ou o valor máximo aqui, então não pode preencher o resumo de cinco números.

Note que mesmo embora tenha recebido a amplitude, que é a distância entre os valores mínimo e máximo, não há como determinar os valores reais do mínimo e do máximo.

69. A mediana não pode ser maior em valor que o 3º quartil.

Os cinco números no resumo de cinco números são o número mínimo (menor) no conjunto de dados, o 25º percentil (também conhecido como o 1º quartil, ou Q_1), a mediana (50º percentil), o 75º percentil (também conhecido como 3º quartil, ou Q_3) e o número máximo (maior) no conjunto de dados.

Como a mediana está no 50º percentil, seu valor deve ser entre o valor do 1º e do 3º quartis, incluso. Neste caso, o 1º quartil é 50, e o 3º quartil é 80, então a mediana de 85 não é possível.

70. B. 15, 15, 15

Muitos conjuntos de dados contendo três números podem ter a média de 15. Entretanto, se você força o desvio padrão a ser 0, terá apenas uma escolha: 15, 15, 15. Um desvio padrão de 0 significa que a distância média dos valores de dados para a média é 0. Em outras palavras, os valores de dados não desviam nada da média, e por isso eles devem ter o mesmo valor.

71. A mediana não pode ser menor que Q_1.

Q_1 representa o 25º percentil, indicando que 25% dos salários estão abaixo desse valor. A mediana representa o 50º percentil, indicando que 50% dos salários estão abaixo desse valor. Isso significa que a mediana tem que ser pelo menos maior que Q_1.

Em relação à variância, o fato de ser grande não é alarmante; a variância representa o quadrado da distância média aproximada dos valores de dados à média e não é relacionada a outras estatísticas diretamente.

A mediana não precisa estar no meio de Q_1 e Q_3; deve, sim, estar em algum lugar entre eles (incluso), mas pode estar em qualquer lugar nessa amplitude.

A média e a mediana não precisam ser iguais e as outras estatísticas descritivas exibidas não precisam de uma relação determinada entre elas.

72. E. Todas as anteriores.

Um conjunto de dados é dividido em quatro partes, cada uma contendo 25% dos dados: (1) do valor mínimo para o 1º quartil, (2) do 1º quartil para a mediana, (3) da mediana para o 3º quartil e (4) do 3º quartil para o valor máximo. Cada afirmação representa uma distância que cobre duas partes adjacentes das quatro, o que dá uma porcentagem total de 25%(2) = 50% em cada caso.

73. E. Nenhuma das anteriores.

A média e a mediana podem ter qualquer tipo de relação dependendo do conjunto de dados. A amplitude, sendo a distância entre os valores mínimo e máximo no conjunto de dados, deve ser maior que ou igual a AIQ, que é a distância entre o 1º e o 3º quartis — ou seja, a amplitude dos 50% do meio dos dados. A variância é o quadrado do desvio padrão e é maior que o desvio padrão somente se o desvio padrão for maior que 1. (Se você escolher um desvio padrão menor que 1, vamos dizer 0,50, então a variância é igual ao quadrado de 0,50, que é 0,25, um valor menor.)

74. a variância dos pesos

Calcula-se a variância pegando as distâncias da média e fazendo o quadrado de cada uma delas e então pegando uma média (aproximada). Durante o processo de fazer o quadrado, as unidades também se tornam quadradas. Neste caso, as unidades para a variância são libras quadradas, o que não faz sentido, então você normalmente não relata unidades para a variância.

O desvio padrão é a raiz quadrada da variância, que te leva das unidades quadradas (libras quadradas) de volta para as unidades originais (libras).

As outras estatísticas, como a média, a mediana e a amplitude, todas permanecem nas unidades originais porque nada está sendo feito durante seus cálculos para afetar as unidades dos dados.

75. nenhuma das anteriores

Medir dispersão (variabilidade) em um conjunto de dados envolve medir distâncias de vários tipos. A amplitude é a distância do valor mínimo para o valor máximo, a AIQ é a distância do 1º quartil para o 3º quartil, o desvio padrão é a média (aproximada) dos pontos de dados para a média, e a variância é a média (aproximada) quadrada da distância dos pontos de dados para a média. Medidas diferentes de dispersão são mais adequadas que outras em diferentes situações, mas todas elas envolvem alguma coisa a ver com distâncias.

76. C. 2, 2, 3, 4, 4

Para começar, o desvio padrão deve ser 1, então a variação (aproximada) dos valores de dados da média deve ser 1. O conjunto de dados 2, 2, 3, 4, 4 atende a ambos os critérios — tem uma média de 3 e seu desvio padrão (distância média dos valores de dados para a média) é igual a 1. (Você encontra o desvio padrão subtraindo a média de cada um dos valores no conjunto, fazendo o quadrado dos resultados, somando-os, dividindo-os por $n - 1$, onde n é o número de valores e então fazendo a raiz quadrada.)

77. AIQ e mediana

A distribuição é deslocada para a direita, significando que existe um grande número de valores baixos concentrados sobre uma amplitude relativamente pequena e uma cauda longa para a direita, indicando um grande número de valores altos espalhados por uma grande amplitude. Quando uma distribuição não é aproximadamente normal, a dispersão e o centro são melhor medidos com a AIQ e a mediana, respectivamente. (A média e o desvio padrão são sensíveis às anomalias na extremidade inferior das notas do teste.)

78. desvio padrão e média

A distribuição é aproximadamente normal porque os dados são aproximadamente simétricos. As melhores medidas de dispersão e centro são o desvio padrão e a média, respectivamente.

79. AIQ e mediana

Existe pelo menos uma anomalia na extremidade superior da amplitude de salários — R$2 milhões — e o desvio padrão é grande. A média é puxada até R$78.000,00 pela(s) anomalia(s) alta(s), ao passo que a mediana exibe que metade dos salários da empresa são abaixo de R$45.000,00 e metade são acima.

Todos esses fatores mostram que a distribuição não é simétrica e que a AIQ e a mediana são as melhores medidas de dispersão e centro, respectivamente.

80. AIQ e mediana

A média é muito menor que a mediana, o que lhe diz que os dados estão deslocados (ou os dados estão desviados do centro ou existe pelo menos uma anomalia). Como a mediana é mais alta, os dados estão enviesados para a esquerda e não são simétricos.

As melhores medidas para o centro e a dispersão para dados enviesados são a mediana e a amplitude interquartil (AIQ) porque elas são menos afetadas pelo enviesamento do que a média e o desvio padrão e elas representam o centro e dispersão "típicos" para a maioria dos dados.

81. Negócios

O curso de Negócios tem 25% das matrículas de alunos, que é a maior proporção de qualquer faculdade.

82. D. Alternativas (B) e (C) (um gráfico de pizza separado para cada curso mostrando qual porcentagem está matriculada e qual porcentagem não está; um gráfico de barra onde cada barra representa um curso e a altura mostra qual porcentagem de alunos está matriculada).

Para conseguir passar a informação corretamente, você quer mostrar os resultados de cada curso separadamente usando gráficos de pizza separados ou um gráfico de barra (note que as alturas de todas as barras em um gráfico não precisam somar 100%).

83. 39%

Para encontrar a porcentagem de alunos matriculados nesses dois cursos, simplesmente some as porcentagens: 23% + 16% = 39%.

84. 86%

Para encontrar a porcentagem de alunos *não* matriculados no curso de Engenharia, subtraia a porcentagem de alunos no curso de Engenharia do total: 100% – 14% = 86%.

85. impossível dizer sem mais informações

Este gráfico de pizza contém informações apenas sobre porcentagens, não o número total de alunos nem o número em cada categoria.

86. 5.500

Para descobrir quantos alunos estão matriculados no curso de Artes & Ciências, você multiplica o número total de alunos pela porcentagem matriculada naquele curso, que é 22%: (25.000)(0,22) = 5.500.

87. Eles distorcem as proporções das fatias.

Gráficos de pizza tridimensionais distorcem as proporções das fatias tornando aquelas na frente parecerem maiores do que deveriam.

88. Frequentar uma universidade.

Universidade é a barra mais alta no gráfico e, portanto, representa o maior número de alunos de qualquer categoria.

89. Ir para o exército.

Exército é a barra mais curta no gráfico e, portanto, representa o menor número de alunos.

90. 140

Julgando pela altura das barras, cerca de 120 alunos planejam frequentar uma universidade e cerca de 20 planejam tirar um ano sabático. Então 120 + 20 = 140 alunos.

91. 322

Você pode encontrar o número de alunos em cada categoria pela altura das barras e então somá-los: 120 + 82 + 18 + 82 + 20 = 322.

92. 25%

Você pode encontrar o número de alunos em cada categoria pela altura das barras. O número total de alunos é 322 (120 + 82 + 18 + 82 + 20 = 322). O número dos alunos que irão para uma faculdade comunitária é 82.

Para encontrar a porcentagem de alunos que irão para uma faculdade comunitária, divida o número de alunos nessa categoria pelo número total de alunos: 82/322 = 0,2546 ou cerca de 25%.

93. 63%

Julgando pela altura das barras, existem 322 alunos no total (120 + 82 + 18 + 82 + 20 = 322) 120 planejam ir para a universidade. Para encontrar a porcentagem de alunos que não planejam frequentar uma universidade, subtraia o número que planeja ir do número total de alunos (322 – 120 = 202) e então divida pelo total: 202/322 = 0,627 ou cerca de 63%.

94. O eixo-*y* foi esticado muito além da amplitude dos dados.

O maior valor é 120, mas o eixo-*y* vai até 300, tornando difícil comparar a altura das barras.

95. histograma

Como os dados são contínuos com muitas possibilidades de valores, um histograma seria a melhor escolha para exibir este tipo de dados.

96. Sim, cada barra corresponde a um intervalo específico de valores na linha de números reais.

Por exemplo, uma barra de histograma cobrindo a amplitude de 5 a 10 no eixo-*x* representaria todos os valores neste conjunto de dados na amplitude de 5 até 10.

97. porque as barras representam a distribuição de dados contínuos.

As barras em um histograma representam valores cortados de dados contínuos que levam números reais. Barras para dados categóricos representam grupos como masculino e feminino, que podem ser exibidos em qualquer ordem.

98. as pontuações de IMC

O eixo-*x* representa os valores da variável pontuação de IMC, uma variável contínua que, neste caso, vai de 18 a 31.

99. a amplitude das pontuações de IMC para cada grupo na barra

As pontuações de IMC foram divididas em grupos na linha numérica. A espessura da barra representa a amplitude de pontuações de IMC naquele grupo.

100. o número de adultos com uma pontuação de IMC em uma amplitude específica

O eixo-*y* de um histograma representa quantos indivíduos estão em cada grupo, tanto como contagem (frequência) ou como uma porcentagem (frequência relativa). Neste caso, o eixo-*y* representa o número de adultos (frequência) com uma pontuação de IMC em uma dada amplitude.

101. aproximadamente normal

A forma dessa distribuição é aproximadamente normal porque tem características em formato de sino.

102. 18 a 31

Você pode ver pelo eixo-*x* que a barra mais baixa tem um vínculo inferior de 18 e a barra mais alta tem um vínculo superior de 31, então nenhum dado está fora dessa amplitude.

103. a sétima barra

Os dados são aproximadamente simétricos (com aparência parecida em cada lado da média) e são provavelmente centrados na amplitude de 24 a 25. Isso corresponde à sétima barra no histograma.

104. 21

Você pode determinar o número de pessoas em cada amplitude de IMC pela altura da barra. Neste caso, 8 estão na amplitude de 22 a 23 e 13 estão na amplitude de 23 a 24. Some estes números para conseguir sua resposta: $8 + 13 = 21$.

105. 15%

Você pode julgar o número de pessoas em cada amplitude de IMC pela altura da barra. Neste caso, 9 estão na amplitude de 28 a 29, 4 estão na amplitude de 29 a 30 e 2 estão na amplitude de 30 a 31. Some estes números para conseguir sua resposta: $9 + 4 + 2 = 15$. Encontre a proporção dividindo pelo tamanho amostral total (101) para conseguir 0,15, então multiplique por 100 para conseguir a porcentagem (15%).

106. deslocados para a direita

Os dados são deslocados para a direita porque tem um número de valores maior na amplitude de renda mais baixa e uma cauda longa estendendo-se para a direita, representando alguns casos com renda alta.

107. mediana

A mediana é a melhor maneira de medir o centro quando os dados são muito deslocados para a direita, e ela é menos afetada que a média por valores extremos. Como a média usa o valor de cada número para o cálculo, os poucos valores altos puxam a média para cima, enquanto a mediana continua no meio e é uma representativa melhor do "centro" dos dados.

108. A média será mais alta.

Em uma distribuição deslocada para a direita, a média será maior do que a mediana porque tem alguns valores altos, se comparada com o resto, puxando a média para cima. A mediana é apenas o número do meio quando os dados estão ordenados, então os poucos valores altos não podem puxar a mediana para cima.

109. 0

O valor mais baixo possível é 0 porque os valores na primeira barra (olhando no eixo-*x*) vão de 0 a 5.000. ***Nota:*** Você não pode dizer se 0 está realmente no conjunto de dados, então sabe apenas que o valor mais baixo *possível* é 0.

110. 85.000

Cada barra representa uma amplitude de 5.000 (olhando no eixo-*x*). O vínculo inferior da barra mais alta é 80.000, então, seu vínculo superior é 85.000.

111. 35

A altura de uma barra representa o número de pessoas naquela amplitude. Cada barra cobre uma amplitude de R$5.000,00 em renda, então as primeiras duas barras representam rendas menores que R$10.000,00. A primeira barra tem uma altura de cerca de 11 e a segunda tem uma altura de cerca de 24. Juntas, isso dá 35 (11 + 24 = 35).

112. R$10.000,00 até R$15.000,00

A amostra inclui 110 adultos e, se você classificar suas rendas da mais baixa para a mais alta, a mediana é o número no meio (entre o 55º e o 56º números). Para encontrar a barra que contém a mediana, conte as alturas das barras até chegar a 55 e 56. A terceira barra contém a mediana e varia de R$10.000,00 a R$15.000,00.

113. A Seção 1 é aproximadamente normal; a Seção 2 é aproximadamente uniforme.

A Seção 1 está claramente próxima do normal porque tem uma forma aproximada à de sino. A Seção 2 está próxima do uniforme porque as alturas das barras são praticamente iguais por toda a extensão.

114. Elas são iguais.

A amplitude de valores permite que você saiba onde estão os valores mais alto e mais baixo. As notas são exibidas no eixo-*x* de cada gráfico. As notas da Seção 1 vão de 70 a 90, e as notas da Seção 2 vão de 70 a 90, então elas são iguais.

115. Elas serão similares.

Em ambos os casos, os dados parecem ser razoavelmente simétricos, o que significa que se você fizer uma linha bem no meio de cada gráfico, a forma dos dados parece a mesma de cada lado. Para dados simétricos, não existe deslocamento nem anomalias, então a média e o valor do meio (mediana) são similares.

116. Elas serão similares.

Em ambos os casos, os dados parecem ser razoavelmente simétricos, o que significa que se você fizer uma linha bem no meio de cada gráfico, a forma dos dados parece a mesma de cada lado. Para dados simétricos, não existe deslocamento nem anomalias, então a média e o valor do meio (mediana) são similares.

117. 78,75 a 80

Como o tamanho amostral é 100, a mediana estará entre o 50º e o 51º valores de dados quando os dados estão classificados do mais baixo para o mais alto. Para encontrar a barra que contém a mediana, conte as alturas das barras até você chegar a 50 e 51. A barra contendo a mediana tem uma amplitude de 78,75 a 80.

118. 77,5 a 82,5

Como o tamanho amostral é 100, a mediana estará entre o 50º e o 51º valores de dados quando os dados estão classificados do mais baixo para o mais alto. Para encontrar a barra que contém a mediana, conte as alturas das barras até chegar a 50 e 51. A barra contendo a mediana tem uma amplitude de 77,5 a 80. A barra contendo o 51º valor de dados tem a amplitude de 80 a 82,5. Assim, a mediana é aproximadamente 80 (o valor que beira ambos intervalos).

119. A Seção 2, porque um histograma plano ou achatado tem mais variabilidade do que um histograma em forma de sino de uma amplitude similar.

O desvio padrão é a distância média que os dados estão da média. Quando os dados estão planos, eles têm uma distância média maior da média, em geral, mas se os dados têm uma forma de sino (normal), muito mais dados estão próximos da média e o desvio padrão é mais baixo.

120. a mediana

Os salários da NBA são deslocados para a direita — alguns jogadores têm salários muito altos, enquanto a maioria ganha consideravelmente menos. A mediana, que é o salário no meio quando os salários estão dispostos em ordem, é menos afetada por valores extremos do que a média.

121. 2,5

A amplitude dos dados vai de 1,5 a 4,0, que é 4,0 – 1,5 = 2,5.

122. 3,0

A linha espessa dentro da caixa indica a mediana (ou número do meio) dos dados.

123. 1,125

A amplitude interquartil (AIQ) é a distância entre o 1º e o 3º quartis (Q_1 e Q_3). Neste caso, AIQ = 3,5 – 2,375 = 1,125.

124. os valores da Média de Notas

O eixo numérico é uma escala mostrando as Médias de Notas de alunos individuais indo de 1,5 a 4,0.

125. não há como dizer

Um diagrama de caixa inclui cinco valores: o valor mínimo, o 25º percentil (Q_1), a mediana, O 75º percentil (Q_3) e o valor máximo. O valor da média não está incluído no diagrama de caixa.

126. deslocada para a esquerda

Você não pode dizer a distribuição exata dos dados de um diagrama de caixa. Mas como a mediana está localizada acima do centro da caixa e a cauda inferior é mais longa que a cauda superior, estes dados são deslocados para a esquerda.

127. 50%

A verdadeira parte da caixa para um diagrama de caixa inclui os 50% do meio dos dados, então os 50% restantes do total devem estar fora da caixa.

128. 50%

A definição de uma mediana é que metade dos dados em uma distribuição estão abaixo dela e metade estão acima dela. Em um diagrama de caixa, a mediana é indicada pela localização da linha dentro da parte da caixa do diagrama de caixa.

129. E. Alternativas (A), (B) e (C) (o tamanho total da amostra; o número de alunos em cada faculdade; a média de cada conjunto de dados)

O tamanho amostral não é acessível em um diagrama de caixa. Você sabe que 25% dos dados estão dentro de cada seção, mas não sabe o tamanho amostral total. Também não sabe a média; vê a mediana (a linha dentro da caixa), mas a média não está inclusa em um diagrama de caixa.

130. Faculdade 1

A mediana é indicada pela linha dentro da parte de caixa do diagrama de caixa. Comparando as medianas, você pode ver que a mediana da Faculdade 1 tem um valor maior que a da Faculdade 2.

131. Faculdade 2

A amplitude interquartil (AIQ) é a distância entre o 3º e o 1º quartis e representa o comprimento da caixa. Se você comparar a AIQ dos dois diagramas de caixa, a AIQ da Faculdade 2 é maior que a AIQ da Faculdade 1.

132. Impossível dizer sem mais informações.

Só porque um diagrama de caixa tem uma caixa mais longa que a outra não significa que tem mais dados dentro. Isso só significa que os dados dentro da caixa (os 50% entre os dados) são mais espalhados para aquele grupo. Cada seção demarcada em um diagrama de caixa representa 25% dos dados; mas não sabe quantos valores estão em cada seção sem saber o tamanho amostral total.

133. Os dois conjuntos de dados têm a mesma porcentagem de Médias de Notas acima de suas medianas.

A mediana é o lugar no conjunto de dados que divide os dados na metade: 50% acima e 50% abaixo. Então ambos os conjuntos de dados têm 50% de suas Médias de Notas acima de suas medianas.

134. Cidade 2, Cidade 1, Cidade 3

A barra no centro da caixa representa a mediana de cada distribuição; a Cidade 2 é a mais alta, seguida pela Cidade 1 e pela Cidade 3.

135. Cidade 2

Para encontrar o número de casas que foram vendidas por mais de R$72.000,00, olhe para o eixo numérico, onde você pode ver que a Cidade 2 tem três quartos dos dados posicionados depois de 72 (porque Q_1 para a Cidade 2 é maior que 72). As outras cidades não.

136. Cidade 2

A extremidade inferior da caixa, que representa Q_1, está acima de 72 para a Cidade 2, enquanto que as medianas da Cidade 1 e da Cidade 3 estão abaixo de 72. Portanto, se todas as três cidades tiveram o mesmo número de casas vendidas em 2012, a Cidade 2 deve ter tido a maioria acima de R$72.000,00.

137. Cidade 1

A amplitude é o valor máximo menos o valor mínimo de um conjunto de dados (exibido na linha mais superior e na linha mais inferior do diagrama de caixa).

Amplitude da Cidade 1: 80 – 62 = 18

Amplitude da Cidade 2: 125 – 43 = 82

Amplitude da Cidade 3: 80 – 38 = 42

A Cidade 1 tem a menor amplitude, 18.

138. D. Alternativas (A) e (B) (Mais da metade das casas na Cidade 1 foram vendidas por mais de $50.000,00; mais da metade das casas na Cidade 2 foram vendidas por mais de $75.000,00.)

Como indicado pelas linhas medianas dentro das caixas para cada cidade, mais da metade das casas na Cidade 1 foram vendidas por mais de $50.000,00 e mais da metade das casas na Cidade 2 foram vendidas por mais de $75.000,00.

139. E. Alternativas (A) e (C) (Cerca de 25% das casas na Cidade 1 foram vendidas por R$75.000,00 ou mais; cerca de 25% das casas na Cidade 2 foram vendidas por $98.000,00 ou mais.)

O corte para os 25% dos valores superiores em um diagrama de caixa é indicado pelo maior número na caixa. Para a Cidade 1, cerca de 25% das casas foram vendidas por $75.000,00 ou mais, e cerca de 25% das casas na Cidade 2 foram vendidas por $100.000,00 ou mais.

140. diminuindo

Embora nem todo ano mostre uma diminuição do ano anterior, o padrão geral claro de taxa de desistência é uma diminuição constante.

141. 3,8%

Encontre onde o valor para 2005 no eixo-*x* intercepta com o valor da taxa de desistência no eixo-*y*; ele está em 3,8%.

142. queda de 2%

A taxa de desistência em 2001 era de cerca de 5% e em 2011 era de cerca de 3%. Então a taxa de desistência de 2001 para 2011 é 3% – 5% = –2%

Uma mudança de –2% é o mesmo que uma queda de 2 pontos percentuais.

143. aumento de 0,2%

A taxa de desistência em 2003 era de cerca de 4,0% e em 2004 era 4,2%. Então a taxa de desistência de 2003 para 2004 mudou em 4,2% – 4,0% = 0,2%. Isso é o mesmo que um aumento de 0,2 pontos percentuais.

144. A escala do eixo-*y* foi esticada (a amplitude de valores-*y* vai muito para fora dos dados.

A mudança nas taxas de desistência são feitas para parecerem menos significantes neste gráfico porque a escala do eixo-*y* vai de 0 a 14, enquanto os dados vão de 3 a 5.

145. porque você precisa levar em conta o número de alunos matriculados em cada ano, não apenas o número de desistentes

Suponha que um ano, de 1.000 alunos no sistema, 10 deles desistiram, então 10/1.000 = 0,01, ou 1% dos alunos desistiram. Entretanto, se o número de alunos no sistema era de apenas 500 alunos, mas o número de desistências continuasse o mesmo, então 10/500 = 0,02, ou 2% dos alunos desistiram. Dividir pelo número total de alunos faz o cálculo da taxa de desistência, o que permite uma comparação justa.

146. Alguns pontos foram omitidos da escala do eixo-*x*.

Os Dados para os anos de 2002 e 2009 foram omitidos, mas não há indicações dessa omissão no gráfico (ou seja, nenhuma linha quebrada chama atenção para os anos faltantes).

147. normal, uniforme, bimodal

A Renda 1 tem a forma de sino de uma distribuição normal. A Renda 2 tem uma forma mais ou menos plana. A Renda 3 tem dois picos e é bimodal.

148. Renda 3, Renda 2, Renda 1

Como você mede a variabilidade em termos de distância média da média, gráficos com valores mais concentrados ao redor da média (como na forma de sino) têm menos variabilidade do que gráficos com valores não concentrados ao redor da média (como o uniforme). Então, dos três gráficos, a Renda 1 tem a variabilidade mais baixa e a Renda 3 tem a mais alta. (A Renda 3 é relativamente plana, mas tem picos nas extremidades; esses picos aumentam a variabilidade.)

149. D. o número de livros comprados por um estudante em um ano

Uma variável aleatória discreta é aquela que pode assumir apenas valores que sejam inteiros (números inteiros positivos e negativos e 0). Os valores de uma variável aleatória discreta podem ter um ponto de parada finito, como –1, 0 e 1, ou eles podem ir ao infinito (por exemplo, 1, 2, 3, 4, ...).

Uma variável aleatória contínua assume todos os valores possíveis dentro de um intervalo na linha numérica real (como todos os números reais entre –2 e 2, escrito como [–2, 2]).

Um número de livros assume apenas valores inteiros positivos, como 0, 1 ou 2, e por isso é uma variável aleatória discreta.

150. B. a medida de chuva anual em uma cidade

Uma variável aleatória discreta é aquela que pode assumir apenas valores que sejam inteiros (números inteiros positivos e negativos e 0). Os valores de uma variável aleatória discreta podem ter um ponto de parada finito, como –1, 0 e 1, ou eles podem ir ao infinito (por exemplo, 1, 2, 3, 4, ...).

Uma variável aleatória contínua assume todos os valores possíveis dentro de um intervalo na linha numérica real (como todos os números reais entre –2 e 2, escrito como [–2, 2]).

A quantidade de chuva que cai em uma cidade em um ano pode assumir qualquer valor não negativo na linha numérica real, como 11,45 centímetros ou 37,9 polegadas, e portanto é contínua em vez de discreta.

151. C. o número de carros registrado em um estado

Uma variável aleatória discreta é aquela que pode assumir apenas valores que sejam inteiros (números inteiros positivos e negativos e 0). Os valores de uma variável aleatória discreta podem ter um ponto de parada finito, como –1, 0 e 1, ou eles podem ir ao infinito (por exemplo, 1, 2, 3, 4, ...).

Uma variável aleatória contínua assume todos os valores possíveis dentro de um intervalo na linha numérica real (como todos os números reais entre –2 e 2, escrito como [–2, 2]).

O número de carros registrados em um estado deve ser um inteiro não negativo, como 0, 1 ou 2, e assim é uma variável aleatória discreta.

152. C. a proporção da população americana que acredita em fantasmas

Uma variável aleatória discreta é aquela que pode assumir apenas valores que sejam inteiros (números inteiros positivos e negativos e 0). Os valores de uma variável aleatória discreta podem ter um ponto de parada finito, como –1, 0 e 1, ou eles podem ir ao infinito (por exemplo, 1, 2, 3, 4, ...).

Uma variável aleatória contínua assume todos os valores possíveis dentro de um intervalo na linha numérica real (como todos os números reais entre –2 e 2, escrito como [–2, 2]).

Uma proporção pode assumir qualquer número real entre 0 e 1 na linha numérica real e é, portanto, contínua.

153. E. a quantidade de gasolina usada nos Estados Unidos em 2012

Uma variável aleatória discreta é aquela que pode assumir apenas valores que sejam inteiros (números inteiros positivos e negativos e 0). Os valores de uma variável aleatória discreta podem ter um ponto de parada finito, como –1, 0 e 1, ou eles podem ir ao infinito (por exemplo, 1, 2, 3, 4, ...).

Uma variável aleatória contínua assume todos os valores possíveis dentro de um intervalo na linha numérica real (como todos os números reais entre –2 e 2, escrito como [–2, 2]).

A quantidade de gasolina pode assumir qualquer valor na linha numérica real que seja maior que ou igual a 0 e é, portanto, contínua.

154. D. o número de espécies de pássaros observada em uma área

Uma variável aleatória discreta é aquela que pode assumir apenas valores que sejam inteiros (números inteiros positivos e negativos e 0). Os valores de uma variável aleatória discreta podem ter um ponto de parada finito, como –1, 0 e 1, ou eles podem ir ao infinito (por exemplo, 1, 2, 3, 4, ...).

Uma variável aleatória contínua assume todos os valores possíveis dentro de um intervalo na linha numérica real (como todos os números reais entre –2 e 2, escrito como [–2, 2]).

O número de espécies de pássaros assume valores inteiros não negativos, como 0, 1 ou 2 e assim é uma variável aleatória discreta.

Nota: A quantidade de dinheiro gasto por uma família em comida durante um ano é considerada contínua por causa de todos os possíveis valores que pode assumir (mesmo embora as quantidades sejam arredondados para dólares e centavos).

155. 0,10

Da tabela, você vê que 0,10 ou 10% dos adultos na cidade são empregados por meio período. Usando notação, isso significa que *P(meio período)* = 0,10.

156. 0,82

Como a probabilidade total é sempre igual a 1, a probabilidade que alguém não seja aposentado é 1 menos a probabilidade de que a pessoa seja aposentada (que, de acordo com a tabela, é 0,18 neste caso). Então a probabilidade de que o adulto não seja aposentado é 1 – 0,18 = 0,82, ou 82%. usando notação, isso significa que *P(não aposentado)* = 0,82.

157. 0,75

Como as categorias não se sobrepõem, a probabilidade de que alguém esteja trabalhando ou por meio período ou período integral é a soma de suas probabilidades individuais. Você pode ver na tabela que a probabilidade para trabalho em meio período é 0,10 e para período integral, 0,65. Some essas duas probabilidades para conseguir sua resposta: 0,10 + 0,65 = 0,75, ou 75%. Usando notação, isso significa que *P(meio período ou período integral)* = 0,75.

158. 3,4

Neste caso, X representa o número de aulas. Os possíveis valores de X são 4 e 3, denotados como x_1 e x_2, respectivamente; suas proporções (probabilidades) são iguais a 0,40 e 0,60 (denotadas como p_1 e p_2, respectivamente).

Para encontrar o número médio de aulas, ou a média de X (denotado por μ_X), multiplique cada valor x_i por sua probabilidade p_i, e então some os produtos:

$$\begin{aligned}\mu_x &= \sum x_i p_i \\ &= (4)(0{,}40) + (3)(0{,}60) \\ &= 1{,}6 + 1{,}8 \\ &= 3{,}4\end{aligned}$$

159. 18,75

Neste caso, X representa a idade de um aluno. Os possíveis valores de X são 18, 19 e 20, denotados por x_1, x_2, e x_3, respectivamente; suas proporções (probabilidades) são iguais a 0,50; 0,25 e 0,25 (denotadas por p_1, p_2, e p_3, respectivamente).

Para encontrar a média de X, ou a idade média dos alunos na turma (denotada por μ_X), multiplique cada valor, x_i, por sua probabilidade p_i, e então some os produtos:

$$\begin{aligned}\mu_x &= \sum x_i p_i \\ &= (18)(0{,}50) + (19)(0{,}25) + (20)(0{,}25) \\ &= 9 + 4{,}75 + 5 \\ &= 18{,}75\end{aligned}$$

160. 0,10

A probabilidade total deve ser igual a 1, então você pode subtrair a soma dos valores conhecidos na tabela de 1 para encontrar o valor faltante: 1 – (0,25 + 0,60 + 0,05) = 1 – 0,90 = 0,10.

161. 0,95

Neste caso, X representa o número de automóveis. Os possíveis valores de X são 0, 1, 2 e 3, denotados por x_1, x_2, x_3 e x_4, respectivamente; suas proporções (probabilidades) são iguais a 0,25; 0,60; 0,10 e 0,05 (denotadas por p_1, p_2, p_3 e p_4, respectivamente).

Para encontrar a média de X (denotada por μ_X), multiplique cada valor, x_i, por sua probabilidade p_i, e então some os produtos:

$$\begin{aligned}\mu_x &= \sum x_i p_i \\ &= (0)(0{,}25) + (1)(0{,}60) + (2)(0{,}10) + (3)(0{,}05) \\ &= 0 + 0{,}60 + 0{,}20 + 0{,}15 \\ &= 0{,}95\end{aligned}$$

162. 1,20

Neste caso, X representa o número de automóveis possuídos. Você quer a média de X, designada como μ_X.

Se cada família que atualmente não possui um carro comprasse um carro, então a proporção total de famílias possuindo um carro aumentaria de 0,25 para 0,25 + 0,60 = 0,85 e a proporção de famílias que não possui carros seria então 0. Você ainda tem 0,10, ou 10% de famílias possuindo 2 carros e 0,05, ou 5% de famílias possuindo 3 carros. Então os valores para X são 0, 1, 2 e 3, (denotados por x_1, x_2, x_3 e x_4, respectivamente) e suas proporções (probabilidades) são 0; 0,85; 0,10 e 0,05 (denotadas por p_1, p_2, p_3 e p_4, respectivamente).

Para encontrar a média de X, multiplique cada valor, x_i, por sua probabilidade p_i, e então some os produtos:

$$\begin{aligned}\mu_x &= \sum x_i p_i \\ &= (0)(0) + (1)(0{,}85) + (2)(0{,}10) + (3)(0{,}05) \\ &= 0 + 0{,}85 + 0{,}20 + 0{,}15 \\ &= 1{,}20\end{aligned}$$

163. 1,00

Neste caso, X representa o número de automóveis possuídos. Você quer a média de X, designada como μ_X.

Se cada família que possui atualmente três carros comprasse um quarto carro, os valores de X seriam 0, 1, 2, 3 e 4. A proporção de famílias possuindo três carros seria 0 e a proporção total de famílias possuindo quatro carros seria 0,05. Você ainda tem 0,25 das famílias possuindo 0 carros, 0,60 das famílias possuindo 1 carro e 0,10 das famílias possuindo 2 carros.

Então os valores de X são 0, 1, 2, 3 e 4 denotados por x_1, x_2, x_3, x_4 e x_5, respectivamente e suas proporções (probabilidades) são 0,25; 0,60; 0,10; 0 e 0,05 (denotadas por p_1, p_2, p_3, p_4 e p_5, respectivamente).

Para encontrar a média de X, multiplique cada valor, x_i, por sua probabilidade p_i, e então some os produtos:

$$\begin{aligned}\mu_x &= \sum x_i p_i \\ &= (0)(0{,}25) + (1)(0{,}60) + (2)(0{,}10) + (3)(0) + (4)(0{,}05) \\ &= 0 + 0{,}60 + 0{,}20 + 0 + 0{,}20 \\ &= 1{,}00\end{aligned}$$

164. 1,73

O desvio padrão é a raiz quadrada da variância, então se a variância de X é 3, o desvio padrão de X é $\sqrt{3} = 1{,}73$ (arredondado para duas casas decimais).

165. 0,42

A variância é o quadrado do desvio padrão, então se o desvio padrão de X é 0,65, a variância de X é $(0{,}65)^2 = 0{,}4225$. Arredondado para duas casas decimais, a resposta é 0,42.

166. 0,80

Neste caso, X representa o número de irmãos que um aluno tem. A pergunta pede pela média de X, designada como μ_X.

Os possíveis valores de X são 0, 1 e 2, denotados por x_1, x_2 e x_3, respectivamente; suas proporções (probabilidades) são iguais a 0,34; 0,52 e 0,14 (denotadas por p_1, p_2 e p_3, respectivamente).

Para encontrar a média de X, multiplique cada valor, x_i, por sua probabilidade p_i, e então some os produtos:

$$\begin{aligned}\mu_x &= \sum x_i p_i \\ &= (0)(0{,}34) + (1)(0{,}52) + (2)(0{,}14) \\ &= 0 + 0{,}52 + 0{,}28 \\ &= 0{,}80\end{aligned}$$

167. 0,44

Para encontrar a variância de X, denotada por σ_x^2, você pega o primeiro valor de X, chama-o de x_1, subtrai a média de X (denotada por μ_X), eleva o resultado ao quadrado e então o multiplica pela probabilidade de x_1 (denotada por p_1). Faça a mesma coisa para qualquer outro valor possível de X, e então some todos os resultados.

Neste caso, X representa o número de irmãos. Os valores de X são 0, 1 e 2, denotados por x_1, x_2 e x_3, respectivamente. Suas probabilidades são 0,34; 0,52 e 0,14, respectivamente.

Você precisa primeiro encontrar a média de X porque ela faz parte da fórmula para calcular a variância Multiplique cada valor, x_i, por sua probabilidade p_i, e então some os produtos:

$$\begin{aligned}\mu_x &= \sum x_i p_i \\ &= (0)(0{,}34) + (1)(0{,}52) + (2)(0{,}14) \\ &= 0 + 0{,}52 + 0{,}28 \\ &= 0{,}80\end{aligned}$$

Agora, substitua este valor na fórmula para encontrar a variância:

$$\begin{aligned}\sigma_x^2 &= \sum (x_i - \mu_x)^2 p_i \\ &= (0-0{,}8)^2(0{,}34) + (1-0{,}8)^2(0{,}52) + (2-0{,}8)^2(0{,}14) \\ &= 0{,}2176 + 0{,}0208 + 0{,}2016 \\ &= 0{,}4400\end{aligned}$$

168. 0,66

Para encontrar o desvio padrão de X, (denotado por σ_x), primeiro é necessário encontrar a variância de X (denotada por σ_x^2) e então tirar a raiz quadrada desse resultado.

Para encontrar a variância de X, você pega o primeiro valor de X, chama-o de x_1, subtrai a média de X (denotada por μ_X), e eleva o resultado ao quadrado. Então, você multiplica esse resultado pela probabilidade para x_1, denotada por p_1. Faça isso para cada valor possível de X, e então some todos os resultados.

Neste caso, X representa o número de irmãos. Os valores de X são 0, 1 e 2, denotados por x_1, x_2 e x_3, respectivamente. Suas probabilidades são 0,34; 0,52 e 0,14, respectivamente.

Você precisa primeiro encontrar a média de X porque ela faz parte da fórmula para calcular a variância. Multiplique cada valor, x_i, por sua probabilidade p_i, e então some os produtos:

$$\begin{aligned}\mu_x &= \sum x_i p_i \\ &= (0)(0{,}34) + (1)(0{,}52) + (2)(0{,}14) \\ &= 0 + 0{,}52 + 0{,}28 \\ &= 0{,}80\end{aligned}$$

Agora, substitua este valor na fórmula para encontrar a variância:

$$\begin{aligned}\sigma_x^2 &= \sum (x_i - \mu_x)^2 p_i \\ &= (0-0{,}8)^2(0{,}34) + (1-0{,}8)^2(0{,}52) + (2-0{,}8)^2(0{,}14) \\ &= 0{,}2176 + 0{,}0208 + 0{,}2016 \\ &= 0{,}4400\end{aligned}$$

Finalmente, encontre o desvio padrão de X. O desvio padrão é a raiz quadrada da variância, ou $\sqrt{0{,}44} = 0{,}66$.

169. A variância seria quatro vezes maior e o desvio padrão seria duas vezes maior.

Se você dobrar todos os valores de X, sua distância média da média (e, por isso, o desvio padrão) também dobra. E porque a variância de X é o quadrado do desvio padrão, a variância de X se torna maior por um fator de $2^2 = 4$.

170. 1,45

Neste caso, X representa o número de livros necessários. A pergunta pede pela média de X, designada como μ_X.

Da tabela, os possíveis valores de X são 0, 1, 2, 3 e 4, denotados por x_1, x_2, x_3, x_4 e x_5, respectivamente; suas proporções (probabilidades) são 0,30; 0,25; 0,25; 0,10 e 0,10, respectivamente.

$$\begin{aligned}\mu_x &= \sum x_i p_i \\ &= (0)(0{,}30) + (1)(0{,}25) + (2)(0{,}25) + (3)(0{,}10) + (4)(0{,}10) \\ &= 0 + 0{,}25 + 0{,}50 + 0{,}30 + 0{,}40 \\ &= 1{,}45\end{aligned}$$

171. 1,65

Para encontrar a variância de X, você pega o primeiro valor de X, chama-o de x_1, subtrai a média de X (denotada por μ_X), e eleva o resultado ao quadrado. Então, você multiplica esse resultado pela probabilidade para x_1, denotada por p_1. Faça isso para cada valor possível de X, e então some todos os resultados.

Neste caso, X representa o número de livros necessários. Os valores de X são 0, 1, 2, 3 e 4, denotados por x_1, x_2, x_3, x_4 e x_5, respectivamente; suas probabilidades são 0,30; 0,25; 0,25; 0,10 e 0,10, respectivamente.

Você precisa primeiro encontrar a média de X porque ela faz parte da fórmula para calcular a variância. Multiplique cada valor de X por sua probabilidade e então some os resultados:

$$\mu_x = \sum x_i p_i$$
$$= (0)(0{,}30) + (1)(0{,}25) + (2)(0{,}25) + (3)(0{,}10) + (4)(0{,}10)$$
$$= 0 + 0{,}25 + 0{,}50 + 0{,}30 + 0{,}40$$
$$= 1{,}45$$

Agora, substitua este valor na fórmula para calcular a variância de *X*:

$$\sigma_x^2 = \sum (x_i - \mu_x)^2 p_i$$
$$= (0 - 1{,}45)^2(0{,}30) + (1 - 1{,}45)^2(0{,}25) + (2 - 1{,}45)^2(0{,}25)$$
$$+ (3 - 1{,}45)^2(0{,}10) + (4 - 1{,}45)^2(0{,}10)$$
$$= 0{,}63075 + 0{,}050625 + 0{,}075625 + 0{,}24025 + 0{,}65025$$
$$= 1{,}6475$$

Arredondada para duas casas decimais, a resposta é 1,65.

172. 1,28

Para encontrar o desvio padrão de *X*, você primeiro precisa encontrar a variância e tirar a raiz quadrada do resultado.

Para encontrar a variância de *X* (denotada por σ_x^2), você pega o primeiro valor de *X*, chama-o de x_1, subtrai a média de *X* (denotada por μ_X), e eleva o resultado ao quadrado. Então, multiplica esse resultado pela probabilidade para x_1, denotada por p_1. Faça isso para cada valor possível de *X*, e então some todos os resultados.

Neste caso, *X* representa o número de livros necessários. Os valores de *X* são 0, 1, 2, 3 e 4, denotados por x_1, x_2, x_3, x_4 e x_5, respectivamente; suas probabilidades são 0,30; 0,25; 0,25; 0,10 e 0,10, respectivamente.

Você precisa primeiro encontrar a média de *X* porque ela faz parte da fórmula para calcular a variância. Para encontrar a média de *X*, multiplique cada valor de *X* por sua probabilidade e então some os resultados.

$$\mu_x = \sum x_i p_i$$
$$= (0)(0{,}30) + (1)(0{,}25) + (2)(0{,}25) + (3)(0{,}10) + (4)(0{,}10)$$
$$= 0 + 0{,}25 + 0{,}50 + 0{,}30 + 0{,}40$$
$$= 1{,}45$$

Agora, substitua este valor na fórmula para calcular a variância de *X*:

$$\sigma_x^2 = \sum (x_i - \mu_x)^2 p_i$$
$$= (0 - 1{,}45)^2(0{,}30) + (1 - 1{,}45)^2(0{,}25) + (2 - 1{,}45)^2(0{,}25)$$
$$+ (3 - 1{,}45)^2(0{,}10) + (4 - 1{,}45)^2(0{,}10)$$
$$= 0{,}63075 + 0{,}050625 + 0{,}075625 + 0{,}24025 + 0{,}65025$$
$$= 1{,}6475$$

O desvio padrão, σ, é a raiz quadrada da variância:

$$\sigma = \sqrt{1{,}6475} = 1{,}28$$

173. Ambos aumentariam.

Com as mudanças descritas, menos alunos têm o número de livros perto da média (meio), e alguns alunos estão conseguindo um número mais alto de livros. O número médio de livros no geral aumentaria um pouco, mas o número de livros que os alunos têm ficará mais espalhado (comparado com a média) do que estavam antes Isso significa que a variância aumenta e o desvio padrão também.

174. E. todas as anteriores

Para uma variável aleatória ser binomial, ela deve ter um número fixo de ensaios, com exatamente dois resultados possíveis em cada tentativa, uma probabilidade constante de sucesso em todos os ensaios e cada ensaio deve ser independente.

175. o número total de caras

Para uma variável aleatória ser binomial, ela deve ter um número fixo de ensaios (n), com exatamente dois resultados possíveis em cada ensaio, uma probabilidade constante de sucesso em todos os ensaios e cada ensaio deve ser independente. Então você define X como o número de "sucessos" (o que você está interessado em contar).

Neste caso, você tem 25 ensaios (lançamentos de moeda), com exatamente dois resultados possíveis em cada lançamento: cara ou coroa. De acordo com este problema, um sucesso é uma cara, os lançamentos são independentes e a probabilidade de uma cara em cada tentativa é o mesmo por lançamento (0,5), então a variável aleatória X é binomial. Aqui, X representa o número total de caras.

176. porque cada ensaio tem mais de dois resultados possíveis

Neste caso, você tem seis resultados possíveis em cada ensaio, mas um ensaio binomial pode ter apenas dois resultados possíveis: sucesso ou fracasso. Aqui, X representa o resultado de um lançamento de dados (1, 2, 3, 4, 5 ou 6), não o número total dos dados com um certo resultado (como o número total de 6 que apareceram).

177. porque o número de ensaios não é fixo

Para um experimento binomial, o número de ensaios deve ser especificado antecipadamente. Neste caso, embora você saiba no final que precisa de 30 empregados que digam que são graduados no ensino médio, não sabe quantos empregados precisará perguntar antes de encontrar os 30 que se formaram no ensino médio. Como o número total de ensaios, n, é desconhecido, X não é binomial.

178. porque os ensaios não são independentes

Se um irmão tem a mutação, existe uma chance mais alta que o outro também terá, então os resultados para cada pessoa não são independentes. Em vez de recrutar 30 pares de irmãos para este teste, você deveria recrutar 60 pessoas aleatoriamente.

179. 7,2

A média de uma variável aleatória binomial X é representada pelo símbolo μ. Uma distribuição binomial tem uma fórmula especial para a média, que é $\mu = np$. Aqui, $n = 18$ e $p = 0{,}4$, então $\mu = (18)\ (0{,}4) = 7{,}2$.

180. 8,75

A média de uma variável aleatória binomial X é representada pelo símbolo μ. Uma distribuição binomial tem uma fórmula especial para a média, que é $\mu = np$. Aqui, $n = 25$ e $p = 0{,}35$, então $\mu = (25)\ (0{,}35) = 8{,}75$.

181. 2,08

O desvio padrão de X é representado por σ e representa a raiz quadrada da variância. Se X tem uma distribuição binomial, a fórmula para o desvio padrão é $\sigma = \sqrt{np\,(1-p)}$, onde n é o número de ensaios e p é a probabilidade de sucesso em cada ensaio. Para esta situação, $n = 18$ e $p = 0{,}4$, então

$$\begin{aligned}\sigma &= \sqrt{18(0{,}4)(1-0{,}4)}\\ &= \sqrt{4{,}32} = 2{,}08\end{aligned}$$

182. 5,69

A variância é representada por σ^2 e representa a distância ao quadrado típica da média para todos os valores de X.

Para uma distribuição binomial, a variância tem sua própria fórmula: $\sigma^2 = np\ (1-p)$. Neste caso, $n = 25$ e $p = 0{,}35$, então

$$\begin{aligned}\sigma^2 &= 25(0{,}35)(1-0{,}35)\\ &= 25(0{,}35)(0{,}65)\\ &= 5{,}6875\end{aligned}$$

Arredondada para duas casas decimais, a resposta é 5,69.

183. 130

A média de uma variável aleatória X é denotada como μ. Para uma distribuição binomial, a média tem uma fórmula especial: $\mu = np$. Neste caso, $p = 0{,}14$ e μ é 18,2, então você precisa encontrar n. Substitua os valores conhecidos na fórmula para a média, então $18{,}2 = n(0{,}14)$, e então divida ambos os lados por 0,14 para conseguir $n = 18{,}2/0{,}14 = 130$.

184. 8

O valor de $\binom{n}{x}$, chamada "n escolhe x" lhe diz o número de maneiras que você pode conseguir X sucessos em n tentativas. Quanto mais maneiras de conseguir esses X sucessos, mais alta a probabilidade se torna. A fórmula para calcular "n escolhe x" é

$$\binom{n}{x} = \frac{n!}{x!(n-x)!}$$

O $n!$ representa "n fatorial". Para calcular $n!$, você faz uma sequência de multiplicações, começando com n e indo para baixo até 1. Por exemplo $5! = (5)(4)(3)(2)(1) = 120$; $2! = (2)(1) = 2$; $1! = 1$; e por convenção, $0! = 1$.

Para encontrar $\binom{n}{x}$ neste problema, onde $n = 8$ e $x = 1$, substitua os números na fórmula:

$$\begin{aligned}\binom{8}{1} &= \frac{8!}{1!(8-1)!} \\ &= \frac{(8)(7)(6)(5)(4)(3)(2)(1)}{(1)\,[(7)(6)(5)(4)(3)(2)(1)]} \\ &= \frac{40{,}320}{5{,}040} = 8\end{aligned}$$

185. 0,0164

A fórmula para calcular uma probabilidade para uma distribuição binomial é

$$P(X=x) = \binom{n}{x} p^x (1-p)^{n-x}$$

Aqui, $\binom{n}{x} = \frac{n!}{x!(n-x)!}$ e $n!$ significa $n(n-1)(n-2)\ldots(3)(2)(1)$

Por exemplo 5! = (5)(4)(3)(2)(1) = 120; 2! = (2)(1) = 2; 1! = 1; e por convenção, 0! = 1.

Para encontrar a probabilidade de exatamente um sucesso em oito tentativas, você precisa $P(X = 1)$, onde $n = 8$ (lembre-se que $p = 0,55$ aqui):

$$\begin{aligned} P(X=1) &= \binom{8}{1}(0{,}55)^1(1-0{,}55)^{8-1} \\ &= \frac{8!}{1!(8-1)!}(0{,}55)^1(1-0{,}55)^{8-1} \\ &= \frac{(8)(7)(6)(5)(4)(3)(2)(1)}{(1)\,[(7)(6)(5)(4)(3)(2)(1)]}(0{,}55)(0{,}45)^7 \\ &= (8)(0{,}55)(0{,}00373669453125) \\ &= 0{,}0164414559375 \end{aligned}$$

Arredondada para quatro casas decimais, a resposta é 0,0164.

186. 0,0703

A fórmula para calcular uma probabilidade para uma distribuição binomial é

$$P(X=x) = \binom{n}{x}p^x(1-p)^{n-x}$$

Aqui, $\binom{n}{x} = \frac{n!}{x!(n-x)!}$ e $n!$ significa $n(n-1)(n-2)\ldots(3)(2)(1)$

Por exemplo 5! = (5)(4)(3)(2)(1) = 120; 2! = (2)(1) = 2; 1! = 1; e por convenção, 0! = 1.

Para encontrar a probabilidade de exatamente dois sucessos em oito tentativas, você precisa $P(X = 2)$, onde $n = 8$ (lembre-se que $p = 0,55$ aqui):

$$\begin{aligned} P(X=2) &= \binom{8}{2}(0{,}55)^2(1-0{,}55)^{8-2} \\ &= \frac{8!}{2!(8-2)!}(0{,}55)^2(1-0{,}55)^{8-2} \\ &= \frac{(8)(7)(6)(5)(4)(3)(2)(1)}{[(2)(1)]\,[(6)(5)(4)(3)(2)(1)]}(0{,}55)^2(0{,}45)^6 \\ &= (28)(0{,}3025)(0{,}008303765625) \\ &= 0{,}07033289484375 \end{aligned}$$

Arredondada para quatro casas decimais, a resposta é 0,0703.

187. 1

A fórmula para calcular "*n* escolhe *x*" é

$$\binom{n}{x} = \frac{n!}{x!(n-x)!}$$

O *n*! representa "*n* fatorial". Para calcular *n*!, você faz uma sequência de multiplicações, começando com *n* e indo para baixo até 1. Por exemplo 5! = (5)(4)(3)(2)(1) = 120; 2! = (2)(1) = 2; 1! = 1; e por convenção, 0! = 1.

Então encontre $\binom{n}{x}$ neste problema, substituindo os números para $n = 8$ e $x = 0$:

$$\begin{aligned}\binom{8}{0} &= \frac{8!}{0!(8-0)!} \\ &= \frac{(8)(7)(6)(5)(4)(3)(2)(1)}{(1)\left[(8)(7)(6)(5)(4)(3)(2)(1)\right]} \\ &= 1\end{aligned}$$

Incidentalmente, quando $x = 0$, $\binom{n}{x}$ é sempre 1.

188. 0,9983

A fórmula para calcular uma probabilidade para uma distribuição binomial é

$$P(X=x) = \binom{n}{x} p^x (1-p)^{n-x}$$

Aqui, $\binom{n}{x} = \frac{n!}{x!(n-x)!}$ e *n*! significa $n(n-1)(n-2)\ldots(3)(2)(1)$

Por exemplo 5! = (5)(4)(3)(2)(1) = 120; 2! = (2)(1) = 2; 1! = 1; e por convenção, 0! = 1.

Neste caso, *X* é o número de sucessos em *n* tentativas. Você quer $P(X \geq 1)$ porque "pelo menos um" significa o mesmo que "um ou mais". A maneira mais fácil de responder a esta pergunta é pegar 1 menos $P(X = 0)$, porque este é o oposto de $P(X \geq 1)$ e é mais fácil de achar.

$$\begin{aligned}P(X=0) &= \binom{8}{0}(0{,}55)^0(1-0{,}55)^{8-0}\\ &= \frac{8!}{0!(8-0)!}(0{,}55)^0(0{,}45)^8\\ &= \frac{(8)(7)(6)(5)(4)(3)(2)(1)}{(1)\,[(8)(7)(6)(5)(4)(3)(2)(1)]}(0{,}55)^0(0{,}45)^8\\ &= (1)(1)(0{,}0016815125390625)\\ &= 0{,}0016815125390625\end{aligned}$$

Arredondada para quatro casas decimais, esta resposta é 0,017. Agora substitua o valor de $P(X = 0)$ na fórmula para encontrar $P(X > 0)$:

$$\begin{aligned}P(X>0) &= 1-P(X=0)\\ &= 1-0{,}0017\\ &= 0{,}9983\end{aligned}$$

189. 0,0439

A fórmula para calcular uma probabilidade para uma distribuição binomial é

$$P(X=x)=\binom{n}{x}p^x(1-p)^{n-x}$$

Aqui, $\binom{n}{x}=\frac{n!}{x!(n-x)!}$ e $n!$ significa $n(n-1)(n-2)\ldots(3)(2)(1)$

Por exemplo 5! = (5)(4)(3)(2)(1) = 120; 2! = (2)(1) = 2; 1! = 1; e por convenção, 0! = 1.

Para encontrar a probabilidade de exatamente oito sucessos em dez tentativas, você quer $P(X = 8)$, onde $n = 10$ (lembre-se que $p = 0{,}50$ aqui):

$$\begin{aligned}P(X=8) &= \binom{10}{8}(0{,}50)^8(1-0{,}50)^{10-8}\\ &= \frac{10!}{8!(10-8)!}(0{,}50)^8(1-0{,}50)^{10-8}\\ &= \frac{(10)(9)(8)(7)(6)(5)(4)(3)(2)(1)}{[(8)(7)(6)(5)(4)(3)(2)(1)]\,[(2)(1)]}(0{,}50)^8(0{,}50)^2\\ &= (45)(0{,}00390625)(0{,}25)\\ &= 0{,}0439453125\end{aligned}$$

Arredondada para quatro casas decimais, a resposta é 0,0439.

190. 0,3125

A fórmula para calcular uma probabilidade para uma distribuição binomial é

$$P(X=x)=\binom{n}{x}p^x(1-p)^{n-x}$$

Aqui, $\binom{n}{x}=\frac{n!}{x!(n-x)!}$ e $n!$ significa $n(n-1)(n-2)\ldots(3)(2)(1)$

Por exemplo 5! = (5)(4)(3)(2)(1) = 120; 2! = (2)(1) = 2; 1! = 1; e por convenção, 0! = 1.

Neste caso, $n = 5$ tentativas, $x = 3$ sucessos e $p = 0,5$, a probabilidade de sucesso em cada tentativa. Você quer $P(X = 3)$:

$$\begin{aligned}P(X=3)&=\binom{5}{3}(0{,}50)^3(1-0{,}50)^{5-3}\\&=\frac{5!}{3!(5-3)!}(0{,}50)^3(1-0{,}50)^{5-3}\\&=\frac{(5)(4)(3)(2)(1)}{[(3)(2)(1)][(2)(1)]}(0{,}50)^3(0{,}50)^2\\&=(10)(0{,}125)(0{,}25)\\&=0{,}3125\end{aligned}$$

191. 0,1563

A fórmula para calcular uma probabilidade para uma distribuição binomial é

$$P(X=x)=\binom{n}{x}p^x(1-p)^{n-x}$$

Aqui, $\binom{n}{x}=\frac{n!}{x!(n-x)!}$ e $n!$ significa $n(n-1)(n-2)\ldots(3)(2)(1)$

Por exemplo 5! = (5)(4)(3)(2)(1) = 120; 2! = (2)(1) = 2; 1! = 1; e por convenção, 0! = 1.

Neste caso, $n = 5$ tentativas, $x = 4$ sucessos e $p = 0,50$. Você quer $P(X = 4)$:

$$
\begin{aligned}
P(X=4) &= \binom{5}{4}(0{,}50)^4(1-0{,}50)^{5-4} \\
&= \frac{5!}{4!(5-4)!}(0{,}50)^4(1-0{,}50)^{5-4} \\
&= \frac{(5)(4)(3)(2)(1)}{[(4)(3)(2)(1)]\,(1)}(0{,}50)^4(0{,}50)^1 \\
&= (5)(0{,}0625)(0{,}50) \\
&= 0{,}15625
\end{aligned}
$$

Arredondada para quatro casas decimais, a resposta é 0,1563.

192. 1

A fórmula para calcular "*n* escolhe *x*" é

$$\binom{n}{x} = \frac{n!}{x!(n-x)!}$$

Então, *n*! representa "*n* fatorial". Para calcular *n*!, você faz uma sequência de multiplicações, começando com *n* e indo pra baixo até 1. Por exemplo 5! = (5)(4)(3)(2)(1) = 120; 2! = (2)(1) = 2; 1! = 1; e por convenção, 0! = 1.

Então encontre $\binom{n}{x}$ neste problema, substituindo os números para $n = 5$ e $x = 5$:

$$
\begin{aligned}
\binom{5}{5} &= \frac{5!}{5!(5-5)!} \\
&= \frac{(5)(4)(3)(2)(1)}{[(5)(4)(3)(2)(1)]\,(1)} \\
&= 1
\end{aligned}
$$

Incidentalmente, $\binom{n}{x}$ é sempre 1 quando *n* e *x* são o mesmo número.

193. 0,4688

A fórmula para calcular uma probabilidade para uma distribuição binomial é

$$P(X=x) = \binom{n}{x} p^x (1-p)^{n-x}$$

Aqui, $\binom{n}{x} = \frac{n!}{x!(n-x)!}$ e $n!$ significa $n(n-1)(n-2)\ldots(3)(2)(1)$

Por exemplo 5! = (5)(4)(3)(2)(1) = 120; 2! = (2)(1) = 2; 1! = 1; e por convenção, 0! = 1.

Neste problema, $n = 5$ tentativas, $x = 3$ ou 4 sucessos e $p = 0{,}50$, a probabilidade de sucesso em cada tentativa. Você quer $P(X = 3 \text{ ou } 4) = P(X = 3) + P(X = 4)$. Primeiro, encontre a probabilidade de cada resultado separadamente:

$$\begin{aligned}
P(X=3) &= \binom{5}{3}(0{,}50)^3(1-0{,}50)^{5-3} \\
&= \frac{5!}{3!(5-3)!}(0{,}50)^3(1-0{,}50)^{5-3} \\
&= \frac{(5)(4)(3)(2)(1)}{[(3)(2)(1)][(2)(1)]}(0{,}50)^3(0{,}50)^2 \\
&= (10)(0{,}125)(0{,}25) \\
&= 0{,}3125
\end{aligned}$$

$$\begin{aligned}
P(X=4) &= \binom{5}{4}(0{,}50)^4(1-0{,}50)^{5-4} \\
&= \frac{5!}{4!(5-4)!}(0{,}50)^4(1-0{,}50)^{5-4} \\
&= \frac{(5)(4)(3)(2)(1)}{[(4)(3)(2)(1)](1)}(0{,}50)^4(0{,}50)^1 \\
&= (5)(0{,}0625)(0{,}50) \\
&= 0{,}15625
\end{aligned}$$

Então, some os resultados:

$$\begin{aligned}
P(X=3 \text{ ou } 4) &= P(X=3)+P(X=4) \\
&= 0{,}3125+0{,}15625 \\
&= 0{,}46875
\end{aligned}$$

Arredondada para quatro casas decimais, a resposta é 0,4688.

194. 0,5001

A fórmula para calcular uma probabilidade para uma distribuição binomial é

$$P(X=x) = \binom{n}{x}p^x(1-p)^{n-x}$$

Aqui, $\binom{n}{x} = \frac{n!}{x!(n-x)!}$ e $n!$ significa $n(n-1)(n-2)\ldots(3)(2)(1)$

Por exemplo 5! = (5)(4)(3)(2)(1) = 120; 2! = (2)(1) = 2; 1! = 1; e por convenção, 0! = 1.

Neste caso, $n = 5$ tentativas, $x = 3$, 4 ou 5 sucessos e $p = 0{,}50$, a probabilidade de sucesso em cada tentativa. ***Nota:*** A probabilidade de *pelo menos três* sucessos significa a probabilidade de três, quatro ou cinco sucessos. Em outras palavras, você precisa achar $P(X = 3$ ou 4 ou $5) = P(X = 3) + P(X = 4) + P(X = 5)$. Primeiro, encontre a probabilidade de cada resultado separadamente:

$$\begin{aligned}P(X=3) &= \binom{5}{3}(0{,}50)^3(1-0{,}50)^{5-3}\\ &= \frac{5!}{3!(5-3)!}(0{,}50)^3(1-0{,}50)^{5-3}\\ &= \frac{(5)(4)(3)(2)(1)}{[(3)(2)(1)]\,[(2)(1)]}(0{,}50)^3(0{,}50)^2\\ &= (10)(0{,}125)(0{,}25)\\ &= 0{,}3125\end{aligned}$$

$$\begin{aligned}P(X=4) &= \binom{5}{4}(0{,}50)^4(1-0{,}50)^{5-4}\\ &= \frac{5!}{4!(5-4)!}(0{,}50)^4(1-0{,}50)^{5-4}\\ &= \frac{(5)(4)(3)(2)(1)}{[(4)(3)(2)(1)]\,(1)}(0{,}50)^4(0{,}50)^1\\ &= (5)(0{,}0625)(0{,}50)\\ &= 0{,}15625\end{aligned}$$

$$\begin{aligned}P(X=5) &= \binom{5}{5}(0{,}50)^5(1-0{,}50)^{5-5}\\ &= \frac{5!}{5!(5-0)!}(0{,}50)^5(1-0{,}50)^{5-5}\\ &= \frac{(5)(4)(3)(2)(1)}{[(5)(4)(3)(2)(1)]\,[(5)(4)(3)(2)(1)]}(0{,}50)^5(0{,}50)^0\\ &= 0{,}0313\end{aligned}$$

Então, some os resultados:

$$\begin{aligned}P(X=3 \text{ ou } 4 \text{ ou } 5) &= P(X=3)+P(X=4)+P(X=5)\\ &= 0{,}3125+0{,}15625+0{,}0313\\ &= 0{,}50005\end{aligned}$$

Arredondada para quatro casas decimais, a resposta é 0,5001.

195. 0,4999

A fórmula para calcular uma probabilidade para uma distribuição binomial é

$$P(X=x)=\binom{n}{x}p^x(1-p)^{n-x}$$

Aqui, $\binom{n}{x}=\frac{n!}{x!(n-x)!}$ e $n!$ significa $n(n-1)(n-2)\ldots(3)(2)(1)$

Por exemplo 5! = (5)(4)(3)(2)(1) = 120; 2! = (2)(1) = 2; 1! = 1; e por convenção, 0! = 1.

Neste caso, $n = 5$ tentativas, x = não mais que 2 sucessos e $p = 0,50$, a probabilidade de sucesso em cada tentativa. Para encontrar a probabilidade de não mais que dois sucessos, você pode ou encontrar $P(X \leq 2)$ ou encontrar a probabilidade de pelo menos três sucessos, $P(X \geq 3)$ e subtrair a soma dessas probabilidades de 1. Por exemplo, você encontra $P(X = 3)$, $P(X = 4)$ e $P(X = 5)$:

$$\begin{aligned}P(X=3)&=\binom{5}{3}(0{,}50)^3(1-0{,}50)^{5-3}\\&=\frac{5!}{3!(5-3)!}(0{,}50)^3(1-0{,}50)^{5-3}\\&=\frac{(5)(4)(3)(2)(1)}{[(3)(2)(1)][(2)(1)]}(0{,}50)^3(0{,}50)^2\\&=(10)(0{,}125)(0{,}25)\\&=0{,}3125\end{aligned}$$

$$\begin{aligned}P(X=4)&=\binom{5}{4}(0{,}50)^4(1-0{,}50)^{5-4}\\&=\frac{5!}{4!(5-4)!}(0{,}50)^4(1-0{,}50)^{5-4}\\&=\frac{(5)(4)(3)(2)(1)}{[(4)(3)(2)(1)](1)}(0{,}50)^4(0{,}50)^1\\&=(5)(0{,}0625)(0{,}50)\\&=0{,}15625\end{aligned}$$

$$
\begin{aligned}
P(X=5) &= \binom{5}{5}(0{,}50)^5(1-0{,}50)^{5-5} \\
&= \frac{5!}{5!(5-0)!}(0{,}50)^5(1-0{,}50)^{5-5} \\
&= \frac{(5)(4)(3)(2)(1)}{[(5)(4)(3)(2)(1)]\,[(5)(4)(3)(2)(1)]}(0{,}50)^5(0{,}50)^0 \\
&= 0{,}0313
\end{aligned}
$$

E então soma seus resultados:

$$
\begin{aligned}
P(X \geq 3) &= P(X=3)+P(X=4)+P(X=5) \\
&= 0{,}3125+0{,}15625+0{,}0313 \\
&= 0{,}50005
\end{aligned}
$$

Você pode arredondar esta resposta para quatro casas decimais: 0,5001. Finalmente você subtrai a probabilidade de $P(X \geq 3)$ de 1: $1 - 0{,}5001 = 0{,}4999$.

196. 0,012

A tabela binomial (Tabela A-3 no apêndice) tem uma série de minitabelas dentro dela, uma para cada valor de n selecionado. Para encontrar $P(X = 6)$, onde $n = 15$ e $p = 0{,}7$, localize a minitabela para $n = 15$, encontre a linha para $x = 6$ e siga até onde ela intersecta com a coluna para $p = 0{,}7$. Este valor é 0,012.

197. 0,219

A tabela binomial (Tabela A-3 no apêndice) tem uma série de minitabelas dentro dela, uma para cada valor de n selecionado. Para encontrar $P(X = 11)$, onde $n = 15$ e $p = 0{,}7$, localize a minitabela para $n = 15$, encontre a linha para $x = 11$ e siga até onde ela intersecta com a coluna para $p = 0{,}7$. Este valor é 0,219.

198. 0,995

Neste caso, 15 é o maior valor possível de X (porque existem apenas 15 tentativas no total), então para achar $P(X < 15)$ você pode primeiro achar $P(X = 15)$ e subtrair este resultado de 1 para conseguir o que precisa. (Isso torna os cálculos muito mais fáceis.)

A tabela binomial (Tabela A-3 no apêndice) tem uma série de minitabelas dentro dela, uma para cada valor de n selecionado. Para encontrar $P(X = 15)$, onde $n = 15$ e $p = 0{,}7$, localize a minitabela para $n = 15$, encontre a linha para $x = 15$ e siga até onde ela intersecta com a coluna para $p = 0{,}7$. Este valor é 0,005.

Agora, subtraia isso de um para que você tenha $P(X \geq 15) = 1 - 0{,}005 = 0{,}995$.

199. 0,015

Você quer a probabilidade entre 4 e 7, mas você não quer incluir 4 e 7. Então você só quer as probabilidades para $X = 5$ e $X = 6$. Você sabe que $n = 15$ e $p = 0{,}7$, que é a probabilidade de sucesso em cada tentativa.

Para encontrar cada uma dessas probabilidades, use a tabela binomial (Tabela A-3 no apêndice) que tem uma série de minitabelas dentro dela, uma para cada valor de n selecionado. Para encontrar $P(X = 5)$, onde $n = 15$ e $p = 0{,}7$, localize a minitabela para $n = 15$, encontre a linha para $x = 5$ e siga até onde ela intersecta com a coluna para $p = 0{,}7$. Este valor é 0,003. Agora faça o mesmo para $P(X = 6)$ para conseguir 0,012. Então, some essas probabilidades:

$$\begin{aligned} P(4 < X < 7) &= P(X=5) + P(X=6) \\ &= 0{,}003 + 0{,}012 \\ &= 0{,}015 \end{aligned}$$

200. 0,051

Aqui, você quer encontrar a probabilidade igual a 4 e 7 e tudo o que estiver no meio. Em outras palavras, você quer as probabilidades de $X = 4$, $X = 5$, $X = 6$ e $X = 7$. Você sabe que $n = 15$ e $p = 0{,}7$, que é a probabilidade de sucesso em cada tentativa.

Para encontrar cada uma dessas probabilidades, use a tabela binomial (Tabela A-3 no apêndice) que tem uma série de minitabelas dentro dela, uma para cada valor de n selecionado. Para encontrar $P(X = 4)$, onde $n = 15$ e $p = 0{,}7$, localize a minitabela para $n = 15$, encontre a linha para $x = 4$ e siga até onde ela intersecta com a coluna para $p = 0{,}7$. Este valor é 0,001. Agora faça o mesmo para $P(X = 5) = 0{,}003$; $P(X = 6) = 0{,}012$ e $P(X = 7) = 0{,}035$. Finalmente, some essas probabilidades:

$$\begin{aligned} P(4 \le X \le 7) &= P(X=4) + P(X=5) + P(X=6) + P(X=7) \\ &= 0{,}001 + 0{,}003 + 0{,}012 + 0{,}035 \\ &= 0{,}051 \end{aligned}$$

201. 0,221

A tabela binomial (Tabela A-3 no apêndice) que tem uma série de minitabelas dentro dela, uma para cada valor de n selecionado. Para encontrar $P(X = 5)$, onde $n = 11$ e $p = 0{,}4$, localize a minitabela para $n = 11$, encontre a linha para $x = 5$ e siga até onde ela intersecta com a coluna para $p = 0{,}4$. Este valor é 0,221.

202. 0,996

Para encontrar a probabilidade de X ser maior que 0, encontre a probabilidade de X ser igual a 0 e então subtraia essa probabilidade de 1. Isso torna os cálculos muito mais fáceis.

Respostas 201–300

A tabela binomial (Tabela A-3 no apêndice) que tem uma série de minitabelas dentro dela, uma para cada valor de n selecionado. Para encontrar $P(X = 0)$, onde $n = 11$ e $p = 0,4$, localize a minitabela para $n = 11$, encontre a linha para $x = 0$ e siga até onde ela intersecta com a coluna para $p = 0,4$. Este valor é 0,004. Agora subtraia isso de 1:

$$\begin{aligned} P(X > 0) &= 1 - P(X = 0) \\ &= 1 - 0{,}004 \\ &= 0{,}996 \end{aligned}$$

203. 0,120

Para encontrar a probabilidade de X ser menor que ou igual a 2, você primeiro precisa encontrar a probabilidade de cada valor possível de X menor que 2. Em outras palavras, você encontra os valores para $P(X = 0)$, $P(X = 1)$ e $P(X = 2)$.

Para encontrar cada uma dessas probabilidades, use a tabela binomial (Tabela A-3 no apêndice) que tem uma série de minitabelas dentro dela, uma para cada valor de n selecionado. Para encontrar $P(X = 0)$, onde $n = 11$ e $p = 0,4$, localize a minitabela para $n = 11$, encontre a linha para $x = 0$ e siga até onde ela intersecta com a coluna para $p = 0,4$. Este valor é 0,004. Agora faça o mesmo para as outras probabilidades: $P(X = 1) = 0,027$ e $P(X = 2) = 0,089$.

Finalmente, some essas probabilidades:

$$\begin{aligned} P(X \leq 2) &= P(X = 0) + P(X = 1) + P(X = 2) \\ &= 0{,}004 + 0{,}027 + 0{,}089 \\ &= 0{,}120 \end{aligned}$$

204. 0,001

Para encontrar a probabilidade de X ser maior que 9, primeiro encontre a probabilidade de X ser igual a 10 ou 11 (neste caso, 11 é o maior valor possível de x porque existem apenas 11 tentativas).

Para encontrar cada uma dessas probabilidades, use a tabela binomial (Tabela A-3 no apêndice) que tem uma série de minitabelas dentro dela, uma para cada valor de n selecionado. Para encontrar $P(X = 10)$, onde $n = 11$ e $p = 0,4$, localize a minitabela para $n = 11$, encontre a linha para $x = 10$ e siga até onde ela intersecta com a coluna para $p = 0,4$. Este valor é 0,001. Agora faça o mesmo para $P(X = 11)$, que lhe dá 0,000. (***Nota:*** $P(X = 11)$ não é exatamente 0,000 aqui, é só uma probabilidade menor do que pode ser expresso em quatro casas decimais usadas nesta tabela.) Finalmente, some as duas probabilidades:

$$\begin{aligned} P(X > 9) &= P(X = 10) + P(X = 11) \\ &= 0{,}001 + 0{,}000 \\ &= 0{,}001 \end{aligned}$$

205. 0,634

Aqui, você quer encontrar a probabilidade igual a 3 e 5 e tudo o que estiver no meio. Em outras palavras, você quer as probabilidades de $X = 3$, $X = 4$ e $X = 5$. Você sabe que $n = 11$ e $p = 0,4$, que é a probabilidade de sucesso em cada tentativa.

Para encontrar cada uma dessas probabilidades, use a tabela binomial (Tabela A-3 no apêndice) que tem uma série de minitabelas dentro dela, uma para cada valor de n selecionado. Para encontrar $P(X = 3)$, onde $n = 11$ e $p = 0,4$, localize a minitabela para $n = 11$, encontre a linha para $x = 3$ e siga até onde ela intersecta com a coluna para $p = 0,4$. Este valor é 0,177. Agora faça o mesmo para as outras probabilidades: $P(X = 4) = 0,236$ e $P(X = 5) = 0,221$. Finalmente, some essas probabilidades:

$$\begin{aligned} P(3 \le X \le 5) &= P(X = 3) + P(X = 4) + P(X = 5) \\ &= 0,177 + 0,236 + 0,221 \\ &= 0,634 \end{aligned}$$

206. $n = 30, p = 0,4$

Duas condições devem ser atendidas para usar a aproximação normal para a binomial: Ambos, np e $n(1 - p)$ devem ser pelo menos 10. Usando as escolhas dadas, a única que funciona é $n = 30$ e $p = 0,4$: $np = 30(0,4) = 12$, e $n(1 - p) = 30(1 - 0,4) = 30(0,6) = 18$.

207. 20

Duas condições devem ser atendidas para usar a aproximação normal para a binomial: Ambos, np e $n(1 - p)$ devem ser pelo menos 10. Então você precisa do menor valor de n que atenda ambas estas condições, sabendo que $p = 0,5$ aqui.

Primeiro, pegue $np \ge 10$ ou $n(0,5) \ge 10$. Para conseguir n sozinho, divida ambos os lados por 0,5, que lhe dá $n \ge 20$. Então, pegue $n(1 - p) \ge 10$ ou $n(1 - 0,5) \ge 10$. Novamente, você consegue $n \ge 20$. O tamanho amostral mínimo (n) que atende ambos esses requerimentos é 20.

Nota: Às vezes p é muito pequeno ou muito grande, o que muda os valores de np e $n(1 - p)$, então você deve sempre verificar e atender ambas as condições todas as vezes.

208. 34

Para usar a aproximação normal para a binomial, ambos, np e $n(1 - p)$ devem ser pelo menos 10. Aqui o valor de p é 0,30 ("sucesso" = bola de gude verde).

Primeiro, pegue $np \geq 10$ ou $n(0,3) \geq 10$. Para conseguir n sozinho, divida ambos os lados por 0,3, que lhe dá $n \geq 33,33$ (arredonde para 34 para garantir que a condição seja atendida). Então, pegue $n(1-p) \geq 10$ ou $n(1-0,3) \geq 10$. Novamente, você consegue $n \geq 14,29$ (arredonde para 15 para garantir que a condição seja atendida).

Para a primeira condição, você precisa de $n \geq 34$; para a segunda condição, você precisa $n \geq 15$. Para atender ambas as condições, você precisa do n maior, que é 34.

209. $P(X \geq 50)$

Você pode reformular a probabilidade de tirar pelo menos 50 caras de 80 lançamentos (ou seja, X é pelo menos 50) como a probabilidade de X ser maior que ou igual a 50 (porque 50 é o limite mais baixo de valores possíveis): $P(X \geq 50)$.

210. $P(X \leq 30)$

Você pode reformular a probabilidade de tirar não mais que 30 caras de 80 lançamentos (ou seja, X é não mais que 30) como a probabilidade de X ser menor que ou igual a 30 (porque 30 é o limite mais alto de valores possíveis): $P(X \leq 30)$.

211. 40

Para uma distribuição binomial, a média, μ, é igual a np. Neste caso, $n = 80$ tentativas (lançamentos da moeda) e $p = 0,50$ (chance de caras/sucesso em cada lançamento) Portanto, $\mu = (80)\ (0,50) = 40$.

212. 4,47

Para uma distribuição binomial, o desvio padrão, σ, é igual a $\sqrt{np(1-p)}$. Neste caso, você tem $n = 80$ tentativas (lançamentos da moeda) e $p = 0,5$ (chance de caras/sucesso em cada lançamento). Portanto,

$$\sigma = \sqrt{80(0,50)(1-0,50)}$$
$$= \sqrt{20} = 4,47$$

213. 1,12

Para encontrar o valor-z para um valor-x, subtraia a média populacional de x, e divida pelo desvio padrão populacional:

$$z = \frac{x-\mu}{\sigma}$$

A pergunta é, o que você usa para μ e σ? Como X tem uma distribuição binomial, você usa a média e o desvio padrão da distribuição binomial.

A média de uma distribuição binomial é $\mu = np$. Neste caso, $n = 80$ e $p = 0{,}50$, então $\mu = (80)\,(0{,}50) = 40$. E a fórmula para o desvio padrão de uma distribuição binomial é $\sigma = \sqrt{np(1-p)}$.

Então você tem

$$\sigma = \sqrt{80(0{,}50)(1-0{,}50)}$$
$$= \sqrt{20} = 4{,}47$$

Agora, substitua esses números na fórmula para o valor-z, onde $x = 45$:

$$z = \frac{x-\mu}{\sigma}$$
$$= \frac{(45-40)}{4{,}47} = 1{,}12$$

214. 0,1314

Aqui, você quer a probabilidade de X ser pelo menos 45, ou $p(X \geq 45)$. Neste caso, $n = 80$ tentativas (lançamentos da moeda) e $p = 0{,}50$ (chance de caras/sucesso em cada lançamento).

Como n é tão grande, você talvez queira usar a aproximação normal para a binomial para resolver este problema. Mas primeiro você precisa determinar se as duas condições são atendidas — ou seja, ambos, np e $n(1-p)$, devem ser pelo menos 10. Então substitua os números: $np = (80)\,(0{,}50) = 40$, e $n(1-p) = 80(1-0{,}50) = (80)\,(0{,}50) = 40$. Ambas as condições são pelo menos 10, então você pode continuar.

O primeiro passo em fazer a aproximação normal para encontrar uma probabilidade binomial é encontrar o valor-z. Para encontrar o valor-z para um valor-x, subtraia a média populacional de x e divida pelo desvio padrão populacional:

$$z = \frac{x-\mu}{\sigma}$$

Como x tem uma distribuição binomial, você usa a média e o desvio padrão da distribuição binomial. A média de uma distribuição binomial é $\mu = np$. Neste caso, $n = 80$ e $p = 0{,}50$, então $\mu = (80)\,(0{,}50) = 40$. E a fórmula para o desvio padrão de uma distribuição binomial é $\sigma = \sqrt{np(1-p)}$. Então você tem

$$\sigma = \sqrt{80(0{,}50)(1-0{,}50)}$$
$$= \sqrt{20} = 4{,}47$$

Agora, substitua esses números na fórmula para o valor-z, onde $x = 45$:

$$z = \frac{x-\mu}{\sigma}$$
$$= \frac{(45-40)}{4{,}47} = 1{,}12$$

Use uma tabela-Z, como a Tabela A-1 no apêndice, para encontrar $p(Z \leq 1{,}12)$ e então subtraia isso de 1 para encontrar $p(Z \geq 1{,}12)$. Localize a linha para $z = 1{,}1$ e a siga até onde ela intersepta com a coluna para 0,02, que lhe dá 0,8686. Isso também corresponde a $p(Z \leq 1{,}12) = p(X \leq 45)$. Então subtraia de 1 para conseguir $p(X \geq 45)$: $1 - 0{,}8686 = 0{,}1314$.

215. $\mu = 45, \sigma = 4{,}97$

Para uma distribuição binomial, a média é $\mu = np$, e o desvio padrão é $\sigma = \sqrt{np(1-p)}$. Neste caso, $n = 100$ tentativas e $p = 0{,}45$, a probabilidade de sucesso em cada tentativa. Portanto, a média de X é $\mu = (100)\ (0{,}45) = 45$, e o desvio padrão é

$$\begin{aligned}\sigma &= \sqrt{np(1-p)}\\ &= \sqrt{100(0{,}45)(1-0{,}45)}\\ &= \sqrt{24{,}75} = 4{,}97\end{aligned}$$

216. $-1{,}00$

Para encontrar o valor-z para um valor-x, subtraia a média populacional de x e divida pelo desvio padrão populacional:

$$z = \frac{x-\mu}{\sigma}$$

Para uma distribuição binomial, a média é $\mu = np$, e o desvio padrão é $\sigma = \sqrt{np(1-p)}$. Neste caso, $n = 100$ tentativas e $p = 0{,}45$, a probabilidade de sucesso em cada tentativa. Portanto, a média de X é $\mu = (100)\ (0{,}45) = 45$, e o desvio padrão é

$$\begin{aligned}\sigma &= \sqrt{np(1-p)}\\ &= \sqrt{100(0{,}45)(1-0{,}45)}\\ &= \sqrt{24{,}75} = 4{,}97\end{aligned}$$

Agora, substitua esses números na fórmula para o valor-z, onde $x = 40$:

$$\begin{aligned}z &= \frac{x-\mu}{\sigma}\\ &= \frac{(40-45)}{4{,}97} = -1{,}00\end{aligned}$$

217. 0,1587

Porque n é tão grande, você talvez queira usar a aproximação normal para a binomial para resolver este problema. Mas primeiro você precisa determinar se as duas condições são atendidas — ou seja, ambos, np e $n(1-p)$, devem ser pelo menos 10. Neste caso, $np = 100(0{,}45) = 45$ e $n(1-p) = 100(1-0{,}45) = (100)(0{,}55) = 55$. Ambas as condições são pelo menos 10, então você pode continuar.

Para encontrar uma probabilidade "menor que" para um valor-x de uma distribuição normal, você converte o valor-x para um valor-z e então encontra a probabilidade correspondente para esse valor-z usando uma tabela-Z, como a Tabela A-1 no apêndice.

Para encontrar o valor-z para um valor-x, subtraia a média populacional de x e divida pelo desvio padrão populacional:

$$z = \frac{x - \mu}{\sigma}$$

Para uma distribuição binomial, a média é $\mu = np$, e o desvio padrão é $\sigma = \sqrt{np(1-p)}$. Neste caso, $n = 100$ tentativas e $p = 0{,}45$, a probabilidade de sucesso em cada tentativa. Portanto, a média de X é $\mu = (100)\ (0{,}45) = 45$, e o desvio padrão é

$$\begin{aligned}\sigma &= \sqrt{np(1-p)} \\ &= \sqrt{100(0{,}45)(1-0{,}45)} \\ &= \sqrt{24{,}75} = 4{,}97\end{aligned}$$

Agora, substitua esses números na fórmula para o valor-z, onde $x = 40$:

$$\begin{aligned}z &= \frac{x-\mu}{\sigma} \\ &= \frac{(40-45)}{4{,}97} = -1{,}00\end{aligned}$$

Então encontre $P(Z \leq -1{,}00)$, usando a Tabela A-1. Olhe na linha para $z = -1{,}0$ e siga até onde ela intercepta com a coluna para 0,00, que lhe dá 0,1587. Lembre-se que isso é apenas uma aproximação porque você começou com uma binomial e foi capaz de usar a aproximação normal para encontrar a probabilidade.

218. 0,8413

Como n é tão grande, você talvez queira usar a aproximação normal para a binomial para resolver este problema. Mas primeiro você precisa determinar se as duas condições são atendidas — ou seja, ambos, np e $n(1-p)$, devem ser pelo menos 10. Neste caso, $np = 100(0{,}45) = 45$ e $n(1-p) = 100(1-0{,}45) = (100)(0{,}55) = 55$. Ambas as condições são pelo menos 10, então você pode continuar.

Para encontrar uma probabilidade "maior que" para um valor-x de uma distribuição normal, você converte o valor-x para um valor-z e então encontra a probabilidade correspondente para esse valor-z usando uma tabela-Z, como a Tabela A-1 no apêndice; então você subtrai esse resultado de 1 (porque a Tabela A-1 lhe dá apenas a probabilidade "menor que").

Para encontrar o valor-z para um valor-x, subtraia a média populacional de x e divida pelo desvio padrão populacional:

$$z = \frac{x - \mu}{\sigma}$$

Para uma distribuição binomial, a média é $\mu = np$, e o desvio padrão é $\sigma = \sqrt{np(1-p)}$. Neste caso, n = 100 tentativas e p = 0,45, a probabilidade de sucesso em cada tentativa. Portanto, a média de X é μ = (100) (0,45) = 45, e o desvio padrão é

$$\begin{aligned}\sigma &= \sqrt{np(1-p)}\\ &= \sqrt{100(0{,}45)(1-0{,}45)}\\ &= \sqrt{24{,}75} = 4{,}97\end{aligned}$$

Agora, substitua esses números na fórmula para o valor-z, onde $x = 40$:

$$\begin{aligned}z &= \frac{x-\mu}{\sigma}\\ &= \frac{(40-45)}{4{,}97} = -1{,}00\end{aligned}$$

Então, encontre $P(Z \leq -1{,}00)$, usando a Tabela A-1. Olhe na linha para $z = -1{,}0$ e siga até onde ela intercepta com a coluna para 0,00, que lhe dá 0,1587. Para conseguir $P(Z \geq -1{,}00)$, subtraia esse valor de 1: 1 – 0,1587 = 0,8413. Lembre-se que isso é apenas uma aproximação porque você começou com uma variável aleatória binomial e foi capaz de usar a aproximação normal para encontrar a probabilidade.

219. 0

Mesmo embora X seja binomial e discreta, a distribuição-Z é contínua, então a probabilidade em um único valor é 0. A probabilidade para uma variável aleatória contínua é representada pela área sob a curva. Não existe área sob a curva em um único ponto. Você teria que usar correção de continuidade para resolver $P(X = 40)$ usando uma aproximação normal.

220. 2,21

Para encontrar o valor-z para um valor-x, subtraia a média populacional de x e divida pelo desvio padrão populacional:

$$z = \frac{x-\mu}{\sigma}$$

Para uma distribuição binomial, a média é $\mu = np$, e o desvio padrão é $\sigma = \sqrt{np(1-p)}$. Neste caso, n = 100 e p = 0,45, então μ = (100) (0,45) = 45, e o desvio padrão é

$$\begin{aligned}\sigma &= \sqrt{np(1-p)}\\ &= \sqrt{100(0{,}45)(1-0{,}45)}\\ &= \sqrt{24{,}75} = 4{,}97\end{aligned}$$

Agora, substitua esses números na fórmula para o valor-z, onde $x = 56$:

$$z = \frac{x - \mu}{\sigma}$$
$$= \frac{(56 - 45)}{4,97} = 2,21$$

221. 0,0136

Como n é tão grande, você talvez queira usar a aproximação normal para a binomial para resolver este problema. Mas primeiro você precisa determinar se as duas condições são atendidas — ou seja, ambos, np e $n(1 - p)$, devem ser pelo menos 10. Neste caso, $np = 100(0{,}45) = 45$ e $n(1 - p) = 100(1 - 0{,}45) = (100)(0{,}55) = 55$. Ambas as condições são pelo menos 10, então você pode continuar.

Para encontrar uma probabilidade "maior que" para um valor-x de uma distribuição normal, você converte o valor-x para um valor-z e então encontra a probabilidade correspondente para esse valor-z usando uma tabela-Z, como a Tabela A-1 no apêndice. Você então subtrai esse resultado de 1 (porque a Tabela A-1 lhe dá apenas a probabilidade "menor que").

Para encontrar o valor-z para um valor-x, subtraia a média populacional de x e divida pelo desvio padrão populacional:

$$z = \frac{x - \mu}{\sigma}$$

Para uma distribuição binomial, a média é $\mu = np$, e o desvio padrão é $\sigma = \sqrt{np(1-p)}$. Neste caso, $n = 100$ e $p = 0{,}45$, então $\mu = (100)\ (0{,}45) = 45$, e o desvio padrão é

$$\sigma = \sqrt{np(1-p)}$$
$$= \sqrt{100(0{,}45)(1 - 0{,}45)}$$
$$= \sqrt{24{,}75} = 4{,}97$$

Agora, substitua esses números na fórmula para o valor-z, onde $x = 56$:

$$z = \frac{x - \mu}{\sigma}$$
$$= \frac{(56 - 45)}{4,97} = 2,21$$

Então, encontre $P(Z \leq 2{,}21)$, usando a Tabela A-1. Olhe na linha para $z = 2{,}2$ e siga até onde ela intercepta com a coluna para 0,01, que lhe dá 0,9864. Para conseguir $P(Z \geq 2{,}21)$, subtraia esse valor de 1: $1 - 0{,}9864 = 0{,}0136$. Isso corresponde a $P(X \geq 56)$.

Lembre-se que isso é apenas uma aproximação porque você começou com uma variável aleatória binomial e foi capaz de usar a aproximação normal para encontrar a probabilidade.

222. 0,9864

Como n é tão grande, você talvez queira usar a aproximação normal para a binomial para resolver este problema. Mas primeiro precisa determinar se as duas condições são atendidas — ou seja, ambos, np e $n(1-p)$, devem ser pelo menos 10. Neste caso, $np = 100(0,45) = 45$ e $n(1-p) = 100(1-0,45) = (100)(0,55) = 55$. Ambas as condições são pelo menos 10, então você pode continuar.

Para encontrar uma probabilidade "menor que" para um valor-x de uma distribuição normal, você converte o valor-x para um valor-z e então encontra a probabilidade correspondente para esse valor-z usando uma tabela-Z, como a Tabela A-1 no apêndice.

Para encontrar o valor-z para um valor-x, subtraia a média populacional de x e divida pelo desvio padrão populacional:

$$z = \frac{x-\mu}{\sigma}$$

Para uma distribuição binomial, a média é $\mu = np$, e o desvio padrão é $\sigma = \sqrt{np(1-p)}$. Neste caso, $n = 100$ e $p = 0,45$, então $\mu = (100)(0,45) = 45$, e o desvio padrão é

$$\begin{aligned}\sigma &= \sqrt{np(1-p)} \\ &= \sqrt{100(0,45)(1-0,45)} \\ &= \sqrt{24,75 = 4,97}\end{aligned}$$

Agora, substitua esses números na fórmula para o valor-z, onde $x = 56$:

$$\begin{aligned}z &= \frac{x-\mu}{\sigma} \\ &= \frac{(56-45)}{4,97} = 2,21\end{aligned}$$

Então, encontre $P(Z \le 2,21)$, usando a Tabela A-1. Olhe na linha para $z = 2,2$ e siga até onde ela intercepta com a coluna para 0,01, que lhe dá 0,9864. Lembre-se que isso é apenas uma aproximação porque você começou com uma variável aleatória binomial e foi capaz de usar a aproximação normal para encontrar a probabilidade.

223. 0,0023

Como n é tão grande, você talvez queira usar a aproximação normal para a binomial para resolver este problema. Mas primeiro precisa determinar se as duas condições são atendidas — ou seja, ambos, np e $n(1-p)$, devem ser pelo menos 10. Neste caso, $np = 100(0,45) = 45$ e $n(1-p) = 100(1-0,45) = (100)(0,55) = 55$. Ambas as condições são pelo menos 10, então você pode continuar.

Para encontrar uma probabilidade de "estar entre" dois valores-x de uma distribuição normal, converta cada valor-x para um valor-z e encontre a probabilidade correspondente para cada valor-z usando uma tabela-Z, como a Tabela A-1 no apêndice. Então subtraia a menor probabilidade da maior probabilidade.

Para encontrar o valor-z para um valor-x, subtraia a média populacional de x e divida pelo desvio padrão populacional:

$$z = \frac{x-\mu}{\sigma}$$

Para uma distribuição binomial, a média é $\mu = np$, e o desvio padrão é $\sigma = \sqrt{np(1-p)}$. Neste caso, $n = 100$ e $p = 0,45$, então $\mu = (100)\ (0,45) = 45$, e o desvio padrão é

$$\begin{aligned}\sigma &= \sqrt{np(1-p)}\\ &= \sqrt{100(0,45)(1-0,45)}\\ &= \sqrt{24,75} = 4,97\end{aligned}$$

Agora, substitua esses números na fórmula para o valor-z, onde $x = 56$:

$$\begin{aligned}z &= \frac{x-\mu}{\sigma}\\ &= \frac{(56-45)}{4,97} = 2,21\end{aligned}$$

Então, encontre $P(Z \leq 2,21)$, usando a Tabela A-1. Olhe na linha para $z = 2,2$ e siga até onde ela intercepta com a coluna para 0,01; que lhe dá 0,9864

Siga esses passos para $x = 60$:

$$\begin{aligned}z &= \frac{x-\mu}{\sigma}\\ &= \frac{(60-45)}{4,97} = 3,02\end{aligned}$$

Encontre $P(Z \leq 3,02)$, usando a Tabela A-1, o que lhe dá 0,9987.

Finalmente, para encontrar a probabilidade de estar entre dois valores-z, subtraia a probabilidade mais baixa da probabilidade mais alta para conseguir $0,9987 - 0,9864 = 0,0023$. Lembre-se que isso é apenas uma aproximação porque você começou com uma binomial e foi capaz de usar a aproximação normal para encontrar a probabilidade porque as condições necessárias foram atendidas.

224. Todas as anteriores.

As propriedades da distribuição normal são que ela é simétrica, média e mediana são iguais, os valores mais comuns estão próximos da média e os valores menos comuns estão longe dela, e o desvio padrão marca a distância da média para o ponto de inflexão.

225. 68%

A regra empírica (também conhecida como a regra 68-95-99,7) diz que cerca de 68% dos valores em uma distribuição normal estão dentro de um desvio padrão da média.

226. 95%

A regra empírica (também conhecida como a regra 68-95-99,7) diz que cerca de 95% dos valores em uma distribuição normal estão dentro de dois desvios padrão da média.

227. 99,7%

A regra empírica (também conhecida como a regra 68-95-99,7) diz que cerca de 99,7% dos valores em uma distribuição normal estão dentro de três desvios padrão da média.

228. a média e o desvio padrão

Você pode recriar qualquer distribuição normal se souber dois parâmetros: a média e o desvio padrão. A média é o centro da figura em forma de sino, e o desvio padrão é a distância da média para o ponto de inflexão (o local onde a concavidade da curva muda no gráfico).

229. C. $\mu = 5, \sigma = 1{,}75$

Quanto maior o desvio padrão (σ), maior a dispersão para uma distribuição normal. O valor da média (μ) não afeta a dispersão da distribuição normal; ela só lhe mostra onde o centro está.

230. 6,2

Você quer encontrar um valor de X onde 34% dos valores estejam entre a média (5) e x (e x está à direita da média). Primeiro, note que a distribuição normal tem uma probabilidade total de 100%, e cada metade ocupa até 50%. Você usará a ideia dos 50% para fazer esse problema.

Como esta é uma distribuição normal, de acordo com a regra empírica, cerca de 68% dos valores estão dentro de um desvio padrão da média em qualquer lado. Isso significa que cerca de 34% estão dentro de um desvio padrão acima da média.

Se x está um desvio padrão acima da média, x é igual à média (5) mais 1 vez o desvio padrão (1,2): $x = 5 + 1(1{,}2) = 6{,}2$.

231. 7,4

Você quer encontrar um valor de X onde 2,5% dos valores sejam maior que x. Primeiro, note que a distribuição normal tem uma probabilidade total de 100%, e cada metade ocupa até 50%. Você usará a ideia dos 50% para fazer esse problema.

Como esta é uma distribuição normal, de acordo com a regra empírica, cerca de 95% dos valores estão dentro de dois desvios padrão da média em qualquer lado. Isso significa que cerca de 47,5% estão dentro de dois desvios padrão acima da média, e além desse ponto, você tem cerca de (50 – 47,5) = 2,5% dos valores. (Lembre-se que a porcentagem total acima da média é igual a 50%.) O valor de X onde isso ocorre é o que está dois desvios padrão acima de sua média.

Se x está dois desvios padrão acima de sua média, x é igual à média (5) mais 2 vezes o desvio padrão (1,2): $x = 5 + 2(1,2) = 7,4$.

232. 3,8

Você quer encontrar um valor de X onde 16% dos valores sejam menor que x. Primeiro, note que a distribuição normal tem uma probabilidade total de 100%, e cada metade ocupa até 50%. Você usará a ideia dos 50% para fazer esse problema.

Como esta é uma distribuição normal, de acordo com a regra empírica, cerca de 68% dos valores estão dentro de um desvio padrão da média em qualquer lado. Isso significa que cerca de 34% estão dentro de um desvio padrão acima da média e 16% dos valore estão abaixo desse valor (Lembre-se que a porcentagem total abaixo da média é igual a 50%, então você tem 50 – 34 = 16%.) O valor de X onde tudo isso ocorre é um desvio padrão abaixo de sua média.

Se x está um desvio padrão abaixo de sua média, x é igual à média (5) menos 1 vez o desvio padrão (1,2): $x = 5 - 1(1,2) = 3,8$.

233. 1,5

A regra empírica (ou a regra 68-95-99.7) diz que, em uma distribuição normal, cerca de 99,7% dos valores estão dentro de três desvios padrão acima e abaixo da média (8), o que inclui os números entre $8 - 3\sigma$ e $8 + 3\sigma$.

Se os valores superior e inferior desta amplitude devem ser 3,5 e 12,5, você sabe que $3,5 = 8 - 3\sigma$ e $12,5 = 8 + 3\sigma$. Resolvendo para σ na primeira equação você tem $3\sigma = 4,5$, então

$$\sigma = \frac{4,5}{3} = 1,5$$

A mesma resposta funciona na segunda equação.

234. $\mu = 0, \sigma = 1$

A distribuição-*Z*, também chamada de distribuição normal padrão, tem uma média (μ) de 0 e um desvio padrão (σ) de 1.

235. 1,2

Para calcular o escore-*z* para um valor de *X*, subtraia a média populacional para *x* e então divida pelo desvio padrão:

$$\begin{aligned} z &= \frac{x-\mu}{\sigma} \\ &= \frac{21{,}2-17}{3{,}5} \\ &= 1{,}2 \end{aligned}$$

236. −1,0

Para calcular o escore-*z* para um valor de *X*, subtraia a média populacional para *x* e então divida pelo desvio padrão:

$$\begin{aligned} z &= \frac{x-\mu}{\sigma} \\ &= \frac{13{,}5-17}{3{,}5} \\ &= -1{,}0 \end{aligned}$$

237. 2,5

Para calcular o escore-*z* para um valor de *X*, subtraia a média populacional para *x* e então divida pelo desvio padrão:

$$\begin{aligned} z &= \frac{x-\mu}{\sigma} \\ &= \frac{25{,}75-17}{3{,}5} \\ &= 2{,}5 \end{aligned}$$

238. 15,6

A pergunta lhe dá um escore-*z* e pede para seu valor-*x* correspondente. A fórmula-*z* contém ambos, *x* e *z*, então, enquanto você souber um deles poderá sempre achar o outro:

$$z = \frac{x-\mu}{\sigma}$$

Você sabe que $z = -0{,}4$, $\mu = 17$ e $\sigma = 3{,}5$, então você só substitui esses números na fórmula-*z* e então resolve para *x*:

$$\begin{aligned} -0{,}4 &= \frac{x-17}{3{,}5} \\ x &= 17-0{,}4(3{,}5) \\ &= 15{,}6 \end{aligned}$$

239. 24,7

A pergunta lhe dá um escore-z e pede para seu valor-x correspondente. A fórmula-z contém ambos, x e z, então enquanto você souber um deles poderá sempre achar o outro:

$$z = \frac{x-\mu}{\sigma}$$

Você sabe que $z = 2{,}2$, $\mu = 17$ e $\sigma = 3{,}5$, então você só substitui esses números na fórmula-z e então resolve para x:

$$\begin{aligned} 2{,}2 &= \frac{x-17}{3{,}5} \\ x &= 17+2{,}2(3{,}5) \\ &= 24{,}7 \end{aligned}$$

240. Forma A = 85, Forma B = 86

As notas do exame das duas formas têm médias diferentes e desvios padrão diferentes, então você pode converter ambas para distribuições-Z para que tenham a mesma escala e então fazer seu trabalho a partir daí.

A fórmula que muda um valor-x para um valor-z é

$$z = \frac{x-\mu}{\sigma}$$

Para a Forma A, você quer o valor-x correspondendo a um escore-z de 1,5. A Forma A tem uma média de 70 e um desvio padrão de 10, então o valor-x é

$$\begin{aligned} 1{,}5 &= \frac{x-70}{10} \\ x &= 70+1{,}5(10) \\ &= 85 \end{aligned}$$

Similarmente para a Forma B, com uma média de 74 e desvio padrão de 8, você tem

$$\begin{aligned} 1{,}5 &= \frac{x-74}{8} \\ x &= 74+1{,}5(8) \\ &= 86 \end{aligned}$$

241. Forma A = 50, Forma B = 58

As notas do exame das duas formas têm médias diferentes e desvios padrão diferentes, então você pode converter ambas para distribuições-Z para que tenham a mesma escala e então fazer seu trabalho a partir daí.

A fórmula que muda um valor-x para um valor-z é

$$z = \frac{x - \mu}{\sigma}$$

Para a Forma A, você quer o valor-x correspondendo a um escore-z de –2,0. A Forma A tem uma média de 70 e um desvio padrão de 10, então o valor-x é

$$\begin{aligned} -2{,}0 &= \frac{x - 70}{10} \\ x &= 70 - 2{,}0(10) \\ &= 50 \end{aligned}$$

Similarmente para a Forma B, com uma média de 74 e desvio padrão de 8, você tem

$$\begin{aligned} -2{,}0 &= \frac{x - 74}{8} \\ x &= 74 - 2{,}0(8) \\ &= 58 \end{aligned}$$

242. 82

Para encontrar e ou usar valores-x em duas distribuições normais diferentes, você usa a fórmula-z para colocar tudo na mesma escala e então trabalhar a partir daí. Para esta pergunta, primeiro encontre o escore-z que vai com a nota de 80 na Forma A, e então encontre a nota da Forma B que corresponde a esse mesmo escore-z.

Para encontrar o escore-z para a Forma A, use a fórmula-z com uma contagem-x de 80, uma média de 70 e um desvio padrão de 10:

$$\begin{aligned} z &= \frac{x - \mu}{\sigma} \\ &= \frac{80 - 70}{10} \\ &= 1 \end{aligned}$$

Então, uma nota de 80 na Forma A tem um escore-z de 1, significando que sua nota está um desvio padrão acima de sua média. Para achar a nota correspondente na Forma B, adicione 1 desvio padrão (8) para sua média (74): 74 + (1)(8) = 82.

243. 86

Para encontrar e ou usar valores-x em duas distribuições normais diferentes, você usa a fórmula-z para colocar tudo na mesma escala e então trabalhar a partir daí. Para esta pergunta, primeiro encontre o escore-z que vai com a nota de 85 na Forma A, e então encontre a nota da Forma B que corresponde a esse mesmo escore-z.

Para encontrar o escore-z para a Forma A, use a fórmula-z com uma contagem-x de 85, uma média de 70 e um desvio padrão de 10:

$$\begin{aligned} z &= \frac{x-\mu}{\sigma} \\ &= \frac{85-70}{10} \\ &= 1{,}5 \end{aligned}$$

Então uma nota de 85 na Forma A tem um escore-z de 1,5, significando que sua nota está um desvio padrão acima de sua média. Para achar a nota correspondente na Forma B, adicione 1,5 desvio padrão (8) para sua média (74): 74 + (1,5)(8) = 86.

244. 75

Para encontrar e ou usar valores-x em duas distribuições normais diferentes, você usa a fórmula-z para colocar tudo na mesma escala e então trabalhar a partir daí. Para esta pergunta, primeiro encontre o escore-z que vai com a nota de 78 na Forma B, e então encontre a nota da Forma A que corresponde a esse mesmo escore-z.

Para encontrar a contagem-z para a Forma B, use a fórmula-z com um escore-x de 78, uma média de 74 e um desvio padrão de 8:

$$\begin{aligned} z &= \frac{x-\mu}{\sigma} \\ &= \frac{78-74}{8} \\ &= 0{,}5 \end{aligned}$$

Então uma nota de 78 na Forma A tem um escore-z de 0,5, significando que sua nota está um desvio padrão acima de sua média. Para achar a nota correspondente na Forma A, adicione 0,5 desvio padrão (10) para sua média (70): 70 + (0,5)(10) = 75.

245. 62,5

Para encontrar e/ou usar valores-x em duas distribuições normais diferentes, você usa a fórmula-z para deixar tudo na mesma escala e então trabalhar a partir daí. Para esta pergunta, primeiro encontre o escore-z que vai com a nota de 68 na Forma B, e então encontre a nota na Forma A que corresponde a esse mesmo escore-z.

Para encontrar o escore-z para a Forma B, use a fórmula-z com um escore-x de 68, uma média de 74 e um desvio padrão de 8:

$$\begin{aligned} z &= \frac{x-\mu}{\sigma} \\ &= \frac{68-74}{8} \\ &= -0{,}75 \end{aligned}$$

Então a nota de 68 para a Forma B é 0,75 desvio padrão abaixo de sua média. Para encontrar a nota correspondente na Forma A, adicione –0,75 de seu desvio padrão (10) para sua média (70): 70 + (–0,75)(10) = 62,5.

246. $P(Z \leq 2)$

Olhando para o gráfico, você vê que a área sombreada representa a probabilidade de todos os valores-*z* de 2 ou menos. A notação de probabilidade para isso é $P(Z \leq 2)$.

247. $P(0 \leq Z \leq 2)$

Olhando para o gráfico, você vê que a área sombreada representa a probabilidade de Z ser entre 0 e 2, expresso como $P(0 \leq Z \leq 2)$.

248. $P(Z \geq -2)$

Olhando para o gráfico, você vê que a área sombreada representa a probabilidade de um valor-*z* de –2 ou mais, expresso como $P(Z \geq -2)$.

249. 0,9332

Para encontrar $P(Z \leq 1{,}5)$, usando a tabela-*Z* (Tabela A-1 no apêndice), encontre onde a linha para 1,5 intercepta com a coluna para 0,00; este valor é 0,9332. A tabela-*Z* mostra apenas probabilidades "menor que" então ela lhe dá exatamente o que você precisa pra essa pergunta. ***Nota:*** Nenhuma probabilidade está exatamente em um único ponto, então $P(Z \leq 1{,}5) = P(Z < 1{,}5)$.

250. 0,0668

Para encontrar $P(Z \leq 1{,}5)$, usando a tabela-*Z* (Tabela A-1 no apêndice), encontre onde a linha para 1,5 intercepta com a coluna para 0,00, que é 0,9332. Porque a tabela-*Z* só lhe dá probabilidades "menor que", subtraia $P(Z \leq 1{,}5)$ de 1 (lembre-se que a probabilidade total para a distribuição normal é 1,00 ou 100%):

$$\begin{aligned} P(Z \geq 1{,}5) &= 1 - P(Z < 1{,}5) \\ &= 1 - 0{,}9332 = 0{,}0668 \end{aligned}$$

251. 0,7734

Você quer $P(Z \geq -0{,}75)$, então use a tabela-*Z* (Tabela A-1 no apêndice), encontre onde a linha para –0,7 intercepta com a coluna para 0,05, que é 0,2266. Como a tabela-*Z* só lhe dá probabilidades "menor que", subtraia

$P(Z \geq -0{,}75)$ de 1 (lembre-se que a probabilidade total para a distribuição normal é 1,00 ou 100%):

$$\begin{aligned} P(Z \geq -0{,}75) &= 1 - P(Z < -0{,}75) \\ &= 1 - 0{,}2266 = 0{,}7734 \end{aligned}$$

252. 0,5328

Para encontrar a probabilidade de Z estar entre dois valores, use a tabela-Z (Tabela A-1 no apêndice) para encontrar as probabilidades correspondentes a cada valor-z e então encontrar a diferença entre as probabilidades.

Aqui, você quer a probabilidade de Z estar entre –0,5 e 1,0. Primeiro, use a tabela-Z para encontrar o valor onde a linha para –0,5 intercepta com a coluna para 0,00 que é 0,3085. Então, encontre o valor onde a linha para 1,0 intercepta com a coluna para 0,00 que é 0,8413. Porque a tabela-Z só lhe dá probabilidades "menor que", encontre a diferença entre a probabilidade menor que 1,0 (escrita como $P[Z \leq 1{,}0]$) e a probabilidade menor que –0,5 (escrita como $P[Z \leq -0{,}5]$):

$$\begin{aligned} P(-0{,}5 \leq Z \leq 1{,}0) &= P(Z \leq 1{,}0) - P(Z \leq -0{,}50) \\ &= 0{,}8413 - 0{,}3085 = 0{,}5328 \end{aligned}$$

253. 0,6826

Para encontrar a probabilidade de Z estar entre dois valores, use a tabela-Z (Tabela A-1 no apêndice) para encontrar as probabilidades correspondentes a cada valor-z e então encontrar a diferença entre as probabilidades.

Aqui, você quer a probabilidade de Z estar entre –1,0 e 1,0. Primeiro, use a tabela-Z para encontrar o valor onde a linha para –1,5 intercepta com a coluna para 0,00 que é 0,1587. Então, encontre o valor onde a linha para 1,0 intercepta com a coluna para 0,00 que é 0,8413. Porque a tabela-Z só lhe dá probabilidades "menor que", encontre a diferença entre a probabilidade menor que 1,0 (escrita como $P[Z \leq 1{,}0]$) e a probabilidade menor que –1,0 (escrita como $P[Z \leq -1{,}0]$):

$$\begin{aligned} P(-1{,}0 \leq Z \leq 1{,}0) &= P(Z \leq 1{,}0) - P(Z \leq -1{,}0) \\ &= 0{,}8413 - 0{,}1587 = 0{,}6826 \end{aligned}$$

254. 1,5

Para encontrar um escore-z para um valor de X específico, subtraia a média populacional de x e então divida pelo desvio padrão populacional:

$$\begin{aligned} z &= \frac{x - \mu}{\sigma} \\ &= \frac{13 - 10}{2} \\ &= 1{,}5 \end{aligned}$$

255. 0,0668

Para encontrar uma probabilidade "maior que" para um valor-x, você deve primeiro converter o valor-x para um escore-z e então encontrar a probabilidade correspondente para esse escore-z usando uma tabela-z, como a Tabela A-1 no apêndice. Então, subtraia esse resultado de 1 (porque a Tabela A-1 apenas lhe dá probabilidades "menor que").

Para encontrar o escore-z para um valor-x, subtraia a média populacional de x e então divida pelo desvio padrão populacional:

$$z = \frac{x - \mu}{\sigma}$$

Aqui, $x = 13$ centímetros de diâmetro e você quer $P(X \geq 13)$, a média, μ, é 10 e o desvio padrão, σ, é 2. Substitua esses números na fórmula-z para converter para um escore-z:

$$z = \frac{13 - 10}{2} = 1{,}5$$

Usando Tabela-A1, encontre onde a linha para 1,5 e a coluna para 0,00 interceptam; você consegue $P(Z < 1{,}5) = 0{,}9332$, subtraia este valor de 1 para conseguir $P(Z < 1{,}5) = 1 - 0{,}9332 = 0{,}0668$.

256. 0,9332

Para encontrar a probabilidade de um valor "não maior que 13" significa que o valor deve ser "menor que ou igual a 13". Então, primeiro, converta 13 em um escore-z e então use a tabela-Z (Tabela A-1 no apêndice) para encontrar a probabilidade (porque a Tabela A-1 fornece apenas probabilidades "menor que").

Para encontrar o escore-z para um valor-x, subtraia a média populacional de x e então divida pelo desvio padrão populacional:

$$z = \frac{x - \mu}{\sigma}$$

Aqui, $x = 13$ centímetros de diâmetro e você quer $P(X \leq 13)$, a média, μ, é 10 e o desvio padrão, σ, é 2. Substitua esses números na fórmula-z para converter para um escore-z:

$$z = \frac{13 - 10}{2} = 1{,}5$$

Usando Tabela-A1, encontre onde a linha para 1,5 e a coluna para 0,00 interceptam; você consegue $P(Z < 1{,}5) = 0{,}9332$

257. 0,4332

Para encontrar a probabilidade de X estar entre dois valores, mude ambos os valores para escores-z e então use a tabela-Z (Tabela A-1 no apêndice) para encontrar as probabilidades correspondentes a cada valor-z; finalmente, encontre a diferença entre as probabilidades.

Aqui, você quer a probabilidade de X estar entre 10 e 13. Para encontrar o escore-z para um valor-x, subtraia a média populacional de x e então divida pelo desvio padrão populacional:

$$z = \frac{x - \mu}{\sigma}$$

Mude $x = 10$ para um escore-z com uma média de 10 e um desvio padrão de 2:

$$z = \frac{10 - 10}{2} = 0$$

Então faça o mesmo para $x = 13$:

$$z = \frac{13 - 10}{2} = 1,5$$

Agora, encontre as probabilidades de Z estar entre 0 e 1,5. Primeiro, use a tabela-Z para encontrar o valor onde a linha 0,0 intercepta com a coluna para 0,00, que é 0,5000. Então, encontre o valor onde a linha para 1,5 intercepta com a coluna para 0,00, que é 0,9332. Como a tabela-Z só lhe dá probabilidades "menor que", encontre a diferença entre a probabilidade menor que 1,5 (escrita como $P[Z \leq 1,5]$) e a probabilidade menor que 0 (escrita como $P[Z \leq 0]$):

$$P(Z \leq 1,5) - P(Z \leq 0) = 0,9332 - 0,5000 = 0,4332$$

258. 0,4332

Para encontrar a probabilidade de X estar entre dois valores, mude ambos os valores para escores-z e então use a tabela-Z (Tabela A-1 no apêndice) para encontrar as probabilidades correspondentes a cada valor-z; finalmente, encontre a diferença entre as probabilidades.

Aqui, você quer a probabilidade de X estar entre 7 e 10. Para encontrar o escore-z para um valor-x, subtraia a média populacional de x e então divida pelo desvio padrão populacional:

$$z = \frac{x - \mu}{\sigma}$$

Mude $x = 7$ para um escore-z com uma média de 10 e um desvio padrão de 2:

$$z = \frac{7 - 10}{2} = -1,5$$

Então faça o mesmo para $x = 10$:

$$z = \frac{10 - 10}{2} = 0$$

Respostas 201–300

Agora, encontre as probabilidades de Z estar entre –1,5 e 0. Primeiro, use a tabela-Z para encontrar o valor onde a linha –1,5 intercepta com a coluna para 0,00, que é 0,0668. Então, encontre o valor onde a linha para 0 intercepta com a coluna para 0,00, que é 0,5000. Como a tabela-Z só lhe dá probabilidades "menor que", encontre a diferença entre a probabilidade menor que 0 (escrita como $P[Z \leq 0]$) e a probabilidade menor que –1,5 (escrita como $P[Z \leq -1{,}5]$):

$$P(Z \leq 0) - P(Z \leq 1{,}5) = 0{,}5000 - 0{,}0668 = 0{,}4332$$

259. –1,25

Para encontrar um escore-z para um valor de X, subtraia a média populacional (μ) de x e então divida pelo desvio padrão populacional (σ):

$$\begin{aligned} z &= \frac{x-\mu}{\sigma} \\ &= \frac{135-160}{20} = -1{,}25 \end{aligned}$$

260. 0,5

Para encontrar um escore-z para um valor de X, subtraia a média populacional (μ) de x e então divida pelo desvio padrão populacional (σ):

$$\begin{aligned} z &= \frac{x-\mu}{\sigma} \\ &= \frac{170-160}{20} = 0{,}5 \end{aligned}$$

261. –2,25

Para encontrar um escore-z para um valor de X, subtraia a média populacional (μ) de x e então divida pelo desvio padrão populacional (σ):

$$\begin{aligned} z &= \frac{x-\mu}{\sigma} \\ &= \frac{115-160}{20} = -2{,}25 \end{aligned}$$

262. 3

Para encontrar um escore-z para um valor de X, subtraia a média populacional (μ) de x e então divida pelo desvio padrão populacional (σ):

$$\begin{aligned} z &= \frac{x-\mu}{\sigma} \\ &= \frac{220-160}{20} = 3 \end{aligned}$$

263. 2,25

Para encontrar um escore-z para um valor de X, subtraia a média populacional (μ) de x e então divida pelo desvio padrão populacional (σ):

$$z = \frac{x-\mu}{\sigma} = \frac{205-160}{20} = 2{,}25$$

264. 0,0013

Para encontrar uma probabilidade "maior que" para um valor-x, primeiro converta o valor-x em um escore-z e então encontre a probabilidade correspondente para esse escore-z usando uma tabela-Z, como a Tabela A-1 no apêndice; finalmente, subtraia esse resultado de 1 (porque a Tabela A-1 lhe dá apenas probabilidades "menor que").

Para encontrar o escore-z para um valor-x, subtraia a média populacional de x e então divida pelo desvio padrão populacional:

$$z = \frac{x-\mu}{\sigma}$$

Aqui, x é 220 libras e você quer $P(X > 220)$; a média, μ, é 160 e o desvio padrão, σ, é 20. Substitua esses números na fórmula-z para converter para um escore-z:

$$z = \frac{220-160}{20} = 3$$

Usando a Tabela A-1, encontre onde a linha para 3,0 e a coluna para 0,00 se interceptam; você consegue $P(Z \leq 3{,}0) = 0{,}9987$. Agora subtraia este valor de 1 para conseguir $P(Z > 3) = 1 - 0{,}9987 = 0{,}0013$.

265. 0,9987

Para encontrar uma probabilidade "menor que" para um valor-x, primeiro converta o valor-x em um escore-z e então use a tabela-Z (Tabela A-1 no apêndice) para encontrar a probabilidade.

Para encontrar o escore-z para um valor-x, subtraia a média populacional de x e então divida pelo desvio padrão populacional:

$$z = \frac{x-\mu}{\sigma}$$

Aqui, x é 220 libras, a média, μ, é 160 e o desvio padrão, σ, é 20. Substitua esses números na fórmula-z para converter para um escore-z:

$$z = \frac{220-160}{20} = 3$$

Usando a Tabela A-1, encontre onde a linha para 3,0 e a coluna para 0,00 se interceptam; você consegue $P(Z \leq 3{,}0) = 0{,}9987$.

266. 0,3944

Para encontrar a probabilidade de X estar entre dois valores, mude ambos os valores para escores-z e então use a tabela-Z (Tabela A-1 no apêndice) para encontrar as probabilidades correspondentes a cada valor-z; finalmente, encontre a diferença entre as probabilidades.

Aqui, você quer a probabilidade de X estar entre 135 e 160. Para encontrar o escore-z para um valor-x, subtraia a média populacional de x e então divida pelo desvio padrão populacional:

$$z=\frac{x-\mu}{\sigma}$$

Mude $x = 135$ para um escore-z com uma média de 160 e um desvio padrão de 20:

$$z=\frac{135-160}{20}=-1{,}25$$

Então faça o mesmo para $x = 160$:

$$z=\frac{160-160}{20}=0$$

Agora, encontre as probabilidades de Z estar entre –1,25 e 0. Primeiro, use a tabela-Z para encontrar o valor onde a linha –1,2 intercepta com a coluna para 0,05, que é 0,1056. Então, encontre o valor onde a linha para 0,0 intercepta com a coluna para 0,00, que é 0,5000. Como a tabela-Z só lhe dá probabilidades "menor que", encontre a diferença entre a probabilidade menor que 0 (escrita como $P[Z \leq 0]$) e a probabilidade menor que –1,25 (escrita como $P[Z \leq -1{,}25]$):

$$\begin{aligned}P(135 \leq X \leq 160) &= P(-1{,}25 \leq Z \leq 0)\\ &= P(Z \leq 0) - P(Z \leq -1{,}25)\\ &= 0{,}5000 - 0{,}1056 = 0{,}3944\end{aligned}$$

267. 0,0109

Para encontrar a probabilidade de X estar entre dois valores, mude ambos os valores para escores-z e então use a tabela-Z (Tabela A-1 no apêndice) para encontrar as probabilidades correspondentes a cada valor-z; finalmente, encontre a diferença entre as probabilidades.

Aqui, você quer a probabilidade de X estar entre 205 e 220, escrita como $P(205 \leq X \leq 220)$. Para encontrar o escore-z para um valor-x, subtraia a média populacional de x e então divida pelo desvio padrão populacional:

$$z=\frac{x-\mu}{\sigma}$$

Mude $x = 205$ para um escore-z com uma média de 160 e um desvio padrão de 20:

$$z = \frac{205 - 160}{20} = 2{,}25$$

Então faça o mesmo para $x = 220$:

$$z = \frac{220 - 160}{20} = 3$$

Agora, encontre as probabilidades de Z estar entre 2,25 e 3. Primeiro, use a tabela-Z para encontrar o valor onde a linha 2,2 intercepta com a coluna para 0,05, que é 0,9878. Então, encontre o valor onde a linha para 3,0 intercepta com a coluna para 0,00, que é 0,9987. Como a tabela-Z só lhe dá probabilidades "menor que", encontre a diferença entre a probabilidade menor que 3,0 (escrita como $P[Z \leq 3{,}0]$) e a probabilidade menor que 2,25 (escrita como $P[Z \leq 2{,}25]$). Basicamente, você está começando com tudo abaixo de 3,0 e tirando o que você não quer, que é tudo abaixo de 2,25:

$$\begin{aligned} P(205 \leq X \leq 220) &= P(2{,}25 \leq Z \leq 3{,}0) \\ &= P(Z \leq 3{,}0) - P(Z \leq 2{,}25) \\ &= 0{,}9987 - 0{,}9878 = 0{,}0109 \end{aligned}$$

268. 0,0934

Para encontrar a probabilidade de X estar entre dois valores, mude ambos os valores para escores-z e então use a tabela-Z (Tabela A-1 no apêndice) para encontrar as probabilidades correspondentes a cada valor-z; finalmente, encontre a diferença entre as probabilidades.

Aqui, você quer a probabilidade de X estar entre 115 e 135, escrita como $P(115 \leq X \leq 135)$. Para encontrar o escore-z para um valor-x, subtraia a média populacional de x e então divida pelo desvio padrão populacional:

$$z = \frac{x - \mu}{\sigma}$$

Mude $x = 115$ para um escore-z com uma média de 160 e um desvio padrão de 20:

$$z = \frac{115 - 160}{20} = -2{,}25$$

Então faça o mesmo para $x = 135$:

$$z = \frac{135 - 160}{20} = -1{,}25$$

Agora, encontre as probabilidades de Z estar entre –2,25 e –1,25. Primeiro, use a tabela-Z para encontrar o valor onde a linha –2,2 intercepta com a coluna para 0,05, que é 0,0122. Então, encontre o valor onde a linha para –1,2 intercepta com a coluna para 0,05, que é 0,1056. Como a tabela-Z só lhe dá probabilidades "menor que", encontre a diferença entre a probabilidade menor que –1,25 (escrita como $P[Z \leq -1{,}25]$) e a probabilidade menor que –2,25 (escrita como $P[Z \leq -2{,}25]$).

Basicamente, você está começando com tudo abaixo de –1,25 e tirando o que você não quer, que é tudo abaixo de –2,25:

$$\begin{aligned} P(115 \leq X \leq 135) &= P(-2,25 \leq Z \leq -1,25) \\ &= P(Z \leq -1,25) - P(Z \leq -2,25) \\ &= 0,1056 - 0,0122 = 0,0934 \end{aligned}$$

269. 0,5859

Para encontrar a probabilidade de *X* estar entre dois valores, mude ambos os valores para escores-*z* e então use a tabela-*Z* (Tabela A-1 no apêndice) para encontrar as probabilidades correspondentes a cada valor-*z*; finalmente, encontre a diferença entre as probabilidades.

Aqui, você quer a probabilidade de *X* estar entre 135 e 170, escrita como $P(135 \leq X \leq 170)$. Para encontrar o escore-*z* para um valor-*x*, subtraia a média populacional de *x* e então divida pelo desvio padrão populacional:

$$z = \frac{x - \mu}{\sigma}$$

Mude $x = 135$ para um escore-*z* com uma média de 160 e um desvio padrão de 20:

$$z = \frac{135 - 160}{20} = -1,25$$

Então faça o mesmo para $x = 170$:

$$z = \frac{170 - 160}{20} = 0,50$$

Agora, encontre as probabilidades de *Z* estar entre –1,25 e –0,50. Primeiro, use a tabela-*Z* para encontrar o valor onde a linha –1,2 intercepta com a coluna para 0,05, que é 0,1056. Então, encontre o valor onde a linha para –0,5 intercepta com a coluna para 0,00, que é 0,6915. Como a tabela-*Z* só lhe dá probabilidades "menor que", encontre a diferença entre a probabilidade menor que 0,50 (escrita como $P[Z \leq 0,50]$) e a probabilidade menor que –1,25 (escrita como $P[Z \leq -1,25]$). Basicamente, você está começando com tudo abaixo de 0,50 e tirando o que você não quer, que é tudo abaixo de –1,25:

$$\begin{aligned} P(135 \leq X \leq 170) &= P(-1,25 \leq Z \leq 0,50) \\ &= P(Z \leq 0,50) - P(Z \leq -1,25) \\ &= 0,6915 - 0,1056 = 0,5859 \end{aligned}$$

270. 0,3072

Para encontrar a probabilidade de *X* estar entre dois valores, mude ambos os valores para escores-*z* e então use a tabela-*Z* (Tabela A-1 no apêndice) para encontrar as probabilidades correspondentes a cada valor-*z*; finalmente, encontre a diferença entre as probabilidades.

Aqui, você quer a probabilidade de X estar entre 170 e 220, escrita como $P(170 \le X \le 220)$. Para encontrar o escore-z para um valor-x, subtraia a média populacional de x e então divida pelo desvio padrão populacional:

$$z = \frac{x - \mu}{\sigma}$$

Mude $x = 170$ para um escore-z com uma média de 160 e um desvio padrão de 20:

$$z = \frac{170 - 160}{20} = 0{,}5$$

Então faça o mesmo para $x = 220$:

$$z = \frac{220 - 160}{20} = 3$$

Agora, encontre as probabilidades de Z estar entre 0,5 e 3,0. Primeiro, use a tabela-Z para encontrar o valor onde a linha 0,5 intercepta com a coluna para 0,00, que é 0,6915. Então, encontre o valor onde a linha para 3,0 intercepta com a coluna para 0,00, que é 0,9987. Como a tabela-Z só lhe dá probabilidades "menor que", encontre a diferença entre a probabilidade menor que 3,0 (escrita como $P[Z \le 3{,}0]$) e a probabilidade menor que 0,50 (escrita como $P[Z \le 0{,}50]$). Basicamente, você está começando com tudo abaixo de 3,0 e tirando o que você não quer, que é tudo abaixo de 0,50:

$$\begin{aligned} P(170 \le X \le 220) &= P(0{,}50 \le Z \le 3{,}0) \\ &= P(Z \le 3{,}0) - P(Z \le 0{,}50) \\ &= 0{,}9987 - 0{,}6915 = 0{,}3072 \end{aligned}$$

271. 27

Neste caso, usar a intuição é muito útil. Se você tem uma distribuição normal para a população, então metade dos valores estão abaixo da média (porque é simétrica e a porcentagem total é 100%). Aqui, a média é 27, então 50%, ou metade, da população de adultos tem um IMC abaixo de 27.

272. 23,65

Você quer encontrar o valor de X (IMC) onde 25% da população esteja abaixo dele. Em outras palavras, você quer encontrar o 25º percentil de X. Primeiro, você precisa encontrar o 25º percentil para Z (usando a tabela-Z, ou Tabela A-1 no apêndice) e então mudar o valor-z para um valor-x usando a fórmula-z:

$$z = \frac{x - \mu}{\sigma}$$

Para encontrar o 25º percentil para Z (ou a ponto de corte onde 25% da população está abaixo), olhe na tabela-Z e encontre a probabilidade que está mais perto de 0,25. (***Lembre-se:*** As probabilidades da tabela-Z

são os valores *dentro* da tabela. Os números do lado de fora que lhe dizem qual linha/coluna que você está são realmente valores-z, não probabilidades.) Procurando na Tabela A-1, você vê que a probabilidade mais próxima de 0,25 é 0,2514.

A seguir, encontre a qual escore-z esta probabilidade corresponde. Depois que você localizou 0,2514 dentro da tabela, encontre sua linha (–0,6) e coluna (0,07) correspondentes. Some estes números e você tem o escore-z de –0,67. Este é o 25º percentil para Z. Em outras palavras, 25% dos valores-z estão abaixo de –0,67.

Para encontrar o IMC correspondente que marca o 25º percentil, use a fórmula-z e resolva para x. Você sabe que $z = -0{,}67$, $\mu = 27$ e $\sigma = 5$:

$$\begin{aligned} z &= \frac{x-\mu}{\sigma} \\ -0{,}67 &= \frac{x-27}{5} \\ x &= 27-0{,}67(5) \\ &= 23{,}65 \end{aligned}$$

Então 25% da população tem um IMC abaixo de 23,65.

273. 18,80

Você quer encontrar o valor de X (IMC) onde 5% da população esteja abaixo dele. Em outras palavras, você quer encontrar o 5º percentil de X. Primeiro, você precisa encontrar o 5º percentil para Z (usando a tabela-Z, ou Tabela A-1 no apêndice) e então mudar o valor-z para um valor-x usando a fórmula-z:

$$z = \frac{x-\mu}{\sigma}$$

Para encontrar o 5º percentil para Z (ou a ponto de corte onde 5% da população está abaixo), olhe na tabela-Z e encontre a probabilidade que está mais perto de 0,05. (***Lembre-se:*** As probabilidades da tabela-Z são os valores *dentro* da tabela. Os números do lado de fora que lhe dizem qual linha/coluna que você está são realmente valores-z, não probabilidades.) Procurando na Tabela A-1, vê que a probabilidade mais próxima de 0,5 é ou 0,0495 ou 0,0505 (use 0,0505 neste caso).

A seguir, encontre a qual escore-z esta probabilidade corresponde. Depois que localizar 0,0505 dentro da tabela, encontre sua linha (–1,6) e coluna (0,04) correspondentes. Some estes números e você tem o escore-z de –1,64. Este é o 5º percentil para Z. Em outras palavras, 5% dos valores-z estão abaixo de –1,64.

Para encontrar o IMC correspondente que marca o 5º percentil, use a fórmula-z e resolva para x. Você sabe que $z = -1{,}64$, $\mu = 27$ e $\sigma = 5$:

$$z = \frac{x - \mu}{\sigma}$$
$$-1{,}64 = \frac{x - 27}{5}$$
$$x = 27 - 1{,}64(5)$$
$$= 18{,}80$$

Então 5% da população tem um IMC abaixo de 18,80.

274. 20,60

Você quer encontrar o valor de X (IMC) onde 10% da população esteja abaixo dele. Em outras palavras, quer encontrar o 10º percentil de X. Primeiro, precisa encontrar o percentil para Z (usando a tabela-Z, ou Tabela A-1 no apêndice) e então mudar o valor-z para um valor-x usando a fórmula-z:

$$z = \frac{x - \mu}{\sigma}$$

Para encontrar o 10º percentil para Z (ou a ponto de corte onde 10% da população está abaixo), olhe na tabela-Z e encontre a probabilidade que está mais perto de 0,10. (***Lembre-se:*** As probabilidades da tabela-Z são os valores *dentro* da tabela. Os números do lado de fora que lhe dizem qual linha/coluna que você está são realmente valores-z, não probabilidades.) Procurando na Tabela A-1, vê que a probabilidade mais próxima de 0,10 é 0,1003.

A seguir, encontre a qual escore-z esta probabilidade corresponde. Depois que você localizou 0,1003 dentro da tabela, encontre sua linha (–1,2) e coluna (0,08) correspondentes. Some estes números e você tem o escore-z de –1,28. Este é o 10º percentil para Z. Em outras palavras, 10% dos valores-z estão abaixo de –1,28.

Para encontrar o IMC correspondente que marca o 10º percentil, use a fórmula-z e resolva para x. Você sabe que $z = -1{,}28$, $\mu = 27$ e $\sigma = 5$:

$$z = \frac{x - \mu}{\sigma}$$
$$-1{,}28 = \frac{x - 27}{5}$$
$$x = 27 + (-1{,}28)(5)$$
$$= 20{,}60$$

Então 10% da população tem um IMC abaixo de 20,60.

275. 33,40

Você quer encontrar o valor de X (IMC) onde 10% da população esteja acima dele. Como precisa usar a tabela-z para resolver este problema e como a tabela-Z mostra apenas probabilidades "menor que", trabalhe neste problema como se quisesse o corte para abaixo de 90%. Em outras palavras, quer encontrar o 90º percentil de X (não se preocupe; você conseguirá a mesma resposta). Primeiro, precisa encontrar o 90º percentil para Z (usando a tabela-Z, ou Tabela A-1 no apêndice) e então mudar o valor-z para um valor-x usando a fórmula-z:

$$z = \frac{x - \mu}{\sigma}$$

Para encontrar o 90º percentil para Z (ou a ponto de corte onde 10% da população está abaixo), olhe na tabela-Z e encontre a probabilidade que está mais perto de 0,90. (***Lembre-se:*** As probabilidades da tabela-Z são os valores *dentro* da tabela. Os números do lado de fora que lhe dizem qual linha/coluna que você está são realmente valores-z, não probabilidades.) Procurando na Tabela A-1, vê que a probabilidade mais próxima de 0,90 é 0,8997.

A seguir, encontre a qual escore-z esta probabilidade corresponde. Depois que você localizou 0,8997 dentro da tabela, encontre sua linha (1,2) e coluna (0,08) correspondentes. Some estes números e terá o escore-z de 1,28. Este é o 90º percentil para Z. Em outras palavras, 90% dos valores-z estão abaixo de 1,28 (e 10% estão acima disso).

Para encontrar o IMC correspondente que marca o 90º percentil, use a fórmula-z e resolva para x. Você sabe que $z = 1{,}28$, $\mu = 27$ e $\sigma = 5$:

$$\begin{aligned} z &= \frac{x - \mu}{\sigma} \\ 1{,}28 &= \frac{x - 27}{5} \\ x &= 27 + (1{,}28)(5) \\ &= 33{,}40 \end{aligned}$$

Então o IMC marcando os 10% superiores para esta população é 33,40.

276. 35,25

Você quer encontrar o valor de X (IMC) onde 5% da população esteja acima dele. Como precisa usar a tabela-Z para resolver este problema e como a tabela-Z mostra apenas probabilidades "menor que", trabalhe neste problema como se quisesse o corte para abaixo de 95%. Em outras palavras, quer encontrar o 95º percentil de X (não se preocupe; você conseguirá a mesma resposta). Primeiro, precisa encontrar o 95º percentil para Z (usando a tabela-Z, ou Tabela A-1 no apêndice) e então mudar o valor-z para um valor-x usando a fórmula-z:

$$z = \frac{x - \mu}{\sigma}$$

Para encontrar o 95º percentil para Z, olhe na tabela-Z e encontre a probabilidade que está mais perto de 0,95. (***Lembre-se:*** As probabilidades da tabela-Z são os valores *dentro* da tabela. Os números do lado de fora que lhe dizem qual linha/coluna que você está são realmente valores-z, não probabilidades.) Na Tabela A-1, use a probabilidade 0,9505.

A seguir, encontre a qual escore-z esta probabilidade corresponde. Depois que você localizou 0,9505 dentro da tabela, encontre sua linha

(1,6) e coluna (0,05) correspondentes. Some estes números e você tem o escore-z de 1,65. Este é o 95º percentil para Z. Em outras palavras, 95% dos valores-z estão abaixo de 1,65 (e 5% estão acima disso).

Para encontrar o IMC correspondente que marca o 95º percentil, use a fórmula-z e resolva para x. Você sabe que $z = 1{,}65$, $\mu = 27$ e $\sigma = 5$:

$$\begin{aligned} z &= \frac{x-\mu}{\sigma} \\ 1{,}65 &= \frac{x-27}{5} \\ x &= 27 + 1{,}65(5) \\ &= 35{,}25 \end{aligned}$$

Então o IMC marcando os 5% superiores para esta população é 35,25.

277. 29,60

Você quer encontrar o valor de X (IMC) onde 30% da população esteja acima dele. Como precisa usar a tabela-Z para resolver este problema e como a tabela-Z mostra apenas probabilidades "menor que", trabalhe neste problema como se quisesse o corte para abaixo de 70%. Em outras palavras, quer encontrar o 70º percentil de X (não se preocupe; você conseguirá a mesma resposta). Primeiro, precisa encontrar o 70º percentil para Z (usando a tabela-Z, ou Tabela A-1 no apêndice) e então mudar o valor-z para um valor-x usando a fórmula-z:

$$z = \frac{x-\mu}{\sigma}$$

Para encontrar o 70º percentil para Z (ou a ponto de corte onde 10% da população está abaixo), olhe na tabela-Z e encontre a probabilidade que está mais perto de 0,70. (***Lembre-se:*** As probabilidades da tabela-Z são os valores *dentro* da tabela. Os números do lado de fora que lhe dizem qual linha/coluna que você está são realmente valores-z, não probabilidades.) Procurando na Tabela A-1, vê que a probabilidade mais próxima de 0,70 é 0,6985.

A seguir, encontre a qual escore-z esta probabilidade corresponde. Depois que você localizou 0,6985 dentro da tabela, encontre sua linha (0,5) e coluna (0,02) correspondentes. Some estes números e você tem o escore-z de 0,52. Este é o 70º percentil para Z. Em outras palavras, 70% dos valores-z estão abaixo de 0,52 (e 30% estão acima disso).

Para encontrar o IMC correspondente que marca o 70º percentil, use a fórmula-z e resolva para x. Você sabe que $z = 0{,}52$, $\mu = 27$ e $\sigma = 5$:

$$\begin{aligned} z &= \frac{x-\mu}{\sigma} \\ 0{,}52 &= \frac{x-27}{5} \\ x &= 27 + (0{,}52)(5) \\ &= 29{,}60 \end{aligned}$$

Então o IMC marcando os 30% superiores para esta população é 29,60.

278. 23,65; 30,35

O 1º quartil (Q_1) é o valor com 25% da distribuição abaixo dele, e o 3º quartil (Q_3) é o valor com 75% dos valores abaixo dele. Usando a tabela-*Z* (Tabela A-1 no apêndice), você pode encontrar que o valor mais próximo a 0,25 é 0,2514, correspondendo a um escore-*z* de –0,67 (o valor onde a linha para –0,6 e a coluna para 0,07 se interceptam).

Para encontrar o 1º quartil (Q_1) de *X* (um valor de IMC) correspondente a $z = -0{,}67$, use a fórmula-*z* e resolva para *x*:

$$\begin{aligned} z &= \frac{x-\mu}{\sigma} \\ -0{,}67 &= \frac{x-27}{5} \\ x &= 27+(-0{,}67)(5) \\ &= 23{,}65 \end{aligned}$$

Para encontrar o 3º quartil (Q_3) para *X*, siga o mesmo procedimento: Primeiro, encontre o valor na tabela-*Z* mais próximo de 0,75, que é 0,67 (note a simetria nos valores). Então, use a fórmula-*z* para resolver para *x*:

$$\begin{aligned} z &= \frac{x-\mu}{\sigma} \\ 0{,}67 &= \frac{x-27}{5} \\ x &= 27+(0{,}67)(5) \\ &= 30{,}35 \end{aligned}$$

279. 69,96

Você quer encontrar o valor de *X* (nota do exame) onde 20% da população esteja abaixo dele. Em outras palavras, você quer encontrar o 20º percentil de *X*. Primeiro, encontre o 20º percentil para *Z* (usando a tabela-*Z*, ou Tabela A-1 no apêndice) e então mude o valor-*z* para um valor-*x* usando a fórmula-*z*:

$$z = \frac{x-\mu}{\sigma}$$

Para encontrar o 20º percentil para *Z* (ou a ponto de corte onde 20% da população está abaixo), olhe na tabela-*Z* e encontre a probabilidade que está mais perto de 0,20. (***Lembre-se:*** As probabilidades da tabela-*Z* são os valores *dentro* da tabela. Os números do lado de fora que lhe dizem qual linha/coluna que você está são realmente valores-*z*, não probabilidades.) Procurando na Tabela A-1, vê que a probabilidade mais próxima de 0,20 é 0,2005.

A seguir, encontre a qual escore-*z* esta probabilidade corresponde. Depois que você localizou 0,2005 dentro da tabela, encontre sua linha (–0,8) e coluna (0,04) correspondentes. Some estes números e você tem o escore-z de –0,84. Este é o 20º percentil para Z. Em outras palavras, 20% dos valores-z estão abaixo de –0,84.

Para encontrar a nota do exame correspondente que marca o 20º percentil, use a fórmula-z e resolva para x. Sabe-se que $z = -0{,}84$, $\mu = 75$ e $\sigma = 6$:

$$\begin{aligned} z &= \frac{x-\mu}{\sigma} \\ -0{,}84 &= \frac{x-75}{6} \\ x &= 75+(-0{,}84)(6) \\ &= 69{,}96 \end{aligned}$$

Então 20% dos alunos marcou abaixo de 69,96.

280. 65,16

Você quer encontrar o valor de X (nota do exame) onde 5% da população esteja abaixo dele. Em outras palavras, quer encontrar o 5º percentil de X. Primeiro, precisa encontrar o 5º percentil para Z (usando a tabela-Z, ou Tabela A-1 no apêndice) e então mudar o valor-z para um valor-x usando a fórmula-z:

$$z = \frac{x-\mu}{\sigma}$$

Para encontrar o 5º percentil para Z (ou o ponto de corte onde 5% da população está abaixo), olhe na tabela-Z e encontre a probabilidade que está mais perto de 0,05. (***Lembre-se:*** As probabilidades da tabela-Z são os valores *dentro* da tabela. Os números do lado de fora que lhe dizem qual linha/coluna que você está são realmente valores-z, não probabilidades.) Procurando na Tabela A-1, vê que a probabilidade mais próxima de 0,05 é ou 0,0495 ou 0,0505 (usa 0,0505 neste caso).

A seguir, encontre a qual escore-z esta probabilidade corresponde. Depois que você localizou 0,0505 dentro da tabela, encontre sua linha (–1,6) e coluna (0,04) correspondentes. Some estes números e terá o escore-z de –1,64. Este é o 5 percentil para Z. Em outras palavras, 5% dos valores-z estão abaixo de –1,64.

Para encontrar a nota do exame correspondente que marca o 5º percentil, use a fórmula-z e resolva para x. Você sabe que $z = -1{,}64$, $\mu = 75$ e $\sigma = 6$:

$$\begin{aligned} z &= \frac{x-\mu}{\sigma} \\ -1{,}64 &= \frac{x-75}{6} \\ x &= 75-1{,}64(6) \\ &= 65{,}16 \end{aligned}$$

Então 5% dos alunos marcou abaixo de 65,16.

281. 82,68

Você quer encontrar o valor de X (nota do exame) onde 10% da população esteja acima dele. Como precisa usar a tabela-z para resolver este problema e como a tabela-Z mostra apenas probabilidades "menor que", trabalhe neste problema como se quisesse o corte para abaixo de 90%. Em outras palavras, quer encontrar o 90º percentil de X (não se preocupe; você conseguirá a mesma resposta). Primeiro, precisa encontrar o 90º percentil para Z (usando a tabela-Z, ou Tabela A-1 no apêndice) e então mudar o valor-z para um valor-x usando a fórmula-z:

$$z = \frac{x - \mu}{\sigma}$$

Para encontrar o 90º percentil para Z, olhe na tabela-Z e encontre a probabilidade que está mais perto de 0,90. (***Lembre-se:*** As probabilidades da tabela-Z são os valores *dentro* da tabela. Os números do lado de fora que lhe dizem qual linha/coluna que você está são realmente valores-z, não probabilidades.) Procurando na Tabela A-1, vê que a probabilidade mais próxima de 0,90 é 0,8997.

A seguir, encontre a qual escore-z esta probabilidade corresponde. Depois que você localizou 0,8997 dentro da tabela, encontre sua linha (1,2) e coluna (0,08) correspondentes. Some estes números e terá o escore-z de 1,28. Este é o 90º percentil para Z. Em outras palavras, 90% dos valores-z estão abaixo de 1,28 (e 10% estão acima disso).

Para encontrar a nota do exame correspondente que marca o 90º percentil, use a fórmula-z e resolva para x. Você sabe que $z = 1,28$, $\mu = 75$ e $\sigma = 6$:

$$\begin{aligned} z &= \frac{x - \mu}{\sigma} \\ 1,28 &= \frac{x - 75}{6} \\ x &= 75 + 1,28(6) \\ &= 82,68 \end{aligned}$$

Então 10% dos alunos marcaram acima de 82,68.

282. 88,98

Você quer encontrar o valor de X (nota do exame) onde 1% da população esteja acima dele. Como precisa usar a tabela-z para resolver este problema e como a tabela-Z mostra apenas probabilidades "menor que", trabalhe neste problema como se você quisesse o corte para abaixo de 99%. Em outras palavras, quer encontrar o 99º percentil de X (não se preocupe; você conseguirá a mesma resposta). Primeiro, precisa encontrar o 99º percentil para Z (usando a tabela-Z, ou Tabela A-1 no apêndice) e então mudar o valor-z para um valor-x usando a fórmula-z:

$$z = \frac{x - \mu}{\sigma}$$

Para encontrar o 99º percentil para *Z*, olhe na tabela-*Z* e encontre a probabilidade que está mais perto de 0,99. (***Lembre-se:*** As probabilidades da tabela-*Z* são os valores *dentro* da tabela. Os números do lado de fora que lhe dizem qual linha/coluna que você está são realmente valores-*z*, não probabilidades.) Procurando na Tabela A-1, vê que a probabilidade mais próxima de 0,99 é 0,9901.

A seguir, encontre a qual escore-*z* esta probabilidade corresponde. Depois que você localizou 0,9901 dentro da tabela, encontre sua linha (2,3) e coluna (0,03) correspondentes. Some estes números e terá o escore-*z* de 2,33. Este é o 99º percentil para *Z*. Em outras palavras, 99% dos valores-*z* estão abaixo de 2,33 (e 1% está acima disso).

Para encontrar a nota do exame correspondente que marca o 99º percentil, use a fórmula-*z* e resolva para *x*. Você sabe que $z = 2{,}33$, $\mu = 75$ e $\sigma = 6$:

$$\begin{aligned} z &= \frac{x-\mu}{\sigma} \\ 2{,}33 &= \frac{x-75}{6} \\ x &= 75 + 2{,}33(6) \\ &= 88{,}98 \end{aligned}$$

Então 1% dos alunos marcou acima de 88,98.

283. 86,76

Você quer encontrar o valor de *X* (nota do exame) onde 2,5% da população esteja acima dele. Como precisa usar a tabela-*z* para resolver este problema e como a tabela-*Z* mostra apenas probabilidades "menor que", trabalhe neste problema como se quisesse o corte para abaixo de 97,5%. Em outras palavras, quer encontrar o 97,5º percentil de *X* (não se preocupe; você conseguirá a mesma resposta). Primeiro, precisa encontrar o 97,5º percentil para *Z* (usando a tabela-*Z*, ou Tabela A-1 no apêndice) e então mudar o valor-*z* para um valor-*x* usando a fórmula-*z*:

$$z = \frac{x-\mu}{\sigma}$$

Para encontrar o 97,5º percentil para *Z*, olhe na tabela-*Z* e encontre a probabilidade que está mais perto de 0,975. (***Lembre-se:*** As probabilidades da tabela-*Z* são os valores *dentro* da tabela. Os números do lado de fora que lhe dizem qual linha/coluna que você está são realmente valores-*z*, não probabilidades.) Procurando na Tabela A-1, vê que a probabilidade mais próxima de 0,975 é 0,9750.

A seguir, encontre a qual escore-*z* esta probabilidade corresponde. Depois que você localizou 0,9750 dentro da tabela, encontre sua linha (1,9) e coluna (0,06) correspondentes. Some estes números e terá escore-*z* de 1,96. Este é o 97,5º percentil para *Z*. Em outras palavras, 97,5% dos valores-*z* estão abaixo de 1,96 (e 2,5% está acima disso).

Para encontrar a nota do exame correspondente que marca o 97,5º percentil, use a fórmula-z e resolva para x. Você sabe que $z = 1{,}96$, $\mu = 75$ e $\sigma = 6$:

$$\begin{aligned} z &= \frac{x-\mu}{\sigma} \\ 1{,}96 &= \frac{x-75}{6} \\ x &= 75 + (1{,}96)(6) \\ &= 86{,}76 \end{aligned}$$

Então 2,5% dos alunos marcou acima de 86,76.

284. 84,84

Você quer encontrar o valor de X (nota do exame) onde 5% da população esteja acima dele. Como precisa usar a tabela-z para resolver este problema e como a tabela-Z mostra apenas probabilidades "menor que", trabalhe neste problema como se quisesse o corte para abaixo de 95%. Em outras palavras, quer encontrar o 95º percentil de X (não se preocupe; você conseguirá a mesma resposta). Primeiro, precisa encontrar o 95º percentil para Z (usando a tabela-Z, ou Tabela A-1 no apêndice) e então mudar o valor-z para um valor-x usando a fórmula-z:

$$z = \frac{x-\mu}{\sigma}$$

Para encontrar o 95º percentil para Z, olhe na tabela-Z e encontre a probabilidade que está mais perto de 0,95. (***Lembre-se:*** As probabilidades da tabela-Z são os valores *dentro* da tabela. Os números do lado de fora que lhe dizem qual linha/coluna que você está são realmente valores-z, não probabilidades.) Na Tabela A-1, use a probabilidade 0,9495.

A seguir, encontre a qual escore-z esta probabilidade corresponde. Depois que você localizou 0,9495 dentro da tabela, encontre sua linha (1,6) e coluna (0,04) correspondentes. Some estes números e terá o escore-z de 1,64. Este é o 95º percentil para Z. Em outras palavras, 95% dos valores-z estão abaixo de 1,64 (e 5% estão acima disso).

Para encontrar a nota do exame correspondente que marca o 95º percentil, use a fórmula-z e resolva para x. Você sabe que $z = 1{,}64$, $\mu = 75$ e $\sigma = 6$:

$$\begin{aligned} z &= \frac{x-\mu}{\sigma} \\ 1{,}64 &= \frac{x-75}{6} \\ x &= 75 + (1{,}64)(6) \\ &= 84{,}84 \end{aligned}$$

Então 5% dos alunos marcou acima de 84,84.

285. 310,8

Os tempos mais rápidos (e melhores) estão na extremidade inferior da distribuição. Usando a tabela-*Z* (Tabela A-1 no apêndice), encontre o valor onde 5% dos tempos estão abaixo dele. O valor da tabela mais próximo de 0,05 é 0,0505, que corresponde a um valor-*z* de –1,64.

Para encontrar o tempo correspondente a um escore-*z* específico, use a fórmula-*z* para resolver para *x*:

$$\begin{aligned} z &= \frac{x-\mu}{\sigma} \\ -1{,}64 &= \frac{x-360}{30} \\ x &= 360+(-1{,}64)(30) \\ &= 310{,}8 \end{aligned}$$

Isso significa que um tempo de 310,8 segundos é o limite para os tempos mais rápidos.

Respostas 201–300

286. 360

Neste caso, usar a intuição é muito útil. Se você tem uma distribuição normal para a população, então metade dos valores estão abaixo da média (porque ela é simétrica e a porcentagem total é 100%). Aqui, a média é 360, então 50%, ou metade, dos recrutas militares têm um tempo de 360 segundos.

287. 398,4

Os tempos mais lentos (e piores) estão na extremidade superior da distribuição. Usando a tabela-*Z* (Tabela A-1 no apêndice), encontre o valor onde 90% dos tempos estão abaixo dele. O valor da tabela mais próximo de 0,90 é 0,8997, que corresponde a um valor-*z* de 1,28.

Para encontrar o tempo correspondente a um escore-*z* específico, use a fórmula-*z* para resolver para *x*:

$$\begin{aligned} z &= \frac{x-\mu}{\sigma} \\ 1{,}28 &= \frac{x-360}{30} \\ x &= 360+(1{,}28)(30) \\ &= 398{,}4 \end{aligned}$$

Então os 10% mais lentos dos recrutas tiveram um tempo de 398,4 segundos ou mais.

288. 321,6

Os tempos mais rápidos (e melhores) estão na extremidade inferior da distribuição. Usando a tabela-Z (Tabela A-1 no apêndice), encontre o valor onde 1% dos tempos estão abaixo dele. O valor da tabela mais próximo de 0,10 é 0,1003, que corresponde a um valor-z de –1,28.

Para encontrar o tempo correspondente a um escore-z específico, use a fórmula-z para resolver para x:

$$\begin{aligned} z &= \frac{x-\mu}{\sigma} \\ -1{,}28 &= \frac{x-360}{30} \\ x &= 360 + (-1{,}28)(30) \\ &= 321{,}6 \end{aligned}$$

Então os 10% mais rápidos dos recrutas tiveram um tempo de 321,6 segundos ou menos.

289. 339,9

Os tempos mais rápidos (e melhores) estão na extremidade inferior da distribuição. Usando a tabela-Z (Tabela A-1 no apêndice), encontre o valor onde 25% dos tempos estão abaixo dele. O valor da tabela mais próximo de 0,25 é 0,2514, que corresponde a um valor-z de –0,67.

Para encontrar o tempo correspondente a um escore-z específico, use a fórmula-z para resolver para x:

$$\begin{aligned} z &= \frac{x-\mu}{\sigma} \\ -0{,}67 &= \frac{x-360}{30} \\ x &= 360 + (-0{,}67)(30) \\ &= 339{,}9 \end{aligned}$$

Então os 25% mais rápidos dos recrutas tiveram tempos de 339,9 segundos ou menos.

290. 380,1

Os tempos mais lentos (e piores) estão na extremidade superior da distribuição. Usando a tabela-Z (Tabela A-1 no apêndice), você primeiro tem que reescrever o que está procurando em termos de uma probabilidade "menor que"; então encontrará o valor onde 75% dos tempos estão abaixo dele. O valor da tabela mais próximo de 0,75 é 0,7486, que corresponde a um valor-z de 0,67.

Para encontrar o tempo correspondente a um escore-z específico, use a fórmula-z para resolver para x:

$$z = \frac{x - \mu}{\sigma}$$
$$0{,}67 = \frac{x - 360}{30}$$
$$x = 360 + (0{,}67)(30)$$
$$= 380{,}1$$

Então os 25% mais lentos dos recrutas tiveram um tempo de 380,1 segundos ou mais.

291. E. Alternativas (A), (B) e (C) (A distribuição-*t* tem caudas mais espessas que a distribuição-*Z*; A distribuição-*t* tem um desvio padrão proporcionalmente maior que a distribuição-*Z*; A distribuição-*t* tem forma de sino, mas tem um pico mais baixo que a distribuição-*Z*)

Comparada com a distribuição-*Z*, a distribuição-*t* tem caudas mais espessas e um desvio padrão proporcionalmente maior. Ela ainda tem forma de sino, mas tem um pico mais baixo do que a distribuição-*Z*.

292. t_{29}

Uma distribuição-*t* para um estudo com uma população com um tamanho amostral de 30 tem $n - 1 = 30 - 1 = 29$ graus de liberdade, então a distribuição correta é t_{29}.

293. 25

Uma distribuição t_{24} tem $n - 1 = 24$ graus de liberdade, então o tamanho amostral, *n*, é 25.

294. O pico da distribuição-*Z* seria mais alto.

M geral, a distribuição-*t* tem forma de sino, mas é mais plana e tem um pico mais baixo do que a distribuição normal (*Z*) padrão, especialmente com menores graus de liberdade para a distribuição-*t*.

295. A distribuição-*t* teria caudas mais espessas.

A distribuição-*t* é mais plana, tem um pico mais baixo e tem caudas mais espessas em comparação com a distribuição normal (*Z*) padrão, especialmente com menores graus de liberdade para a distribuição-*t*.

296. 100

Com o aumento dos graus de liberdade, a distribuição-*t* tende a se parecer mais com a distribuição-*Z*. Então a distribuição-*t* com os maiores graus de liberdade se parece mais com a distribuição-*Z*.

297. os graus de liberdade

Uma distribuição-*t* é definida por seus graus de liberdade, diferentemente da distribuição normal, que é definida por sua média e desvio padrão. A distribuição-*t* sempre tem uma média de 0 (como a distribuição-*Z*), e quanto mais graus de liberdade uma distribuição-*t* tem, menor seu desvio padrão fica (porque as caudas não são tão finas).

298. o teste-*t* de uma amostra

Você está testando a média de uma população, então a resposta deve ser um teste de uma amostra. Não se pode usar um teste-*Z* de uma amostra, sem saber o desvio padrão populacional, então neste caso, seria usado o teste-*t* de uma amostra.

299. o teste-*t* emparelhado

Você usa o teste-*t* emparelhado para estudar diferenças de médias entre sujeitos emparelhados de acordo com alguma variável — por exemplo, a diferença média em peso antes e depois de um programa de emagrecimento ou a diferença média de perda de peso em participantes de um estudo que são combinados de acordo com características similares.

300. t_{24}

Este tipo de estudo é chamado de planejamento de pares combinados. Um planejamento de pares combinados com 50 observações de duas amostras combinadas tem 25 pares de dados, então $n = 25$, e os graus de liberdade são $n - 1 = 25 - 1 = 24$. Então a distribuição-*t* correspondente a este cenário é t_{24}.

301. $gl = 17$

O estudo envolvendo uma população e um tamanho amostral de 18 tem $n - 1 = 18 - 1 = 17$ graus de liberdade.

302. $gl = 21$

Um planejamento de pares combinados com 44 observações totais tem 22 pares. Os graus de liberdade são um a menos que o número de pares: $n - 1 = 22 - 1 = 21$.

303. $p = 0{,}025$

Os cabeçalhos de colunas da Tabela A-2 exibem probabilidades de cauda superior ("maiores que") para valores-*t* especificados, para que você possa ler o valor para uma probabilidade de cauda superior de 0,025 diretamente do cabeçalho de coluna para 0,025.

304. $p = 0,005$

Para um teste de hipótese, α é o nível de significância; se o valor-*p* para o teste é menor que α, então H_0 (a hipótese nula) é rejeitada. (O valor-*p* é a probabilidade de ser além da sua estatística de teste.)

Os cabeçalhos de coluna da Tabela A-2 exibem probabilidades de cauda superior ("maiores que") para valores-*t* especificados. Para um teste bicaudal (onde H_a, ou a hipótese alternativa, é "diferente de") com nível de significância α, você seleciona a coluna para $\alpha/2$, que lhe dá a probabilidade para cada cauda. Então neste caso, precisará da coluna para $\alpha/2=0,01/2=0,005$.

305. $p = 0,025$

Para um teste de hipótese, α é o nível de significância; se o valor-*p* para o teste é menor que α, então H_0 (a hipótese nula) é rejeitada. (O valor-*p* é a probabilidade de ser além da sua estatística de teste.)

Os cabeçalhos de coluna da Tabela A-2 exibem probabilidades de cauda superior ("maiores que") para valores-*t* especificados. Para um teste bicaudal com nível de significância α, você seleciona a coluna para $\alpha/2$ que lhe dá a probabilidade para cada cauda. Então neste caso, precisará da coluna para $\alpha/2=0,05/2=0,025$.

306. 0,05

Os cabeçalhos de coluna da Tabela A-2 exibem probabilidades de cauda superior ("maiores que") para valores-*t* especificados. Para encontrar a probabilidade de cauda superior para $t_{10} \geq 1,81$, localize a linha para $gl = 10$ e siga até encontrar o valor-*t* 1,81. O cabeçalho de coluna (probabilidade "maior que") para este valor é 0,05.

307. 0,01

Os cabeçalhos de coluna da Tabela A-2 exibem probabilidades de cauda superior ("maiores que") para valores-*t* especificados. Para encontrar a probabilidade de cauda superior para $t_{25} \geq 2,49$, localize a linha para $gl = 25$ e siga até encontrar o valor-*t* 2.49. O cabeçalho de coluna (probabilidade "maior que") para este valor é 0,01.

308. 0,10

Os cabeçalhos de coluna da Tabela A-2 exibem probabilidades de cauda superior ("maiores que") para valores-*t* especificados. Para encontrar a probabilidade de cauda superior para $t_{15} \geq 1,34$, localize a linha para $gl = 15$ e siga até encontrar o valor-*t* 1,34. O cabeçalho de coluna (probabilidade "maior que") para este valor é 0,10.

309. 0,05 e 0,025

Usando a Tabela A-2, localize a linha com 22 graus de liberdade e procure por 1,80. Entretanto, este valor exato não está nesta linha, então procure por valores em qualquer um dos lados dele: 1,717144 e 2,07387. As probabilidades de cauda superior na Tabela A-2 aparecem nos cabeçalhos de coluna; o cabeçalho de coluna para 1,717144 é 0,05, e o cabeçalho de coluna para 2,07387 é 0,025. Por isso, a probabilidade de cauda superior para um valor-*t* de 1,80 deve estar entre 0,05 e 0,025.

310. 0,025 e 0,01

Usando a Tabela A-2, localize a linha com 14 graus de liberdade e procure por 2,35. Entretanto, este valor exato não está nesta linha, então procure por valores em qualquer um dos lados dele: 2,14479 e 2,62449. As probabilidades de cauda superior na Tabela A-2 aparecem nos cabeçalhos de coluna; o cabeçalho de coluna para 2,14479 é 0,025, e o cabeçalho de coluna para 2,62449 é 0,01. Por isso, a probabilidade de cauda superior para um valor-*t* de 1,80 deve estar entre 0,025 e 0,01.

311. 0,01

A distribuição-*t* é simétrica, então a probabilidade de estar na cauda superior ("maior que") com um valor positivo de *t* é a mesma que a probabilidade de estar na cauda inferior (menor que) com o valor negativo correspondente de *t*. A Tabela A-2 lhe dá as probabilidades de cauda superior para valores positivos de *t*, então localize a linha para *gl* = 15 e a siga até o valor-*t* de 2,60; você encontra que $P(t_{15} \geq 2{,}60)$ é 0,01 (o cabeçalho de coluna). Isso significa (por simetria) que $P(t_{15} \leq -2{,}60)$ também é 0,01.

312. 0,025

A distribuição-*t* é simétrica, então a probabilidade de estar na cauda superior ("maior que") com um valor positivo de *t* é a mesma que a probabilidade de estar na cauda inferior (menor que) com o valor negativo correspondente de *t*. A Tabela A-2 lhe dá as probabilidades de cauda superior para valores positivos de *t*, então localize a linha para *gl* = 27 e a siga até o valor-*t* de 2,05; você encontra que $P(t_{27} \geq 2{,}05)$ é 0,025 (o cabeçalho de coluna). Isso significa (por simetria) que $P(t_{27} \leq -2{,}05)$ também é 0,025.

313. 0,05

A distribuição-*t* é simétrica, então a probabilidade de estar na cauda superior ("maior que") com um valor positivo de *t* é a mesma que a probabilidade de estar na cauda inferior (menor que) com o valor negativo correspondente de *t*. A Tabela A-2 lhe dá as probabilidades de cauda superior para valores positivos de *t*, então localize a linha para *gl* = 27 e a siga até o valor-*t* de 2,05; você encontra que $P(t_{27} \geq 2{,}05)$ é 0,025 (o cabeçalho de coluna). Isso significa (por simetria) que $P(t_{27} \leq -2{,}05)$ também é 0,025. Para encontrar $P(t_{27} \geq 2{,}05$ ou $\leq -2{,}05)$, você soma as duas probabilidades individuais: 0,025 + 0,025 = 0,05.

314. 0,01

A distribuição-*t* é simétrica, então a probabilidade de estar na cauda superior ("maior que") com um valor positivo de *t* é a mesma que a probabilidade de estar na cauda inferior (menor que) com o valor negativo correspondente de *t*. A Tabela A-2 lhe dá as probabilidades de cauda superior para valores positivos de *t*, então localize a linha para *gl* = 9 e a siga até o valor-*t* de 3,25; você encontra que $P(t_9 \geq 3{,}25)$ é 0,005 (o cabeçalho de coluna). Isso significa (por simetria) que $P(t_9 \leq -3{,}25)$ também é 0,005. Para encontrar $P(t_9 \geq 3{,}25$ ou $\leq -3{,}25)$, você soma as duas probabilidades individuais: 0,005 + 0,005 = 0,01.

315. 1,81

O 95º percentil de uma distribuição é o valor que 95% dos valores são menores que e 5% são maiores que. Os cabeçalhos de coluna na Tabela A-2 mostram probabilidades "maior que", então localize a linha para *gl* = 10 e a siga até o valor-*t* com a probabilidade maior que de 0,05 (este é o valor de *t* que intercepta a coluna 0,05 e a linha 10), que é 1,81. Como 5% dos valores são maiores que 1,81, você sabe que 95% são menores que 1,81; então o 95º percentil é *t* = 1,81.

316. 0,26

O 60º percentil de uma distribuição é o valor que 60% dos valores são menores que e 40% são maiores que. Os cabeçalhos de coluna na Tabela A-2 mostram probabilidades "maior que", então localize a linha para *gl* = 28 e a siga até o valor-*t* com a probabilidade maior que de 0,40 (este é o valor de *t* que intercepta a coluna 0,40 e a linha 28), que é 0,26. Como 40% dos valores são maiores que 0,26, você sabe que 60% são menores que 0,26; então o 60º percentil é *t* = 0,26.

317. –1,33

O 10º percentil de uma distribuição é o valor que 10% dos valores são menores que e 90% são maiores que. Os cabeçalhos de coluna na Tabela A-2 mostram probabilidades "maior que". Note que 0,90 não é um deles, mas 0,10 está lá, e como a distribuição-*t* é simétrica, o valor-*t* para o 10º percentil é o valor-*t* negativo para o 90º percentil.

Então para encontrar o valor do 10º percentil, localize o valor do 90º percentil na Tabela A-2 e então pegue seu valor negativo. Primeiro localize a linha para *gl* = 20 e a siga até o valor que intercepta com a coluna *0,10*, que lhe dá 1,33 (o 90º percentil) Então como a distribuição-*t* é simétrica, você sabe que 10% dos valores são menores que –1,33. Isso significa que o 10º percentil é *t* = –1,33.

318. –0,69

O 25º percentil de uma distribuição é o valor que 25% dos valores são menores que e 90% são maiores que. Os cabeçalhos de coluna na Tabela A-2 mostram probabilidades "maior que". Note que 0,75 não é um deles, mas 0,25 está lá, e porque a distribuição-*t* é simétrica, o valor-*t* para o 25º percentil é o valor-*t* negativo para o 75º percentil.

Então para encontrar o valor do 25º percentil, localize o valor do 75º percentil na Tabela A-2 e então pegue seu valor negativo. Primeiro localize a linha para *gl* = 20 e a siga até o valor que intercepta com a coluna *0,25*, que lhe dá 0,69 (o 75º percentil). Então como a distribuição-*t* é simétrica, você sabe que 25% dos valores são menores que –0,69. Isso significa que o 25º percentil é *t* = –0,69.

319. –1,34

O 10º percentil de uma distribuição é o valor que 10% dos valores são menores que e 90% são maiores que. Os cabeçalhos de coluna na Tabela A-2 mostram probabilidades "maior que". Note que 0,90 não é um deles, mas 0,10 está lá, e porque a distribuição-*t* é simétrica, o valor-*t* para o 10º percentil é o valor-*t* negativo para o 90º percentil.

Então para encontrar o valor do 10º percentil, localize o valor do 90º percentil na Tabela A-2 e então pegue seu valor negativo. Primeiro localize a linha para *gl* = 16 e a siga até o valor que intercepta com a coluna *0,10*, que lhe dá 1,34 (o 90º percentil). Então como a distribuição-*t* é simétrica, você sabe que 10% dos valores são menores que =1,34. Isso significa que o 10º percentil é *t* = –1,34.

320. –1,75

O 5º percentil de uma distribuição é o valor que 5% dos valores são menores que, e 95% são maiores que. Os cabeçalhos de coluna na Tabela A-2 mostram probabilidades "maior que". Note que 0,95 não é um deles, mas 0,05 está lá, e porque a distribuição-*t* é simétrica, o valor-*t* para o 5º percentil é o valor-*t* negativo para o 95º percentil.

Então para encontrar o valor do 5º percentil, localize o valor do 95º percentil na Tabela A-2 e então pegue seu valor negativo. Primeiro localize a linha para *gl* = 16 e a siga até o valor que intercepta com a coluna *0,05*, que lhe dá 1,75 (o 95º percentil). Então como a distribuição-*t* é simétrica, você sabe que 5% dos valores são menores que –1,75. Isso significa que o 5º percentil é *t* = –1,75.

321. D. Alternativas (A) e (B) (Você tem um tamanho amostral pequeno; você não sabe o desvio padrão da população)

Você usa a distribuição-*t* em vez da distribuição-*Z* para calcular intervalos de confiança quando o tamanho amostral é pequeno e/ou quando não se conhece o desvio padrão populacional (então usa-se o desvio padrão amostral no lugar). Em ambos os casos, paga-se uma multa, por isso a distribuição-*t* mais ampla (mais plana).

322. 99%

Aqui, você quer os valores-*t* para um intervalo de confiança de 99%, então olhe na última linha da Tabela A-2 (a linha chamada *IC*) e encontre o valor 99%. Usando esta coluna, você pode encontrar os valores-*t* para um nível de confiança de 99% seguindo-a até onde ela intercepta com a linha para os graus de liberdade que quer.

323. 0,005

Um intervalo de confiança de 99% significa que 99%, ou 0,99, de todos os valores estão dentro do intervalo de confiança e 1%, ou 0.01, de todos os valores estão fora, com 0,01/2 = 0,005 dos valores acima (maior que) do intervalo de confiança de 0,005 dos valores abaixo (menor que) do intervalo de confiança.

A primeira linha (cabeçalho de coluna) da Tabela A-2 exibe somente probabilidades de cauda superior ("maior que"). Para encontrar um valor-*t* para um intervalo de confiança de 99% usando a primeira linha da Tabela A-2, olhe na coluna para 0,01/2 = 0,005 Então vá até a linha correspondente aos graus de liberdade para encontrar o valor-*t* que você precisa.

324. 2,13

Aqui, você quer um valor-*t* para um intervalo de confiança de 95%, então olhe na última linha da Tabela A-2 (chamada de *IC*), encontre o valor 95% e intercepte esta coluna com a linha para *gl* = 15, que lhe dá 2,13.

325. 2,81

Na Tabela A-2, encontre onde a linha para *gl* = 23 e a coluna para o IC 99% (a última linha da tabela) se interceptam. O valor nesta interseção é 2,81.

326. 1,70

Na Tabela A-2, encontre onde a linha para *gl* = 30 e a coluna para o IC 90% (na última linha da tabela) se interceptam. O valor nesta interseção é 1,697261, que é arredondado para 1,70.

327. 95%

Na Tabela A-2, você encontra o valor 2,09 onde a linha para *gl* = 19 e a coluna para o IC 95% (a última linha da tabela) se interceptam.

328. 99%

Na Tabela A-2, você encontra o valor 2,78 onde a linha para *gl* = 26 e a coluna para o IC 99% (a última linha da tabela) se interceptam.

329. 80%

Na Tabela A-2, você encontra o valor 1,36 onde a linha para *gl* = 12 e a coluna para o IC 80% (a última linha da tabela) se interceptam.

330. 50

Com o aumento dos graus de liberdade, a distribuição-*t* se parece ainda mais com a distribuição-*Z*. O pico na forma de sino sobe cada vez mais alto e as caudas ficam cada vez mais finas, até que as duas distribuições são praticamente indistinguíveis. Então a distribuição-*t* com os graus de liberdade mais altos se parecem mais com a distribuição-*Z*.

331. 10

Quanto menores os graus de liberdade, menos a distribuição-*t* se parece com a distribuição-*Z*. O pico na forma de sino fica cada vez mais baixo e as caudas se tornam cada vez mais espessas. Então a distribuição-*t* com os menores graus de liberdade se parecem menos com a distribuição-*Z*.

332. 10

A coluna na Tabela A-2 com o cabeçalho de 0,05 mostra todos os diferentes valores-*t* com probabilidades de cauda direita ("maior que") de 0,05 para vários graus de liberdade. Com a diminuição dos graus de liberdade (movendo-se de baixo para cima na coluna), os valores-*t* aumentam porque as caudas das distribuições-*t* com menores graus de liberdade são mais espessas, e você tem que se afastar mais da distribuição-*t* para chegar à marca de 5%. Mover-se mais longe requer um valor-*t* mais alto; então a distribuição-*t* com os menores graus de liberdade é a que tem o maior valor-*t*.

333. 50

A coluna na Tabela A-2 com o cabeçalho de 0,10 mostra todos os diferentes valores-*t* com probabilidades de cauda direita ("maior que") de 0,10 para vários graus de liberdade. Com o aumento dos graus de liberdade (movendo-se de cima para baixo na coluna), os valores-*t* diminuem porque as caudas das distribuições-*t* com maiores graus de liberdade são mais finas, e você não tem que se afastar muito da distribuição-*t* para chegar à marca de 10%. Isso significa que você terá um valor-*t* mais baixo; então a distribuição-*t* com os maiores graus de liberdade é a que tem o menor valor-*t*.

334. 80%

Para qualquer distribuição (incluindo a distribuição-*t* com 40 graus de liberdade), quanto maior nível de confiança é para um intervalo de confiança, mais amplo o intervalo de confiança é; e quanto menor o nível de confiança é, mais estreito é o intervalo de confiança. Portanto, o intervalo de confiança com o menor nível de confiança (neste caso, 80%) será o mais estreito.

335. 99%

Para qualquer distribuição (incluindo a distribuição-*t* com 50 graus de liberdade), quanto maior nível de confiança é para um intervalo de confiança, mais amplo o intervalo de confiança é; e quanto menor o nível de confiança é, mais estreito é o intervalo de confiança. Portanto, o intervalo de confiança com o maior nível de confiança (neste caso, 99%) será o mais amplo.

336. –2,74

Como você não conhece o desvio padrão da população e está testando a média de uma população, calcule o teste-*t* de uma amostra, usando a seguinte fórmula para a estatística de teste:

$$t = \frac{\bar{x} - \mu_0}{s/\sqrt{n}}$$

Neste caso, a média amostral, $\bar{x}$, é 4,8; a média populacional alvo, μ_0, é 5 (este valor vai na hipótese nula H_0, por isso o 0 subscrito em ambas as expressões); o desvio padrão amostral, *s*, é 0,4; o tamanho amostral, *n* é 30; e o grau de liberdade, $n - 1$, é 29. Agora substitua esses números na fórmula e resolva:

$$t = \frac{4{,}8 - 5{,}0}{0{,}4/\sqrt{30}} = -2{,}74$$

337. entre 0,01 e 0,005

Na Tabela A-2, usando a linha para $gl = 29$, a probabilidade de cauda superior ("maior que") para 2,46202 é 0,01 (encontrada no cabeçalho de coluna), e a probabilidade para 2,75639 é 0,005. Como a distribuição-*t* é simétrica, a probabilidade de cauda inferior ("menor que") para –2,46202 também é 0,01 e a probabilidade para –2,75639 também é 0,005. O valor-*t* de –2,74 fica entre esses dois números, então a probabilidade está entre 0,01 e 0,005.

338. (4,65; 4,95)

A fórmula para o intervalo de confiança para uma média populacional, usando a distribuição-*t*, é

$$\bar{x} \pm t_{n-1} \frac{s}{\sqrt{n}}$$

Neste caso, a média amostral, $\bar{x}$, é 4,8; o desvio padrão amostral, s, é 0,4; o tamanho amostral, n, é 30; e o grau de liberdade, $n - 1$, é 29. Isso significa que $t_{n-1} = 2,05$ (da Tabela A-2).

Agora, substitua os números:

$$\begin{aligned}
&\bar{x} \pm t_{n-1} \frac{s}{\sqrt{n}} \\
&= 4,8 \pm 2,05 \frac{0,4}{\sqrt{30}} \\
&= 4,8 \pm 0,1497 \\
&= 4,6503 \text{ a } 4,9497
\end{aligned}$$

Arredondada para duas casas decimais, a resposta é 4,65 a 4,95.

339. (4,68; 4,92)

A fórmula para o intervalo de confiança para uma média populacional, usando a distribuição-*t*, é

$$\bar{x} \pm t_{n-1} \frac{s}{\sqrt{n}}$$

Neste caso, a média amostral, $\bar{x}$, é 4,8; o desvio padrão amostral, s, é 0,4; o tamanho amostral, n, é 30; e o grau de liberdade, $n - 1$, é 29. Isso significa que $t_{n-1} = 1,70$ (da Tabela A-2).

Agora, substitua os números:

$$\begin{aligned}
&\bar{x} \pm t_{n-1} \frac{s}{\sqrt{n}} \\
&= 4,8 \pm 2,05 \frac{0,4}{\sqrt{30}} \\
&= 4,8 \pm 0,1242 \\
&= 4,6758 \text{ a } 4,9242
\end{aligned}$$

Arredondada para duas casas decimais, a resposta é 4,68 a 4,92.

340. (4,60; 5,00)

A fórmula para o intervalo de confiança para uma média populacional, usando a distribuição-*t*, é

$$\bar{x} \pm t_{n-1}\frac{s}{\sqrt{n}}$$

Neste caso, a média amostral, $\bar{x}$, é 4,8; o desvio padrão amostral, s, é 0,4; o tamanho amostral, n, é 30; e o grau de liberdade, $n - 1$, é 29. Isso significa que $t_{n-1} = 2,76$ (da Tabela A-2).

Agora, substitua os números:

$$\begin{aligned}&\bar{x} \pm t_{n-1}\frac{s}{\sqrt{n}}\\&= 4,8 \pm 2,76\frac{0,4}{\sqrt{30}}\\&= 4,8 \pm 0,2016\\&= 4,5984 \text{ a } 5,0016\end{aligned}$$

Arredondada para duas casas decimais, a resposta é 4,60 a 5,00.

341. variável aleatória

Uma *variável aleatória* é uma atribuição de números ao resultado de um evento aleatório (ou parcialmente aleatório). Muitas coisas podem ser variáveis aleatórias. Por exemplo, em um lançamento de moeda, você pode atribuir 1 para cara e 0 para coroa, e o resultado do lançamento da moeda seria uma variável aleatória.

Pode-se também lançar uma moeda cinco vezes e contar o número de vezes que cai cara, e o número seria uma variável aleatória. Se lançarmos dois dados e somarmos os números que caíram nos dois, o total do lançamento seria uma variável aleatória.

342. uma distribuição amostral das médias amostrais

Uma *distribuição amostral* é uma coleção de todas as médias de todas as amostras possíveis do mesmo tamanho tiradas de uma população. Neste caso, a população é 10.000 notas de teste, cada amostra é de 100 notas de teste e cada média amostral é a média das 100 notas de teste.

343. $\mu_X = 3,11$

Como você encontrou a média das médias de notas para cada aluno da universidade, você usou um valor populacional, que precisa de uma letra grega. μ_X se refere à média de todos os valores individuais na população.

344. $\mu_{\bar{X}} = 3,5$

Aqui, você pega todas as amostras possíveis (do mesmo tamanho), encontra suas possíveis médias e as trata como uma população. Então, encontra a média dessa população inteira de médias amostrais. A notação para isso é $\mu_{\bar{X}} = 3,5$.

345. $\bar{x} = 3{,}5$

Como o valor é o resultado de apenas uma amostra dos lançamentos de dados e não da população completa de todos os lançamentos possíveis, você deve usar uma notação de média amostral, $\bar{x} = 3{,}5$.

346. D. Cada uma das observações na distribuição deve consistir de uma estatística que descreva uma coleção de pontos de dados.

Uma distribuição amostral é um conjunto de todos os valores possíveis em uma população, mas os próprios valores representam estatísticas, como médias amostrais ou desvios padrão amostrais.

O elemento crucial em cada caso é que os pontos de dados que estão na sua distribuição, cada um representa um resumo de estatística para uma amostra.

347. E. uma distribuição mostrando o peso individual de cada fã de futebol entrando no estádio em um dia de jogo.

Uma distribuição amostral é uma população de pontos de dados onde cada ponto representa uma estatística resumo de uma amostra de indivíduos. Uma distribuição populacional é uma população de pontos de dados onde cada ponto representa um indivíduo.

348. uma variável aleatória denotando o resultado de um único lançamento de dado

X é uma variável aleatória com possíveis valores 1, 2, 3, 4, 5 e 6, denotando o resultado de um único lançamento de dado.

349. uma variável aleatória denotando o valor médio quando você lança o dado n vezes (onde n é algum número fixo)

$\bar{X}$ é uma variável aleatória representando qualquer média calculada de um certo número de lançamentos do dado. Você só não sabe qual é este valor ainda porque não lançou o dado ainda.

350. 2,6

$\bar{x}$ representa a média amostral; você o encontra somando os números e dividindo por n (o tamanho amostral). Use a seguinte fórmula:

$$\begin{aligned}\bar{x} &= \frac{\sum_{i=1}^{n} x_i}{n} \\ &= \frac{3+4+2+3+1}{5} \\ &= \frac{13}{5} \\ &= 2{,}6\end{aligned}$$

Aqui, cada x_i representa um valor em um conjunto de dados — x_1 é o primeiro número, x_2 é o segundo número, e assim por diante, e então x_n é o n^o, ou último, número.

351. 4,2

$\bar{x}$ representa a média amostral; você o encontra somando os números e dividindo por n (o tamanho amostral). Use a seguinte fórmula:

$$\begin{aligned}\bar{x} &= \frac{\sum_{i=1}^{n} x_i}{n} \\ &= \frac{3+4+6+3+5}{5} \\ &= \frac{21}{5} \\ &= 4{,}2\end{aligned}$$

Aqui, cada x_i representa um valor em um conjunto de dados — x_1 é o primeiro número, x_2 é o segundo número, e assim por diante, e então x_n é o n^o, ou último, número.

352. C. $\sigma_{\bar{X}} = \frac{\sigma_X}{\sqrt{n}}$

A fórmula para o erro padrão de uma média amostral é

$$\sigma_{\bar{X}} = \frac{\sigma_X}{\sqrt{n}}$$

onde σ_X é o desvio padrão populacional e n é o tamanho amostral.

353. desvio padrão; erro padrão

O desvio padrão representa a variabilidade na população inteira, ou a variabilidade de X, enquanto o erro padrão representa a variabilidade das médias amostrais, ou a variabilidade de $\bar{X}$.

354. B. ser aproximadamente a mesma; ser menor

Você não espera que a média amostral mude com o tamanho amostral. Entretanto, espera-se que um tamanho amostral maior resulte em um erro padrão menor porque a fórmula para erro padrão inclui divisão pelo tamanho amostral:

$$\sigma_{\bar{X}} = \frac{\sigma_X}{\sqrt{n}}$$

onde σ_X é o desvio padrão populacional e n é o tamanho amostral.

Dividir o mesmo desvio padrão populacional pela raiz quadrada de um n maior resulta em um erro padrão menor. Amostras maiores têm um erro padrão menor porque suas médias mudam menos de amostra para amostra.

355. 3,68

Para calcular o erro padrão, use a seguinte fórmula:

$$\sigma_{\bar{X}} = \frac{\sigma_X}{\sqrt{n}}$$

onde σ_x é o desvio padrão populacional e n é o tamanho amostral.

Substitua os valores conhecidos na fórmula e resolva:

$$\begin{aligned}\sigma_{\bar{X}} &= \frac{26}{\sqrt{50}}\\ &= \frac{26}{7{,}071}\\ &= 3{,}677\end{aligned}$$

Isso é arredondado para 3,68.

356. 3,36

Para calcular o erro padrão, use a seguinte fórmula:

$$\sigma_{\bar{X}} = \frac{\sigma_X}{\sqrt{n}}$$

onde σ_x é o desvio padrão populacional e n é o tamanho amostral.

Substitua os valores conhecidos na fórmula e resolva:

$$\begin{aligned}\sigma_{\bar{X}} &= \frac{26}{\sqrt{60}}\\ &= \frac{26}{5{,}477}\\ &= 4{,}747\end{aligned}$$

Isso é arredondado para 3,36.

357. 4,75

Para calcular o erro padrão, use a seguinte fórmula:

$$\sigma_{\bar{X}} = \frac{\sigma_X}{\sqrt{n}}$$

onde σ_x é o desvio padrão populacional e n é o tamanho amostral.

Substitua os valores conhecidos na fórmula e resolva:

$$\begin{aligned}\sigma_{\bar{X}} &= \frac{26}{\sqrt{30}}\\ &= \frac{26}{5{,}477}\\ &= 4{,}747\end{aligned}$$

Isso é arredondado para 4,75.

358. $\bar{x}$

Um x minúsculo com uma barra sobre ele indica a média de um conjunto de notas individuais.

359. μ_X

Esta notação representa o parâmetro populacional para a média de uma variável aleatória X.

360. $\sigma_{\bar{X}}$

O erro padrão da média também é conhecido como desvio padrão (σ) da distribuição amostral da média amostral ($\bar{X}$), por isso o subscrito.

361. σ_X

Parâmetros populacionais são representados por letras gregas — neste caso, pela letra minúscula sigma (σ) com um X como um subscrito para indicar que é o desvio padrão de notas individuais.

362. $\sigma_{\bar{X}}$

Neste caso, você está pegando amostras repetidas de tamanho $n = 5$, calculando a média amostral cada vez e então calculando a dispersão ao redor da média de todas as médias amostrais. Tal procedimento é conceitualmente uma maneira de conseguir o erro padrão da média, que é denotado como $\sigma_{\bar{X}}$.

363. $\sigma_{\bar{X}}$

O dono do barco pesqueiro está olhando para o desvio padrão dos pesos médios de seus peixes capturados ao longo do tempo. Ele está basicamente olhando para o desvio padrão das médias amostrais (pensando em cada captura como uma amostra). Falando estatisticamente, este termo é o erro padrão da média amostral e é denotada por $\sigma_{\bar{X}}$.

364. x_i

Neste caso, você está considerando o preço de venda de uma casa individual, então está lidando com um ponto de dados individual. O subscrito indica a qual ponto de dados (ou casa neste caso) está se referindo no conjunto de dados.

365. D. um tamanho amostral menor

A fórmula para o erro padrão de uma média amostral é

$$\sigma_{\bar{X}} = \frac{\sigma_X}{\sqrt{n}}$$

onde σ_x é o desvio padrão populacional e n é o tamanho amostral.

Como você pode ver, a média populacional não tem efeito no erro padrão. Um desvio padrão populacional menor produzirá um erro padrão menor porque o desvio padrão populacional é o numerador da fórmula de erro padrão. Como o tamanho amostral é o denominador da fórmula, um tamanho amostral menor produzirá um erro padrão maior, enquanto um tamanho amostral maior produzirá um erro padrão menor. Amostras maiores têm um erro padrão menor porque suas médias mudam menos de amostra em amostra.

366. Diminuiria o erro padrão da média amostral.

Use a fórmula para calcular o erro padrão da média amostral:

$$\sigma_{\bar{X}} = \frac{\sigma_X}{\sqrt{n}}$$

onde σ_x é o desvio padrão populacional e n é o tamanho amostral.

Dividindo o mesmo desvio padrão populacional pela raiz quadrada de um n maior resulta em um erro padrão menor. Em outras palavras, aumentar os tamanhos amostrais reduz a quantidade de mudança (erro padrão) nas médias amostrais.

367. A População B tem um erro padrão menor por causa do desvio padrão populacional menor.

Use a fórmula para calcular o erro padrão da média amostral:

$$\sigma_{\bar{X}} = \frac{\sigma_X}{\sqrt{n}}$$

onde σ_x é o desvio padrão populacional e n é o tamanho amostral.

Dividindo um desvio padrão populacional menor pela raiz quadrada de um mesmo n resulta em um erro padrão menor. Amostras retiradas de uma população que é menos variável, como mostrado por um desvio padrão menor, são mais propensas a ter médias mais próximas da média amostral e por isso um erro padrão menor.

368. Quadruplicar o tamanho da amostra.

Use a fórmula para calcular o erro padrão da média amostral:

$$\sigma_{\bar{X}} = \frac{\sigma_X}{\sqrt{n}}$$

onde σ_x é o desvio padrão populacional e n é o tamanho amostral.

Para dobrar $\sigma_{\bar{X}}$, você tem q dividir σ_x pela metade. Como o divisor é a raiz quadrada de n, você deve quadruplicar o tamanho amostral para conseguir um divisor com o dobro do tamanho.

369. 6,6667

Use a fórmula para calcular o erro padrão da média amostral:

$$\sigma_{\bar{X}} = \frac{\sigma_X}{\sqrt{n}}$$

onde σ_x é o desvio padrão populacional e n é o tamanho amostral.

Substitua os valores conhecidos na fórmula e resolva:

$$\begin{aligned}\sigma_{\bar{X}} &= \frac{20}{\sqrt{9}}\\ &= \frac{20}{3}\\ &= 6,\bar{6}\end{aligned}$$

Isso arredonda para 6,6667

370. 5

Use a fórmula para calcular o erro padrão da média amostral:

$$\sigma_{\bar{X}} = \frac{\sigma_X}{\sqrt{n}}$$

onde σ_x é o desvio padrão populacional e n é o tamanho amostral.

Substitua os valores conhecidos na fórmula e resolva:

$$\begin{aligned}\sigma_{\bar{X}} &= \frac{20}{\sqrt{16}}\\ &= \frac{20}{4}\\ &= 5\end{aligned}$$

371. E. Alternativas (B) e (D) (um tamanho amostral menor; um desvio padrão populacional maior)

Dada a fórmula para o erro padrão da média

$$\sigma_{\bar{X}} = \frac{\sigma_X}{\sqrt{n}}$$

onde σ_x é o desvio padrão populacional e n é o tamanho amostral, aumentar o numerador ou diminuir o denominador, ambos resultarão em um erro padrão maior. Uma população mais variável resultará em médias amostrais mais variáveis, e um tamanho amostral menor também resultará em médias amostrais mais variáveis, em ambos os casos resultando em um erro padrão maior.

372. 25

A fórmula para erro padrão pode ser rearranjada para encontrar o desvio padrão populacional, dados o tamanho amostral e o erro padrão. Multiplique ambos os lados pela raiz quadrada de n, substitua os valores dados e resolva:

$$\sigma_{\bar{X}} = \frac{\sigma_X}{\sqrt{n}}$$

$$\sigma_{\bar{X}}\left(\sqrt{n}\right) = \sigma_X$$

$$5\left(\sqrt{25}\right) = \sigma_X$$

$$5(5) = 25$$

373. centímetro

Unidades para erro padrão são as mesmas das medidas originais.

374. A. 0,4856

Um erro padrão menor lhe dará uma estimativa mais precisa da média porque as médias amostrais ficarão mais próximas ao redor da média populacional.

375. Não é necessário nenhum requerimento específico para tamanho amostral.

Porque você sabe que as notas individuais vêm de uma distribuição normal, a distribuição das médias amostrais também terão uma distribuição normal, independentemente do tamanho amostral.

376. D. Notas individuais x_i são normalmente distribuídas.

Se as notas individuais são normalmente distribuídas, então a distribuição amostral das médias amostrais é normal. A mágica do teorema central do limite é que enquanto as amostras se tornam suficientemente grandes (30 ou mais), a distribuição amostral das médias amostrais se torna aproximadamente normal.

377. É exatamente normal.

Porque os pontos de dados individuais são distribuídos normalmente, a distribuição amostral das médias amostrais também é normal, não importa qual é o tamanho de cada amostra. (Você não precisa do teorema central do limite e do requerimento $n \geq 30$ se começar com uma distribuição normal.)

378. C. deslocada para a direita, 60

Se a distribuição da população é normal, a distribuição amostral das médias amostrais também é normal, então o teorema central do limite é requerido apenas para populações não normais (ou seja, deslocadas para a direita).

379. normalmente distribuídas

Quando pontos de dados são retirados de uma população normal de pontos de dados, a distribuição amostral da média amostral é normal.

380. É exatamente normal para qualquer tamanho amostral.

Quando uma amostra é retirada de uma população normal, a distribuição amostral das médias amostrais é normal.

381. a forma de uma distribuição normal

Amostrar repetidamente de uma população de notas e então formar um histograma das médias das amostras cria uma distribuição amostral. Quando notas individuais são normalmente distribuídas, a distribuição amostral das médias amostrais também é normal, o que faz uma forma de sino.

382. Espera-se ser normalmente distribuída

Embora o tamanho amostral seja pequeno (quatro), a distribuição das médias amostrais de uma população com uma distribuição normal básica também é esperada que seja normal.

383. É exatamente normal.

Quando todas as amostras de um tamanho fixado, até mesmo as pequenas, são retiradas de uma população normalmente distribuída, a distribuição amostral das médias amostrais é normal.

384. uma distribuição normal precisa

Quando amostras são retiradas de uma população normalmente distribuída, a distribuição amostral das médias amostrais é normal.

385. normal

É esperado que a distribuição amostral das médias amostrais seja normal, embora a distribuição básica não seja normal, porque o tamanho amostral é suficientemente grande (35) para que o teorema central do limite se aplique.

386. E. todas as anteriores (População A, População B, População C, População D)

De acordo com o teorema central do limite, com amostras razoavelmente grandes ($n \geq 30$), é esperado que a distribuição amostral das médias amostrais seja normalmente distribuída, não importa a forma que a distribuição básica das observações individuais tenha (a maioria das situações funciona bem se o tamanho amostral for pelo menos 30).

387. População D

Um tamanho amostral de 20 é muito pequeno para esperar que a distribuição amostral das médias amostrais seja aproximadamente normal, a não ser que a população tenha uma distribuição normal.

388. normal para todas as quatro populações

Como o tamanho amostral é razoavelmente grande (40), o teorema central do limite lhe diz que é esperado que a distribuição amostral das médias amostrais também seja normal, não importa qual tipo de distribuição de base as observações individuais tenham, contanto que o tamanho amostral seja pelo menos 30.

389. incapaz de determinar com as informações dadas

Aqui, não lhe dizem o tamanho de cada amostra; lhe dizem apenas o tamanho de cada *população*. O teorema central do limite diz que distribuições amostrais de médias amostrais são normais se os tamanhos amostrais são suficientemente grandes ($n \geq 30$) ou se a distribuição de base das observações é normal.

390. $n \geq 30$

Quando os dados não são retirados de uma distribuição normal, a distribuição amostral das médias amostrais se torna normal apenas quando amostras suficientemente grandes ($n \geq 30$) são usadas.

391. uma distribuição normal precisa

Neste caso, você sabe que as próprias observações são normalmente distribuídas, então amostras de qualquer tamanho darão origem a uma distribuição amostral normal de médias amostrais (mesmo amostras de tamanho 3).

392. uma distribuição normal aproximada

Porque os tamanhos amostrais são grandes ($n = 100$, que é muito maior do que aproximadamente 30 casos requeridos pelo teorema central do limite), você sabe que a distribuição amostral das médias amostrais deveria ser aproximadamente normal.

393. Não, porque os tamanhos amostrais são pequenos demais para usar o teorema central do limite.

Neste caso, a distribuição populacional original é desconhecida, então você não pode supor que tem uma distribuição normal. O teorema central do limite não pode ser invocado porque os tamanhos amostrais são pequenos demais (menores que 30).

394. $n = 30$

De acordo com o teorema central do limite, se você tirar amostras suficientemente grandes repetidamente, a distribuição das médias dessas amostras será aproximadamente normal. Para a maioria das populações não normais, pode-se escolher tamanhos amostrais de pelo menos 30 da distribuição, o que normalmente leva a uma distribuição amostral normal das médias amostrais não importa qual seja a forma da distribuição básica de notas. Na verdade, se a distribuição básica de valores se aproxima de uma distribuição normal, pode ser possível chegar a uma distribuição amostral normal de médias amostrais com amostras menores.

Para populações com vários picos, variações e/ou anomalias extremas, você talvez precise de tamanhos amostrais maiores.

395. O pesquisador não violou a condição porque a distribuição amostral das médias amostrais é aproximadamente normal sempre que o tamanho amostral é pelo menos 30.

O teorema central do limite diz que a distribuição amostral de médias amostrais é aproximadamente normal se o tamanho amostral é pelo menos 30. O teorema central do limite é usado para garantir que estudos atendam as suposições baseando outros testes, que dependem de uma distribuição amostral normal de médias amostrais. Não é necessário retirar amostras repetidas de uma distribuição para invocar o teorema central do limite. Só é necessário ter ou uma distribuição normal de base das observações ou um tamanho amostral de $n \geq 30$ na maioria dos casos, para que a condição seja atendida.

396. A distribuição amostral das médias amostrais é normal.

A distribuição amostral das médias amostrais é normal sempre que as observações vem de uma população normalmente distribuída de pontos, o que é verdade neste caso.

397. C. O teorema central do limite pode ser usado porque o tamanho amostral é grande o bastante e a distribuição da população é desconhecida.

Como a distribuição da população não é discutida, você não pode supor que ela seja normal. Terá então que apelar para o teorema central do limite. Neste caso, a condição do teorema central do limite é atendida: O tamanho amostral é bem acima de 30 ($n = 150$), então você pode usá-lo para encontrar probabilidades sobre a média amostral.

398. Não, o teorema central do limite não pode ser usado para inferir uma distribuição amostral normal para as médias amostrais de uma população não normal porque existem muito poucas observações em cada amostra.

Para usar o teorema central do limite para amostras retiradas de uma população que não é normalmente distribuída, o tamanho amostral deve ser relativamente grande ($n \geq 30$). Porque $n = 10$ para cada amostra, o teorema central do limite não pode ser usado.

399. O teorema central do limite pode ser usado para inferir uma distribuição amostral normal de médias amostrais.

Embora as observações tenham uma distribuição deslocada (e, por isso, não normal), o teorema central do limite lhe permite concluir que a distribuição amostral das médias amostrais é normal, porque o tamanho de cada amostra é suficientemente grande ($n = 150$ aqui, o que é bem mais do que os 30 ou mais sugeridos pelo teorema central do limite). Note que o número de amostras retiradas não é relevante aqui.

400. Sim, o teorema central do limite pode ser usado para inferir uma distribuição amostral normal de médias amostrais.

Este caso mal se qualifica para invocar o teorema central do limite e inferir que a distribuição amostral das médias amostrais é normal. A população de observações não é normal, mas o tamanho amostral é grande o suficiente para usar o teorema central do limite (Quanto maior o tamanho da amostra, melhor a aproximação em todas as situações.)

401. 9,6

Use a fórmula para encontrar a média:

$$\bar{x} = \frac{\Sigma x_i}{n}$$

onde Σx_i é a soma das observações originais e n é o tamanho amostral.

Substitua os valores conhecidos na fórmula e resolva:

$$\begin{aligned}\bar{x} &= \frac{7+6+7+14+9+9+11+11+11+11}{10} \\ &= \frac{96}{10} \\ &= 9{,}6\end{aligned}$$

402. D. Amostras maiores tendem a render estimativas mais precisas da média da população.

A média amostral é a melhor estimativa imparcial da média populacional, e uma amostra maior geralmente produzirá uma estimativa mais precisa porque amostras maiores mudam menos de amostra em amostra.

403. E. Alternativas (B) e (C) (A média amostral é a melhor estimativa para a média da população; Amostras maiores tendem a render estimativas mais precisas da média da população.)

Por definição, a média amostral é o melhor estimador para a média populacional. Amostras maiores produzem estimativas mais precisas da média amostral porque elas variam menos de uma amostra para outra do que amostras menores.

404. 67,44%

Como as observações são retiradas de uma população normalmente distribuída, as médias amostrais também são normalmente distribuídas.

Primeiro, encontre o escore-z equivalente desta média amostral usando a média populacional e o erro padrão da média para amostras deste tamanho.

$$z = \frac{\bar{x} - \mu_X}{\sigma_X / \sqrt{n}}$$

Aqui, $\bar{x}$ é a média amostral, μ_X é a média populacional, σ_x é o desvio padrão populacional e n é o tamanho amostral.

Agora, substitua os valores conhecidos na fórmula e resolva:

$$\begin{aligned}z &= \frac{9{,}6 - 10}{3/\sqrt{10}} \\ &= \frac{-0{,}4}{3/3{,}1623} \\ &= \frac{-0{,}4}{0{,}9487} \\ &= -0{,}4216\end{aligned}$$

Como as probabilidades se igualam às áreas de cauda em uma distribuição normal, você começa encontrando a área sob a curva associada com esse escore-z usando uma tabela-Z (Tabela A-1 no apêndice). Então arredonde o escore-z para –0,42 e use a Tabela A-1 para encontrar a probabilidade associada de 0,3372.

Agora, descubra quanta área está nas caudas. Na tabela-Z, áreas refletem a proporção da curva normal em uma cauda. Como você quer encontrar a probabilidade de uma contagem tão longe da média *em qualquer direção*, será necessário dobrar a área que foi encontrada para prestar contas da área na outra cauda:

$$\begin{aligned}\text{Área de cauda total} &= 2(\text{área de cauda única})\\ &= 2(0{,}3372)\\ &= 0{,}6744, \text{ ou } 67{,}44\%\end{aligned}$$

Finalmente, relate essa probabilidade (a proporção da área da curva contida pelas duas caudas) como a probabilidade de encontrar um valor médio tão extrema ou mais.

405. 2,5%

Como as observações são retiradas de uma população normalmente distribuída, as médias amostrais também são normalmente distribuídas.

Primeiro, encontre o escore-z equivalente desta média amostral usando a média populacional e o erro padrão da média para amostras deste tamanho.

$$z = \frac{\bar{x} - \mu_X}{\sigma_X / \sqrt{n}}$$

Aqui, $\bar{x}$ é a média amostral, μ_X é a média populacional, σ_x é o desvio padrão populacional e n é o tamanho amostral.

Agora, substitua os valores conhecidos na fórmula e resolva:

$$\begin{aligned}z &= \frac{9{,}7 - 10}{3/\sqrt{500}}\\ &= \frac{-0{,}3}{3/22{,}3607}\\ &= \frac{-0{,}3}{0{,}1342}\\ &= -2{,}2355\end{aligned}$$

Como as probabilidades se igualam às áreas de cauda em uma distribuição normal, você começa encontrando a área sob a curva associada com esse escore-z usando uma tabela-Z (Tabela A-1 no apêndice). Então arredonde o escore-z para –2,24 e use a Tabela A-1 para encontrar a probabilidade associada de 0,0125.

Agora, descubra quanta área está nas caudas. Na tabela-*Z*, áreas refletem a proporção da curva normal em uma cauda. Como você quer encontrar a probabilidade de uma contagem tão longe da média *em qualquer direção*, será preciso dobrar a área que acabou de encontrar para prestar contas da área na outra cauda:

$$\begin{aligned}\text{Área de cauda total} &= 2(\text{área de cauda única})\\ &= 2(0{,}0125)\\ &= 0{,}025 \text{ ou } 2{,}5\%\end{aligned}$$

Finalmente, relate essa probabilidade (a proporção da área curva contida pelas duas caudas) como a probabilidade de encontrar um valor médio tão extremo ou mais.

406. 4,88%

Como o tamanho amostral é maior que 30, você pode usar o teorema central do limite para resolver este problema. Suponha uma contagem de 10 unidades abaixo da média, para simplificar os cálculos.

Primeiro, encontre o escore-*z* equivalente desta média amostral usando a média populacional e o erro padrão da média para amostras deste tamanho.

$$z = \frac{\bar{x} - \mu_X}{\sigma_X / \sqrt{n}}$$

Aqui, $\bar{x}$ é a média amostral, μ_X é a média populacional, σ_x é o desvio padrão populacional e n é o tamanho amostral.

Agora, substitua os valores conhecidos na fórmula e resolva:

$$\begin{aligned}z &= \frac{90 - 100}{30/\sqrt{35}}\\ &= \frac{-10}{30/5{,}916}\\ &= \frac{-10}{5{,}071}\\ &= -1{,}972\end{aligned}$$

Como as probabilidades se igualam às áreas de cauda em uma distribuição normal, você começa encontrando a área sob a curva associada com esse escore-*z* usando uma tabela-*Z* (Tabela A-1 no apêndice). Então arredonde o escore-*z* para –1,97 e use a Tabela A-1 para encontrar a probabilidade associada de 0,0244.

Agora, descubra quanta área está nas caudas. Na tabela-*Z*, áreas refletem a proporção da curva normal em uma cauda. Como você quer encontrar a probabilidade de uma contagem tão longe da média *em qualquer direção*, precisará dobrar a área que acabou de encontrar para prestar contas da área na outra cauda:

$$\begin{aligned}\text{Área de cauda total} &= 2(\text{área de cauda única})\\ &= 2(0{,}0244)\\ &= 0{,}0488 \text{ ou } 4{,}88\%\end{aligned}$$

Finalmente, relate essa probabilidade (a proporção da área curva contida pelas duas caudas) como a probabilidade de encontrar um valor médio tão extremo ou mais.

407. 4,56%

Como as observações são retiradas de uma população normalmente distribuída, as médias amostrais também são normalmente distribuídas. Suponha uma contagem 10 unidades abaixo da média para simplificar os cálculos.

Primeiro, encontre o escore-*z* equivalente desta média amostral usando a média populacional e o erro padrão da média para amostras deste tamanho.

$$z = \frac{\bar{x} - \mu_X}{\sigma_X / \sqrt{n}}$$

Aqui, $\bar{x}$ é a média amostral, μ_X é a média populacional, σ_x é o desvio padrão populacional e n é o tamanho amostral.

Agora, substitua os valores conhecidos na fórmula e resolva:

$$\begin{aligned}z &= \frac{90-100}{40/\sqrt{64}}\\ &= \frac{-10}{40/8}\\ &= \frac{-10}{5}\\ &= -2{,}0\end{aligned}$$

Como as probabilidades se igualam às áreas de cauda em uma distribuição normal, você começa encontrando a área sob a curva associada com esse escore-*z* usando uma tabela-*Z* (Tabela A-1 no apêndice). Usando a Tabela A-1, você encontra a probabilidade associada de 0,0228.

Agora, descubra quanta área está nas caudas. Na tabela-*Z*, áreas refletem a proporção da curva normal em uma cauda. Como você quer encontrar a probabilidade de uma contagem tão longe da média *em qualquer direção*, precisará dobrar a área que acabou de encontrar para prestar contas da área na outra cauda:

$$\begin{aligned}\text{Área de cauda total} &= 2(\text{área de cauda única})\\ &= 2(0{,}0228)\\ &= 0{,}0456 \text{ ou } 4{,}56\%\end{aligned}$$

Finalmente, relate essa probabilidade (a proporção da área da curva contida pelas duas caudas) como a probabilidade de encontrar um valor médio tão extremo ou mais.

408. menor que 0,02%

Como as observações são retiradas de uma população normalmente distribuída, as médias amostrais também são normalmente distribuídas. Suponha uma contagem 10 unidades abaixo da média para simplificar os cálculos.

Primeiro, encontre o escore-*z* equivalente desta média amostral usando a média populacional e o erro padrão da média para amostras deste tamanho.

$$z = \frac{\bar{x} - \mu_X}{\sigma_X / \sqrt{n}}$$

Aqui, $\bar{x}$ é a média amostral, μ_X é a média populacional, σ_x é o desvio padrão populacional e n é o tamanho amostral.

Agora, substitua os valores conhecidos na fórmula e resolva:

$$\begin{aligned} z &= \frac{40 - 50}{16/\sqrt{64}} \\ &= \frac{-10}{16/8} \\ &= \frac{-10}{2} \\ &= -5 \end{aligned}$$

Como as probabilidades se igualam às áreas de cauda em uma distribuição normal, você começa encontrando a área sob a curva associada com esse escore-*z* usando uma tabela-*Z* (Tabela A-1 no apêndice).

Use a Tabela A-1, você encontrará a probabilidade associada; porque este valor é mais extremo que qualquer valor incluso na tabela, a probabilidade é menor que o menor valor da tabela de 0,0001.

Agora, descubra quanta área está nas caudas. Na tabela-*Z*, áreas refletem a proporção da curva normal em uma cauda. Como você quer encontrar a probabilidade de uma contagem tão longe da média *em qualquer direção*, precisará dobrar a área que você acabou de encontrar para prestar contas da área na outra cauda:

$$\begin{aligned} \text{Área de cauda total} &= 2(\text{área de cauda única}) \\ &= 2(0{,}0001) \\ &= 0{,}0002 \text{ ou } 0{,}02\% \end{aligned}$$

Finalmente, relate essa probabilidade (a proporção da área curva contida pelas duas caudas) como a probabilidade de encontrar um valor médio tão extremo ou mais.

409. 1,24%

Como as observações são retiradas de uma população normalmente distribuída, as médias amostrais também são normalmente distribuídas. Suponha uma contagem 10 unidades abaixo da média para simplificar os cálculos.

Primeiro, encontre o escore-*z* equivalente desta média amostral usando a média populacional e o erro padrão da média para amostras deste tamanho.

$$z = \frac{\bar{x} - \mu_X}{\sigma_X / \sqrt{n}}$$

Aqui, $\bar{x}$ é a média amostral, μ_X é a média populacional, σ_x é o desvio padrão populacional e n é o tamanho amostral.

Agora, substitua os valores conhecidos na fórmula e resolva:

$$\begin{aligned} z &= \frac{40-50}{16/\sqrt{16}} \\ &= \frac{-10}{16/4} \\ &= \frac{-10}{4} \\ &= -2{,}5 \end{aligned}$$

Como as probabilidades se igualam às áreas de cauda em uma distribuição normal, você começa encontrando a área sob a curva associada com esse escore-*z* usando uma tabela-*Z* (Tabela A-1 no apêndice). Usando a Tabela A-1, encontrará a probabilidade associada de 0,0062.

Agora, descubra quanta área está nas caudas. Na tabela-*Z*, áreas refletem a proporção da curva normal em uma cauda. Porque você quer encontrar a probabilidade de uma contagem tão longe da média *em qualquer direção*, precisará dobrar a área que acabou de encontrar para prestar contas da área na outra cauda:

$$\begin{aligned} \text{Área de cauda total} &= 2(\text{área de cauda única}) \\ &= 2(0{,}0062) \\ &= 0{,}0124, \text{ ou } 1{,}24\% \end{aligned}$$

Finalmente, relate essa probabilidade (a proporção da área curva contida pelas duas caudas) como a probabilidade de encontrar um valor médio tão extremo ou mais.

410. 52,86%

Como as observações são retiradas de uma população normalmente distribuída, as médias amostrais também são normalmente distribuídas. Suponha uma contagem 10 unidades abaixo da média para simplificar os cálculos.

Primeiro, encontre o escore-z equivalente desta média amostral usando a média populacional e o erro padrão da média para amostras deste tamanho.

$$z = \frac{\bar{x} - \mu_X}{\sigma_X / \sqrt{n}}$$

Aqui, $\bar{x}$ é a média amostral, μ_X é a média populacional, σ_x é o desvio padrão populacional e n é o tamanho amostral.

Agora, substitua os valores conhecidos na fórmula e resolva:

$$\begin{aligned} z &= \frac{-10 - 0}{160/\sqrt{100}} \\ &= \frac{-10}{160/10} \\ &= \frac{-10}{16} \\ &= -0{,}625, \text{ arredondado para } -0{,}63 \end{aligned}$$

Como as probabilidades se igualam às áreas de cauda em uma distribuição normal, você começa encontrando a área sob a curva associada com esse escore-z usando uma tabela-Z (Tabela A-1 no apêndice). Usando a Tabela A-1, você encontra a probabilidade associada de 0,2643.

Agora, descubra quanta área está nas caudas. Na tabela-Z, áreas refletem a proporção da curva normal em uma cauda. Como você quer encontrar a probabilidade de uma contagem tão longe da média *em qualquer direção*, precisará dobrar a área que acabou de encontrar para prestar contas da área na outra cauda:

$$\begin{aligned} \text{Área de cauda total} &= 2(\text{área de cauda única}) \\ &= 2(0{,}2643) \\ &= 0{,}5286, \text{ ou } 52{,}86\% \end{aligned}$$

Finalmente, relate essa probabilidade (a proporção da área curva contida pelas duas caudas) como a probabilidade de encontrar um valor médio tão extremo ou mais.

411. 4,65%

Antes de passar pelos passos para resolver este problema, determine se você pode usar o teorema central do limite. Embora o técnico laboratorial não saiba se a população de contagens de glóbulos brancos é normalmente distribuída, retirando uma amostra de 40 medidas independentes, o técnico estabelece um caso onde o teorema central do limite pode ser usado.

Primeiro, encontre o escore-z equivalente desta média amostral usando a média populacional e o erro padrão da média para amostras deste tamanho.

$$z = \frac{\bar{x} - \mu_X}{\sigma_X / \sqrt{n}}$$

Aqui, $\bar{x}$ é a média amostral, μ_X é a média populacional, σ_x é o desvio padrão populacional e n é o tamanho amostral.

Agora, substitua os valores conhecidos na fórmula e resolva:

$$\begin{aligned} z &= \frac{7.616 - 7.250}{1.375/\sqrt{40}} \\ &= \frac{366}{1.375/6{,}32456} \\ &= \frac{366}{217{,}4064} \\ &= 1{,}6835 \end{aligned}$$

Como as probabilidades se igualam às áreas de cauda em uma distribuição normal, você começa encontrando a área sob a curva associada com esse escore-z (arredondando para 1,68) usando uma tabela-Z (Tabela A-1 no apêndice).

A tabela dá áreas de cauda apenas para escores-z negativos, mas a distribuição normal é simétrica, então você pode procurar a área de cauda esquerda equivalente a $z = -1{,}68$, que acaba sendo 0,0465.

Agora, descubra a área de cauda total. O problema pede pela probabilidade de conseguir uma média amostral de 7.616 ou maior. Como o problema se refere especificamente a apenas uma cauda da distribuição, você *não* deve dobrar a probabilidade. Existe apenas uma cauda especificada pela questão (contagens de 7.616 ou *maiores*), então você pode usar 0,0465 ou 4,65% como sua resposta.

412. 49,08%

A distribuição dos pesos dos biscoitos é desconhecida e você não pode supor que é normal. Para responder a esta pergunta, olhe para o teorema central do limite. O teorema central do limite pode ser aplicado a este problema porque o tamanho amostral de 36 é grande o bastante ($n \geq 30$).

Primeiro, encontre o escore-z equivalente desta média amostral usando a média populacional e o erro padrão da média para amostras deste tamanho.

$$z = \frac{\bar{x} - \mu_X}{\sigma_X / \sqrt{n}}$$

Aqui, $\bar{x}$ é a média amostral, μ_X é a média populacional, σ_x é o desvio padrão populacional e n é o tamanho amostral.

Agora, substitua os valores conhecidos na fórmula e resolva:

$$
\begin{aligned}
z &= \frac{12{,}011-12}{0{,}1/\sqrt{36}} \\
&= \frac{0{,}011}{0{,}1/6} \\
&= \frac{0{,}011}{0{,}01667} \\
&= 0{,}6599
\end{aligned}
$$

Como as probabilidades se igualam às áreas de cauda em uma distribuição normal, você começa encontrando a área sob a curva associada com esse escore-z (arredondando para 0,66) usando uma tabela-Z (Tabela A-1 no apêndice).

A tabela dá áreas de cauda apenas para escores-z negativos, mas a distribuição normal é simétrica, então você pode procurar a área de cauda esquerda equivalente a $z = -0{,}66$, que acaba sendo 0,2546.

A pergunta pede pela probabilidade de um valor pelo menos próximo da média por essa quantidade, então você quer a probabilidade *excluindo* a área de cauda. A área total sob a curva é 1, então você dobra a área de cauda e subtrai de 1:

$$
\begin{aligned}
&1-(2)(0{,}2546) \\
&= 1-0{,}5092 \\
&= 0{,}4908 \text{ ou } 49{,}08\%
\end{aligned}
$$

413. 22,06%

A distribuição dos pesos dos biscoitos é desconhecida e você não pode supor que é normal. Para responder a esta pergunta, olhe para o teorema central do limite. O teorema central do limite pode ser aplicado a este problema porque o tamanho amostral de 49 é grande o bastante ($n \geq 30$).

Primeiro, encontre o escore-z equivalente desta média amostral usando a média populacional e o erro padrão da média para amostras deste tamanho.

$$
z = \frac{\bar{x}-\mu_X}{\sigma_X/\sqrt{n}}
$$

Aqui, $\bar{x}$ é a média amostral, μ_X é a média populacional, σ_x é o desvio padrão populacional e n é o tamanho amostral.

Agora, substitua os valores conhecidos na fórmula e resolva:

$$
\begin{aligned}
z &= \frac{12{,}004-12}{0{,}1/\sqrt{49}} \\
&= \frac{0{,}004}{0{,}1/7} \\
&= \frac{0{,}004}{0{,}01429} \\
&= 0{,}2799
\end{aligned}
$$

Como as probabilidades se igualam às áreas de cauda em uma distribuição normal, você começa encontrando a área sob a curva associada com esse escore-z (arredondando para 0,28) usando uma tabela-Z (Tabela A-1 no apêndice).

A tabela dá áreas de cauda apenas para escores-z negativos, mas a distribuição normal é simétrica, então você pode procurar a área de cauda esquerda equivalente a $z = -0{,}28$, que acaba sendo 0,3897.

A pergunta pede pela probabilidade de um valor pelo menos próximo média por essa quantidade, então você quer a probabilidade *excluindo* a área de cauda.

A área total sob a curva é 1, então você dobra a área de cauda e subtrai de 1:

$$\begin{aligned}&1-(2)(0{,}3897)\\&=1-0{,}7794\\&=0{,}2206 \text{ ou } 22{,}06\%\end{aligned}$$

414. 76,98%

A distribuição dos pesos dos biscoitos é desconhecida e você não pode supor que é normal. Para responder a esta pergunta, olhe para o teorema central do limite. O teorema central do limite pode ser aplicado a este problema porque o tamanho amostral de 36 é grande o bastante ($n \geq 30$).

Primeiro, encontre o escore-z equivalente desta média amostral usando a média populacional e o erro padrão da média para amostras deste tamanho.

$$z = \frac{\bar{x} - \mu_X}{\sigma_X / \sqrt{n}}$$

Aqui, $\bar{x}$ é a média amostral, μ_X é a média populacional, σ_x é o desvio padrão populacional e n é o tamanho amostral.

Agora, substitua os valores conhecidos na fórmula e resolva:

$$\begin{aligned}z&=\frac{12{,}02-12}{0{,}1/\sqrt{36}}\\&=\frac{0{,}02}{0{,}1/6}\\&=\frac{0{,}02}{0{,}01667}\\&=1{,}1998\end{aligned}$$

Como as probabilidades se igualam às áreas de cauda em uma distribuição normal, você começa encontrando a área sob a curva associada com esse escore-z (arredondando para 1,20) usando uma tabela-Z (Tabela A-1 no apêndice).

A tabela dá áreas de cauda apenas para escores-z negativos, mas a distribuição normal é simétrica, então você pode procurar a área de cauda esquerda equivalente a $z = -1{,}20$, que acaba sendo 0,1151.

A pergunta pede pela probabilidade de um valor pelo menos próximo da média por essa quantidade, então você quer a probabilidade *excluindo* a área de cauda. A área total sob a curva é 1, então você dobra a área de cauda e subtrai de 1:

$$\begin{aligned}&1-(2)(0{,}1151)\\&=1-0{,}2302\\&=0{,}7698 \text{ ou } 76{,}98\%\end{aligned}$$

415. 83,84%

A distribuição dos pesos dos biscoitos é desconhecida e você não pode supor que é normal. Para responder a esta pergunta, olhe para o teorema central do limite. O teorema central do limite pode ser aplicado a este problema porque o tamanho amostral de 49 é grande o bastante ($n \geq 30$).

Primeiro, encontre o escore-z equivalente desta média amostral usando a média populacional e o erro padrão da média para amostras deste tamanho.

$$z=\frac{\bar{x}-\mu_X}{\sigma_X/\sqrt{n}}$$

Aqui, $\bar{x}$ é a média amostral, μ_X é a média populacional, σ_x é o desvio padrão populacional e n é o tamanho amostral.

Agora, substitua os valores conhecidos na fórmula e resolva:

$$\begin{aligned}z&=\frac{12{,}02-12}{0{,}1/\sqrt{49}}\\&=\frac{0{,}02}{0{,}1/7}\\&=\frac{0{,}02}{0{,}014286}\\&=1{,}39997\end{aligned}$$

Como as probabilidades se igualam às áreas de cauda em uma distribuição normal, você começa encontrando a área sob a curva associada com esse escore-z (arredondando para 1,40) usando uma tabela-Z (Tabela A-1 no apêndice).

A tabela dá áreas de cauda apenas para escores-z negativos, mas a distribuição normal é simétrica, então você pode procurar a área de cauda esquerda equivalente a $z = -1{,}40$, que acaba sendo 0,0808.

A pergunta pede pela probabilidade de um valor pelo menos próximo da média por essa quantidade, então você quer a probabilidade *excluindo* a área de cauda. A área total sob a curva é 1, então dobre a área de cauda e subtraia de 1:

$$\begin{aligned}&1-(2)(0{,}0808)\\&=1-0{,}1616\\&=0{,}8384 \text{ ou } 83{,}84\end{aligned}$$

416. 0,69

$\hat{p}$ (pronunciado “p-chapéu”) é a proporção observada de mulheres zumbis na amostra. Como 20 zumbis foram identificados como mulheres e 9 foram identificados como homens, a proporção é

$$\begin{aligned}\hat{p}&=\frac{\text{Número de zumbis femininos na amostra}}{\text{Número total de zumbis na amostra}}\\&=\frac{20}{20+9}\\&=\frac{20}{29}\\&=0{,}689\end{aligned}$$

417. 0,50

A proporção populacional, p, pode ser a proporção real observada em uma população ou uma proporção teórica que deveria acontecer sob algum conjunto de suposições, como a suposição de que exatamente metade (ou 0,50) dos zumbis seria mulher na ausência de viés.

418. 0,0928

$\sigma_{\hat{p}}$ representa o erro padrão de uma proporção amostral. Você calcula $\sigma_{\hat{p}}$ com a seguinte fórmula:

$$\sigma_{\hat{p}}=\sqrt{\frac{p(1-p)}{n}}$$

onde p é a proporção populacional e n é o tamanho amostral.

Agora, substitua os valores conhecidos na fórmula e resolva:

$$\begin{aligned}\sigma_{\hat{p}}&=\sqrt{\frac{0{,}5(1-0{,}5)}{29}}\\&=\sqrt{\frac{0{,}25}{29}}\\&=0{,}092848\end{aligned}$$

Isso arredonda para 0,0928.

419. Sim

O número de mulheres zumbis, X, tem uma distribuição binomial, com $p = 0{,}5$ e $n = 29$. Você pode aplicar o teorema central do limite contanto que ambos, np e $n(1 - p)$ sejam maiores que 10. (***Nota:*** Você não usa a condição que n é pelo menos 30 como faz para outros problemas de teorema central do limite. A binomial é muito comum e tem suas próprias condições especiais para verificar.)

Neste caso, $np = (29)(0{,}5) = 14{,}5$ e $n(1 - p) = 29(1 - 0{,}5) = 14{,}5$, então o tamanho amostral é grande o suficiente para usar o teorema central do limite.

420. 0,03

Use a fórmula para calcular o erro padrão de uma proporção amostral

$$\sigma_{\hat{p}} = \sqrt{\frac{p(1-p)}{n}}$$

onde p é a proporção populacional e n é o tamanho amostral.

Neste caso, $p = 0{,}9$ e $n = 100$, então você tem

$$\begin{aligned}\sigma_{\hat{p}} &= \sqrt{\frac{0{,}9(1-0{,}9)}{100}}\\ &= \sqrt{\frac{0{,}09}{100}}\\ &= 0{,}03\end{aligned}$$

421. 0,03

$\sigma_{\hat{p}}$ é o erro padrão para uma proporção amostral, que você pode encontrar usando esta fórmula:

$$\sigma_{\hat{p}} = \sqrt{\frac{p(1-p)}{n}}$$

onde p é a proporção populacional e n é o tamanho amostral.

Neste caso, $p = 0{,}1$ e $n = 100$, então você tem

$$\begin{aligned}\sigma_{\hat{p}} &= \sqrt{\frac{0{,}1(1-0{,}1)}{100}}\\ &= \sqrt{\frac{0{,}09}{100}}\\ &= 0{,}03\end{aligned}$$

422. 0,05

$\sigma_{\hat{p}}$ é o erro padrão para uma proporção amostral, que você pode encontrar usando esta fórmula:

$$\sigma_{\hat{p}} = \sqrt{\frac{p(1-p)}{n}}$$

onde p é a proporção populacional e n é o tamanho amostral.

Neste caso, $p = 0,5$ e $n = 100$, então você tem

$$\begin{aligned}\sigma_{\hat{p}} &= \sqrt{\frac{0,5(1-0,5)}{100}}\\ &= \sqrt{\frac{0,25}{100}}\\ &= 0,05\end{aligned}$$

423. 0,0607

$\sigma_{\hat{p}}$ é o erro padrão para uma proporção amostral, que você pode encontrar usando esta fórmula:

$$\sigma_{\hat{p}} = \sqrt{\frac{p(1-p)}{n}}$$

onde p é a proporção populacional e n é o tamanho amostral.

Neste caso, $p = 0,67$ e $n = 60$, então você tem

$$\begin{aligned}\sigma_{\hat{p}} &= \sqrt{\frac{0,67(1-0,67)}{n}}\\ &= \sqrt{\frac{0,2211}{60}}\\ &= 0,0607\end{aligned}$$

424. 100

Para usar o teorema central do limite para proporções, ambos, np e $n(1-p)$ devem ser 10 ou mais, onde n é o tamanho amostral e p é a proporção populacional. (***Nota:*** Você não usa a condição de que n é pelo menos 30 como feito em outros problemas do teorema central do limite. A binomial é muito comum e tem suas próprias condições especiais para verificar.)

Neste caso, $p < (1-p)$, então você precisa assegurar que np seja pelo menos 10, o que você pode escrever como $np \geq 10$ e rearranjar como

$$n \geq \frac{10}{p}$$

(Como $p > 0$, você não precisa reverter a inequalidade aqui.) Agora substitua 0,1 para p para ter

$$n \geq \frac{10}{0,1}$$
$$n \geq 100$$

O tamanho amostral deve ser pelo menos 100.

425. 20

Para usar o teorema central do limite para proporções, ambos, np e $n(1-p)$ devem ser 10 ou mais, onde n é o tamanho amostral e p é a proporção populacional. (***Nota:*** Você não usa a condição de que n é pelo menos 30 como faz para outros problemas do teorema central do limite. A binomial é muito comum e tem suas próprias condições especiais para verificar.)

Porque p e $(1-p)$ são iguais (0,5), resolver tanto para np quanto para $n(1-p)$ funcionará.

Então você pode rearranjar a afirmação $np \geq 10$ como

$$n \geq \frac{10}{p}$$

Agora substitua 0,5 para p para ter

$$n \geq \frac{10}{0,5}$$
$$n \geq 20$$

O tamanho amostral deve ser pelo menos 20.

426. −1,58

Use a fórmula para um escore-z para proporções:

$$z = \frac{\hat{p}-p}{\sigma_{\hat{p}}}$$

onde $\hat{p}$ é a proporção amostral, p é a proporção populacional e $\sigma_{\hat{p}}$ é o erro padrão da proporção amostral.

Agora, substitua os valores conhecidos na fórmula e resolva:

$$z = \frac{0,25-0,5}{0,1581}$$
$$= \frac{-0,25}{0,1581}$$
$$= -1,5813$$

427. −2,5

Use a fórmula para um escore-z para proporções:

$$z = \frac{\hat{p}-p}{\sigma_{\hat{p}}}$$

onde $\hat{p}$ é a proporção amostral, p é a proporção populacional e $\sigma_{\hat{p}}$ é o erro padrão da proporção amostral.

Agora, substitua os valores conhecidos na fórmula e resolva:

$$\begin{aligned} z &= \frac{0{,}25-0{,}5}{0{,}1} \\ &= \frac{-0{,}25}{0{,}1} \\ &= -2{,}5 \end{aligned}$$

428. 0

Você pode encontrar a resposta para este problema rapidamente, sem fazer nenhum cálculo. Se conseguir notar que a proporção observada (0,25) é a mesma que a proporção populacional, você saberá que o escore-z é 0. Poderá ver a razão olhando na equação para um escore-z:

$$z = \frac{\hat{p}-p}{\sigma_{\hat{p}}}$$

Aqui, $\hat{p}$ é a proporção amostral, p é a proporção populacional e $\sigma_{\hat{p}}$ é o erro padrão da proporção amostral. Se o numerador é 0 (0,25 – 0,25 = 0), então z também é 0.

429. não é possível usar o teorema central do limite aqui

Para o teorema central do limite funcionar aqui, você precisa verificar se np e $n(1-p)$ são ambos 10 ou mais. Neste caso $np = (10)(0{,}5) = 5$, então não pode usar o teorema central do limite.

Nota: Você pode calcular a probabilidade exata usando a fórmula de probabilidade binomial ou a tabela.

430. 0,62%

Para que o teorema central do limite funcione aqui, você precisa verificar se np e $n(1-p)$ são ambos 10 ou mais. Neste caso, $np = (25)(0{,}5) = 12{,}5$ e $n(1-p) = 25(1-0{,}5) = 12{,}5$, então você pode usar o teorema central do limite.

Primeiro, use a fórmula para encontrar o erro padrão:

$$\sigma_{\hat{p}} = \sqrt{\frac{p(1-p)}{n}}$$

onde p é a proporção populacional e n é o tamanho amostral.

$$\sigma_{\hat{p}} = \sqrt{\frac{0{,}5(1-0{,}5)}{25}} = \sqrt{\frac{0{,}25}{25}} = \sqrt{0{,}01} = 0{,}1$$

Então converta a informação que você tem para um escore-z, usando a seguinte fórmula:

$$z = \frac{\hat{p} - p}{\sigma_{\hat{p}}}$$

onde $\hat{p}$ é a proporção amostral, p é a proporção populacional e $\sigma_{\hat{p}}$ é o erro padrão da proporção amostral.

Neste caso, $\hat{p} = 0{,}25$, $p = 0{,}5$ e $\sigma_{\hat{p}} = 0{,}1$, então você tem

$$z = \frac{0{,}25 - 0{,}5}{0{,}1} = \frac{-0{,}25}{0{,}1} = -2{,}5$$

Como as probabilidades se igualam às áreas de cauda em uma distribuição normal, a Tabela A-1 no apêndice mostra a probabilidade na cauda abaixo de qualquer valor-z que você procure. Da tabela você pode ver que a área sob a curva abaixo do escore-z de –2,5 é 0,0062, ou 0,62%, que é a probabilidade aproximada necessária pelo teorema central do limite.

431. 50%

Antes de mergulhar nos cálculos com este problema, pense um pouco nele. Você pode ver que a probabilidade amostral e a probabilidade populacional são ambas a mesma (0,25). Então esta pergunta está realmente só perguntando o quão provável é da probabilidade amostral ser menor que a probabilidade populacional. Como a probabilidade amostral é um estimador imparcial da probabilidade populacional, é igualmente provável ser acima ou abaixo de p, então a probabilidade de ser abaixo de p é 50%. Você deve também confirmar que o teorema central do limite se aplica aqui calculando $np = (40)(0{,}25) = 10$ e $p(1 - p) = 40(1 - 0{,}25) = 30$. Ambos são pelo menos 10, então o teorema central do limite é aplicável.

432. 15,87%

Como a moeda é honesta, a probabilidade de caras em cada lançamento é $p = 0{,}5$. Os 36 lançamentos formam uma amostra de $n = 36$.

Verifique para ver se você pode usar a aproximação normal para a binomial certificando-se que ambos np e $n(1 - p)$ são iguais a pelo menos 10. Neste caso, $n = 36$ e $p = 0{,}5$, então $np = (36)(0{,}5) = 16$ e $n(1 - p) = (36)(1 - 0{,}5) = (36)(0{,}5) = 18$.

Agora converta 21 caras para proporções dividindo pelo tamanho amostral:

$$\hat{p} = \frac{21}{36} = 0,5833$$

A seguir, encontre o erro padrão, usando esta fórmula:

$$\sigma_{\hat{p}} = \sqrt{\frac{p(1-p)}{n}}$$

onde p é a proporção populacional e n é o tamanho amostral.

Substitua os valores conhecidos na fórmula e resolva:

$$\begin{aligned} \sigma_{\hat{p}} &= \sqrt{\frac{0,5(1-0,5)}{36}} \\ &= \sqrt{\frac{0,25}{36}} \\ &= 0,0833 \end{aligned}$$

Então converta a proporção amostral em um valor-z com esta fórmula:

$$z = \frac{\hat{p} - p}{\sigma_{\hat{p}}}$$

onde $\hat{p}$ é a proporção amostral, p é a proporção populacional e $\sigma_{\hat{p}}$ é o erro padrão da proporção amostral.

$$\begin{aligned} z &= \frac{\hat{p} - p}{\sigma_{\hat{p}}} \\ &= \frac{0,5833 - 0,5}{0,0833} \\ &= \frac{0,0833}{0,0833} \\ &= 1 \end{aligned}$$

Como a área de cauda é a mesma que a probabilidade quando você está lidando com a distribuição normal, use a Tabela A-1 no apêndice para encontrar a área à esquerda de $z = +1,0$ que é 0,8413; para encontrar a área à direita, subtraia isso de 1 (porque a probabilidade total é sempre 1):

$1 - 0,8413 = 0,1587$ ou 15,87%.

Respostas 401–500

433. >99,99%

Como a moeda é honesta, a probabilidade de caras em cada lançamento é $p = 0,5$. Os 50 lançamentos formam uma amostra de $n = 50$.

Verifique para ver se você pode usar a aproximação normal para a binomial certificando-se que ambos np e $n(1 - p)$ são iguais a pelo menos 10. Neste caso, $n = 50$ e $p = 0,5$, então $np = (50)(0,5) = 25$ e $n(1 - p) = (50)(1 - 0,5) = (50)(0,5) = 25$.

Agora converta 21 caras para proporções dividindo pelo tamanho amostral:

$$\hat{p} = \frac{10}{50} = 0{,}2$$

A seguir, encontre o erro padrão, usando esta fórmula:

$$\sigma_{\hat{p}} = \sqrt{\frac{p(1-p)}{n}}$$

onde p é a proporção populacional e n é o tamanho amostral.

Substitua os valores conhecidos na fórmula e resolva:

$$\begin{aligned}\sigma_{\hat{p}} &= \sqrt{\frac{0{,}5\,(1-0{,}5)}{50}}\\ &= \sqrt{\frac{0{,}25\,(0{,}25)}{50}}\\ &= 0{,}07071\end{aligned}$$

Então converta a proporção amostral em um valor-z com esta fórmula:

$$z = \frac{\hat{p}-p}{\sigma_{\hat{p}}}$$

onde $\hat{p}$ é a proporção amostral, p é a proporção populacional e $\sigma_{\hat{p}}$ é o erro padrão da proporção amostral.

$$\begin{aligned}z &= \frac{\hat{p}-p}{\sigma_{\hat{p}}}\\ &= \frac{0{,}2-0{,}5}{0{,}07071}\\ &= \frac{-0{,}3}{0{,}07071}\\ &= -4{,}2427\end{aligned}$$

Para encontrar a probabilidade desses resultados, encontre a probabilidade do escore-z usando a Tabela A-1. O menor valor para um escore-z na Tabela A-1 é –3,69; a probabilidade de um escore-z menor que este valor é 0,0001. A probabilidade de um escore-z de –4,2427 é menor que isso, porque –4,2427 está mais longe de 0 do que –3,69 então você pode dizer que a probabilidade de conseguir pelo menos dez caras em 50 lançamentos de uma moeda honesta é maior que o seguinte:

1 – 0,0001 = 0,9999 ou 99,99%

434. 2,28%

Comece encontrando a proporção observada de interesse. A pergunta pede sobre conseguir mais de 60 caras, então você está interessado em probabilidades para a amostra maiores que 60/100 = 0,6 ou $\hat{p} = 0{,}6$.

Note que o valor da proporção populacional (p) usado na seguinte fórmula é 0,5, a chance de conseguir cara em um lançamento de uma moeda honesta.

A seguir, encontre o erro padrão, usando esta fórmula:

$$\sigma_{\hat{p}} = \sqrt{\frac{p(1-p)}{n}}$$

onde p é a proporção populacional e n é o tamanho amostral.

Substitua os valores conhecidos na fórmula e resolva:

$$\begin{aligned}\sigma_{\hat{p}} &= \sqrt{\frac{0{,}5(1-0{,}5)}{100}}\\ &= \sqrt{\frac{0{,}25}{100}}\\ &= 0{,}05\end{aligned}$$

Então converta a proporção amostral em um valor-z com esta fórmula:

$$z = \frac{\hat{p} - p}{\sigma_{\hat{p}}}$$

onde $\hat{p}$ é a proporção amostral, p é a proporção populacional e $\sigma_{\hat{p}}$ é o erro padrão da proporção amostral.

$$\begin{aligned}z &= \frac{0{,}6 - 0{,}5}{0{,}05}\\ &= 2{,}0\end{aligned}$$

Então você está interessado na probabilidade de conseguir um escore-z maior que 2,0. A Tabela A-1 no apêndice dá a probabilidade de um escore-z menor que 2,0 como 0,9722.

Você pode subtrair isto de 1 para conseguir a probabilidade de um escore maior que 2,0: 1 – 0,9722 = 0,0228.

435. 5,59%

Primeiro, identifique a informação que você tem em notação simbólica, convertendo de porcentagens para proporções como necessário:

$p = 0{,}01$ (a proporção populacional)

$n = 1.000$ (o tamanho amostral)

$\hat{p} = 0{,}015$ (a proporção amostral)

Descubra se você pode usar o teorema central do limite certificando-se que ambos, np e $n(1-p)$, são iguais a pelo menos 10. Como np é (1.000)(0,01) = 10 e 1.000(1 – 0,01) = 1.000(0,99) = 990, você pode continuar.

Para conseguir a probabilidade adequada, você precisa encontrar o erro padrão e então converter a proporção amostral para um valor-z. A fórmula para erro padrão é

$$\sigma_{\hat{p}} = \sqrt{\frac{p(1-p)}{n}}$$

onde p é a proporção populacional e n é o tamanho amostral.

Substitua os valores conhecidos na fórmula e resolva:

$$\begin{aligned}\sigma_{\hat{p}} &= \sqrt{\frac{0{,}01(1-0{,}01)}{1.000}}\\ &= \sqrt{\frac{0{,}0099}{1.000}}\\ &= 0{,}003146\end{aligned}$$

Então converta a proporção amostral em um valor-z com esta fórmula:

$$z = \frac{\hat{p}-p}{\sigma_{\hat{p}}}$$

onde $\hat{p}$ é a proporção amostral, p é a proporção populacional e $\sigma_{\hat{p}}$ é o erro padrão da proporção amostral.

$$\begin{aligned}z &= \frac{0{,}015-0{,}01}{0{,}003146}\\ &= \frac{0{,}005}{0{,}003146}\\ &= 1{,}58931\end{aligned}$$

Você pode encontrar a probabilidade de observar um valor-z de 1,589 ou menor usando a Tabela A-1 no apêndice (arredondando z para 1,59): 0,9411.

Para responder à pergunta, precisa-se da probabilidade de observar um valor-z tão alto quanto este ou mais, que é encontrado subtraindo de 1 (a área total sob a curva):

$$1 - 0{,}9441 = 0{,}0559 = 5{,}59\%$$

436. 19,02%

Primeiro, descubra se você pode usar a aproximação normal para a binomial certificando-se que ambos, np e $n(1-p)$, são pelo menos 10. Aqui, $np = 36(0{,}3) = 10{,}8$ e $n(1-p) = 36(1-0{,}3) = 36(0{,}7) = 25{,}2$, então você pode continuar.

Para conseguir a probabilidade adequada, precisa-se encontrar o erro padrão, usando esta fórmula:

$$\sigma_{\hat{p}} = \sqrt{\frac{p(1-p)}{n}}$$

onde p é a proporção populacional e n é o tamanho amostral.

Substitua os valores conhecidos na fórmula e resolva:

$$\sigma_{\hat{p}} = \sqrt{\frac{0,3(1-0,3)}{36}} = \sqrt{\frac{0,21}{36}} = 0,07638$$

Então converta a proporção amostral em um valor-z com esta fórmula:

$$z = \frac{\hat{p} - p}{\sigma_{\hat{p}}}$$

onde $\hat{p}$ é a proporção amostral, p é a proporção populacional e $\sigma_{\hat{p}}$ é o erro padrão da proporção amostral.

$$z_1 = \frac{\hat{p}_1 - p}{\sigma_{\hat{p}}} = \frac{0,2-0,3}{0,07638} = \frac{-0,1}{0,07638} = -1,3092$$

$$z_2 = \frac{\hat{p}_2 - p}{\sigma_{\hat{p}}} = \frac{0,4-0,3}{0,07638} = \frac{0,1}{0,07638} = 1,3092$$

Como as probabilidades se igualam às áreas de cauda em uma distribuição normal, você pode encontrar a área na cauda esquerda usando a tabela-Z (Tabela A-1 no apêndice) e procurando-a na área à esquerda de $z = -1,3092$, que é 0,0951.

Dobrando isso dá uma área de cauda total de 0,1902, ou 19,02%.

437. 100%

Uma proporção deve estar na amplitude de 0 a 1, então não existe probabilidade de observar uma proporção maior que ou igual a 2. Portanto, a probabilidade de uma proporção observada menor que 2 é 100%.

438. 90,49%

Primeiro, determine se você pode usar o teorema central do limite certificando-se que ambos, np e $n(1 - p)$, são pelo menos 10. Porque $np = 36(0,3) = 10,8$ e $n(1 - p) = 36(1 - 0,3) = 36(0,7) = 25,2$, então você pode continuar.

A seguir, encontre o erro padrão, usando esta fórmula:

$$\sigma_{\hat{p}} = \sqrt{\frac{p(1-p)}{n}}$$

onde p é a proporção populacional e n é o tamanho amostral.

Substitua os valores conhecidos na fórmula e resolva:

$$\begin{aligned}\sigma_{\hat{p}} &= \sqrt{\frac{0{,}3(1-0{,}3)}{36}}\\ &= \sqrt{\frac{0{,}21}{36}}\\ &= 0{,}07638\end{aligned}$$

Então converta as proporções observadas para escores-z com esta fórmula:

$$z = \frac{\hat{p}-p}{\sigma_{\hat{p}}}$$

onde $\hat{p}$ é a proporção amostral, p é a proporção populacional e $\sigma_{\hat{p}}$ é o erro padrão da proporção amostral.

$$\begin{aligned}z &= \frac{\hat{p}_1-p}{\sigma_{\hat{p}}}\\ &= \frac{0{,}4-0{,}3}{0{,}07638}\\ &= \frac{0{,}1}{0{,}07638}\\ &= 1{,}3092\end{aligned}$$

Como as probabilidades se igualam às áreas de cauda em uma distribuição normal, você pode encontrar a área na cauda esquerda usando a tabela-Z (Tabela A-1 no apêndice) e procurando-a na área à esquerda de $z = 1{,}3092$ (arredondada para 1,31), que é 0,9049, ou 94,49%

439. 5%

Primeiro, determine se você pode usar o teorema central do limite certificando-se que ambos, np e $n(1-p)$, são pelo menos 10. Como $np = 81(0{,}3) = 24{,}3$ e $n(1-p) = 81(1-0{,}3) = 81(0{,}7) = 56{,}7$, então você pode continuar.

A seguir, encontre o erro padrão, usando esta fórmula:

$$\sigma_{\hat{p}} = \sqrt{\frac{p(1-p)}{n}}$$

onde p é a proporção populacional e n é o tamanho amostral.

Substitua os valores conhecidos na fórmula e resolva:

$$\begin{aligned}\sigma_{\hat{p}} &= \sqrt{\frac{0,3(1-0,3)}{81}}\\ &= \sqrt{\frac{0,21}{81}}\\ &= 0,05092\end{aligned}$$

Então converta as proporções observadas para escores-z com esta fórmula:

$$z = \frac{\hat{p}-p}{\sigma_{\hat{p}}}$$

onde $\hat{p}$ é a proporção amostral, p é a proporção populacional e $\sigma_{\hat{p}}$ é o erro padrão da proporção amostral.

$$\begin{aligned}z_1 &= \frac{\hat{p}_1-p}{\sigma_{\hat{p}}}\\ &= \frac{0,2-0,3}{0,05092}\\ &= \frac{-0,1}{0,05092}\\ &= -1,96386\end{aligned}$$

$$\begin{aligned}z_2 &= \frac{\hat{p}_2-p}{\sigma_{\hat{p}}}\\ &= \frac{0,4-0,3}{0,05092}\\ &= \frac{0,1}{0,05092}\\ &= 1,96386\end{aligned}$$

Como as probabilidades se igualam às áreas de cauda em uma distribuição normal, você pode encontrar a área na cauda esquerda usando a tabela-Z (Tabela A-1 no apêndice) e procurando-a na área à esquerda de $z = -1,96$, que é 0,025.

Dobrando isso lhe dá a área de cauda total de 0,05 ou 5%.

440. 99,12%

Primeiro, determine se você pode usar o teorema central do limite certificando-se que ambos, np e $n(1-p)$, são pelo menos 10. Porque $np = 144(0,3) = 43,2$ e $n(1-p) = 144(1-0,3) = 144(0,7) = 100,8$, então você pode continuar.

A seguir, encontre o erro padrão, usando esta fórmula:

$$\sigma_{\hat{p}} = \sqrt{\frac{p(1-p)}{n}}$$

onde p é a proporção populacional e n é o tamanho amostral.

Substitua os valores conhecidos na fórmula e resolva:

$$\sigma_{\hat{p}} = \sqrt{\frac{0{,}3(1-0{,}3)}{144}}$$
$$= \sqrt{\frac{0{,}21}{144}}$$
$$= 0{,}03819$$

Então converta as proporções observadas para escores-z com esta fórmula:

$$z = \frac{\hat{p}-p}{\sigma_{\hat{p}}}$$

onde $\hat{p}$ é a proporção amostral, p é a proporção populacional e $\sigma_{\hat{p}}$ é o erro padrão da proporção amostral.

$$z_1 = \frac{\hat{p}_1 - p}{\sigma_{\hat{p}}}$$
$$= \frac{0{,}2-0{,}3}{0{,}03819}$$
$$= \frac{-0{,}1}{0{,}03819}$$
$$= -2{,}6185$$

$$z_2 = \frac{\hat{p}_2 - p}{\sigma_{\hat{p}}}$$
$$= \frac{0{,}4-0{,}3}{0{,}03819}$$
$$= \frac{0{,}1}{0{,}03819}$$
$$= 2{,}6185$$

Como as probabilidades se igualam às áreas de cauda em uma distribuição normal, você pode encontrar a área na cauda esquerda usando a tabela-Z (Tabela A-1 no apêndice) e procurando-a na área à esquerda de $z = -2{,}62$, que é 0,044.

Dobrando isso lhe dá a área de cauda total de 0,0088. Esta é a proporção da probabilidade na amplitude. Para encontrar a proporção fora da amplitude, subtraia de 1:

$$1 - 0{,}0088 = 0{,}9912\text{, ou } 99{,}12\%$$

441. Mostra o quão preciso você pode esperar que o resultado seja, através de muitas amostras aleatórias do mesmo tamanho.

A ideia básica em pesquisas é que os resultados amostrais variam. A *margem de erro* mede quanto você espera que seus resultados amostrais possam mudar caso tirasse muitas amostras diferentes do mesmo tamanho desta população. Aqui, o resultado do levantamento de 60% é baseado em uma amostra, e a margem de erro de 4% significa que, com um certo nível de confiança, este valor de 60% pode mudar até 4% para qualquer lado se diferentes amostras do mesmo tamanho forem tiradas.

Nota: Você supõe que todas as amostras foram escolhidas aleatoriamente neste caso, ou a margem de erro não significa nada. A margem de erro supõe que as amostras foram selecionadas aleatoriamente e mede apenas quanto os resultados podem mudar de amostra em amostra.

442. o nível de confiança

Qualquer resultado estatístico envolvendo uma margem de erro está basicamente calculando um intervalo de confiança, que é a estatística amostral mais ou menos a margem de erro. A afirmação requer um resultado amostral, a margem de erro e o nível de confiança. Aqui, a amostra é 1.000, a estatística amostral é 0,93, mas está faltando o nível de confiança.

443. A eleição está muito próxima para dizer.

Você pode usar a enquete para concluir que 54% dos eleitores nesta amostra votariam em Garcia, e quando projetar os resultados na população, adicionar uma margem de erro de ±5%. Isso significa que a proporção que votará em Garcia é estimada para ser entre 54% – 5% = 49% e 54% + 5% = 59% na população com 95% de confiança.

Você também pode usar a enquete para concluir que 46% dos eleitores nesta amostra votariam em Smith, e quando projetar os resultados na população, adicionar uma margem de erro de ±5%. Isso significa que a proporção votando em Smith é estimada para ser entre 46% – 5% = 41% e 46% + 5% = 51% na população com 95% de confiança (sobre muitas amostras).

O intervalo de confiança de Garcia é 49% a 59% e o intervalo de confiança de Smith é 41% a 51%. Como os intervalos de confiança se sobrepõem, a eleição está muito próxima para dizer.

444. ± 2,94

A fórmula para encontrar a margem de erro quando estimar uma média populacional é

$$\text{MDE} = \pm z^* \left(\frac{\sigma}{\sqrt{n}} \right)$$

onde z^* é o valor da Tabela A-4 para um dado nível de confiança (95% neste caso, ou 1,96), σ é o desvio padrão populacional (15) e n é o tamanho amostral (100).

Agora, substitua esses valores na fórmula e resolva:

$$\begin{aligned} \text{MDE} &= \pm 1{,}96 \left(\frac{15}{\sqrt{100}} \right) \\ &= \pm 1{,}96(1{,}5) \\ &= \pm 2{,}94 \end{aligned}$$

A margem de erro para um intervalo de confiança de 95% para a média é ± 2,94.

445. ± 0,438

A fórmula para encontrar a margem de erro quando estimar uma média populacional é

$$MDE = \pm z^* \left(\frac{\sigma}{\sqrt{n}} \right)$$

onde z^* é o valor da Tabela A-4 para um dado nível de confiança (95% neste caso, ou 1,96), σ é o desvio padrão populacional (5) e n é o tamanho amostral (500).

Agora, substitua esses valores na fórmula e resolva:

$$\begin{aligned} MDE &= \pm 1{,}96 \left(\frac{5}{\sqrt{500}} \right) \\ &= \pm 1{,}96\,(0{,}2236) \\ &= \pm 0{,}438 \end{aligned}$$

A margem de erro para um intervalo de confiança de 95% para a média é ± 0,438.

446. ± R$3.099,03

A fórmula para encontrar a margem de erro quando estimar uma média populacional é

$$MDE = \pm z^* \left(\frac{\sigma}{\sqrt{n}} \right)$$

onde z^* é o valor da Tabela A-4 para um dado nível de confiança (95% neste caso, ou 1,96), σ é o desvio padrão populacional (R$10.000,00) e n é o tamanho amostral (40).

Agora, substitua esses valores na fórmula e resolva:

$$\begin{aligned} MDE &= \pm 1{,}96 \left(\frac{R\$10.000}{\sqrt{40}} \right) \\ &= \pm 1{,}96(R\$1.581{,}13883) \\ &= \pm R\$3.099{,}03 \end{aligned}$$

A margem de erro para um intervalo de confiança de 95% para a média é ± R$3.099,03.

447. ± R$3,72

A fórmula para encontrar a margem de erro quando estimar uma média populacional é

$$MDE = \pm z^{*}\left(\frac{\sigma}{\sqrt{n}}\right)$$

onde z^* é o valor da Tabela A-4 para um dado nível de confiança (99% neste caso, ou 2,58), σ é o desvio padrão populacional (R$25,00) e n é o tamanho amostral (300).

Agora, substitua esses valores na fórmula e resolva:

$$\begin{aligned} MDE &= \pm 2{,}58\left(\frac{R\$25}{\sqrt{300}}\right) \\ &= \pm 2{,}58(R\$1{,}4434) \\ &= \pm R\$\,3{,}72 \end{aligned}$$

A margem de erro para um intervalo de confiança de 99% para a média é ± R$3,72.

448. ± R$2,83

A fórmula para encontrar a margem de erro quando estimar uma média populacional é

$$MDE = \pm z^{*}\left(\frac{\sigma}{\sqrt{n}}\right)$$

onde z^* é o valor da Tabela A-4 para um dado nível de confiança (95% neste caso, ou 1,96), σ é o desvio padrão populacional (R$25,00) e n é o tamanho amostral (300).

Agora, substitua esses valores na fórmula e resolva:

$$\begin{aligned} MDE &= \pm 1{,}96\left(\frac{R\$25}{\sqrt{300}}\right) \\ &= \pm 1{,}96(R\$1{,}4434) \\ &= \pm R\$2{,}83 \end{aligned}$$

A margem de erro para um intervalo de confiança de 95% para a média é ± R$2,83.

449. R$83,15

Para encontrar o limite inferior para o intervalo de confiança de 80%, você primeiro tem que achar a margem de erro. A fórmula para encontrar a margem de erro quando estimar uma média populacional é

$$MDE = \pm z^* \left(\frac{\sigma}{\sqrt{n}} \right)$$

onde z^* é o valor da Tabela A-4 para um dado nível de confiança (80% neste caso, ou 1,28), σ é o desvio padrão populacional (R$25,00) e n é o tamanho amostral (300).

Agora, substitua esses valores na fórmula e resolva:

$$\begin{aligned} MDE &= \pm 1{,}28 \left(\frac{R\$25}{\sqrt{300}} \right) \\ &= \pm 1{,}28(R\$1{,}4434) \\ &= \pm R\$1{,}85 \end{aligned}$$

A seguir, subtraia a MDE da média amostral para encontrar o limite inferior: R$85,00 – R$1,85 = R$83,15.

450. 1,96

Antes de tudo, observe na Tabela A-4, então verá que o número que você precisa para z^* para um intervalo de confiança de 95% é 1,96. Entretanto, quando se procura de 1,96 na Tabela A-1 no apêndice, tem-se a probabilidade de 0,975. Por quê?

Em poucas palavras, a Tabela A-1 mostra apenas a probabilidade abaixo de um certo valor-z, e você quer a probabilidade entre dois valores-z. Se 95% dos valores devem estar entre $-z$ e z, deve-se expandir essa ideia para notar que uma combinação de 5% dos valores estão acima de z e abaixo de $-z$. Então, 2,5% dos valores estão acima de z e 2,5% dos valores estão abaixo de $-z$. Para conseguir a área total abaixo deste valor-z, pegue os 95% entre $-z$ e z mais os 2,5% abaixo de $-z$, e você tem 97,5%. Este é o valor-z com 97,5% de área abaixo dele. Também é o número com 95% entre os dois valores-z, $-z$ e z.

Para evitar todos esses passos extras e dores de cabeça, a Tabela A-4 já fez essa conversão para você. Então quando procurar 1,96 na Tabela A-4, encontrará automaticamente 95% (não 97,5%).

451. 2,58

A Tabela A-4 mostra a resposta: Um nível de confiança de 99% tem um valor-z^* de 2,58.

452. 1,28

A Tabela A-4 mostra a resposta: Um nível de confiança de 80% tem um valor-z^* de 1,28.

453. ± 0,83 anos

A fórmula para encontrar a margem de erro quando estimar uma média populacional é

$$MDE = \pm z^* \left(\frac{\sigma}{\sqrt{n}} \right)$$

onde z^* é o valor da Tabela A-4 para um dado nível de confiança (95% neste caso, ou 1,96), σ é o desvio padrão populacional (3 anos) e n é o tamanho amostral (50).

Agora, substitua esses valores na fórmula e resolva:

$$\begin{aligned} MDE &= \pm 1{,}96 \left(\frac{3 \text{ anos}}{\sqrt{50}} \right) \\ &= \pm 1{,}96\,(0{,}4243 \text{ anos}) \\ &= \pm 0{,}83 \text{ anos} \end{aligned}$$

Com 50 mulheres na amostra, o sociologista tem uma margem de erro de ±0,83 anos.

454. ± 0,59 anos

A fórmula para encontrar a margem de erro quando estimar uma média populacional é

$$MDE = \pm z^* \left(\frac{\sigma}{\sqrt{n}} \right)$$

onde z^* é o valor da Tabela A-4 para um dado nível de confiança (95% neste caso, ou 1,96), σ é o desvio padrão populacional (3 anos) e n é o tamanho amostral (100).

Agora, substitua esses valores na fórmula e resolva:

$$\begin{aligned} MDE &= \pm 1{,}96 \left(\frac{3 \text{ anos}}{\sqrt{100}} \right) \\ &\pm 1{,}96(0{,}3 \text{ anos}) \\ &= \pm 0{,}59 \text{ anos} \end{aligned}$$

Com este tamanho amostral, a margem de erro é de ±0,59 anos.

455. 9

Para resolver este problema, você tem que fazer um pouquinho de álgebra, usando a fórmula geral para a margem de erro quando estimar a média populacional:

$$\text{MDE} = \pm z^* \left(\frac{\sigma}{\sqrt{n}} \right)$$

Aqui, z^* é o valor da Tabela A-4 para um dado nível de confiança (95% neste caso, ou 1,96), σ é o desvio padrão populacional (3 anos) e n é o tamanho amostral.

Para encontrar o tamanho amostral, n, você tem que rearranjar a fórmula da margem de erro: Multiplique ambos os lados pela raiz quadrada de n, divida ambos os lados pela margem de erro e eleve ambos os lados ao quadrado (note que um tamanho amostral só pode ser positivo). Aqui estão os passos:

$$\text{MDE} = \pm z^* \left(\frac{\sigma}{\sqrt{n}} \right)$$

$$\text{MDE}\sqrt{n} = \pm z^* (\sigma)$$

$$(\sqrt{n}) = \pm \frac{z^* (\sigma)}{\text{MDE}}$$

$$n = \left(\frac{z^* (\sigma)}{\text{MDE}} \right)^2$$

Agora, para resolver o problema em mãos, substitua os valores na fórmula:

$$n = \left(\frac{(1{,}96)(3)}{2} \right)^2 = 8{,}643$$

Você não pode ter uma fração de um participante e precisa garantir que a margem de erro é menor ou igual a dois anos, então arredonde para 9 participantes.

Nota: Mesmo que o resultado fosse um número que você normalmente arredondaria para baixo (como 8,123), sempre arredonde para cima para o próximo maior inteiro quando estiver resolvendo o tamanho amostral.

456. ± 0,00182 mm

Para calcular a margem de erro (MDE) para estimar uma média populacional, use esta fórmula:

$$\text{MDE} = \pm z^* \left(\frac{\sigma}{\sqrt{n}} \right)$$

Aqui, z^* é o valor da Tabela A-4 para um dado nível de confiança (99% neste caso, ou 2,58), σ é o desvio padrão populacional (0,01 milímetros) e n é o tamanho amostral (200).

Agora, substitua os valores conhecidos na fórmula e resolva:

$$\begin{aligned}\text{MDE} &= \pm 2{,}58\left(\frac{0{,}01\text{mm}}{\sqrt{200}}\right)\\ &= \pm 2{,}58(0{,}000707\text{ mm})\\ &= \pm 0{,}00182\text{ mm}\end{aligned}$$

457.

± 0,00912 mm

Para calcular a margem de erro (MDE) para estimar uma média populacional, use esta fórmula:

$$\text{MDE} = \pm z^*\left(\frac{\sigma}{\sqrt{n}}\right)$$

Aqui, z^* é o valor da Tabela A-4 para um dado nível de confiança (99% neste caso, ou 2,58), σ é o desvio padrão populacional (0,05 milímetros) e n é o tamanho amostral (200).

Agora, substitua os valores conhecidos na fórmula e resolva:

$$\begin{aligned}\text{MDE} &= \pm 2{,}58\left(\frac{0{,}05\text{mm}}{\sqrt{200}}\right)\\ &= \pm 2{,}58(0{,}003536\text{ mm})\\ &= \pm 0{,}00912\text{ mm}\end{aligned}$$

458.

± 0,0182 mm

Para calcular a margem de erro (MDE) para estimar uma média populacional, use esta fórmula:

$$\text{MDE} = \pm z^*\left(\frac{\sigma}{\sqrt{n}}\right)$$

Aqui, z^* é o valor da Tabela A-4 para um dado nível de confiança (99% neste caso, ou 2,58), σ é o desvio padrão populacional (0,10 milímetros) e n é o tamanho amostral (200).

Agora, substitua os valores conhecidos na fórmula e resolva:

$$\begin{aligned}\text{MDE} &= \pm 2{,}58\left(\frac{0{,}1\text{ mm}}{\sqrt{200}}\right)\\ &= \pm 2{,}58(0{,}00707\text{mm})\\ &= \pm 0{,}0182\text{ mm}\end{aligned}$$

459. Quadruplicar o tamanho amostral original.

A fórmula básica para margem de erro quando estimar uma média populacional é

$$\text{MDE} = \pm z^* \left(\frac{\sigma}{\sqrt{n}} \right)$$

onde z^* é o valor da Tabela A-4 para um dado nível de confiança (99% neste caso, ou 2,58), σ é o desvio padrão populacional e n é o tamanho amostral (200). Você não precisa conhecer as unidades de medida ou o valor do desvio padrão para responder a pergunta.

Note que o tamanho amostral, n, aparece no denominador aqui. Se você quer cortar a margem de erro pela metade, o tamanho amostral vai mudar. Reduzir pela metade a MDE é equivalente a dividir a MDE por 2; para manter a integridade da equação, você tem que dividir a outra metade da equação por 2 também. Como o denominador do lado direito da equação é a raiz quadrada de n, dividir pela raiz quadrada de 4 é equivalente a dividir por 2, porque 2 é a raiz quadrada de 4.

$$\text{MDE} = \pm z^* \left(\frac{\sigma}{\sqrt{n}} \right)$$

$$\frac{\text{MDE}}{2} = \pm z^* \left(\frac{\sigma}{2\sqrt{n}} \right)$$

$$\frac{\text{MDE}}{2} = \pm z^* \left(\frac{\sigma}{\sqrt{4n}} \right)$$

Portanto, com todo o resto mantido constante, aumentar n quatro vezes mais dividirá a MDE na metade.

Note que, por causa da lei distributiva, o seguinte é verdadeiro:

$$\sqrt{4n} = (\sqrt{4})(\sqrt{n}) = 2\sqrt{n}$$

460. ele converteu a margem de erro com confiança de 99% para uma margem de erro com confiança de 80%

Note que você não precisa saber qual parte ou qual dimensão da parte está envolvida; pode-se resolver este problema através do seu conhecimento da fórmula da margem de erro. Mudar de um nível de confiança de 99% para um nível de confiança de 80% mudará a margem de erro para um pouco mais que a metade.

Considere a fórmula para calcular a margem de erro:

$$\text{MDE} = z^* \left(\frac{\sigma}{\sqrt{n}} \right)$$

onde z^* é o valor da Tabela A-4 para um dado nível de confiança, σ é o desvio padrão populacional e n é o tamanho amostral. Para preservar a equação, mas reduzir a MDE pela metade, você deve dividir ambos os lados por 2 (ou multiplicar ambos por ½).

$$\text{MDE} = z^* \left(\frac{\sigma}{\sqrt{n}} \right)$$

$$\left(\frac{1}{2} \right) \text{MDE} = \left(\frac{1}{2} \right) z^* \left(\frac{\sigma}{\sqrt{n}} \right)$$

Você não pode mudar o tamanho amostral ou o desvio padrão; a única coisa que pode ser mudado é z^*. Serão necessários dois valores, um dos quais é cerca de duas vezes o outro. O valor de z^* para um intervalo de confiança de 99% é 2,58, que é cerca de duas vezes aquele para um intervalo de confiança de 80% (1,28). A melhor conclusão é que o dono da fábrica mudou a largura do intervalo de confiança.

461. 800

O tamanho amostral, n, aparece no denominador da fórmula para margem de erro.

$$\text{MDE} = \pm z^* \left(\frac{\sigma}{\sqrt{n}} \right)$$

A pesquisadora quer cortar a MDE para 1/3 de seu valor atual, que é equivalente a dividi-la por 3. Para reter a integridade da equação, você deve dividir ambos os lados por 3. Note que o denominador do lado direito da equação é a raiz quadrada de n; dividir pela raiz quadrada de 9 é equivalente a dividir por 3, porque 3 é a raiz quadrada de 9. Então divida a MDE por 3, mantendo todo o resto constante, deve-se aumentar o tamanho amostral em 9 vezes seu valor atual.

$$\text{MDE} = \pm z^* \left(\frac{\sigma}{\sqrt{n}} \right)$$

$$\frac{\text{MDE}}{3} = \pm z^* \left(\frac{\sigma}{3\sqrt{n}} \right)$$

$$\frac{\text{MDE}}{3} = \pm z^* \left(\frac{\sigma}{\sqrt{9n}} \right)$$

Note que, por causa da lei distributiva, o seguinte é verdadeiro:

$$\sqrt{9n} = (\sqrt{9})(\sqrt{n}) = 3\sqrt{n}$$

Como $n = 100$ e $9n = (9)(100) = 900$, a pesquisadora de mercado precisa de mais 800 participantes para conseguir a margem de erro desejada (é necessário um total de 900 participantes).

462. ± 0,978%

A fórmula para calcular a margem de erro (MDE) para uma proporção populacional é

$$\text{MDE} = \pm z^* \sqrt{\frac{\hat{p}(1-\hat{p})}{n}}$$

Onde z^* é o valor da Tabela A-4 para um dado nível de confiança(95% neste caso, ou 1,96), p é a proporção amostral (0,53) e n é o tamanho amostral (10.000).

Você converte 53% para a proporção 0,53 dividindo a porcentagem por 100: 53/100 = 0,53

Agora, substitua os valores conhecidos na fórmula e resolva:

$$\begin{aligned}\text{MDE} &= \pm 1{,}96\sqrt{\frac{0{,}53\,(1-0{,}53)}{10{,}000}}\\ &= \pm 1{,}96\sqrt{\frac{0{,}2491}{10{,}000}}\\ &= \pm 1{,}96\sqrt{0{,}00002491}\\ &= \pm 1{,}96\,(0{,}00499)\\ &= \pm 0{,}00978\end{aligned}$$

Converta esta proporção para uma porcentagem multiplicando por 100%: (0,00978)(100%) = 0,978%

A margem de erro é, portanto, ±0,978%.

Você estima que 53% ±0,978% de todos os europeus estão infelizes com o euro, baseado nos resultados dessa pesquisa com 95% de confiança.

463. ± 7,69%

A fórmula para calcular a margem de erro (MDE) para uma proporção populacional é

$$\text{MDE} = \pm z^* \sqrt{\frac{\hat{p}(1-\hat{p})}{n}}$$

Onde z^* é o valor da Tabela A-4 para um dado nível de confiança (99% neste caso, ou 2,58), p é a proporção amostral (0,48) e n é o tamanho amostral (281).

Para calcular a proporção amostral, divida o número que respondeu que pretendiam votar pelo número total inquirido: 135/281 = 0,48.

Agora, substitua os valores conhecidos na fórmula e resolva:

$$\begin{aligned}\text{MDE} &= \pm 2{,}58\sqrt{\frac{0{,}48(1-0{,}48)}{281}}\\ &= \pm 2{,}58\sqrt{\frac{0{,}2496}{281}}\\ &= \pm 2{,}58(0{,}0298)\\ &= \pm 0{,}0769\end{aligned}$$

Converta esta proporção para uma porcentagem multiplicando por 100%: (0,0769)(100%) = 7,69%.

Usando um nível de confiança de 99%, o gabinete eleitoral do município alcançou uma margem de erro de ± 7,69%.

464. 90% de confiança

O nível de confiança lhe diz quantos erros padrão adicionar e subtrair para conseguir a margem de erro que você quer, que é quantificada pelo valor-z. Para encontrar o nível de confiança, primeiro precisa-se resolver para z rearranjando a fórmula da margem de erro para uma proporção populacional:

$$\text{MDE} = \pm z^*\sqrt{\frac{\hat{p}(1-\hat{p})}{n}}$$

Aqui, z^* é o valor da Tabela A-4 para um dado nível de confiança, p é a proporção amostral (0,46) e n é o tamanho amostral (922).

Rearranje esta fórmula como segue:

$$\text{MDE} = \pm z^*\sqrt{\frac{\hat{p}(1-\hat{p})}{n}}$$

$$\frac{\text{MDE}}{\sqrt{\frac{\hat{p}(1-\hat{p})}{n}}} = \pm z^*$$

Note que você pode retirar o símbolo ± porque a distribuição normal padrão é simétrica. Também, por convenção, esta fórmula é normalmente escrita com z^* do lado esquerdo (como os dois lados são equivalentes, não importa de que lado se escreva a equação):

$$z^* = \frac{\text{MDE}}{\sqrt{\frac{\hat{p}(1-\hat{p})}{n}}}$$

Então substitua os valores conhecidos na fórmula e resolva. (Primeiro, converta a margem de erro para uma proporção dividindo por 100%: 2,7%/100% = 0,027.)

$$\begin{aligned} z^* &= \frac{0{,}027}{\sqrt{\frac{0{,}46(1-0{,}46)}{922}}} \\ &= \frac{0{,}027}{\sqrt{\frac{0{,}2484}{922}}} \\ &= \frac{0{,}027}{0{,}01641} \\ &= 1{,}64534 \end{aligned}$$

Arredondando para três casas decimais, você tem 1,645. Agora você pode encontrar o nível de confiança olhando na Tabela A-4 e vendo que 1,645 corresponde ao valor-z^* de nível de confiança de 90%. Então poderá dizer com segurança que o nível de confiança é 90%.

465. B. Se o mesmo estudo fosse repetido muitas vezes, cerca de 95% das vezes, o intervalo de confiança conteria a média de dinheiro gasto para todos os clientes.

A média de dinheiro gasto para todos os clientes é um valor desconhecido, chamado de *parâmetro populacional*. A média de dinheiro gasto para os 100 clientes na amostra é um valor conhecido, R$45,00, que é chamado de *estatística*.

A loja está usando uma estatística amostral para estimar um parâmetro populacional. Como as amostras variam de amostra em amostra, eles sabem que a média amostral pode não corresponder exatamente com a média populacional, então eles usam intervalos de confiança para declarar uma amplitude de valores plausíveis para a média populacional. Se o mesmo experimento fosse repetido muitas vezes (retirando uma amostra do mesmo tamanho da mesma população e calculando a média amostral), seria esperado que a média populacional estivesse contida em 95% dos intervalos de confiança criados.

466. E. Alternativas (A) e (C) (A loja estudou uma amosta de registros de vendas em vez da população inteira de registros de vendas; como os resultados amostrais variam, não é esperado que a média amostral corresponda exatamente à média populacional, então uma amplitude de valores prováveis é requerida.)

A loja estudou uma amostra de registros para estimar um parâmetro populacional, e como os resultados da amostra variam (chamados *erros de amostragem*), não é esperado que a média amostral corresponda exatamente à média populacional Se outra amostra do mesmo tamanho fosse retirada da população, seria esperado que a média amostral fosse diferente de alguma forma, então uma amplitude de valores prováveis para a média populacional (ou seja, um intervalo de confiança) é necessária.

467. D. Alternativas (B) e (C) (A amostra maior irá produzir uma estimativa mais precisa da média populacional; o intervalo de confiança de 95% calculado da amostra maior será mais estreito.)

Uma amostra maior retirada da mesma população tenderá a produzir um intervalo de confiança mais estreito e uma estimativa mais precisa da média populacional. A quantidade de viés não é medido pelo intervalo de confiança.

468. E. Nenhuma das anteriores.

Não é esperado que a média amostral seja exatamente a mesma que a média populacional nem é esperado que outra amostra do mesmo tamanho retirada da mesma população tenha exatamente a mesma média. O número por si só não é um número "bom" para usar para estimar a média populacional; você precisa de uma margem de erro para ir com ele. A média amostral muda se outra amostra for tirada.

469. Amostra D

Para amostras de mesmo tamanho, maior variabilidade nos dados tenderá a produzir um intervalo de confiança mais amplo. Neste caso, a Amostra A não tem variabilidade, a Amostra B tem variabilidade limitada, a Amostra C tem alguma variabilidade e a Amostra D tem a maior variabilidade devido a um valor extremamente alto (20) Você pode conduzir cálculos nestes conjuntos de dados para confirmar essa noção.

470. um com o nível de confiança de 99%

O nível de confiança é a quantidade de confiança que você tem de que um intervalo de confiança conterá o parâmetro populacional real (neste caso, a média populacional) se o processo for repetido diversas vezes.

Se o nível de confiança é mais alto, o intervalo precisa ser mais amplo para incluir uma gama maior de valores prováveis para o parâmetro populacional. Portanto, o intervalo de confiança com o nível de confiança mais alto será o mais amplo.

471. A amplitude do intervalo de confiança aumentará.

Aumentar o nível de confiança aumentará a amplitude do intervalo de confiança porque, para ser mais confiante no seu processo de tentar estimar a média da população, você deve incluir uma gama maior de valores possíveis para ela (supondo que todas as outras partes envolvidas no intervalo de confiança permaneçam as mesmas).

472. Um nível de confiança mais alto significa que a margem de erro foi aumentada, requerendo um intervalo de confiança mais amplo.

Com os fatores permanecendo iguais, aumentar o nível de confiança significa que você está oferecendo uma gama mais ampla de valores possíveis para o parâmetro populacional. Isso aumenta a amplitude do intervalo de confiança.

473. ± 5%

A margem de erro é o número que é adicionado ou subtraído da estatística amostral para produzir o intervalo de confiança. Neste caso, a estatística amostral é 65%. Para começar com 65% e terminar com um intervalo de confiança de 60% a 70%, você deve somar e subtrair 5%:

$65\% + 5\% = 70\%$

$65\% - 5\% = 60\%$

Então a margem de erro é ± 5%.

474. A. $n = 100$

Com todo o resto mantido constante, quanto menor é o tamanho amostral, maior será a margem de erro. Você não tem tanta precisão quando com um conjunto de dados menor. Menor precisão significa uma margem de erro maior e que o intervalo de confiança será mais amplo. Conjuntos de pequenas amostras têm maior variabilidade do que conjuntos de amostras grandes.

475. E. $n = 5.000$

Com todo o resto mantido constante, quanto maior é o tamanho amostral, mais precisos serão seus resultados e menor será a margem de erro. Uma margem de erro menor significa que o intervalo de confiança é mais estreito. Conjuntos de amostras grandes não têm tanta variabilidade quanto conjuntos de amostras pequenas.

476. E. Alternativas (B) e (D) (A amostra de 500 terá um intervalo de confiança de 95% mais estreito; a amostra de 500 produzirá uma estimativa mais precisa da média populacional.)

Com todo o resto sendo igual, uma amostra maior produzirá um intervalo de 95% mais estreito e uma estimativa mais precisa da média populacional porque conjuntos de amostras grandes não têm tanta variabilidade quanto conjuntos de amostras pequenas.

477. Para um nível de confiança alto, o intervalo de confiança será mais amplo.

Quando calcular intervalos de confiança para diferentes níveis de confiança da mesma amostra, um nível de confiança mais alto produzirá um intervalo de confiança mais amplo.

478. C. Espera-se que o intervalo de confiança relacionado à População A seja mais estreito.

Todo o resto sendo igual, pode-se esperar que uma amostra de uma população menos variável produza um intervalo de confiança mais estreito. Isso porque as amostras não mudam tanto quando elas vem de uma população cujos valores são mais similares (menos variáveis).

479. E. Alternativas (B) e (C) (Um nível de confiança de 80% produzirá um intervalo de confiança mais estreito que um nível de confiança de 90%; uma amostra de 300 alunos produzirá um intervalo de confiança mais estreito que uma amostra de 150 alunos.)

Uma amostra maior e um nível de confiança mais baixo, ambos produzirão um intervalo de confiança mais estreito quando lidar com amostras aleatórias retiradas da mesma população.

480. Amostra B

Para o mesmo tamanho amostral e nível de confiança, uma maior variabilidade na amostra produzirá um intervalo de confiança mais amplo. A Amostra B tem a maior variabilidade e terá o intervalo de confiança mais amplo para um dado nível de confiança.

481. D. todos os trabalhadores com idades entre 22 e 30 que moram na América do Norte (Canadá, os EUA e México), ajustado em dólares americanos

A variabilidade da renda dessa população é a maior porque inclui trabalhadores de países com médias de renda substancialmente diferentes. Isso causa uma margem de erro maior quando estiver calculando um intervalo de confiança.

482. E. adultos com idades de 55 a 65

Quando tamanho amostral e nível de confiança são mantidos constantes, espera-se que a amostra da população menos variável produza a amostra menos variável e, por isso, o menor intervalo de confiança. Espera-se que a população com menos variabilidade seja aquela de adultos que atingiram sua altura adulta total (adultos de 55 a 65 anos) mas ainda não se tornaram sujeitos a diminuições de altura devido à osteoporose.

483. B. uma com nível de confiança de 95%, $n = 200$ e $\sigma = 12{,}5$

A margem de erro aumenta enquanto o nível de confiança e o desvio padrão aumentam. A margem de erro também aumenta com uma amostra menor.

484. D. Alternativas (A) e (B) (Aumentar o tamanho amostral de 200 para 1.000 elementos; diminuir o nível de confiança de 95% para 90%.)

Um tamanho amostral maior e um nível de confiança mais baixo, ambos diminuirão a margem de erro de um intervalo de confiança.

485. E. Isso significa que um menino selecionado aleatoriamente da turma tem uma chance de 95% de ter uma altura entre 5 pés e 5 polegadas e 6 pés e 1 polegada.

Um intervalo de confiança é construído como a estatística (estimativa pontual) mais ou menos a margem de erro. Neste caso, o intervalo de confiança de 95% é a estimativa pontual de 5 pés e 9 polegadas mais ou menos a margem de erro de 4 polegadas, que é 5 pés e 5 polegadas a 6 pés e 1 polegada.

Pode haver uma distribuição ampla de alturas individuais dos meninos. Um intervalo de confiança e um nível de confiança não dizem nada sobre a altura de um menino individual ou a amplitude total das alturas em geral.

486. O intervalo de confiança de 95% para a renda média no verão de todos os alunos universitários é R$4.100,00 a R$4.900,00.

O intervalo de confiança é construído como a estatística (estimativa pontual) mais ou menos a margem de erro. Neste caso, o intervalo de confiança de 95% é a estimativa pontual de R$4.500,00 mais ou menos a margem de erro de R$400,00, dando um intervalo de confiança de R$4.100,00 a R$4.900,00.

487. C. A margem de erro é usada para calcular a amplitude dos valores prováveis para um parâmetro populacional, com base em uma amostra.

A margem de erro não é devido a um erro na amostra ou no levantamento. Ela é o fator no fato de que os resultados amostrais variam de amostra em amostra e lhe dão uma medida de quanto esperar que elas variem com um certo nível de confiança.

488. B. A margem de erro mede a quantidade pela qual seus resultados amostrais poderiam mudar, com 99% de chance de confiança.

O intervalo de confiança é construído como a estimativa pontual mais ou menos a margem de erro. Neste caso, o intervalo de confiança de 99% é a estimativa pontual de R$450,00 mais ou menos a margem de erro de R$50,00, dando um intervalo de confiança de R$400,00 a R$500,00.

489. A eleição está próxima demais para prever. O apoio real para qualquer candidato poderia ser acima de 50%.

A margem de erro é usada para construir o intervalo de confiança, que é uma gama de valores prováveis para o parâmetro populacional (aqui, o parâmetro é a porcentagem de todos os eleitores que votarão em um candidato). Para calcular o intervalo de confiança, você pega o resultado da amostra e some e subtrai a margem de erro.

Neste caso, o intervalo de confiança de 98% para a proporção de todos os eleitores para o candidato Smith é 48% (da amostra) mais ou menos 3% (a margem de erro), que é uma amplitude de 45% a 51%. Para o candidato Jones, o intervalo de confiança de 98% é (da amostra) mais ou menos 3% (a margem de erro), que é uma amplitude de 49% a 55%. Ambos os intervalos de confiança contém valores possíveis acima de 50%, então qualquer candidato poderia ganhar; portanto, os resultados são muito próximos para se dizer.

490. A. A pesquisa tem um viés embutido.

Este levantamento é enviesado porque não foi conduzido com uma amostra aleatória de americanos, mas sim com uma amostra de fãs que compareceram a este jogo de futebol específico. É plausível que esses fãs não representem as preferências de gosto de todos os americanos.

Pegar uma amostra maior de fãs não fará do levantamento menos enviesado, e ter um intervalo de confiança mais estreito não resolverá o problema, porque o viés não é medido pela margem de erro (ela mede apenas como os resultados de uma amostra aleatória mudariam de amostra em amostra).

491. E. Alternativas (B) e (D) (O levantamento é enviesado porque foi baseado apenas em empregados no primeiro ano, que podem se sentir diferentes sobre seus empregos do que outros empregados; o tamanho amostral é apenas 30. A margem de erro deve ser maior que 3% com base no tamanho da amostra e no nível de confiança.)

Primeiro, a amostra tem viés porque mesmo embora tenha sido uma amostra aleatória, foi baseada apenas nos empregados do primeiro ano, que podem se sentir diferentes sobre seus trabalhos do que empregados que têm mais tempo no trabalho.

Segundo, com uma amostra de apenas 30 empregados, a margem de erro não pode ser tão pequena quanto 3%. A fórmula para a margem de erro para uma proporção populacional é

$$\text{MDE} = z^* \sqrt{\frac{\hat{p}(1-\hat{p})}{n}}$$

Onde z^* é o valor da Tabela A-1 para o nível de confiança selecionado; p é a proporção amostral, e n é o tamanho amostral.

O tamanho amostral é 30, p é 0,8 e z^* é 1,96 para este problema.

$$\begin{aligned} MDE &= 1{,}96\sqrt{\frac{0{,}8(1-0{,}8)}{30}} \\ &= 1{,}96\sqrt{\frac{(0{,}8)(0{,}2)}{30}} \\ &= 1{,}96(0{,}0730) \\ &= 0{,}1431 \end{aligned}$$

Converta a proporção para uma porcentagem multiplicando por 100%:

$$0{,}1431(100\%) = 14{,}31\%$$

Este valor é muito maior que a MDE relatada de 3%.

492. B. A pesquisa pode ser usada apenas pela empresa como parte de sua análise dos hábitos de consumo na Internet de todos os visitantes de seu website durante os últimos três meses.

A amostra aleatória pode ser usada apenas em análises para esse website específico para esse período de tempo determinado. Ela não pode ser estendida para um período de tempo maior ou para um grupo maior de clientes. Mas ela pode ser usada para tirar conclusões para os visitantes porque é nisso que a amostra aleatória é baseada. As estatísticas para a média, margem de erro e nível de confiança são realistas com um tamanho amostral de 1.000.

493. A. Os resultados são inválidos porque a pesquisa foi feita em um cinema.

A pesquisa está perguntando apenas para aqueles adolescentes que já estão no cinema. Isso significa que cada resposta será pelo menos 1, mas certamente é possível que alguém não tenha ido ao cinema nenhuma vez nos últimos 12 meses. Uma amostra aleatória válida incluiria todos os adolescentes.

494. E. Alternativas (B), (C) e (D) (A amostra não é baseada em uma amostra representativa dos leitores da revista; por a revista ter sua base no Colorado, mais leitores que são do estado provavelmente comprem a revista; portanto eles talvez tivessem mais probabilidade de votá-la como o melhor lugar para morar; os resultados da amostra são provavelmente enviesados porque os respondentes não fizeram o esforço de enviar o levantamento de volta.)

É quase certo que os resultados da pesquisa são deslocados. Uma pesquisa por correspondência não é uma maneira válida de retirar uma amostra aleatória, porque aqueles que escolhem fazer parte de tal levantamento provavelmente não representam todos os leitores da revista. Também é enviesado porque a revista está baseada no Colorado e, por isso, é mais provável de ser comprada por pessoas que moram lá, que são mais prováveis a escolher o estado como seu local favorito para morar.

Uma amostra de tamanho maior não pode reduzir viés que já existe.

495. A. Com 95% de confiança, a média de pontos marcados por todos os jogadores de basquete de quadra é entre 7,3 e 8,7 pontos.

Use a fórmula para encontrar o intervalo de confiança para uma população quando o desvio padrão é conhecido:

$$\bar{x} \pm \text{MDE} = \bar{x} \pm z^* \left(\frac{\sigma}{\sqrt{n}} \right)$$

onde $\bar{x}$ é a média amostral, σ é o desvio padrão populacional, n é o tamanho amostral e z^* representa o valor-z^* adequado da distribuição normal padrão para seu nível de confiança desejado. Os dados têm que vir de uma distribuição normal ou n tem que ser grande o suficiente (Uma regra de ouro padrão é ser pelo menos 30 ou mais), para o teorema central do limite ser aplicável. Você pode encontrar valores-z^* na Tabela A-1 ou na Tabela A-4 no apêndice. O valor-z^* é 1,96 para um intervalo de confiança bicaudal com um nível de confiança de 95%.

A seguir, substitua os valores na fórmula:

$$\text{MDE} = 1{,}96 \left(\frac{2{,}5}{\sqrt{50}} \right) \approx 0{,}693$$

O intervalo de confiança de 95% é 8 ± 0,7 (arredondado para o décimo mais próximo), ou 7,3 a 8,7 pontos marcados.

496. O intervalo de confiança de 99% para a nota média do ENEM de matemática para todos os alunos no ensino médio é entre 624,2 e 678,8.

Use a fórmula para encontrar o intervalo de confiança para uma população quando o desvio padrão é conhecido:

$$\bar{x} \pm \text{MDE} = \bar{x} \pm z^* \left(\frac{\sigma}{\sqrt{n}} \right)$$

onde $\bar{x}$ é a média amostral, σ é o desvio padrão populacional, n é o tamanho amostral e z^* representa o valor-z^* adequado da distribuição normal padrão para seu nível de confiança desejado. Os dados têm que vir de uma distribuição normal ou n tem que ser grande o suficiente (Uma regra de ouro padrão é ser pelo menos 30 ou mais), para o teorema central do limite ser aplicável. Você pode encontrar valores-z^* na Tabela A-1 ou na Tabela A-4 no apêndice. O valor-z^* para um intervalo de confiança bicaudal com um nível de confiança de 99% é 2,58.

A seguir, substitua os valores na fórmula:

$$\text{MDE} = 2{,}58\left(\frac{100}{\sqrt{100}}\right) = 25{,}8$$

O intervalo de confiança é 650 ± 25,8 (arredondado para o décimo mais próximo), ou 624,2 a 678,8.

497. O intervalo de confiança de 99% para o peso médio de todas as maçãs das dez árvores é entre 6,5 e 7,5 onças.

Use a fórmula para encontrar o intervalo de confiança para uma população quando o desvio padrão é conhecido:

$$\bar{x} \pm \text{MDE} = \bar{x} \pm z^*\left(\frac{\sigma}{\sqrt{n}}\right)$$

onde $\bar{x}$ é a média amostral, σ é o desvio padrão populacional, n é o tamanho amostral e z^* representa o valor-z^* adequado da distribuição normal padrão para seu nível de confiança desejado. Os dados têm que vir de uma distribuição normal ou n tem que ser grande o suficiente (Uma regra de ouro padrão é ser pelo menos 30 ou mais), para o teorema central do limite ser aplicável. Você pode encontrar valores-z^* na Tabela A-1 ou na Tabela A-4 no apêndice. O valor-z^* para um intervalo de confiança bicaudal com um nível de confiança de 99% é 2,58.

A seguir, substitua os valores na fórmula:

$$\text{MDE} = 2{,}58\left(\frac{1{,}5}{\sqrt{50}}\right) \approx 0{,}5473$$

O intervalo de confiança é 7 ± 0,5 (arredondado para o décimo mais próximo), ou 6,5 a 7,5 onças.

498. o intervalo de confiança de 90% para o tempo médio que os alunos de uma universidade gastam fazendo lição de casa todos os dias é entre 2,88 e 3,12 horas.

Use a fórmula para encontrar o intervalo de confiança para uma população quando o desvio padrão é conhecido:

$$\bar{x} \pm \text{MDE} = \bar{x} \pm z^*\left(\frac{\sigma}{\sqrt{n}}\right)$$

onde $\bar{x}$ é a média amostral, σ é o desvio padrão populacional, n é o tamanho amostral e z^* representa o valor-z^* adequado da distribuição normal padrão para seu nível de confiança desejado. Os dados têm que vir de uma distribuição normal ou n tem que ser grande o suficiente (uma regra de ouro padrão é ser pelo menos 30 ou mais), para o teorema central do limite ser aplicável. Você pode encontrar valores-z^* na Tabela A-1 ou na Tabela A-4 no apêndice. O valor-z^* para um intervalo de confiança bicaudal com um nível de confiança de 90% é 1,645.

A seguir, substitua os valores na fórmula:

$$\text{MDE} = 1{,}645\left(\frac{1}{\sqrt{200}}\right) \approx 0{,}1163$$

O intervalo de confiança é $3 \pm 0{,}12$ (arredondado para o décimo mais próximo), ou 2,88 a 3,12 horas de lição de casa.

499. O intervalo de confiança de 95% para o gasto médio de pessoas entre 18 e 22 anos em uma saída normal com um amigo é entre R$30,42 e R$34,58.

Use a fórmula para encontrar o intervalo de confiança para uma população quando o desvio padrão é conhecido:

$$\bar{x} \pm \text{MDE} = \bar{x} \pm z^*\left(\frac{\sigma}{\sqrt{n}}\right)$$

onde $\bar{x}$ é a média amostral, σ é o desvio padrão populacional, n é o tamanho amostral e z^* representa o valor-z^* adequado da distribuição normal padrão para seu nível de confiança desejado. Os dados têm que vir de uma distribuição normal ou n tem que ser grande o suficiente (Uma regra de ouro padrão é ser pelo menos 30 ou mais), para o teorema central do limite ser aplicável. Você pode encontrar valores-z^* na Tabela A-1 ou na Tabela A-4 no apêndice. O valor-z^* para um intervalo de confiança bicaudal com um nível de confiança de 95% é 1,96.

A seguir, substitua os valores na fórmula:

$$\text{MDE} = 1{,}96\left(\frac{15{,}00}{\sqrt{200}}\right) \approx 2{,}0789$$

O intervalo de confiança é $32{,}50 \pm 2{,}08$ (arredondado para o décimo mais próximo), ou R$30,42 a R$34,58 gastos.

500. O intervalo de confiança de 90% para o tempo médio que pessoas acima de 17 anos passam fazendo exercícios vigorosos é 28 a 32 minutos por dia.

Use a fórmula para encontrar o intervalo de confiança para uma população quando o desvio padrão é conhecido:

$$\bar{x} \pm \text{MDE} = \bar{x} \pm z^*\left(\frac{\sigma}{\sqrt{n}}\right)$$

onde $\bar{x}$ é a média amostral, σ é o desvio padrão populacional, n é o tamanho amostral e z^* representa o valor-z^* adequado da distribuição normal padrão para seu nível de confiança desejado. Os dados têm que vir de uma distribuição normal ou n tem que ser grande o suficiente (Uma regra de ouro padrão é ser pelo menos 30 ou mais), para o teorema central do limite ser aplicável. Você pode encontrar valores-z^* na Tabela A-1 ou na Tabela A-4 no apêndice. O valor-z^* para um intervalo de confiança bicaudal com um nível de confiança de 90% é 1,645.

A seguir, substitua os valores na fórmula:

$$\text{MDE} = 1{,}645\left(\frac{15}{\sqrt{150}}\right) \approx 2{,}0147$$

O intervalo de confiança é 30 ± 2,0 (arredondado para o décimo mais próximo), ou 28 a 32 minutos.

501. O intervalo de confiança de 95% para a renda média de todos os graduados universitários no primeiro ano é entre R$34.891,00 e R$37.109,00.

Use a fórmula para encontrar o intervalo de confiança para uma população quando o desvio padrão é conhecido:

$$\bar{x} \pm \text{MDE} = \bar{x} \pm z^*\left(\frac{\sigma}{\sqrt{n}}\right)$$

onde $\bar{x}$ é a média amostral, σ é o desvio padrão populacional, n é o tamanho amostral e z^* representa o valor-z^* adequado da distribuição normal padrão para seu nível de confiança desejado. Os dados têm que vir de uma distribuição normal ou n tem que ser grande o suficiente (Uma regra de ouro padrão é ser pelo menos 30 ou mais), para o teorema central do limite ser aplicável. Você pode encontrar valores-z^* na Tabela A-1 ou na Tabela A-4 no apêndice. O valor-z^* para um intervalo de confiança bicaudal com um nível de confiança de 95% é 1,96.

A seguir, substitua os valores na fórmula:

$$\text{MDE} = 1{,}96\left(\frac{8.000}{\sqrt{200}}\right) \approx 1.108{,}7434$$

O intervalo de confiança é 36.000 ± 1.109 ou R$34.891,00 a R$37.109,00.

502. O intervalo de confiança de 95% para a quantidade de tempo médio de todas as viagens de ônibus ao longo dessa rota é entre 44:40 e 45:20 minutos.

Use a fórmula para encontrar o intervalo de confiança para uma população quando o desvio padrão é conhecido:

$$\bar{x} \pm \text{MDE} = \bar{x} \pm z^*\left(\frac{\sigma}{\sqrt{n}}\right)$$

onde $\bar{x}$ é a média amostral, σ é o desvio padrão populacional, n é o tamanho amostral e z^* representa o valor-z^* adequado da distribuição normal padrão para seu nível de confiança desejado. Os dados têm que vir de uma distribuição normal ou n tem que ser grande o suficiente (Uma regra de ouro padrão é ser pelo menos 30 ou mais), para o teorema central do limite ser aplicável. Você pode encontrar valores-z^* na Tabela A-1 ou na Tabela A-4 no apêndice. O valor-z^* para um intervalo de confiança bicaudal com um nível de confiança de 95% é 1,96.

A seguir, substitua os valores na fórmula:

$$\text{MDE} = 1{,}96\left(\frac{3}{\sqrt{300}}\right) \approx 0{,}3395$$

O intervalo de confiança é 45 ± 0,34 (arredondado para o centésimo mais próximo), ou 44,66 minutos a 45,34 minutos. Converta os minutos fracionários para a unidade mais fácil de usar de segundos: 44 minutos e 40 segundos a 45 minutos e 20 segundos, ou 44:40 a 45:20.

503. O intervalo de confiança de 98% para a quantidade de tempo média entre todos os pedidos para que um itinerário aéreo seja exibido online é entre 4,36 e 4,64 segundos.

Use a fórmula para encontrar o intervalo de confiança para uma população quando o desvio padrão é conhecido:

$$\bar{x} \pm \text{MDE} = \bar{x} \pm z^*\left(\frac{\sigma}{\sqrt{n}}\right)$$

onde $\bar{x}$ é a média amostral, σ é o desvio padrão populacional, n é o tamanho amostral e z^* representa o valor-z^* adequado da distribuição normal padrão para seu nível de confiança desejado. Os dados têm que vir de uma distribuição normal ou n tem que ser grande o suficiente (Uma regra de ouro padrão é ser pelo menos 30 ou mais), para o teorema central do limite ser aplicável. Você pode encontrar valores-z^* na Tabela A-1 ou na Tabela A-4 no apêndice. O valor-z^* para um intervalo de confiança bicaudal com um nível de confiança de 98% é 2,33.

A seguir, substitua os valores na fórmula:

$$\text{MDE} = 2{,}33\left(\frac{2}{\sqrt{1.100}}\right) \approx 0{,}1405$$

O intervalo de confiança é 4,5 ± 0,14 (arredondado para o centésimo mais próximo), ou 4,36 a 4,64 segundos.

504. O intervalo de confiança de 95% para a quantidade de tempo médio para montar um MP3 player é entre 11,95 e 12,55 minutos.

Use a fórmula para encontrar o intervalo de confiança para uma população quando o desvio padrão é conhecido:

$$\bar{x} \pm \text{MDE} = \bar{x} \pm z^* \left(\frac{\sigma}{\sqrt{n}} \right)$$

onde $\bar{x}$ é a média amostral, σ é o desvio padrão populacional, n é o tamanho amostral e z^* representa o valor-z^* adequado da distribuição normal padrão para seu nível de confiança desejado. Os dados têm que vir de uma distribuição normal ou n tem que ser grande o suficiente (Uma regra de ouro padrão é ser pelo menos 30 ou mais), para o teorema central do limite ser aplicável. Você pode encontrar valores-z^* na Tabela A-1 ou na Tabela A-4 no apêndice. O valor-z^* para um intervalo de confiança bicaudal com um nível de confiança de 95% é 1,96.

A seguir, substitua os valores na fórmula:

$$\text{MDE} = 1{,}96 \left(\frac{2{,}15}{\sqrt{200}} \right) \approx 0{,}2980$$

O intervalo de confiança é 12,25 ± 0,30 (arredondado para o centésimo mais próximo), ou 11,95 a 12,55 minutos.

505. O intervalo de confiança de 90% para a média de todas as tais distâncias para a universidade da cidade natal de um aluno é entre 121,2 e 128,8 milhas.

Use a fórmula para encontrar o intervalo de confiança para uma população quando o desvio padrão é conhecido:

$$\bar{x} \pm \text{MDE} = \bar{x} \pm z^* \left(\frac{\sigma}{\sqrt{n}} \right)$$

onde $\bar{x}$ é a média amostral, σ é o desvio padrão populacional, n é o tamanho amostral e z^* representa o valor-z^* adequado da distribuição normal padrão para seu nível de confiança desejado. Os dados têm que vir de uma distribuição normal ou n tem que ser grande o suficiente (uma regra de ouro padrão é ser pelo menos 30 ou mais), para o teorema central do limite ser aplicável. Você pode encontrar valores-z^* na Tabela A-1 ou na Tabela A-4 no apêndice. O valor-z^* para um intervalo de confiança bicaudal com um nível de confiança de 90% é 1,645.

A seguir, substitua os valores na fórmula:

$$\text{MDE} = 1{,}645 \left(\frac{40}{\sqrt{300}} \right) \approx 3{,}7990$$

O intervalo de confiança é 125 ± 3,8 (arredondado para o décimo mais próximo), ou 121,2 a 128,8 milhas.

506. O intervalo de confiança de 95% para o número médio de erros entre especialistas de dados é entre 2,53 e 2,87 erros em 10.000 entradas.

Use a fórmula para encontrar o intervalo de confiança para uma população quando o desvio padrão é conhecido:

$$\bar{x} \pm \text{MDE} = \bar{x} \pm z^* \left(\frac{\sigma}{\sqrt{n}} \right)$$

onde $\bar{x}$ é a média amostral, σ é o desvio padrão populacional, n é o tamanho amostral e z^* representa o valor-z^* adequado da distribuição normal padrão para seu nível de confiança desejado. Os dados têm que vir de uma distribuição normal ou n tem que ser grande o suficiente (Uma regra de ouro padrão é ser pelo menos 30 ou mais), para o teorema central do limite ser aplicável. Você pode encontrar valores-z^* na Tabela A-1 ou na Tabela A-4 no apêndice. O valor-z^* para um intervalo de confiança bicaudal com um nível de confiança de 95% é 1,96.

A seguir, substitua os valores na fórmula:

$$\text{MDE} = 1{,}96 \left(\frac{0{,}75}{\sqrt{75}} \right) \approx 0{,}1697$$

O intervalo de confiança é 2,7 ± 0,17 (arredondado para o centésimo mais próximo), ou 2,53 a 2,87 erros.

507. O intervalo de confiança de 99% para o comprimento médio de todos os tacos de 38 polegadas da liga principal é entre 38,009 e 38,011 polegadas.

Use a fórmula para encontrar o intervalo de confiança para uma população quando o desvio padrão é conhecido:

$$\bar{x} \pm \text{MDE} = \bar{x} \pm z^* \left(\frac{\sigma}{\sqrt{n}} \right)$$

onde $\bar{x}$ é a média amostral, σ é o desvio padrão populacional, n é o tamanho amostral e z^* representa o valor-z^* adequado da distribuição normal padrão para seu nível de confiança desejado. Os dados têm que vir de uma distribuição normal ou n tem que ser grande o suficiente (Uma regra de ouro padrão é ser pelo menos 30 ou mais), para o teorema central do limite ser aplicável. Você pode encontrar valores-z^* na Tabela A-1 ou na Tabela A-4 no apêndice. O valor-z^* para um intervalo de confiança bicaudal com um nível de confiança de 99% é 2,58.

A seguir, substitua os valores na fórmula:

$$\text{MDE} = 2{,}58\left(\frac{0{,}01}{\sqrt{500}}\right) \approx 0{,}00115$$

O intervalo de confiança é 38,01 ± 0,001 (arredondado para o milésimo mais próximo), ou 38,009 a 38,011 polegadas.

508. O intervalo de confiança de 99% para o comprimento médio de todas as peças especiais de válvulas para motor é entre 3,2536 e 3,2564 centímetros.

Use a fórmula para encontrar o intervalo de confiança para uma população quando o desvio padrão é conhecido:

$$\bar{x} \pm \text{MDE} = \bar{x} \pm z^*\left(\frac{\sigma}{\sqrt{n}}\right)$$

onde $\bar{x}$ é a média amostral, σ é o desvio padrão populacional, n é o tamanho amostral e z^* representa o valor-z^* adequado da distribuição normal padrão para seu nível de confiança desejado. Os dados têm que vir de uma distribuição normal ou n tem que ser grande o suficiente (Uma regra de ouro padrão é ser pelo menos 30 ou mais), para o teorema central do limite ser aplicável. Você pode encontrar valores-z^* na Tabela A-1 ou na Tabela A-4 no apêndice. O valor-z^* para um intervalo de confiança bicaudal com um nível de confiança de 99% é 2,58.

A seguir, substitua os valores na fórmula:

$$\text{MDE} = 2{,}58\left(\frac{0{,}025}{\sqrt{2.000}}\right) \approx 0{,}001442$$

O intervalo de confiança é 3,2550 ± 0,0014 (arredondado para o décimo de milésimo mais próximo), ou 3,2536 a 3,2564 centímetros.

509. O intervalo de confiança de 95% para o custo médio de madeira de lei de qualidade média durante o período de 12 meses teve um custo médio entre R$0,743 e R$0,817 por pé de tábua.

Use a fórmula para encontrar o intervalo de confiança para uma população quando o desvio padrão é conhecido:

$$\bar{x} \pm \text{MDE} = \bar{x} \pm z^*\left(\frac{\sigma}{\sqrt{n}}\right)$$

onde $\bar{x}$ é a média amostral, σ é o desvio padrão populacional, n é o tamanho amostral e z^* representa o valor-z^* adequado da distribuição normal padrão para seu nível de confiança desejado. Os dados têm que vir de uma distribuição normal ou n tem que ser grande o suficiente (Uma regra de ouro padrão é ser pelo menos 30 ou mais), para o teorema central do limite ser aplicável. Você pode encontrar valores-z^* na Tabela A-1 ou na Tabela A-4 no apêndice. O valor-z^* para um intervalo de confiança bicaudal com um nível de confiança de 95% é 1,96.

A seguir, substitua os valores na fórmula:

$$\text{MDE} = 1{,}96\left(\frac{0{,}12}{\sqrt{40}}\right) \approx 0{,}0371$$

O intervalo de confiança é 0,78 ± 0,037 (arredondado para o milésimo mais próximo), ou R$0,743 a R$0,817.

510. O intervalo de confiança de 95% para a nota média dos alunos universitários do primeiro ano para o teste de matemática é entre 81,9% e 86,1%.

Use a fórmula para o intervalo de confiança quando o desvio padrão de uma população é desconhecido e n é pequeno (menor que 30):

$$\bar{x} \pm \text{MDE} = \bar{x} \pm t^*_{n-1}\left(\frac{s}{\sqrt{n}}\right)$$

onde $\bar{x}$ é a média amostral, t^*_{n-1} é o valor-t^* crítico para a distribuição-t com $n - 1$ graus de liberdade (onde n é o tamanho amostral) e o nível de confiança desejado e s é o desvio padrão amostral (se o desvio padrão populacional é conhecido, substitua-o por s).

Use a tabela-t (Tabela A-2 no apêndice) para encontrar o valor-t^* para 95% com graus de liberdade para um tamanho amostral de 25 ($n - 1 = 25 - 1 = 24$). Encontre 95% na linha *IC* no fim da tabela e suba a coluna para interceptar a linha *gl/p* rotulada 24: $t^* = 2{,}06390$.

Respostas 501–600

A seguir, substitua os valores na fórmula:

$$\text{MDE} = 2{,}06390\left(\frac{5}{\sqrt{25}}\right) = 2{,}0639$$

O intervalo de confiança é 84 ± 2,1 (arredondado para o décimo mais próximo), ou 81,9 a 86,1

511. O intervalo de confiança de 90% para o tamanho familiar médio é entre 3,13 e 3,67 pessoas.

Use a fórmula para o intervalo de confiança quando o desvio padrão de uma população é desconhecido e n é pequeno (menor que 30):

$$\bar{x} \pm \text{MDE} = \bar{x} \pm t^*_{n-1}\left(\frac{s}{\sqrt{n}}\right)$$

onde $\bar{x}$ é a média amostral, t^*_{n-1} é o valor-t^* crítico para a distribuição-t com $n - 1$ graus de liberdade (onde n é o tamanho amostral) e o nível de confiança desejado e s é o desvio padrão amostral (se o desvio padrão populacional é conhecido, substitua-o por s).

Use a tabela-t (Tabela A-2 no apêndice) para encontrar o valor-t^* para 95% com graus de liberdade para um tamanho amostral de 25 ($n - 1 = 25 - 1 = 24$). Encontre 90% na linha *IC* no fim da tabela e suba a coluna para interceptar a linha *gl/p* rotulada 24: $t^* = 1{,}710882$.

A seguir, substitua os valores na fórmula:

$$\text{MDE} = 1{,}710882\left(\frac{0{,}8}{\sqrt{25}}\right) \approx 0{,}2737$$

O intervalo de confiança é 3,4 ± 0,27 (arredondado para o centésimo mais próximo), ou 3,13 a 3,67 pessoas.

512. O intervalo de confiança de 95% para o número médio de amigos em redes sociais de adolescentes é 66 a 104.

Use a fórmula para o intervalo de confiança quando o desvio padrão de uma população é desconhecido.

$$\bar{x} \pm \text{MDE} = \bar{x} \pm t^*_{n-1}\left(\frac{s}{\sqrt{n}}\right)$$

onde $\bar{x}$ é a média amostral, t^*_{n-1} é o valor-t^* crítico para 95% com graus de liberdade para um tamanho amostral de 30 ($n - 1 = 30 - 1 = 29$). Encontre 95% na linha *IC* no fim da tabela e suba a coluna para interceptar a linha *gl/p* rotulada 29: $t^* = 2{,}04523$.

A seguir, substitua os valores na fórmula:

$$\text{MDE} = 2{,}04523\left(\frac{50}{\sqrt{30}}\right) \approx 18{,}6703$$

O intervalo de confiança é 85 ± 19 (arredondado para o número inteiro mais próximo), ou 66 a 104 amigos.

513. O intervalo de confiança de 95% para o comprimento médio da viagem mais longa feita por alunos universitários do primeiro ano no ano passado foi entre 273 e 527 milhas.

Use a fórmula para o intervalo de confiança quando o desvio padrão de uma população é desconhecido e n é pequeno (menor que 30):

$$\bar{x} \pm \text{MDE} = \bar{x} \pm t^*_{n-1}\left(\frac{s}{\sqrt{n}}\right)$$

onde $\bar{x}$ é a média amostral, t^*_{n-1} é o valor-t^* crítico da distribuição-t com $n - 1$ graus de liberdade (onde n é o tamanho amostral) e o nível de confiança desejado, e s é o desvio padrão amostral (se o desvio padrão populacional é conhecido, substitua-o por s).

Use a tabela-t (Tabela A-2 no apêndice) para encontrar o valor-t^* para 95% com um grau de liberdade para um tamanho amostral de 24 ($n - 1 = 24 - 1 = 23$). Encontre 95% na linha *IC* no fim da tabela e suba a coluna para interceptar a linha *gl/p* rotulada 23: $t^* = 2{,}06866$.

A seguir, substitua os valores na fórmula:

$$\text{MDE} = 2{,}06866\left(\frac{300}{\sqrt{24}}\right) \approx 126{,}6790$$

O intervalo de confiança é 400 ± 127 (arredondado para o número inteiro mais próximo), ou 273 a 527 milhas.

514.

O intervalo de confiança de 95% para a quantidade média de compras por clientes do shopping naquele dia é entre R$54,75 e R$102,25.

Use a fórmula para o intervalo de confiança quando o desvio padrão de uma população é desconhecido e n é pequeno (menor que 30):

$$\bar{x} \pm \text{MDE} = \bar{x} \pm t^*_{n-1}\left(\frac{s}{\sqrt{n}}\right)$$

onde $\bar{x}$ é a média amostral, t^*_{n-1} é o valor-t^* crítico da distribuição-t com $n - 1$ graus de liberdade (onde n é o tamanho amostral) e o nível de confiança desejado, e s é o desvio padrão amostral (se o desvio padrão populacional é conhecido, substitua-o por s).

Use a tabela-t (Tabela A-2 no apêndice) para encontrar o valor-t^* para 95% com um grau de liberdade para um tamanho amostral de 20 ($n - 1 = 20 - 1 = 19$). Encontre 95% na linha *IC* no fim da tabela e suba a coluna para interceptar a linha *gl/p* rotulada 19: $t^* = 2{,}09302$.

A seguir, substitua os valores na fórmula:

$$\text{MDE} = 2{,}09302\left(\frac{50{,}75}{\sqrt{20}}\right) = 23{,}7517$$

O intervalo de confiança é 78,50 ± 23,75 (arredondado para o centésimo mais próximo), ou R$54,75 a R$102,25.

515.

O intervalo de confiança de 90% para o tempo médio que os visitantes passaram no museu naquele dia é entre 2,6 e 3,4 horas.

Use a fórmula para o intervalo de confiança quando o desvio padrão de uma população é desconhecido e n é pequeno (menor que 30):

$$\bar{x} \pm \text{MDE} = \bar{x} \pm t^*_{n-1}\left(\frac{s}{\sqrt{n}}\right)$$

onde $\bar{x}$ é a média amostral, t^*_{n-1} é o valor-t^* crítico da distribuição-t com $n - 1$ graus de liberdade (onde n é o tamanho amostral) e o nível de confiança desejado, e s é o desvio padrão amostral (se o desvio padrão populacional é conhecido, substitua-o por s).

Use a tabela-t (Tabela A-2 no apêndice) para encontrar o valor-t^* para 90% com um grau de liberdade para um tamanho amostral de 20 ($n - 1 = 20 - 1 = 19$). Encontre 95% na linha *IC* no fim da tabela e suba a coluna para interceptar a linha *gl/p* rotulada 23: $t^* = 1{,}729133$.

A seguir, substitua os valores na fórmula:

$$\text{MDE} = 1{,}729133\left(\frac{1}{\sqrt{20}}\right) \approx 0{,}3866$$

O intervalo de confiança é $3 \pm 0{,}4$ (arredondado para o décimo mais próximo), ou 2,6 a 3,4 horas (ou entre 2 horas e 36 minutos e 3 horas e 24 minutos).

516. O intervalo de 90% para o peso médio de todos os pães de 1 Libra é entre 17,65 e 18,35 onças.

Use a fórmula para o intervalo de confiança quando o desvio padrão de uma população é desconhecido e n é pequeno (menor que 30):

$$\bar{x} \pm \text{MDE} = \bar{x} \pm t^*_{n-1}\left(\frac{s}{\sqrt{n}}\right)$$

onde $\bar{x}$ é a média amostral, t^*_{n-1} é o valor-t^* crítico da distribuição-t com $n - 1$ graus de liberdade (onde n é o tamanho amostral) e o nível de confiança desejado, e s é o desvio padrão amostral (se o desvio padrão populacional é conhecido, substitua-o por s).

Use a tabela-t (Tabela A-2 no apêndice) para encontrar o valor-t^* para 90% com um grau de liberdade para um tamanho amostral de 50 ($n - 1 = 50 - 1 = 49$). Encontre 90% na linha *IC* no fim da tabela e suba a coluna até o valor-z (porque quando $gl > 30$, os valores-t e -z são quase iguais), ou 1,644854. Para facilidade de cálculo, você pode usar 1,645 (que também é o valor da tabela-t arredondado para três casas decimais).

A seguir, substitua os valores na fórmula:

$$\text{MDE} = 1{,}644854\left(\frac{1{,}5}{\sqrt{50}}\right) \approx 0{,}3489$$

O intervalo de confiança é $18 \pm 0{,}35$ (arredondado para o centésimo mais próximo), ou 17,65 a 18,35 onças.

517. O limite de confiança de 80% para o número médio de visitas de uma pessoa à loja por mês é entre 1,93 e 3,76 visitas.

Use a fórmula para o intervalo de confiança quando o desvio padrão de uma população é desconhecido e *n* é pequeno (menor que 30):

$$\bar{x} \pm \text{MDE} = \bar{x} \pm t^*_{n-1}\left(\frac{s}{\sqrt{n}}\right)$$

onde $\bar{x}$ é a média amostral, t^*_{n-1} é o valor-t^* crítico da distribuição-t com $n - 1$ graus de liberdade (onde n é o tamanho amostral) e o nível de confiança desejado, e s é o desvio padrão amostral (se o desvio padrão populacional é conhecido, substitua-o por s).

Use a tabela-t (Tabela A-2 no apêndice) para encontrar o valor-t^* para 80% com um grau de liberdade para um tamanho amostral de 10 ($n - 1 = 10 - 1 = 9$). Encontre 80% na linha *IC* no fim da tabela e suba a coluna para interceptar a linha *gl/p* rotulada 9: $t^* = 1{,}383029$.

A seguir, substitua os valores na fórmula:

$$\text{MDE} = 1{,}383029\left(\frac{2}{\sqrt{10}}\right) \approx 0{,}8747$$

O intervalo de confiança é $2{,}8 \pm 0{,}87$ (arredondado para o centésimo mais próximo), ou 1,93 a 3,67 visitas.

518. O intervalo de confiança de 90% para o número médio de filmes por mês assistido por alunos universitários do primeiro ano é 3,8 a 6,2 filmes.

Use a fórmula para o intervalo de confiança quando o desvio padrão de uma população é desconhecido e *n* é pequeno (menor que 30):

$$\bar{x} \pm \text{MDE} = \bar{x} \pm t^*_{n-1}\left(\frac{\sigma}{\sqrt{n}}\right)$$

onde $\bar{x}$ é a média amostral, t^*_{n-1} é o valor-t^* crítico da distribuição-t com $n - 1$ graus de liberdade (onde n é o tamanho amostral) e o nível de confiança desejado, e s é o desvio padrão amostral (se o desvio padrão populacional é conhecido, substitua-o por s).

Use a tabela-t (Tabela A-2 no apêndice) para encontrar o valor-t^* para 90% com um grau de liberdade para um tamanho amostral de 18 ($n - 1 = 18 - 1 = 17$). Encontre 90% na linha *IC* no fim da tabela e suba a coluna para interceptar a linha *gl/p* rotulada 17: $t^* = 1{,}739607$.

A seguir, substitua os valores na fórmula:

$$MDE = 1{,}739607\left(\frac{3}{\sqrt{18}}\right) \approx 1{,}2301$$

O intervalo de confiança é 5 ± 1,2 (arredondado para o décimo mais próximo), ou 3,8 a 6,2 filmes.

519. O intervalo de confiança de 99% para o gasto médio de um visitante do parque naquele dia é R$28,64 a R$35,36.

Use a fórmula para o intervalo de confiança quando o desvio padrão de uma população é desconhecido e *n* é pequeno (menor que 30):

$$\bar{x} \pm MDE = \bar{x} \pm t^*_{n-1}\left(\frac{\sigma}{\sqrt{n}}\right)$$

onde $\bar{x}$ é a média amostral, t^*_{n-1} é o valor-t^* crítico da distribuição-*t* com $n - 1$ graus de liberdade (onde *n* é o tamanho amostral) e o nível de confiança desejado, e *s* é o desvio padrão amostral (se o desvio padrão populacional é conhecido, substitua-o por *s*).

Use a tabela-*t* (Tabela A-2 no apêndice) para encontrar o valor-t^* para 99% com um grau de liberdade para um tamanho amostral de 25 ($n - 1 = 25 - 1 = 24$). Encontre 95% na linha *IC* no fim da tabela e suba a coluna para interceptar a linha *gl/p* rotulada 24: $t^* = 2{,}79694$.

A seguir, substitua os valores na fórmula:

$$MDE = 2{,}79694\left(\frac{6{,}00}{\sqrt{25}}\right) \approx 3{,}3563$$

O intervalo de confiança é R$32,00 ± R$3,36 (arredondado para o centésimo mais próximo), ou R$28,64 a R$35,36.

520. D. Alternativas (A) e (B) (117,2; 117,6)

Tamanhos amostrais fracionais são sempre arredondados para cima, mesmo se o fracionado é menor que 0,5, então 117,2 e 117,6 são ambos arredondados para cima para 118, enquanto 118,1 é arredondado para 119. Em outras palavras, se for preciso que uma fração de um indivíduo seja incluída na amostra, não importa o quão pequena seja a fração, você precisa do indivíduo inteiro para atender às condições para a margem de erro.

521. 122, 122, 132, 132

Resultados fracionados em cálculos de tamanhos amostrais são sempre arredondados para cima, mesmo que a parte fracionada seja menor que

0,5. Portanto, 121,1 e 121,5 são ambos arredondados para cima para 122, e 131,2 e 131,6 ambos são arredondados para 132. Em outras palavras, se você precisa que uma fração de um indivíduo seja incluída na amostra, não importa o quão pequena seja a fração, será preciso do indivíduo inteiro para atender às condições para a margem de erro.

522. E. Alternativas (A), (B) e (C) (Uma amostra maior frequentemente significa custos maiores; pode ser difícil recrutar uma amostra maior [por exemplo, se você está estudando pessoas com uma doença rara]; em algum ponto, aumentar o tamanho da amostra pode não melhorar a precisão significantemente [por exemplo, aumentar o tamanho da amostra de 3.000 para 3.500])

Embora seja importante ter um tamanho amostral adequado quando se conduz um estudo, custos e dificuldades em recrutar sujeitos podem ambos limitar o tamanho das amostras que um pesquisador pode trabalhar. Além disso, aumentar o tamanho de uma amostra grande produz um crescimento proporcionalmente menor em precisão do que aumentar o tamanho de uma amostra pequena de modo que os ganhos relativamente pequenos podem não valer o esforço e custo a mais.

523. 35 registros

A fórmula para calcular o tamanho amostral necessário para um intervalo de confiança para uma média amostral é

$$n \geq \left(\frac{z^*\sigma}{\text{MDE}}\right)^2$$

Onde n é o tamanho amostral requerido, z^* é o valor da Tabela A-1 para o nível de confiança escolhido, σ é o desvio padrão populacional e MDE é a margem de erro. Para este exemplo, z^* é 1,96, σ é 1,6 e MDE é 1,5.

$$\begin{aligned} n &\geq \left(\frac{z^*\sigma}{\text{MDE}}\right)^2 \\ &\geq \left(\frac{(1{,}96)(4{,}5)}{1{,}5}\right)^2 \\ &\geq 34{,}5744 \end{aligned}$$

Tamanhos amostrais são sempre arredondados para cima para o inteiro mais próximo, então o tamanho amostral deve ser pelo menos 35.

524. 50 registros

A fórmula para calcular o tamanho amostral para estimar uma média, quando o desvio padrão é conhecido, é

$$n \geq \left(\frac{z^{*}\sigma}{\text{MDE}}\right)^{2}$$

Onde n é o tamanho amostral requerido, z^* é o valor da Tabela A-1 para o nível de confiança escolhido, σ é o desvio padrão populacional e MDE é a margem de erro. Para este exemplo, z^* é 1,96, σ é 1,6 e MDE é 0,5.

$$\begin{aligned} n &\geq \left(\frac{z^{*}\sigma}{\text{MDE}}\right)^{2} \\ &\geq \left(\frac{1{,}96(1{,}8)}{0{,}5}\right)^{2} \\ &\geq 49{,}787136 \end{aligned}$$

Ela precisa de uma amostra de pelo menos 50 para alcançar a precisão desejada.

525. O tamanho amostral deve ser de pelo menos 35 para produzir uma margem de erro de ± 1 polegada.

A fórmula para calcular o tamanho amostral necessário com base em uma margem de erro desejada é

$$n \geq \left(\frac{z^{*}\sigma}{\text{MDE}}\right)^{2}$$

Aqui, MDE é a margem de erro, z^* é o valor-z^* correspondente a seu nível de confiança desejado e σ é o desvio padrão populacional. Se σ é desconhecido, você pode fazer um pequeno estudo piloto para encontrar o desvio padrão da amostra (incluindo fazer um ajuste conservador ao desvio padrão amostral para ficar seguro).

Substitua os valores conhecidos na fórmula:

$$n \geq \left(\frac{1{,}96(3)}{1}\right)^{2} \approx 34{,}57$$

Sempre arredonde a resposta para cima para o número inteiro mais próximo para ter certeza de que o tamanho amostral é grande o suficiente para dar a margem de erro necessária. Então $n \geq 35$. Isso significa que você precisa de pelo menos 35 meninos na sua amostra para conseguir uma margem de erro de não mais que 1 polegada para altura média.

Note que o tamanho amostral de 35 lhe dará a margem de erro que você quer; um tamanho amostral maior lhe dará uma margem de erro ainda menor.

526. O tamanho amostral (número de alunos) deve ser pelo menos 107 para produzir uma margem de erro de ± R$5,00.

A fórmula para encontrar o tamanho amostral necessário com base em uma margem de erro desejada é

$$n \geq \left(\frac{z^* \sigma}{\text{MDE}} \right)^2$$

Aqui, MDE é a margem de erro, z^* é o valor-z^* correspondente a seu nível de confiança desejado e σ é o desvio padrão populacional. Se σ é desconhecido, você pode fazer um pequeno estudo piloto para encontrar o desvio padrão da amostra (incluindo fazer um ajuste conservador ao desvio padrão amostral para ficar seguro).

Substitua os valores conhecidos na fórmula:

$$n \geq \left(\frac{2{,}58(20)}{5} \right)^2 = 106{,}5$$

Sempre arredonde a resposta para cima para o número inteiro mais próximo para ter certeza de que o tamanho amostral é grande o suficiente para dar a margem de erro necessária. Então $n \geq 107$. Isso significa que você precisa de pelo menos 107 alunos na sua amostra para conseguir uma margem de erro de ± R$5,00 quando estiver buscando os ganhos médios semanais.

Note que o tamanho amostral de 107 lhe dará a margem de erro que você quer; um tamanho amostral maior lhe dará uma margem de erro ainda menor.

527. O tamanho amostral (número de alunos) deve ser pelo menos 82 para produzir uma margem de erro não maior que ± R$10,00.

A fórmula para encontrar o tamanho amostral necessário com base em uma margem de erro desejada é

$$n \geq \left(\frac{z^* \sigma}{\text{MDE}} \right)^2$$

Aqui, MDE é a margem de erro, z^* é o valor-z^* correspondente a seu nível de confiança desejado e σ é o desvio padrão populacional. Se σ é desconhecido, você pode fazer um pequeno estudo piloto para encontrar o desvio padrão da amostra (incluindo fazer um ajuste conservador ao desvio padrão amostral para ficar seguro).

Substitua os valores conhecidos na fórmula:

$$n \geq \left(\frac{1{,}645(55)}{10}\right)^2 \approx 81{,}86$$

Sempre arredonde a resposta para cima para o número inteiro mais próximo para ter certeza de que o tamanho amostral é grande o suficiente para dar a margem de erro necessária. Então $n \geq 82$. Isso significa que você precisa de pelo menos 82 alunos na sua amostra para conseguir uma margem de erro de ± R$10,00 quando estiver buscando os ganhos médios semanais.

Note que o tamanho amostral de 82 lhe dará a margem de erro que você quer; um tamanho amostral maior lhe dará uma margem de erro ainda menor.

528. O tamanho amostral (número de alunos) deve ser pelo menos 89 para produzir uma margem de erro não maior que ± 0,25 horas.

A fórmula para encontrar o tamanho amostral necessário com base em uma margem de erro desejada é

$$n \geq \left(\frac{z^* \sigma}{\text{MDE}}\right)^2$$

Aqui, MDE é a margem de erro, z^* é o valor-z^* correspondente a seu nível de confiança desejado e σ é o desvio padrão populacional. Se σ é desconhecido, você pode fazer um pequeno estudo piloto para encontrar o desvio padrão da amostra (incluindo fazer um ajuste conservador ao desvio padrão amostral para ficar seguro).

Substitua os valores conhecidos na fórmula:

$$n \geq \left(\frac{1{,}96(1{,}2)}{0{,}25}\right)^2 \approx 88{,}5105$$

Sempre arredonde a resposta para cima para o número inteiro mais próximo para ter certeza de que o tamanho amostral é grande o suficiente para dar a margem de erro necessária. Então $n \geq 89$. Isso significa que você precisa de pelo menos 89 alunos na sua amostra para conseguir uma margem de erro de ± 0,25 horas para a quantidade média de tempo de sono por noite.

Note que o tamanho amostral de 89 lhe dará a margem de erro que você quer; um tamanho amostral maior lhe dará uma margem de erro ainda menor.

529. O tamanho amostral (número de jogos) deve ser pelo menos 32 para produzir uma margem de erro não maior que ± 800 pessoas.

A fórmula para encontrar o tamanho amostral necessário com base em uma margem de erro desejada é

$$n \geq \left(\frac{z^* \sigma}{\text{MDE}} \right)^2$$

Aqui, MDE é a margem de erro, z^* é o valor-z^* correspondente a seu nível de confiança desejado e σ é o desvio padrão populacional. Se σ é desconhecido, você pode fazer um pequeno estudo piloto para encontrar o desvio padrão da amostra (incluindo fazer um ajuste conservador ao desvio padrão amostral para ficar seguro).

Substitua os valores conhecidos na fórmula:

$$n \geq \left(\frac{1{,}96(2.300)}{800} \right)^2 \approx 31{,}7532$$

Sempre arredonde a resposta para cima para o número inteiro mais próximo para ter certeza de que o tamanho amostral é grande o suficiente para dar a margem de erro necessária. Então $n \geq 32$. Isso significa que você precisa de pelo menos 32 jogos na sua amostra para conseguir uma margem de erro de ± 800 pessoas para a presença média em jogos.

Note que o tamanho amostral de 32 lhe dará a margem de erro que você quer; um tamanho amostral maior lhe dará uma margem de erro ainda menor.

530. D. Alternativas (B) e (C) (Você está usando dados amostrais para estimar um parâmetro; caso tenha retirado diferentes amostras do mesmo tamanho, seria esperado que os resultados fossem um pouquinho diferentes.)

Seu objetivo é estimar a proporção de todos os alunos na universidade que estão pensando em mudar de curso. Entretanto, você está trabalhando com uma amostra em vez da população inteira da universidade. Assim, não espera que sua estimativa de parâmetro seja exatamente a mesma que o parâmetro verdadeiro, e então percebe que se retirar outra amostra do mesmo tamanho, sua estimativa de parâmetro provavelmente será levemente diferente. O intervalo de confiança expressa essa incerteza.

531. E. Alternativas (C) e (D) (uma estimativa da proporção de todos os alunos na universidade que estão pensando em mudar de curso; a proporção dos alunos na amostra de 100 que estão pensando em mudar de curso)

O valor 0,38 representa a proporção de alunos na amostra que estão pensando em mudar seus cursos. Em outras palavras, em sua amostra de 100, 38 alunos indicaram que estão pensando em mudar de curso, então 38/100 = 0,38.

Também é uma estimativa da proporção de todos os alunos na universidade que estão pensando em mudar de curso.

532. Sim, porque $n\hat{p}$ e $n(1-\hat{p})$ são ambos maiores que 10.

Para usar a aproximação normal para a binomial para calcular um intervalo de confiança, ambos, $n\hat{p}$ e $n(1-\hat{p})$, devem ser maiores que 10, onde n é o tamanho amostral e $\hat{p}$ é a proporção amostral.

Neste caso, $n = 100$ e $\hat{p} = 0{,}38$. Então substituindo os números, você tem $n\hat{p} = (100)0{,}38 = 38$ e $n(1-\hat{p}) = (100)\ (1 - 0{,}38) = 62$.

Ambos, 38 e 62, são maiores que 10, então você pode usar a aproximação normal.

533. 0,0485

A fórmula para o erro padrão de uma proporção é

$$\text{EP} = \sqrt{\frac{\hat{p}(1-\hat{p})}{n}}$$

Onde n é o tamanho amostral e $\hat{p}$ é a proporção amostral.

Neste exemplo, $n = 100$ e $\hat{p} = 0{,}38$. Então simplesmente substitua os números e resolva para o erro padrão:

$$\begin{aligned}\text{EP} &= \sqrt{\frac{0{,}38(1-0{,}38)}{100}}\\ &= \sqrt{\frac{0{,}2356}{100}}\\ &\approx 0{,}0485\end{aligned}$$

534. E. 99%

Sem fazer nenhum cálculo, você sabe que o intervalo de confiança de 99% será mais amplo, porque ele inclui o maior conjunto de amostras retirado da população. Em outras palavras, ele inclui a maior gama de palpites plausíveis para o parâmetro populacional.

535. entre 30% e 46%

Para determinar um intervalo de confiança (IC) para uma proporção populacional, use esta fórmula:

$$\text{IC} = \hat{p} \pm z^{*}\sqrt{\frac{\hat{p}(1-\hat{p})}{n}}$$

Aqui, $\hat{p}$ é a proporção amostral, n é o tamanho amostral e z^* é o valor adequado da distribuição normal padrão para seu nível de confiança desejado (veja a Tabela A-4 no apêndice para vários níveis de confiança).

Primeiro, você tem que encontrar a proporção amostral, $\hat{p}$, dividindo o número de "sucessos" (38 neste caso) pelo tamanho amostral (100):

$$\hat{p} = \frac{\text{número de sucessos}}{n}$$
$$= \frac{38}{100} = 0{,}38$$

Então confirme se você pode usar a aproximação normal para a binomial. Para usar a aproximação normal para a binomial para calcular um intervalo de confiança, ambos, np e $n(1-\hat{p})$, devem ser maiores que 10, onde n é o tamanho amostral e $\hat{p}$ é a proporção amostral.

Neste caso, $n = 100$ e $p = 0{,}38$. Então substituindo os números, você tem $n\hat{p} = (100)0{,}38 = 38$ e $n(1-\hat{p}) = (100)\ (1 - 0{,}38) = 62$.

Ambos, 38 e 62, são maiores que 10, então você pode usar a aproximação normal para a binomial.

A seguir, substitua os valores conhecidos na fórmula para o intervalo de confiança e resolva:

$$\text{IC} = 0{,}38 \pm 1{,}645\sqrt{\frac{0{,}38(1-0{,}38)}{100}}$$
$$= 0{,}38 \pm 1{,}645\sqrt{\frac{0{,}2356}{100}}$$
$$= 0{,}38 \pm 1{,}645\sqrt{0{,}002356}$$
$$= 0{,}38 \pm 1{,}645(0{,}04854)$$
$$= 0{,}38 \pm 0{,}0798$$

Some e subtraia para/da proporção amostral para encontrar a amplitude:

$$0{,}38 - 0{,}0798 = 0{,}3002$$

$$0{,}38 + 0{,}0798 = 0{,}4598$$

Então converta para porcentagens multiplicando por 100%:

$$0{,}3002(100\%) = 30{,}02\%$$

$$0{,}4598(100\%) = 45{,}98\%$$

Arredonde para o ponto de porcentagem inteiro mais próximo, então o intervalo de confiança de 90% para a proporção de todos os alunos pensando em mudar de curso é 30% a 46%.

536. entre 28% e 48%

Para determinar um intervalo de confiança (IC) para uma proporção populacional, use esta fórmula:

$$\text{IC}=\hat{p}\pm z^*\sqrt{\frac{\hat{p}(1-\hat{p})}{n}}$$

Aqui, $\hat{p}$ é a proporção amostral, n é o tamanho amostral e z^* é o valor adequado da distribuição normal padrão para seu nível de confiança desejado (veja a Tabela A-4 no apêndice para vários níveis de confiança).

Primeiro, você tem que encontrar a proporção amostral, $\hat{p}$, dividindo o número de "sucessos" (38 neste caso) pelo tamanho amostral (100):

$$\hat{p}=\frac{\text{número de sucessos}}{n}$$
$$=\frac{38}{100}=0{,}38$$

Então confirme se você pode usar a aproximação normal para a binomial. Para usar a aproximação normal para a binomial para calcular um intervalo de confiança, ambos, np e $n(1-\hat{p})$, devem ser maiores que 10, onde n é o tamanho amostral e p é a proporção amostral.

Neste caso, $n = 100$ e $\hat{p} = 0{,}38$. Então substituindo os números, você tem $np = (100)0{,}38 = 38$ e $n(1-\hat{p}) = (100)\ (1-0{,}38) = 62$.

Ambos, 38 e 62, são maiores que 10, então você pode usar a aproximação normal para a binomial.

A seguir, substitua os valores conhecidos na fórmula para o intervalo de confiança e resolva:

$$\text{IC}=0{,}38\pm1{,}96\sqrt{\frac{0{,}38(1-0{,}38)}{100}}$$
$$=0{,}38\pm1{,}96\sqrt{\frac{0{,}38(0{,}62)}{100}}$$
$$=0{,}38\pm1{,}96\sqrt{\frac{0{,}2356}{100}}$$
$$=0{,}38\pm1{,}96\sqrt{0{,}002356}$$
$$=0{,}38\pm1{,}96(0{,}04854)$$
$$=0{,}38\pm0{,}0951$$

Some e subtraia para/da proporção amostral para encontrar a amplitude:

$$0{,}38-0{,}0951=0{,}4751$$

$$0{,}38+0{,}0951=0{,}2849$$

Então converta para porcentagens multiplicando por 100%:

$$0{,}4751(100\%)=47{,}51\%$$

$$0{,}2849(100\%)=28{,}49\%$$

Arredonde para o ponto de porcentagem mais próximo, então o intervalo de confiança de 95% para a proporção de todos os alunos pensando em mudar de curso é 28% a 48%.

537. 0,75; 0,03

Encontre a proporção amostral, $\hat{p}$, dividindo o número de "sucessos" (150 neste caso) pelo tamanho amostral (200):

$$\hat{p} = \frac{\text{número de sucessos}}{n}$$
$$= \frac{150}{200} = 0{,}75$$

A proporção amostral representa a proporção de clientes na amostra que estão satisfeitos com suas compras online.

Então use a seguinte fórmula para encontrar o erro padrão (EP):

$$\text{EP} = \sqrt{\frac{\hat{p}(1-\hat{p})}{n}}$$

onde $\hat{p}$ é a proporção amostral e n é o tamanho amostral:

$$\text{EP} = \sqrt{\frac{0{,}75(1-0{,}75)}{200}}$$
$$= \sqrt{\frac{0{,}75(0{,}25)}{200}}$$
$$= \sqrt{\frac{0{,}1875}{200}}$$
$$\approx 0{,}03$$

Então o erro padrão para a proporção amostral neste exemplo é 0,03.

538. 0,06

Use a fórmula para encontrar a margem de erro (MDE):

$$\text{MDE} = z^* \sqrt{\frac{\hat{p}(1-\hat{p})}{n}}$$

Aqui, $\hat{p}$ é a proporção amostral, n é o tamanho amostral e z^* é o valor adequado da distribuição normal padrão para seu nível de confiança desejado (veja a Tabela A-4 no apêndice para vários níveis de confiança). Para um nível de confiança de 95%, o valor-z^* é 1,96. Note que a margem de erro é o valor-z^* vezes o erro padrão.

Agora, substitua os valores conhecidos e resolva:

$$
\begin{aligned}
\text{MDE} &= 1{,}96\sqrt{\frac{0{,}75(0{,}25)}{200}}\\
&= 1{,}96\sqrt{\frac{0{,}1875}{200}}\\
&= 1{,}96(0{,}0306)\\
&\approx 0{,}06
\end{aligned}
$$

Com 95% de confiança, a margem de erro é ± 0,06 para estimar a proporção de todos os clientes que compraram produtos online nos últimos 12 meses.

539. 0,67 a 0,83

Para determinar um intervalo de confiança (IC) para uma proporção populacional, use esta fórmula:

$$\text{IC} = \hat{p} \pm z^* \sqrt{\frac{\hat{p}(1-\hat{p})}{n}}$$

Aqui, $\hat{p}$ é a proporção amostral, n é o tamanho amostral e z^* é o valor adequado da distribuição normal padrão para seu nível de confiança desejado (veja a Tabela A-4 no apêndice para vários níveis de confiança). Para um nível de confiança de 99%, $z^* = 2{,}58$.

Primeiro, você tem que encontrar a proporção amostral, p, dividindo o número de "sucessos" (150 neste caso) pelo tamanho amostral (200):

$$
\begin{aligned}
\hat{p} &= \frac{\text{número possuindo a característica}}{n}\\
&= \frac{150}{200} = 0{,}75
\end{aligned}
$$

Então confirme se você pode usar a aproximação normal para a binomial. Para usar a aproximação normal para a binomial para calcular um intervalo de confiança, ambos, np e $n(1-\hat{p})$, devem ser maiores que 10, onde n é o tamanho amostral e $\hat{p}$ é a proporção amostral.

Neste caso, $n = 200$ e $\hat{p} = 0{,}75$. Então substituindo os números, você tem $n\hat{p} = (200)0{,}75 = 150$ e $n(1 - \hat{p}) = (200)\ (1 - 0{,}75) = 50$.

Ambos, 150 e 50, são maiores que 10, então você pode usar a aproximação normal para a binomial.

A seguir, substitua os valores conhecidos na fórmula para o intervalo de confiança e resolva:

$$\begin{aligned}
IC &= 0,75 \pm 2,58\sqrt{\frac{0,75(1-0,75)}{200}}\\
&= 0,75 \pm 2,58\sqrt{\frac{0,75(0,25)}{200}}\\
&= 0,75 \pm 2,58\sqrt{\frac{0,1875}{200}}\\
&= 0,75 \pm 2,58\sqrt{0,0009375}\\
&= 0,75 \pm 2,58(0,0306)\\
&\approx 0,75 \pm 0,0789
\end{aligned}$$

Some e subtraia para/da proporção amostral para encontrar a amplitude:

$0,75 - 0,0789 = 0,6711$

$0,75 + 0,0789 = 0,8289$

Arredonde para duas casas decimais, então o intervalo de confiança de 99% para a proporção de todos os clientes que compraram produtos online nos últimos 12 meses é 0,67 a 0,83.

540. Sim, porque $n\hat{p}$ e $n(1-\hat{p})$ são ambos maiores que 10.

Para usar a aproximação normal para a binomial, ambos $n\hat{p}$ e $n(1-\hat{p})$ devem ser maiores que 10.

Para este exemplo, $n = 80$ e $\hat{p} = 0,15$. Então, substituindo os números, você descobre que $n\hat{p} = 80(0,15) = 12$ e $n(1-\hat{p}) = 80(0,85) = 68$.

Ambos, 12 e 68 são maiores que 10, então você pode usar a aproximação normal para estes dados.

541. 0,0989 a 0,2011

Para usar a aproximação normal para a binomial, ambos, $n\hat{p}$ e $n(1-\hat{p})$ devem ser maiores que 10.

Para este exemplo, $n = 80$ e $\hat{p} = 0,15$. Então, substituindo os números, você descobre que $n\hat{p} = 80(0,15) = 12$ e $n(1-\hat{p}) = 80(0,85) = 68$.

Ambos, 12 e 68 são maiores que 10, então você pode usar a aproximação normal para estes dados.

Para calcular um intervalo de confiança (IC) para uma proporção, use esta fórmula:

$$IC = \hat{p} \pm z^* \sqrt{\frac{\hat{p}(1-\hat{p})}{n}}$$

onde $\sqrt{\frac{\hat{p}(1-\hat{p})}{n}}$ é o erro padrão e z^* é o valor adequado da distribuição normal padrão para seu nível de confiança desejado (veja a Tabela A-4 no apêndice para vários níveis de confiança). Para um nível de confiança de 80%, $z^* = 1,28$.

Calcule o erro padrão:

$$\begin{aligned} EP &= \sqrt{\frac{0,15(1-0,15)}{80}} \\ &= \sqrt{\frac{0,1275}{80}} \\ &= 0,03992 \end{aligned}$$

Substitua os valores conhecidos na fórmula para o intervalo de confiança e resolva:

$$\begin{aligned} IC &= 0,15 \pm 1,28(0,03992) \\ &= 0,15 \pm 0,0510976 \\ &= 0,15 \pm 0,0511 \end{aligned}$$

Para encontrar os limites do intervalo de confiança, adicione e subtraia 0,0511 da proporção amostral:

$$0,15 - 0,0511 = 0,0989$$

$$0,15 + 0,0511 = 0,2011$$

O intervalo de confiança de 80% para a proporção populacional é 0,0989 a 0,2011.

542. 0,0843 a 0,2175

Para usar a aproximação normal para a binomial, ambos, $n\hat{p}$ e $n(1-\hat{p})$ devem ser maiores que 10.

Para este exemplo, $n = 80$ e $\hat{p} = 0,15$. Então, substituindo os números, você descobre que $n\hat{p} = 80(0,15) = 12$ e $n(1-\hat{p}) = 80(0,85) = 68$.

Ambos, 12 e 68 são maiores que 10, então você pode usar a aproximação normal para estes dados.

Para calcular um intervalo de confiança (IC) para uma proporção, use esta fórmula:

$$IC = \hat{p} \pm z^* \sqrt{\frac{\hat{p}(1-\hat{p})}{n}}$$

onde $\sqrt{\frac{\hat{p}(1-\hat{p})}{n}}$ é o erro padrão e z^* é o valor adequado da distribuição normal padrão para seu nível de confiança desejado (veja a Tabela A-4 no apêndice para vários níveis de confiança). Para um nível de confiança de 90%, $z^* = 1,645$.

Calcule o erro padrão:

$$\begin{aligned}EP&=\sqrt{\frac{0{,}15(1-0{,}15)}{80}}\\&=\sqrt{\frac{0{,}1275}{80}}\\&=0{,}03992\end{aligned}$$

Substitua os valores conhecidos na fórmula para o intervalo de confiança e resolva:

$$\begin{aligned}IC&=0{,}15\pm 1{,}645(0{,}03992)\\&\approx 0{,}15\pm 0{,}0657\end{aligned}$$

Para encontrar os limites do intervalo de confiança, adicione e subtraia 0,0657 da proporção amostral:

$$0{,}15-0{,}0657=0{,}0843$$

$$0{,}15+0{,}0657=0{,}2175$$

O intervalo de confiança de 90% para a proporção populacional é 0,0843 a 0,2175.

543. 0,0718 a 0,2282

Para usar a aproximação normal para a binomial, ambos, np e $n(1-\hat{p})$ devem ser maiores que 10.

Para este exemplo, $n = 80$ e $\hat{p} = 0{,}15$. Então, substituindo os números, você descobre que $n\hat{p} = 80(0{,}15) = 12$ e $n(1-\hat{p}) = 80(0{,}85) = 68$.

Ambos, 12 e 68 são maiores que 10, então você pode usar a aproximação normal para estes dados.

Para calcular um intervalo de confiança (IC) para uma proporção, use esta fórmula:

$$IC=\hat{p}\pm z^*\sqrt{\frac{\hat{p}(1-\hat{p})}{n}}$$

onde $\sqrt{\frac{\hat{p}(1-\hat{p})}{n}}$ é o erro padrão e z^* é o valor adequado da distribuição normal padrão para seu nível de confiança desejado (veja a Tabela A-4 no apêndice para vários níveis de confiança). Para um nível de confiança de 95%, $z^* = 1{,}96$.

Calcule o erro padrão:

$$\begin{aligned}EP&=\sqrt{\frac{0{,}15(1-0{,}15)}{80}}\\&=\sqrt{\frac{0{,}1275}{80}}\\&=0{,}03992\end{aligned}$$

Substitua os valores conhecidos na fórmula para o intervalo de confiança e resolva:

$$\begin{aligned} IC &= 0{,}15 \pm 1{,}96(0{,}03992) \\ &\approx 0{,}15 \pm 0{,}0782 \end{aligned}$$

Para encontrar os limites do intervalo de confiança, adicione e subtraia 0,0782 da proporção amostral:

$$0{,}15 - 0{,}0782 = 0{,}0718$$

$$0{,}15 + 0{,}0782 = 0{,}2282$$

O intervalo de confiança de 95% para a proporção populacional é 0,0718 a 0,2282.

544. 0,0570 a 0,2430

Para usar a aproximação normal para a binomial, ambos, $n\hat{p}$ e $n(1-\hat{p})$ devem ser maiores que 10.

Para este exemplo, $n = 80$ e $\hat{p} = 0{,}15$. Então, substituindo os números, você descobre que $n\hat{p} = 80(0{,}15) = 12$ e $n(1-\hat{p}) = 80(0{,}85) = 68$.

Ambos, 12 e 68 são maiores que 10, então você pode usar a aproximação normal para estes dados.

Para calcular um intervalo de confiança (IC) para uma proporção, use esta fórmula:

$$IC = \hat{p} \pm z^* \sqrt{\frac{\hat{p}(1-\hat{p})}{n}}$$

onde $\sqrt{\frac{\hat{p}(1-\hat{p})}{n}}$ é o erro padrão e z^* é o valor adequado da distribuição normal padrão para seu nível de confiança desejado (veja a Tabela A-4 no apêndice para vários níveis de confiança). Para um nível de confiança de 98%, $z^* = 2{,}33$.

Calcule o erro padrão:

$$\begin{aligned} EP &= \sqrt{\frac{0{,}15(1-0{,}15)}{80}} \\ &= \sqrt{\frac{0{,}1275}{80}} \\ &= 0{,}03992 \end{aligned}$$

Substitua os valores conhecidos na fórmula para o intervalo de confiança e resolva:

$$\begin{aligned} IC &= 0{,}15 \pm 2{,}33(0{,}03992) \\ &\approx 0{,}15 \pm 0{,}0930 \end{aligned}$$

Para encontrar os limites do intervalo de confiança, adicione e subtraia 0,0930 da proporção amostral:

$$0,15 - 0,0930 = 0,0570$$

$$0,15 + 0,0930 = 0,2430$$

O intervalo de confiança de 98% para a proporção populacional é 0,0570 a 0,2430.

545. 0,0470 a 0,2530

Para usar a aproximação normal para a binomial, ambos, $n\hat{p}$ e $n(1-\hat{p})$ devem ser maiores que 10.

Para este exemplo, $n = 80$ e $\hat{p} = 0,15$. Então, substituindo os números, você descobre que $n\hat{p} = 80(0,15) = 12$ e $n(1-\hat{p}) = 80(0,85) = 68$.

Ambos, 12 e 68 são maiores que 10, então você pode usar a aproximação normal para estes dados.

Para calcular um intervalo de confiança (IC) para uma proporção, use esta fórmula:

$$IC = \hat{p} \pm z^* \sqrt{\frac{\hat{p}(1-\hat{p})}{n}}$$

onde $\sqrt{\frac{\hat{p}(1-\hat{p})}{n}}$ é o erro padrão e z^* é o valor adequado da distribuição normal padrão para seu nível de confiança desejado (veja a Tabela A-4 no apêndice para vários níveis de confiança). Para um nível de confiança de 99%, $z^* = 2,58$.

Calcule o erro padrão:

$$\begin{aligned} EP &= \sqrt{\frac{0,15(1-0,15)}{80}} \\ &= \sqrt{\frac{0,1275}{80}} \\ &= 0,03992 \end{aligned}$$

Substitua os valores conhecidos na fórmula para o intervalo de confiança e resolva:

$$\begin{aligned} IC &= 0,15 \pm 2,58(0,03992) \\ &\approx 0,15 \pm 0,1030 \end{aligned}$$

Para encontrar os limites do intervalo de confiança, adicione e subtraia 0,1030 da proporção amostral:

$$0,15 - 0,1030 = 0,0470$$

$$0,15 + 0,1030 = 0,2530$$

O intervalo de confiança de 95% para a proporção populacional é 0,0470 a 0,2530.

546. A. 0,15 a 0,35

Para os mesmos dados, um intervalo de confiança de 98% será mais amplo do que um intervalo de confiança de 95%.

547. D. Alternativas (A) ou (B) (80% ou 90%)

Para os mesmos dados, um intervalo de confiança de 99% será mais amplo que um intervalo de 95%, enquanto um intervalo de 80% e 90% será mais estreito. O intervalo de confiança 0,22 a 0,28 é mais estreito que o intervalo de 95% de 0,20 a 0,30, então ele deve representar um nível de confiança mais baixo

548. 0,55

Se você tivesse apenas um número para usar para estimar a proporção populacional, você usaria a proporção amostral. Para encontrar a proporção amostral, $\hat{p}$, divida o número de "sucessos" (88 neste caso) pelo tamanho amostral (160):

$$\hat{p} = \frac{\text{Número de sucessos}}{n}$$
$$= \frac{88}{160} = 0{,}55$$

Entretanto, note que um intervalo de confiança é, na verdade, a melhor estimativa de uma proporção populacional porque você sabe que a proporção amostral muda com cada nova amostra. Então usar a proporção amostral de 0,55 mais ou menos a margem de erro, lhe dá a melhor estimativa possível.

549. 0,0393

A fórmula para o erro padrão de uma proporção amostral é

$$EP = \sqrt{\frac{\hat{p}(1-\hat{p})}{n}}$$

onde n é o tamanho amostral e $\hat{p}$ é a proporção amostral. Neste exemplo, $n = 160$ e $\hat{p} = 88/160$ (número de sucessos dividido pelo tamanho amostral) = 0,55.

Agora, substitua os valores conhecidos e resolva para o erro padrão:

$$EP = \sqrt{\frac{0{,}55(1-0{,}55)}{160}}$$
$$= \sqrt{\frac{0{,}2475}{160}}$$
$$\approx 0{,}0393$$

550. 0,0770

Para encontrar a margem de erro (MDE), use a fórmula

$$\text{MDE} = z^* \sqrt{\frac{\hat{p}(1-\hat{p})}{n}}$$

onde $\hat{p}$ é a proporção amostral, n é o tamanho amostral e z^* é o valor adequado da distribuição normal padrão para seu nível de confiança desejado (veja a Tabela A-4 no apêndice para vários níveis de confiança) Para um nível de confiança de 95%, o valor-z^* é 1,96. Note que a margem de erro é o valor-z^* vezes o erro padrão.

Primeiro, você tem que encontrar a proporção amostral, $\hat{p}$, dividindo o número de "sucessos" (neste caso, 88) pelo tamanho amostral (160):

$$\begin{aligned}\hat{p} &= \frac{\text{Número de sucessos}}{n} \\ &= \frac{88}{160} = 0{,}55\end{aligned}$$

Então, substitua os valores conhecidos na fórmula para a margem de erro:

$$\begin{aligned}\text{MDE} &= 1{,}96\sqrt{\frac{0{,}55(1-0{,}55)}{160}} \\ &= 1{,}96\sqrt{\frac{0{,}55(0{,}45)}{160}} \\ &= 1{,}96\sqrt{\frac{0{,}2475}{160}} \\ &= 1{,}96(0{,}0393) \\ &\approx 0{,}0770\end{aligned}$$

Com um nível de confiança de 95%, 0,0770 é a margem de erro para estimar a proporção de todos os adultos na cidade que são a favor da nova taxa.

551. 0,1014

Para encontrar a margem de erro (MDE), use a fórmula

$$\text{MDE} = z^* \sqrt{\frac{\hat{p}(1-\hat{p})}{n}}$$

onde $\hat{p}$ é a proporção amostral, n é o tamanho amostral e z^* é o valor adequado da distribuição normal padrão para seu nível de confiança desejado (veja a Tabela A-4 no apêndice para vários níveis de confiança)

Para um nível de confiança de 99%, o valor-z^* é 2,58. Note que a margem de erro é o valor-z^* vezes o erro padrão.

Primeiro, você tem que encontrar a proporção amostral, $\hat{p}$, dividindo o número de "sucessos" (neste caso, 88) pelo tamanho amostral (160):

$$\begin{aligned}\hat{p} &= \frac{\text{Número de sucessos}}{n} \\ &= \frac{88}{160} = 0{,}55\end{aligned}$$

Então, substitua os valores conhecidos na fórmula para a margem de erro:

$$\begin{aligned}\text{MDE} &= 2{,}58\sqrt{\frac{0{,}55(1-0{,}55)}{160}} \\ &= 2{,}58\sqrt{\frac{0{,}55(0{,}45)}{160}} \\ &= 2{,}58\sqrt{\frac{0{,}2475}{160}} \\ &= 2{,}58(0{,}0393) \\ &\approx 0{,}1014\end{aligned}$$

Com um nível de confiança de 99%, 0,1014 é a margem de erro para estimar a proporção de todos os adultos na cidade que são a favor da nova taxa.

552. 0,0503

Para encontrar a margem de erro (MDE), use a fórmula

$$\text{MDE} = z^*\sqrt{\frac{\hat{p}(1-\hat{p})}{n}}$$

onde $\hat{p}$ é a proporção amostral, n é o tamanho amostral e z^* é o valor adequado da distribuição normal padrão para seu nível de confiança desejado (veja a Tabela A-4 no apêndice para vários níveis de confiança) Para um nível de confiança de 80%, o valor-z^* é 1,28. Note que a margem de erro é o valor-z^* vezes o erro padrão.

Primeiro, você tem que encontrar a proporção amostral, $\hat{p}$, dividindo o número de "sucessos" (neste caso, 88) pelo tamanho amostral (160):

$$\begin{aligned}\hat{p} &= \frac{\text{Número de sucessos}}{n} \\ &= \frac{88}{160} = 0{,}55\end{aligned}$$

Então, substitua os valores conhecidos na fórmula para a margem de erro:

$$\begin{aligned} \text{MDE} &= 1{,}28\sqrt{\frac{0{,}55(1-0{,}55)}{160}} \\ &= 1{,}28\sqrt{\frac{0{,}55(0{,}45)}{160}} \\ &= 1{,}28\sqrt{\frac{0{,}2475}{160}} \\ &= 1{,}28(0{,}0393) \\ &\approx 0{,}0503 \end{aligned}$$

Com um nível de confiança de 80%, a margem de erro para estimar a proporção de todos os adultos na cidade que são a favor da nova taxa é 0,0503.

553. 0,30

Se fosse possível usar apenas um número para estimar a diferença entre duas proporções populacionais, você usaria a diferença nas duas proporções amostrais. Então chamando a população de homens de População 1 e a população de mulheres de População 2, para este conjunto de dados específico dessas amostras retiradas das populações, terá:

$$\begin{aligned} \hat{p}_1 - \hat{p}_2 &= 0{,}55 - 0{,}25 \\ &= 0{,}30 \end{aligned}$$

Note, entretanto, que um intervalo de confiança é melhor estimado para a diferença entre duas proporções populacionais porque você sabe que as proporções amostrais mudam assim que as amostras mudam, e um intervalo de confiança fornece uma gama de valores prováveis em vez de apenas um número para o parâmetro populacional. Então usando 0,30 mais ou menos uma margem de erro lhe dá a melhor estimativa possível.

554. 0,0660

Para calcular o erro padrão para a diferença estimada em duas proporções populacionais, use a fórmula

$$\text{EP} = \sqrt{\frac{\hat{p}_1(1-\hat{p}_1)}{n_1} + \frac{\hat{p}_2(1-\hat{p}_2)}{n_2}}$$

onde $\hat{p}_1$ e n_1 são a proporção amostral e o tamanho amostral da amostra da População 1 e $\hat{p}_2$ e n_2 são a proporção amostral e o tamanho amostral da amostra da População 2.

Tratando a amostra de homens da População 1 como Amostra 1 e a amostra de mulheres da População 2 como Amostra 2, substitua os números e resolva:

$$\begin{aligned}
EP &= \sqrt{\frac{0{,}55\,(1-0{,}55)}{100}+\frac{0{,}25\,(1-0{,}25)}{100}}\\
&= \sqrt{\frac{0{,}55\,(0{,}45)}{100}+\frac{0{,}25\,(0{,}75)}{100}}\\
&= \sqrt{0{,}002475+0{,}001875}\\
&= \sqrt{0{,}00435}\\
&\approx 0{,}0660
\end{aligned}$$

Então o erro padrão para a estimativa das diferenças em proporções nas populações de homens e mulheres é 0,0660.

555. entre 17% e 43%

Para encontrar um intervalo de confiança quando estimar a diferença de duas proporções populacionais, use a fórmula

$$IC = (\hat{p}_1 - \hat{p}_2) \pm z^* \sqrt{\frac{\hat{p}_1\,(1-\hat{p}_1)}{n_1}+\frac{\hat{p}_2\,(1-\hat{p}_2)}{n_2}}$$

onde $\hat{p}_1$ e n_1 são a proporção amostral e o tamanho amostral da amostra da População 1, $\hat{p}_2$ e n_2 são a proporção amostral e o tamanho amostral da amostra da População 2 e z^* é o valor adequado da distribuição normal padrão para seu nível de confiança desejado (veja a Tabela A-4 no apêndice para vários níveis de confiança).

Para resolver, siga esses passos:

1. Use o nível de confiança para encontrar o valor-z^* adequado se referindo à Tabela A-4. O valor-z^* para um nível de confiança de 95% é 1,96.

2. Para tornar os cálculos um pouco mais fáceis, rotule o grupo de homens retirados da população como "Amostra 1" e o grupo de mulheres retirados da população como "Amostra 2".

3. Para cada proporção, divida o número que tem o atributo pelo tamanho amostral:

$$\hat{p} = \frac{\text{número possuindo a característica}}{n}$$

Amostra 1: $\frac{55}{100} = 0{,}55$

Amostra 2: $\frac{25}{100} = 0{,}25$

4. Substitua os valores na fórmula para o intervalo de confiança e resolva:

$$\begin{aligned}IC &= (0{,}55-0{,}25)\pm 1{,}96\sqrt{\frac{0{,}55\,(1-0{,}55)}{100}+\frac{0{,}25\,(1-0{,}25)}{100}}\\ &=0{,}30\pm 1{,}96\sqrt{\frac{0{,}55\,(0{,}45)}{100}+\frac{0{,}25\,(0{,}75)}{100}}\\ &=0{,}30\pm 1{,}96\sqrt{0{,}002475+0{,}001875}\\ &=0{,}30\pm 1{,}96\sqrt{0{,}00435}\\ &=0{,}30\pm 1{,}96(0{,}0660)\text{, arredondado}\\ &\approx 0{,}30\pm 0{,}12936\end{aligned}$$

5. Subtraia e adicione a margem de erro:

   $0{,}30 - 0{,}12936 = 0{,}17064$

   $0{,}30 + 0{,}12936 = 0{,}42936$

6. Converta para porcentagens multiplicando por 100%:

   $0{,}17064(100\%) = 17{,}064\%$

   $0{,}42936(100\%) = 42{,}936\%$

Arredonde para o ponto de porcentagem inteiro mais próxima para que o intervalo de confiança de 95% seja 17% a 43%.

Este é um intervalo de confiança de 95% para a diferença na porcentagem de todos os homens e mulheres a favor de Johnson entre todos os eleitores prováveis. Como foi subtraído a proporção amostral de mulheres da proporção amostral de homens para encontrar esse resultado, você pode concluir que os homens são aqueles com a maior probabilidade de votar para o candidato Johnson.

556. entre 19% e 41%

Para encontrar um intervalo de confiança quando estimar a diferença de duas proporções populacionais, use a fórmula

$$IC = (\hat{p}_1 - \hat{p}_2) \pm z^* \sqrt{\frac{\hat{p}_1\,(1-\hat{p}_1)}{n_1} + \frac{\hat{p}_2\,(1-\hat{p}_2)}{n_2}}$$

onde $\hat{p}_1$ e n_1 são a proporção amostral e o tamanho amostral da amostra da População 1, $\hat{p}_2$ e n_2 são a proporção amostral e o tamanho amostral da amostra da População 2 e z^* é o valor adequado da distribuição normal padrão para seu nível de confiança desejado (veja a Tabela A-4 no apêndice para vários níveis de confiança).

Para resolver, siga esses passos:

1. Use o nível de confiança para encontrar o valor-z^* adequado se referindo à Tabela A-4. O valor-z^* para um nível de confiança de 90% é 1,645.

2. Para tornar os cálculos um pouco mais fáceis, rotule o grupo de homens retirado da população como "Amostra 1" e o grupo de mulheres retirado da população como "Amostra 2".

3. Para cada proporção, divida o número que tem o atributo pelo tamanho amostral:

$$\hat{p} = \frac{\text{número que tem o atributo}}{n}$$

Amostra 1: $\frac{55}{100} = 0{,}55$

Amostra 2: $\frac{25}{100} = 0{,}25$

4. Substitua os valores na fórmula para o intervalo de confiança e resolva:

$$\begin{aligned} IC &= (0{,}55 - 0{,}25) \pm 1{,}645\sqrt{\frac{0{,}55\,(1-0{,}55)}{100} + \frac{0{,}25\,(1-0{,}25)}{100}} \\ &= 0{,}30 \pm 1{,}645\sqrt{\frac{0{,}55\,(0{,}45)}{100} + \frac{0{,}25\,(0{,}75)}{100}} \\ &= 0{,}30 \pm 1{,}645\sqrt{0{,}002475 + 0{,}001875} \\ &= 0{,}30 \pm 1{,}645\sqrt{0{,}00435} \\ &= 0{,}30 \pm 1{,}645(0{,}0660), \text{ arredondado} \\ &\approx 0{,}30 \pm 0{,}10857 \end{aligned}$$

5. Subtraia e adicione a margem de erro:

$0{,}30 - 0{,}10857 = 0{,}19143$

$0{,}30 + 0{,}10857 = 0{,}40857$

6. Converta para porcentagens multiplicando por 100%:

0,19143(100%) = 19,143%

0,40857(100%) = 40,857%

Arredonde para o ponto de porcentagem inteiro mais próxima para que o intervalo de confiança de 90% seja 19% a 41%.

Este é um intervalo de confiança de 90% para a diferença na porcentagem de todos os homens e mulheres a favor de Johnson entre todos os eleitores prováveis. Como foi subtraído a proporção amostral de mulheres da proporção amostral de homens para encontrar esse resultado, você pode concluir que os homens são aqueles com a maior probabilidade de votar para o candidato Johnson.

557. entre 13% e 47%

Para encontrar um intervalo de confiança quando estimar a diferença de duas proporções populacionais, use a fórmula

$$IC = (\hat{p}_1 - \hat{p}_2) \pm z^* \sqrt{\frac{\hat{p}_1(1-\hat{p}_1)}{n_1} + \frac{\hat{p}_2(1-\hat{p}_2)}{n_2}}$$

onde $\hat{p}_1$ e n_1 são a proporção amostral e o tamanho amostral da amostra da População 1, $\hat{p}_2$ e n_2 são a proporção amostral e o tamanho amostral da amostra da População 2 e z^* é o valor adequado da distribuição normal padrão para seu nível de confiança desejado (veja a Tabela A-4 no apêndice para vários níveis de confiança).

Para resolver, siga esses passos:

1. Use o nível de confiança para encontrar o valor-z^* adequado se referindo à Tabela A-4. O valor-z^* para um nível de confiança de 99% é 2,58.

2. Para tornar os cálculos um pouco mais fáceis, rotule o grupo de homens retirado da população como "Amostra 1" e o grupo de mulheres retirado da população como "Amostra 2".

3. Para cada proporção, divida o número que tem o atributo pelo tamanho amostral:

$$\hat{p} = \frac{\text{número que tem o atributo}}{n}$$

Amostra 1: $\frac{55}{100} = 0{,}55$

Amostra 2: $\frac{25}{100} = 0{,}25$

4. Substitua os valores na fórmula para o intervalo de confiança e resolva:

$$\begin{aligned} IC &= (0{,}55 - 0{,}25) \pm 2{,}58\sqrt{\frac{0{,}55(1-0{,}55)}{100} + \frac{0{,}25(1-0{,}25)}{100}} \\ &= 0{,}30 \pm 2{,}58\sqrt{\frac{0{,}55(0{,}45)}{100} + \frac{0{,}25(0{,}75)}{100}} \\ &= 0{,}30 \pm 2{,}58\sqrt{0{,}002475 + 0{,}001875} \\ &= 0{,}30 \pm 2{,}58\sqrt{0{,}00435} \\ &= 0{,}30 \pm 2{,}58(0{,}0660), \text{ arredondado} \\ &\approx 0{,}30 \pm 0{,}17028 \end{aligned}$$

5. Subtraia e adicione a margem de erro:

$0{,}30 - 0{,}17028 = 0{,}12972$

$0{,}30 + 0{,}17028 = 0{,}47028$

6. Converta para porcentagens multiplicando por 100%:

$0{,}12972(100\%) = 12{,}972\%$

$0{,}47028(100\%) = 47{,}028\%$

Arredonde para o ponto de porcentagem inteiro mais próxima para que o intervalo de confiança de 99% seja 13% a 47%.

Este é um intervalo de confiança de 99% para a diferença na porcentagem de todos os homens e mulheres a favor de Johnson entre todos os eleitores prováveis. Como foi subtraído a proporção amostral de mulheres da proporção amostral de homens para encontrar esse resultado, você pode concluir que os homens são aqueles com a maior probabilidade de votar para o candidato Johnson.

558. 0,3333

Se você pudesse escolher apenas um número para estimar a diferença em duas proporções populacionais, usaria-se a diferença entre duas proporções amostrais (uma das cidades grandes e uma das cidades pequenas).

Para cidades com mais de 1 milhão na população, 220 entre 300 adultos queriam o financiamento aumentado, então a proporção querendo o financiamento aumentado é 220/300 ≈ 0,7333.

Para cidades com menos de 100.000 na população, 120 entre 300 adultos queriam o financiamento aumentado, então a proporção querendo o financiamento aumentado é 120/300 = 0,4.

A diferença nas proporções amostrais é 0,7333 – 0,4 = 0,3333 para esta amostra de dados. Por causa da ordem da subtração (cidades grandes menos cidades pequenas), o valor de 0,3333 significa a proporção a favor em cidades grandes é maior que a proporção a favor em cidades pequenas para estas amostras.

Note, entretanto, que um intervalo de confiança é a melhor estimativa para a diferença em proporções populacionais porque você sabe que as proporções amostrais mudam assim que as amostras mudam, e um intervalo de confiança fornece uma gama de valores prováveis em vez de apenas um número para o parâmetro populacional. Então adicionar e subtrair a margem de erro ao valor de 0,3333 lhe dá a melhor estimativa possível.

559. 0,2706 a 0,3960

Para encontrar um intervalo de confiança quando estimar a diferença de duas proporções populacionais, use a fórmula

$$\text{IC} = (\hat{p}_1 - \hat{p}_2) \pm z^* \sqrt{\frac{\hat{p}_1(1-\hat{p}_1)}{n_1} + \frac{\hat{p}_2(1-\hat{p}_2)}{n_2}}$$

onde $\hat{p}_1$ e n_1 são a proporção amostral e o tamanho amostral da amostra da População 1, $\hat{p}_2$ e n_2 são a proporção amostral e o tamanho amostral da amostra da População 2 e z^* é o valor adequado da distribuição normal padrão para seu nível de confiança desejado (veja a Tabela A-4 no apêndice para vários níveis de confiança).

Para resolver, siga estes passos:

1. Use o nível de confiança para encontrar o valor-z^* adequado se referindo à Tabela A-4. O valor-z^* para um nível de confiança de 90% é 1,645.

2. Para tornar os cálculos um pouco mais fáceis, rotule o grupo de adultos retirados de cidades grandes como "Amostra 1" e o grupo de adultos retirados de cidades pequenas como "Amostra 2".

3. Para cada proporção, divida o número que tem o atributo pelo tamanho amostral:

$$\hat{p} = \frac{\text{número que tem o atributo}}{n}$$

Amostra 1: $\frac{220}{300} \approx 0{,}7333$

Amostra 2: $\frac{120}{300} = 0{,}4$

4. Substitua os valores na fórmula para o intervalo de confiança e resolva:

$$\begin{aligned}
\text{IC} &= (\hat{p}_1 - \hat{p}_2) \pm z^* \sqrt{\frac{\hat{p}_1(1-\hat{p}_1)}{n_1} + \frac{\hat{p}_2(1-\hat{p}_2)}{n_2}} \\
&= (0{,}7333 - 0{,}4) \pm 1{,}645 \sqrt{\frac{0{,}7333(1-0{,}7333)}{300} + \frac{0{,}4(1-0{,}4)}{300}} \\
&= 0{,}3333 \pm 1{,}645 \sqrt{\frac{0{,}19557}{300} + \frac{0{,}24}{300}} \\
&= 0{,}3333 \pm 1{,}645 \sqrt{0{,}0006519 + 0{,}0008} \\
&= 0{,}3333 \pm 1{,}645(0{,}038104) \\
&= 0{,}3333 \pm 0{,}06268
\end{aligned}$$

5. Subtraia e adicione a margem de erro:

$0{,}3333 - 0{,}0627 = 0{,}2706$

$0{,}3333 + 0{,}0627 = 0{,}3960$

Este é um intervalo de confiança de 90% para a diferença na proporção de adultos que são a favor do transporte público, comparando cidades grandes e cidades pequenas.

Note que porque você pegou uma proporção amostral de cidades grandes (como População 1) menos a proporção amostral de cidades pequenas (como População 2) e seu intervalo de confiança contém todos os valores positivos, pode-se concluir que as cidades grandes são aquelas mais a favor do transporte público.

560. 0,2485 a 0,3821

Para encontrar um intervalo de confiança quando estimar a diferença de duas proporções populacionais, use a fórmula

$$IC = (\hat{p}_1 - \hat{p}_2) \pm z^* \sqrt{\frac{\hat{p}_1(1-\hat{p}_1)}{n_1} + \frac{\hat{p}_2(1-\hat{p}_2)}{n_2}}$$

onde $\hat{p}_1$ e n_1 são a proporção amostral e o tamanho amostral da amostra da População 1, $\hat{p}_2$ e n_2 são a proporção amostral e o tamanho amostral da amostra da População 2 e z^* é o valor adequado da distribuição normal padrão para seu nível de confiança desejado (veja a Tabela A-4 no apêndice para vários níveis de confiança).

Para resolver, siga esses passos:

1. Use o nível de confiança para encontrar o valor-z^* adequado se referindo à Tabela A-4. O valor-z^* para um nível de confiança de 80% é 1,28.

2. Para tornar os cálculos um pouco mais fáceis, rotule o grupo de adultos retirados de cidades grandes como "Amostra 1" e o grupo de adultos retirados de cidades pequenas como "Amostra 2".

3. Para cada proporção, divida o número que tem o atributo pelo tamanho amostral:

$$\hat{p} = \frac{\text{Número que tem o atributo}}{n}$$

$$\text{Amostra 1: } \frac{220}{300} \approx 0,7333$$

$$\text{Amostra 2: } \frac{120}{300} = 0,4$$

4. Substitua os valores na fórmula para o intervalo de confiança e resolva.

(***Lembre-se:*** O erro padrão, $\sqrt{\frac{\hat{p}_1(1-\hat{p}_1)}{n_1} + \frac{\hat{p}_2(1-\hat{p}_2)}{n_2}}$, é 0,0381.)

$$IC = (0,7333 - 0,4) \pm 1,28(0,0381)$$
$$\approx 0,3333 \pm 0,0488$$

5. Subtraia e adicione a margem de erro:

$$0,3333 - 0,0488 = 0,2845$$

$$0,3333 + 0,0488 = 0,3821$$

Este é um intervalo de confiança de 80% para a diferença na proporção de adultos que são a favor do transporte público, comparando cidades grandes e cidades pequenas.

Note que como você pegou uma proporção amostral de cidades grandes (como População 1) menos a proporção amostral de cidades pequenas (como População 2) e seu intervalo de confiança contém todos os valores positivos, pode-se concluir que as cidades grandes são aquelas mais a favor do transporte público.

561. 3,35 a 4,65 polegadas

Para encontrar o intervalo de confiança para a diferença de duas médias populacionais, onde os desvios padrão populacionais são conhecidos, use a seguinte fórmula:

$$IC=(\bar{x}_1-\bar{x}_2)\pm z^*\sqrt{\frac{\sigma_1^2}{n_1}+\frac{\sigma_2^2}{n_2}}$$

Aqui, $\bar{x}_1$ e n_1 são a média e o tamanho da amostra retirada da População 1, cujo desvio padrão populacional, σ_1, é dado (conhecido); x_2 e n_2 são a média e o tamanho da amostra retirada da População 2, cujo desvio padrão populacional, σ_2, é dado (conhecido).

Siga esses passos para resolver:

1. Use o nível de confiança para encontrar o valor-z^* adequado referindo-se à Tabela A-4 no apêndice para vários níveis de confiança. O valor-z^* para um nível de confiança de 95% é 1,96.

2. Substitua os valores conhecidos na equação e resolva, certificando-se de seguir a ordem das operações:

$$\begin{aligned}IC&=(71-67)\pm 1{,}96\sqrt{\frac{2^2}{70}+\frac{1{,}8^2}{60}}\\&=4\pm 1{,}96\sqrt{\frac{4}{70}+\frac{3{,}24}{60}}\\&=4\pm 1{,}96\sqrt{0{,}05714+0{,}054}\\&=4\pm 1{,}96\sqrt{0{,}11114}\\&=4\pm 1{,}96(0{,}3334)\\&=4\pm 0{,}653464\end{aligned}$$

3. Encontre a *extremidade inferior* do intervalo de confiança subtraindo a margem de erro da diferença das médias:

$$4-0{,}653464=3{,}346536$$

4. Encontre a *extremidade superior* do intervalo de confiança adicionando a margem de erro à diferença das médias:

$$4+0{,}653464=4{,}653464$$

Arredonde para o centésimo mais próximo, para que o intervalo de confiança de 95% seja 3,35 a 4,65 polegadas.

Este é um intervalo de confiança de 95% para a diferença em alturas de todos os meninos e meninas nessas populações.

Note que como você pegou a média amostral da amostra de meninos retirada da População 1 menos a média amostral da amostra de meninas retirada da População 2, e o intervalo de confiança contém todos os valores positivos, pode-se concluir que os meninos são aqueles com a maior média de altura.

562. 3,57 a 4,43 polegadas

Para encontrar o intervalo de confiança para a diferença de duas médias populacionais, onde os desvios padrão populacionais são conhecidos, use a seguinte fórmula:

$$IC = (\bar{x}_1 - \bar{x}_2) \pm z^* \sqrt{\frac{\sigma_1^2}{n_1} + \frac{\sigma_2^2}{n_2}}$$

Aqui, $\bar{x}_1$ e n_1 são a média e o tamanho da amostra retirada da População 1, cujo desvio padrão populacional, σ_1, é dado (conhecido); $\bar{x}_2$ e n_2 são a média e o tamanho da amostra retirada da População 2, cujo desvio padrão populacional, σ_2, é dado (conhecido).

Siga esses passos para resolver:

1. Use o nível de confiança para encontrar o valor-z^* adequado referindo-se à Tabela A-4 no apêndice para vários níveis de confiança. O valor-z^* para um nível de confiança de 80% é 1,28.

2. Substitua os valores conhecidos na equação e resolva, certificando-se de seguir a ordem das operações:

$$\begin{aligned} IC &= (71-67) \pm 1{,}28\sqrt{\frac{2^2}{70} + \frac{1{,}8^2}{60}} \\ &= 4 \pm 1{,}28\sqrt{\frac{4}{70} + \frac{3{,}24}{60}} \\ &= 4 \pm 1{,}28\sqrt{0{,}05714 + 0{,}054} \\ &= 4 \pm 1{,}28\sqrt{0{,}11114} \\ &= 4 \pm 1{,}28(0{,}3334) \\ &= 4 \pm 0{,}426752 \end{aligned}$$

3. Encontre a *extremidade inferior* do intervalo de confiança subtraindo a margem de erro da diferença das médias:

$$4 - 0{,}426752 = 3{,}573248$$

4. Encontre a *extremidade superior* do intervalo de confiança adicionando a margem de erro à diferença das médias:

$$4 + 0{,}426752 = 4{,}426752$$

5. Arredonde para o centésimo mais próximo, para que o intervalo de confiança de 80% seja 3,57 a 4,43 polegadas.

Este é um intervalo de confiança de 80% para a diferença em alturas de todos os meninos e meninas nessas populações.

Note que porque você pegou a média amostral da amostra de meninos retirada da População 1 menos a média amostral da amostra de meninas retirada da População 2, e o intervalo de confiança contém todos os valores positivos, pode-se concluir que os meninos são aqueles com a maior média de altura.

563. 3,14 a 4,86 polegadas

Para encontrar o intervalo de confiança para a diferença de duas médias populacionais, onde os desvios padrão populacionais são conhecidos, use a seguinte fórmula:

$$IC = (\bar{x}_1 - \bar{x}_2) \pm z^* \sqrt{\frac{\sigma_1^2}{n_1} + \frac{\sigma_2^2}{n_2}}$$

Aqui, $\bar{x}_1$ e n_1 são a média e o tamanho da amostra retirada da População 1, cujo desvio padrão populacional, σ_1, é dado (conhecido); $\bar{x}_2$ e n_2 são a média e o tamanho da amostra retirada da População 1, cujo desvio padrão populacional, σ_2, é dado (conhecido).

Siga esses passos para resolver:

1. Use o nível de confiança para encontrar o valor-z^* adequado referindo-se à Tabela A-4 no apêndice para vários níveis de confiança. O valor-z^* para um nível de confiança de 99% é 2,58.

2. Substitua os valores conhecidos na equação e resolva, certificando-se de seguir a ordem das operações:

$$\begin{aligned} IC &= (71 - 67) \pm 2{,}58\sqrt{\frac{2^2}{70} + \frac{1{,}8^2}{60}} \\ &= 4 \pm 2{,}58\sqrt{\frac{4}{70} + \frac{3{,}24}{60}} \\ &= 4 \pm 2{,}58\sqrt{0{,}05714 + 0{,}054} \\ &= 4 \pm 2{,}58\sqrt{0{,}11114} \\ &= 4 \pm 2{,}58(0{,}3334) \\ &= 4 \pm 0{,}860172 \end{aligned}$$

3. Encontre a *extremidade inferior* do intervalo de confiança subtraindo a margem de erro da diferença das médias:

$$4 - 0{,}860172 = 3{,}139828$$

4. Encontre a *extremidade superior* do intervalo de confiança adicionando a margem de erro à diferença das médias:

$4 + 0{,}860172 = 4{,}860172$

5. Arredonde para o centésimo mais próximo, para que o intervalo de confiança de 99% seja 3,14 a 4,86 polegadas.

Este é um intervalo de confiança de 99% para a diferença em alturas de todos os meninos e meninas nessas populações.

Note que como você pegou a média amostral da amostra de meninos retirada da População 1 menos a média amostral da amostra de meninas retirada da População 2, e o intervalo de confiança contém todos os valores positivos, pode-se concluir que os meninos são aqueles com a maior média de altura.

564. 3,22 a 4,78 polegadas

Para encontrar o intervalo de confiança para a diferença de duas médias populacionais, onde os desvios padrão populacionais são conhecidos, use a seguinte fórmula:

$$IC = (\bar{x}_1 - \bar{x}_2) \pm z^* \sqrt{\frac{\sigma_1^2}{n_1} + \frac{\sigma_2^2}{n_2}}$$

Aqui, $\bar{x}_1$ e n_1 são a média e o tamanho da amostra retirada da População 1, cujo desvio padrão populacional, σ_1, é dado (conhecido); $\bar{x}_2$ e n_2 são a média e o tamanho da amostra retirada da População 2, cujo desvio padrão populacional, σ_2, é dado (conhecido).

Siga esses passos para resolver:

1. Use o nível de confiança para encontrar o valor-z^* adequado referindo-se à Tabela A-4 no apêndice para vários níveis de confiança. O valor-z^* para um nível de confiança de 98% é 2,33.

2. Substitua os valores conhecidos na equação e resolva, certificando-se de seguir a ordem das operações:

$$\begin{aligned} IC &= (71 - 67) \pm 2{,}33\sqrt{\frac{2^2}{70} + \frac{1{,}8^2}{60}} \\ &= 4 \pm 2{,}33\sqrt{\frac{4}{70} + \frac{3{,}24}{60}} \\ &= 4 \pm 2{,}33\sqrt{0{,}05714 + 0{,}054} \\ &= 4 \pm 2{,}33\sqrt{0{,}11114} \\ &= 4 \pm 2{,}33(0{,}3334) \\ &= 4 \pm 0{,}776822 \end{aligned}$$

3. Encontre a *extremidade inferior* do intervalo de confiança subtraindo a margem de erro da diferença das médias:

$4 - 0{,}776822 = 3{,}223178$

4. Encontre a *extremidade superior* do intervalo de confiança adicionando a margem de erro à diferença das médias:

$$4 + 0{,}776822 = 4{,}776822$$

5. Arredonde para o centésimo mais próximo, para que o intervalo de confiança de 98% seja 3,22 a 4,78 polegadas.

Este é um intervalo de confiança de 98% para a diferença em alturas de todos os meninos e meninas nessas populações.

Note que como você pegou a média amostral da amostra de meninos retirada da População 1 menos a média amostral da amostra de meninas retirada da População 2, e o intervalo de confiança contém todos os valores positivos, pode-se concluir que os meninos são aqueles com a maior média de altura.

565. Se você trocar a ordem das populações (tratando a população de meninas como População 1 e a população de meninos como População 2), a diferença média seria negativa, mas a margem de erro seria a mesma.

Este resultado é claro da fórmula para um intervalo de confiança para a diferença em duas médias:

$$IC = \left(\bar{x}_1 - \bar{x}_2\right) \pm z^* \sqrt{\frac{\sigma_1^2}{n_1} + \frac{\sigma_2^2}{n_2}}$$

Você usa as médias apenas para calcular a diferença estimada em médias, não a margem de erro. Então trocar meninas e meninos troca a ordem na qual as médias são subtraídas, mudando a diferença de positiva (meninos – meninas) para negativa (meninas – meninos). Uma diferença negativa significa que os resultados do Grupo 1 são menores que os resultados do Grupo 2. (Por exemplo, se você pegar 67 – 71 você consegue um número negativo, significando que 2 é menor que 4.)

Entretanto, mudar as Populações 1 e 2 não muda a margem de erro, principalmente porque os valores são elevados ao quadrado e somados nesta fórmula em vez de subtraídos. Então, no final, quando você troca os nomes das populações, a diferença em médias muda o sinal, mas a margem de erro continua a mesma. Os intervalos de confiança não mudam em suas amplitudes, mas seus valores possíveis têm sinais diferentes. Resumindo: É importante saber qual população é designada como População 1 e qual é designada como População 2.

566. 1,2

A margem de erro (MDE) é a quantidade somada ou subtraída da média amostral quando calculando um intervalo de confiança. Para um intervalo de confiança da diferença em duas médias populacionais, quando os desvios padrão populacionais são conhecidos, a fórmula para MDE é

$$MDE = z^* \sqrt{\frac{\sigma_1^2}{n_1} + \frac{\sigma_2^2}{n_2}}$$

onde n_1 é o tamanho amostral da amostra retirada da População 1, cujo desvio padrão populacional é σ_1, e n_2 é o tamanho amostral da amostra retirada da População 2, cujo desvio padrão populacional é σ_2.

Para resolver, siga esses passos:

1. Use o nível de confiança para encontrar o valor-z^* adequado referindo-se à Tabela A-4 no apêndice para vários níveis de confiança. O valor-z^* para um nível de confiança de 90% é 1,645.

2. Substitua os valores conhecidos na equação e resolva, certificando-se de seguir a ordem das operações:

$$\begin{aligned} MDE &= 1{,}645\sqrt{\frac{7^2}{120} + \frac{4^2}{130}} \\ &= 1{,}645\sqrt{\frac{49}{120} + \frac{16}{130}} \\ &= 1{,}645\sqrt{0{,}4083 + 0{,}1231} \\ &= 1{,}645\sqrt{0{,}5314} \\ &= 1{,}645(0{,}7290) \\ &= 1{,}199205 \end{aligned}$$

Arredondada para uma casa decimal, a margem de erro é 1,2 horas.

Esta é a margem de erro para a diferença estimada em tempo médio gasto em lição de casa para alunos universitários de física versus alunos universitários de inglês para um nível de confiança de 90%.

567. 0,9

A margem de erro (MDE) é a quantidade somada ou subtraída da média amostral quando calculando um intervalo de confiança. Para um intervalo de confiança da diferença em duas médias populacionais, quando os desvios padrão populacionais são conhecidos, a fórmula para MDE é

$$MDE = z^* \sqrt{\frac{\sigma_1^2}{n_1} + \frac{\sigma_2^2}{n_2}}$$

onde n_1 é o tamanho amostral da amostra retirada da População 1, cujo desvio padrão populacional é σ_1, e n_2 é o tamanho amostral da amostra retirada da População 2, cujo desvio padrão populacional é σ_2.

Para resolver, siga esses passos:

1. Use o nível de confiança para encontrar o valor-z^* adequado referindo-se à Tabela A-4 no apêndice para vários níveis de confiança. O valor-z^* para um nível de confiança de 80% é 1,28.

2. Substitua os valores conhecidos na equação e resolva, certificando-se de seguir a ordem das operações:

$$\begin{aligned}\text{MDE} &= 1{,}28\sqrt{\frac{7^2}{120}+\frac{4^2}{130}}\\ &= 1{,}28\sqrt{\frac{49}{120}+\frac{16}{130}}\\ &= 1{,}28\sqrt{0{,}4083+0{,}1231}\\ &= 1{,}28\sqrt{0{,}5314}\\ &= 1{,}28(0{,}7290)\\ &= 0{,}93312\end{aligned}$$

Arredondada para uma casa decimal, a margem de erro é 0,9 horas.

Esta é a margem de erro para a diferença estimada em tempo médio gasto em lição de casa para alunos universitários de física versus alunos universitários de inglês para um nível de confiança de 80%.

568. 5,6 a 8,4 horas

Para encontrar o intervalo de confiança para a diferença de duas médias populacionais, onde os desvios padrão populacionais são conhecidos, use a seguinte fórmula:

$$\text{IC} = (\bar{x}_1 - \bar{x}_2) \pm z^* \sqrt{\frac{\sigma_1^2}{n_1}+\frac{\sigma_2^2}{n_2}}$$

Aqui, $\bar{x}_1$ e n_1 são a média e o tamanho da amostra retirada da População 1, cujo desvio padrão populacional, σ_1, é dado (conhecido); $\bar{x}_2$ e n_2 são a média e o tamanho da amostra retirada da População 2, cujo desvio padrão populacional, σ_2, é dado (conhecido).

Para resolver, siga esses passos:

1. Use o nível de confiança para encontrar o valor-z^* adequado referindo-se à Tabela A-4 no apêndice para vários níveis de confiança. O valor-z^* para um nível de confiança de 95% é 1,96.

2. Substitua os valores conhecidos na equação e resolva, certificando-se de seguir a ordem das operações:

$$\begin{aligned}\text{IC} &= (25-18) \pm 1{,}96\sqrt{\frac{7^2}{120}+\frac{4^2}{130}}\\ &= 7 \pm 1{,}96\sqrt{\frac{49}{120}+\frac{16}{130}}\\ &= 7 \pm 1{,}96\sqrt{0{,}4083+0{,}1231}\\ &= 7 \pm 1{,}96\sqrt{0{,}5314}\\ &= 7 \pm 1{,}96(0{,}7290)\\ &= 7 \pm 1{,}42884\end{aligned}$$

3. Encontre a *extremidade inferior* do intervalo de confiança subtraindo a margem de erro da diferença das duas médias amostrais:

   $$7 - 1{,}42884 = 5{,}57116$$

4. Encontre a *extremidade superior* do intervalo de confiança somando a margem de erro com a diferença das duas médias amostrais:

   $$7 + 1{,}42884 = 8{,}42884$$

5. Arredonde para o décimo mais próximo para conseguir 5,6 a 8,4 horas.

Então um intervalo de confiança de 95% para a diferença no tempo médio de estudo é 5,6 a 8,4 horas. Como você tratou a população de estudantes de física como População 1 e todos os valores no intervalo de confiança são positivos, pode-se concluir que os estudantes de física são os que têm a maior média de tempo de lição de casa.

569. 5,1 a 8,9 horas

Para encontrar o intervalo de confiança para a diferença de duas médias populacionais, onde os desvios padrão populacionais são conhecidos, use a seguinte fórmula:

$$IC = (\bar{x}_1 - \bar{x}_2) \pm z^* \sqrt{\frac{\sigma_1^2}{n_1} + \frac{\sigma_2^2}{n_2}}$$

Aqui, $\bar{x}_1$ e n_1 são a média e o tamanho da amostra retirada da População 1, cujo desvio padrão populacional, σ_1, é dado (conhecido); $\bar{x}_2$ e n_2 são a média e o tamanho da amostra retirada da População 2, cujo desvio padrão populacional, σ_2, é dado (conhecido).

Para resolver, siga esses passos:

1. Use o nível de confiança para encontrar o valor-z^* adequado referindo-se à Tabela A-4 no apêndice para vários níveis de confiança. O valor-z^* para um nível de confiança de 99% é 2,58.

2. Substitua os valores conhecidos na equação e resolva, certificando-se de seguir a ordem das operações:

$$\begin{aligned} IC &= (25 - 18) \pm 2{,}58\sqrt{\frac{7^2}{120} + \frac{4^2}{130}} \\ &= 7 \pm 2{,}58\sqrt{\frac{49}{120} + \frac{16}{130}} \\ &= 7 \pm 2{,}58\sqrt{0{,}4083 + 0{,}1231} \\ &= 7 \pm 2{,}58\sqrt{0{,}5314} \\ &= 7 \pm 2{,}58(0{,}7290) \\ &= 7 \pm 1{,}88082 \end{aligned}$$

3. Encontre a *extremidade inferior* do intervalo de confiança subtraindo a margem de erro da diferença das duas médias amostrais:

   $7 - 1{,}88082 = 5{,}11918$

4. Encontre a *extremidade superior* do intervalo de confiança somando a margem de erro com a diferença das duas médias amostrais:

   $7 + 1{,}88082 = 8{,}88082$

5. Arredonde para o décimo mais próximo para conseguir 5,1 a 8,9 horas.

Então um intervalo de confiança de 99% para a diferença no tempo médio de estudo é 5,1 a 8,9 horas. Como você tratou a população de estudantes de física como População 1 e todos os valores no intervalo de confiança são positivos, pode-se concluir que os estudantes de física são os que têm a maior média de tempo de lição de casa.

570. D. Alternativas (A) e (B) (Você usaria t^* de uma distribuição-t em vez de z^* da distribuição normal padrão; então usaria os desvios padrão amostrais em vez dos desvios padrão populacionais.)

Se você estiver estimando a diferença em duas médias populacionais e não conhece os desvios padrão populacionais, usará t^* em vez de z^* e os desvios padrão amostrais quando calcular um intervalo de confiança.

571. Você usaria um valor-t^* em vez de um valor-z^*.

Se você estiver estimando a diferença em duas médias populacionais e um ou ambos os seus tamanhos amostrais são menores que 30, usará um valor-t^* de uma distribuição-t em vez de um valor-z^* de uma distribuição normal padrão quando calcular um intervalo de confiança.

572. 0,6

A margem de erro (MDE) é a quantidade somada ou subtraída da média amostral quando calculando um intervalo de confiança. Para um intervalo de confiança da diferença em duas médias populacionais, quando os desvios padrão populacionais são conhecidos, a fórmula para a MDE é

$$\text{MDE} = z^* \sqrt{\frac{\sigma_1^2}{n_1} + \frac{\sigma_2^2}{n_2}}$$

onde n_1 é o tamanho amostral da amostra retirada da População 2, cujo desvio padrão populacional é σ_1, e n_2 é o tamanho amostral da amostra retirada da População 2, cujo desvio padrão populacional é σ_2.

Para resolver, siga esses passos:

1. Use o nível de confiança para encontrar o valor-z^* adequado referindo-se à Tabela A-4 no apêndice para vários níveis de confiança. O valor-z^* para um nível de confiança de 80% é 1,28.

2. Substitua os valores conhecidos na equação e resolva, certificando-se de seguir a ordem das operações:

$$\begin{aligned}\text{MDE} &= 1{,}28\sqrt{\frac{6^2}{200}+\frac{4^2}{220}}\\ &= 1{,}28\sqrt{\frac{36}{200}+\frac{16}{220}}\\ &= 1{,}28\sqrt{0{,}18+0{,}0727}\\ &= 1{,}28\sqrt{0{,}2527}\\ &= 1{,}28\,(0{,}5027)\\ &= 0{,}643456\end{aligned}$$

Arredondada para uma casa decimal, a margem de erro é 0,6 anos.

Para um nível de confiança de 80%, a margem de erro para a estimativa da diferença em média de idade no primeiro casamento para homens e mulheres é ± 0,6 anos.

573. 0,8

A margem de erro (MDE) é a quantidade somada ou subtraída da média amostral quando calculando um intervalo de confiança. Para um intervalo de confiança da diferença em duas médias populacionais, quando os desvios padrão populacionais são conhecidos, a fórmula para a MDE é

$$\text{MDE} = z^*\sqrt{\frac{\sigma_1^2}{n_1}+\frac{\sigma_2^2}{n_2}}$$

onde n_1 é o tamanho amostral da amostra retirada da População 1, cujo desvio padrão populacional é σ_1, e n_2 é o tamanho amostral da amostra retirada da População 2, cujo desvio padrão populacional é σ_2.

Para resolver, siga esses passos:

1. Use o nível de confiança para encontrar o valor-z^* adequado referindo-se à Tabela A-4 no apêndice para vários níveis de confiança. O valor-z^* para um nível de confiança de 90% é 1,645.

2. Substitua os valores conhecidos na equação e resolva, certificando-se de seguir a ordem das operações:

$$\begin{aligned}\text{MDE} &= 1{,}645\sqrt{\frac{6^2}{200}+\frac{4^2}{220}}\\ &= 1{,}645\sqrt{\frac{36}{200}+\frac{16}{220}}\\ &= 1{,}645\sqrt{0{,}18+0{,}0727}\\ &= 1{,}645\sqrt{0{,}2527}\\ &= 1{,}645\,(0{,}5027)\\ &= 0{,}8269415\end{aligned}$$

Arredondada para uma casa decimal, a margem de erro é 0,8 anos.

Então a margem de erro (MDE) para a diferença em média de idades entre homens e mulheres no momento de seu primeiro casamento em um nível de confiança de 90% é ± 0,8 anos.

574. 2,0 a 4,0 anos

Para encontrar o intervalo de confiança para a diferença de duas médias populacionais, onde os desvios padrão populacionais são conhecidos, use a seguinte fórmula:

$$\text{IC} = (\bar{x}_1 - \bar{x}_2) \pm z^* \sqrt{\frac{\sigma_1^2}{n_1}+\frac{\sigma_2^2}{n_2}}$$

Aqui, $\bar{x}_1$ e n_1 são a média e o tamanho da amostra retirada da População 1, cujo desvio padrão populacional, σ_1, é dado (conhecido); $\bar{x}_2$ e n_2 são a média e o tamanho da amostra retirada da População 2, cujo desvio padrão populacional, σ_2, é dado (conhecido).

Para resolver, siga esses passos:

1. Use o nível de confiança para encontrar o valor-z^* adequado referindo-se à Tabela A-4 no apêndice para vários níveis de confiança. O valor-z^* para um nível de confiança de 95% é 1,96.

2. Substitua os valores conhecidos na equação e resolva, certificando-se de seguir a ordem das operações:

$$\begin{aligned}\text{IC} &= (29-26) \pm 1{,}96\sqrt{\frac{6^2}{200}+\frac{4^2}{220}}\\ &= 3 \pm 1{,}96\sqrt{\frac{36}{200}+\frac{16}{220}}\\ &= 3 \pm 1{,}96\sqrt{0{,}18+0{,}0727}\\ &= 3 \pm 1{,}96\sqrt{0{,}2527}\\ &= 3 \pm 1{,}96\,(0{,}5027)\\ &= 3 \pm 0{,}9853\end{aligned}$$

3. Encontre a *extremidade inferior* do intervalo de confiança subtraindo a margem de erro da diferença das duas médias amostrais:

   $3 - 0{,}9853 = 2{,}0147$

4. Encontre a *extremidade superior* do intervalo de confiança somando a margem de erro com a diferença das duas médias amostrais:

   $3 + 0{,}9853 = 3{,}9853$

5. Arredonde para o décimo mais próximo para conseguir 2,0 a 4,0 horas.

Para um nível de confiança de 95%, o intervalo de confiança para a diferença em média de idade no primeiro casamento entre homens e mulheres é 2,0 a 4,0 anos. Como você tratou homens como a População 1 e todos os valores no intervalo de confiança são positivos, você pode concluir que os homens são aqueles com a média de idade mais alta no primeiro casamento.

575. 38

Como ambos os tamanhos amostrais são menores que 30, você usará um valor-t^* em vez de um valor-z^* para calcular o intervalo de confiança. A fórmula para calcular os graus de liberdade (*gl*) para uma diferença em médias é

$$gl = n_1 + n_2 - 2$$

onde n_1 é o primeiro tamanho amostral e n_2 é o segundo tamanho amostral. Neste exemplo, n_1 (alunos do 3º ano) é 20 e n_2 também é 20, então você tem $20 + 20 - 2 = 38$.

576. 12

Como ambos os tamanhos amostrais são menores que 30, você usará um valor-t^* para calcular a margem de erro. A fórmula para a margem de erro (MDE) é

$$\text{MDE} = t^*_{n_1+n_2-2}\left(\sqrt{\frac{(n_1-1)s_1^2+(n_2-1)s_2^2}{n_1+n_2-2}}\right)\left(\sqrt{\frac{1}{n_1}+\frac{1}{n_2}}\right)$$

Aqui t^* é o valor crítico da tabela-*t* (Tabela A-2 no apêndice) com $n_1 + n_2 - 2$ graus de liberdade, n_1 e n_2 são os dois tamanhos amostrais respectivamente e s_1 e s_2 são os dois desvios padrão amostrais.

Primeiro, calcule os graus de liberdade, usando a fórmula $gl = n_1 + n_2 - 2 = 20 + 20 - 2 = 38$.

Este valor é maior que qualquer valor *gl* na Tabela A-2, então use a linha *z*. Para intervalos de confiança, use a linha *IC* no final da tabela. Então para um nível de confiança de 99%, o valor-t^* (como estimado por um valor-*z*) é 2,57583. Como você está arredondando para números inteiros, duas casas decimais são suficientes para seus cálculos, então isso arredonda para 2,58.

Agora substitua os valores na fórmula e resolva:

$$\begin{aligned}
\text{MDE} &= 2{,}58\left(\sqrt{\frac{(20-1)18^2+(20-1)12^2}{20+20-2}}\right)\left(\sqrt{\frac{1}{20}+\frac{1}{20}}\right)\\
&= 2{,}58\left(\sqrt{\frac{(19)(324)+(19)(144)}{38}}\right)\sqrt{0{,}05+0{,}05}\\
&= 2{,}58\left(\sqrt{\frac{6.156+2.736}{38}}\right)(0{,}3162)\\
&= 2{,}58\left(\sqrt{\frac{8.892}{38}}\right)(0{,}3162)\\
&= 2{,}58\left(\sqrt{234}\right)(0{,}3162)\\
&= 2{,}58\,(15{,}297)\,(0{,}3162)\\
&= 12{,}4792
\end{aligned}$$

Arredondada para o número inteiro de libras mais próximo, a margem de erro é 12 para um nível de confiança de 99%.

577. 6

Como ambos os tamanhos amostrais são menores que 30, você usará um valor-t^* para calcular a margem de erro. A fórmula para a margem de erro (MDE) é

$$\text{MDE} = t*_{n_1+n_2-2}\left(\sqrt{\frac{(n_1-1)s_1^2+(n_2-1)s_2^2}{n_1+n_2-2}}\right)\left(\sqrt{\frac{1}{n_1}+\frac{1}{n_2}}\right)$$

Aqui t^* é o valor crítico da tabela-*t* (Tabela A-2 no apêndice) com $n_1 + n_2 - 2$ graus de liberdade, n_1 e n_2 são os dois tamanhos amostrais respectivamente e s_1 e s_2 são os dois desvios padrão amostrais.

Primeiro, calcule os graus de liberdade, usando a fórmula $gl = n_1 + n_2 - 2 = 20 + 20 - 2 = 38$.

Este valor é maior que qualquer valor *gl* na Tabela A-2, então use a linha *z*. Para intervalos de confiança, use a linha *IC* no final da tabela. Então para um nível de confiança de 80%, o valor-t^* (como estimado por um valor-*z*) é 1,281552. Porque você está arredondando para números inteiros, duas casas decimais são suficientes para seus cálculos, então isso arredonda para 2,58.

Agora substitua os valores na fórmula e resolva:

$$\begin{aligned}
\text{MDE} &= 1{,}28\left(\sqrt{\frac{(20-1)18^2+(20-1)12^2}{20+20-2}}\right)\left(\sqrt{\frac{1}{20}+\frac{1}{20}}\right)\\
&= 1{,}28\left(\sqrt{\frac{(19)(324)+(19)(144)}{38}}\right)\left(\sqrt{0{,}05+0{,}05}\right)\\
&= 1{,}28\left(\sqrt{\frac{6.156+2.736}{38}}\right)(0{,}3162)\\
&= 1{,}28\left(\sqrt{\frac{8.892}{38}}\right)(0{,}3162)\\
&= 1{,}28\left(\sqrt{234}\right)(0{,}3162)\\
&= 1{,}28\,(15{,}297)\,(0{,}3162)\\
&= 6{,}1912
\end{aligned}$$

Arredondada para o número inteiro de libras mais próximo, a margem de erro é 6 para um nível de confiança de 80%.

578. 8

Como ambos os tamanhos amostrais são menores que 30, você usará um valor-t^* para calcular a margem de erro. A fórmula para a margem de erro (MDE) é

$$\text{MDE} = t*_{n_1+n_2-2}\left(\sqrt{\frac{(n_1-1)\,s_1^2+(n_2-1)s_2^2}{n_1+n_2-2}}\right)\left(\sqrt{\frac{1}{n_1}+\frac{1}{n_2}}\right)$$

Aqui t^* é o valor crítico da tabela-*t* (Tabela A-2 no apêndice) com $n_1 + n_2 - 2$ graus de liberdade, n_1 e n_2 são os dois tamanhos amostrais respectivamente e s_1 e s_2 são os dois desvios padrão amostrais.

Primeiro, calcule os graus de liberdade, usando a fórmula $gl = n_1 + n_2 - 2 = 20 + 20 - 2 = 38$.

Este valor é maior que qualquer valor *gl* na Tabela A-2, então use a linha *z*. Para intervalos de confiança, use a linha *IC* no final da tabela. Então para um nível de confiança de 90%, o valor-t^* (como estimado por um valor-*z*) é 1,644854. Isso arredonda para 1,645.

Agora substitua os valores na fórmula e resolva:

$$\begin{aligned}
\text{MDE} &= 1{,}645\left(\sqrt{\frac{(20-1)18^2+(20-1)12^2}{20+20-2}}\right)\left(\sqrt{\frac{1}{20}+\frac{1}{20}}\right)\\
&= 1{,}645\left(\sqrt{\frac{(19)\,(324)+(19)\,(144)}{38}}\right)\left(\sqrt{0{,}05+0{,}05}\right)\\
&= 1{,}645\left(\sqrt{\frac{6.156+2.736}{38}}\right)(0{,}3162)\\
&= 1{,}645\left(\sqrt{\frac{8.892}{38}}\right)(0{,}3162)\\
&= 1{,}645\left(\sqrt{234}\right)(0{,}3162)\\
&= 1{,}645\,(15{,}297)\,(0{,}3162)\\
&= 7{,}9567
\end{aligned}$$

Arredondada para o número inteiro de libras mais próximo, a margem de erro é 8 para um nível de confiança de 90%.

579. 21 a 39 libras

Use a fórmula para criar um intervalo de confiança para a diferença de duas médias populacionais quando o desvio padrão populacional não é conhecido e/ou os tamanhos amostrais são pequenos (menores que 30) e você não pode ter certeza se seus dados vieram de uma distribuição normal.

$$\text{IC} = (\bar{x}_1 - \bar{x}_2) \pm t^*_{n_1+n_2-2}\left(\sqrt{\frac{(n_1-1)\,s_1^2+(n_2-1)\,s_2^2}{n_1+n_2-2}}\right)\left(\sqrt{\frac{1}{n_1}+\frac{1}{n_2}}\right)$$

Aqui t^* é o valor crítico da tabela-*t* (Tabela A-2 no apêndice) com $n_1 + n_2 - 2$ graus de liberdade, n_1 e n_2 são os dois tamanhos amostrais respectivamente, $\bar{x}_1$ e $\bar{x}_2$ são as duas médias amostrais, e s_1 e s_2 são os dois desvios padrão amostrais.

Siga esses passos para resolver:

1. Determine o valor-t^* na tabela-*t* encontrando o número na linha *gl* que intercepta com o nível de confiança dado (ou IC).

   Nesta pergunta, você tem um nível de confiança de 95% e $gl = n_1 + n_2 - 2 = 20 + 20 - 2 = 38$. Como os graus de liberdade são mais que 30, use o número na linha *z*, então $t^* \approx 1{,}95996$. Duas casas decimais são suficientes porque você está arredondando para números inteiros, então use 1,96.

2. Substitua todos os valores na fórmula e resolva:

$$\begin{aligned}
IC &= (170-140) \pm 1{,}96\left(\sqrt{\frac{(20-1)18^2+(20-1)12^2}{20+20-2}}\right)\left(\sqrt{\frac{1}{20}+\frac{1}{20}}\right)\\
&= 30 \pm 1{,}96\left(\sqrt{\frac{(19)\,(324)+(19)\,(144)}{38}}\right)\left(\sqrt{0{,}05+0{,}05}\right)\\
&= 30 \pm 1{,}96\left(\sqrt{\frac{6.156+2.736}{38}}\right)(0{,}3162)\\
&= 30 \pm 1{,}96\left(\sqrt{\frac{8.892}{38}}\right)(0{,}3162)\\
&= 30 \pm 1{,}96\left(\sqrt{234}\right)(0{,}3162)\\
&= 30 \pm 1{,}96\,(15{,}297)\,(0{,}3162)\\
&= 30 \pm 9{,}4803
\end{aligned}$$

3. Subtraia e some a margem de erro:

$30 - 9{,}4803 = 20{,}5197$

$30 + 9{,}4803 = 39{,}4803$

4. Arredonde para o número inteiro mais próximo para conseguir 21 a 39 libras.

Então um intervalo de confiança de 95% para a real diferença nos pesos médios de todos os meninos do 3º ano e da 8º série nesta escola é 21 a 39 libras. Como você tratou a população de alunos do 3º ano como População 1 e todos os valores no intervalo de confiança são positivos, você pode concluir que os alunos do 3º ano são os com a maior média de peso.

580. 19 a 41 libras

Use a fórmula para criar um intervalo de confiança para a diferença de duas médias populacionais quando o desvio padrão populacional não é conhecido e/ou os tamanhos amostrais são pequenos (menores que 30) e você não pode ter certeza se seus dados vieram de uma distribuição normal.

$$IC = (\bar{x}_1 - \bar{x}_2) \pm t^*_{n_1+n_2-2}\left(\sqrt{\frac{(n_1-1)\,s_1^2+(n_2-1)\,s_2^2}{n_1+n_2-2}}\right)\left(\sqrt{\frac{1}{n_1}+\frac{1}{n_2}}\right)$$

Aqui t^* é o valor crítico da tabela-*t* (Tabela A-2 no apêndice) com $n_1 + n_2 - 2$ graus de liberdade, n_1 e n_2 são os dois tamanhos amostrais respectivamente, $\bar{x}_1$ e $\bar{x}_2$ são as duas médias amostrais, e s_1 e s_2 são os dois desvios padrão amostrais.

Siga esses passos para resolver:

1. Determine o valor-t^* na tabela-t encontrando o número na linha gl que intercepta com o nível de confiança dado (ou IC).

   Nesta pergunta, você tem um nível de confiança de 98% e $gl = n_1 + n_2 - 2 = 20 + 20 - 2 = 38$. Porque os graus de liberdade são mais que 30, use o número na linha z, para que $t^* \approx 2,32635$. Duas casas decimais são suficientes porque você está arredondando para números inteiros, então use 2,33.

2. Substitua todos os valores na fórmula e resolva:

$$\text{IC} = (170-140) \pm 2,33\left(\sqrt{\frac{(20-1)18^2+(20-1)12^2}{20+20-2}}\right)\left(\sqrt{\frac{1}{20}+\frac{1}{20}}\right)$$

$$= 30 \pm 2,33\left(\sqrt{\frac{(19)(324)+(19)(144)}{38}}\right)\left(\sqrt{0,05+0,05}\right)$$

$$= 30 \pm 2,32635\left(\sqrt{\frac{6.156+2.736}{38}}\right)(0,3162)$$

$$= 30 \pm 2,33\left(\sqrt{\frac{8.892}{38}}\right)(0,3162)$$

$$= 30 \pm 2,33\left(\sqrt{234}\right)(0,3162)$$

$$= 30 \pm 2,33\,(15,297)\,(0,3162)$$

$$= 30 \pm 11,2700$$

3. Subtraia e some a margem de erro:

   30 – 11,27 = 18,73

   30 + 11,27 = 41,27

4. Arredonde para o número inteiro mais próximo para conseguir 19 a 41 libras.

581. 43

Como ambos os tamanhos amostrais são menores que 30, você usará um valor-t^* em vez de um valor-z^* para calcular o intervalo de confiança. A fórmula para calcular os graus de liberdade (gl) para uma diferença em médias é

$$gl = n_1 + n_2 - 2$$

onde n_1 é o primeiro tamanho da amostra retirada da população 1 e n_2 é o segundo tamanho da amostra retirada da população 2. Neste exemplo, n_1 (homens) é 20 e n_2 (mulheres) é 25, então você tem 20 + 25 – 2 = 43.

582. 1,6

Como ambos os tamanhos amostrais são menores que 30, você usará um valor-t^* para calcular a margem de erro. A fórmula para a margem de erro (MDE) é

$$\text{MDE} = t*_{n_1+n_2-2}\left(\sqrt{\frac{(n_1-1)s_1^2+(n_2-1)s_2^2}{n_1+n_2-2}}\right)\left(\sqrt{\frac{1}{n_1}+\frac{1}{n_2}}\right)$$

Aqui t^* é o valor crítico da tabela-t (Tabela A-2 no apêndice) com $n_1 + n_2 - 2$ graus de liberdade, n_1 e n_2 são os dois tamanhos amostrais respectivamente e s_1 e s_2 são os dois desvios padrão amostrais.

Primeiro, calcule os graus de liberdade, usando a fórmula $gl = n_1 + n_2 - 2 = 20 + 25 - 2 = 43$.

Este valor é maior que qualquer valor gl na Tabela A-2, então use a linha z. Para intervalos de confiança, use a linha IC no final da tabela. Então para um nível de confiança de 90%, o valor-t^* (como estimado por um valor-z) é 1,644854. Isso arredonda para 1,645.

Agora substitua os valores na fórmula e resolva:

$$\begin{aligned}
\text{MDE} &= 1{,}645\left(\sqrt{\frac{(20-1)3{,}5^2+(25-1)\,3^2}{20+25-2}}\right)\left(\sqrt{\frac{1}{20}+\frac{1}{25}}\right)\\
&= 1{,}645\left(\sqrt{\frac{(19)\,(12{,}25)+(24)\,(9)}{43}}\right)\left(\sqrt{0{,}09}\right)\\
&= 1{,}645\left(\sqrt{\frac{232{,}75+216}{43}}\right)(0{,}3)\\
&= 1{,}645\left(\sqrt{\frac{448{,}75}{43}}\right)(0{,}3)\\
&= 1{,}645\left(\sqrt{10{,}436}\right)(0{,}3)\\
&= 1{,}645(3{,}230)(0{,}3)\\
&= 1{,}594
\end{aligned}$$

Arredondada para uma casa decimal, a margem de erro é de 1,6 mil dólares, que é a diferença em salários médios entre homens e mulheres para um nível de confiança de 90%.

583. 1,9

Porque ambos os tamanhos amostrais são menores que 30, você usará um valor-t^* para calcular a margem de erro. A fórmula para a margem de erro (MDE) é

$$\text{MDE} = t*_{n_1+n_2-2}\left(\sqrt{\frac{(n_1-1)s_1^2+(n_2-1)s_2^2}{n_1+n_2-2}}\right)\left(\sqrt{\frac{1}{n_1}+\frac{1}{n_2}}\right)$$

Aqui t^* é o valor crítico da tabela-t (Tabela A-2 no apêndice) com $n_1 + n_2 - 2$ graus de liberdade, n_1 e n_2 são os dois tamanhos amostrais respectivamente e s_1 e s_2 são os dois desvios padrão amostrais.

Primeiro, calcule os graus de liberdade, usando a fórmula $gl = n_1 + n_2 - 2 = 20 + 25 - 2 = 43$.

Este valor é maior que qualquer valor gl na Tabela A-2, então use a linha z. Para intervalos de confiança, use a linha IC no final da tabela. Então para um nível de confiança de 95%, o valor-t^* (como estimado por um valor-z) é 1,95996. Isso arredonda para 1,96.

Agora substitua os valores na fórmula e resolva:

$$\begin{aligned}
\text{MDE} &= 1{,}96\left(\sqrt{\frac{(20-1)3{,}5^2+(25-1)\,3^2}{20+25-2}}\right)\left(\sqrt{\frac{1}{20}+\frac{1}{25}}\right)\\
&= 1{,}96\left(\sqrt{\frac{(19)\,(12{,}25)+(24)\,(9)}{43}}\right)\left(\sqrt{0{,}09}\right)\\
&= 1{,}96\left(\sqrt{\frac{232{,}75+216}{43}}\right)(0{,}3)\\
&= 1{,}96\left(\sqrt{\frac{448{,}75}{43}}\right)(0{,}3)\\
&= 1{,}96\left(\sqrt{10{,}436}\right)(0{,}3)\\
&= 1{,}96(3{,}230)(0{,}3)\\
&= 1{,}899
\end{aligned}$$

Arredondada para uma casa decimal, a margem de erro é 1,9 mil dólares, que é a diferença em salários médios entre homens e mulheres para um nível de confiança de 95%.

584. 4,5 a 9,5

Use a fórmula para criar um intervalo de confiança para a diferença de duas médias populacionais quando o desvio padrão populacional não é conhecido e/ou os tamanhos amostrais são pequenos (menores que 30) e você não pode ter certeza se seus dados vieram de uma distribuição normal.

$$IC = (\bar{x}_1 - \bar{x}_2) \pm t^*_{n_1+n_2-2}\left(\sqrt{\frac{(n_1-1)\,s_1^2 + (n_2-1)\,s_2^2}{n_1+n_2-2}}\right)\left(\sqrt{\frac{1}{n_1}+\frac{1}{n_2}}\right)$$

Aqui t^* é o valor crítico da tabela-*t* (Tabela A-2 no apêndice) com $n_1 + n_2 - 2$ graus de liberdade, n_1 e n_2 são os dois tamanhos amostrais respectivamente, $\bar{x}_1$ e $\bar{x}_2$ são as duas médias amostrais, e s_1 e s_2 são os dois desvios padrão amostrais.

Siga estes passos para resolver:

1. Determine o valor-t^* na tabela-*t* encontrando o número na linha *gl* que intercepta com o nível de confiança dado (ou IC).

   Nesta pergunta, você tem um nível de confiança de 99% e $gl = n_1 + n_2 - 2 = 20 + 25 - 2 = 43$. Como os graus de liberdade são mais que 30, use o número na linha *z*, para que $t^* = 2{,}57583$. Isso arredonda para 2,58.

2. Substitua todos os valores na fórmula e resolva:

$$IC = (37-30) \pm 2{,}58\left(\sqrt{\frac{(20-1)3{,}5^2 + (25-1)\,3^2}{20+25-2}}\right)\left(\sqrt{\frac{1}{20}+\frac{1}{25}}\right)$$

$$= 7 \pm 2{,}58\left(\sqrt{\frac{(19)\,(12{,}25) + (24)\,(9)}{43}}\right)\left(\sqrt{0{,}09}\right)$$

$$= 7 \pm 2{,}58\left(\sqrt{\frac{232{,}75+216}{43}}\right)(0{,}3)$$

$$= 7 \pm 2{,}58(3{,}230)(0{,}3)$$

$$= 7 \pm 2{,}500$$

3. Subtraia e some a margem de erro:

   $7 - 2{,}500 = 4{,}500$

   $7 + 2{,}500 = 9{,}500$

4. Arredonde para uma casa decimal para conseguir 4,5 a 9,5 (milhares de dólares).

Então um intervalo de confiança de 99% para a real diferença em renda média entre todos os homens e mulheres Norte Americanos depois de cinco anos de emprego é 4,5 e 9,5, em milhares de dólares.

585. E. Alternativas (A) e (C) (Uma fábrica de automóveis afirma que 99% de suas peças atendem às especificações; uma fábrica de automóveis afirma que pode montar 500 automóveis por hora quando a linha de montagem está totalmente equipada.)

Um teste de hipótese é um procedimento estatístico empreendido para testar uma afirmação quantificável. "Os carros de melhor qualidade" não é quantificável por si só e não pode ser testada desta maneira, enquanto as outras duas afirmações podem.

Se a "melhor qualidade" é definida como tendo "uma média de 30 comodidades por veículo", então um teste de hipótese poderia ser concebido.

586. C. Uma escola dá a seus alunos testes padronizados para medir níveis de desempenho comparado com anos anteriores.

Um teste de hipótese é um procedimento estatístico empreendido para testar uma afirmação quantificável. Nenhuma afirmação quantificável é definida claramente na afirmação precedente e, portanto, nenhum teste de hipótese é possível sem mais esclarecimentos.

Se disserem que o teste padronizado do ano passado produziu uma subpontuação matemática média de 80, você poderia testar se os alunos deste ano teriam um desempenho significantemente melhor. Mas como já dito, não lhe é dada uma definição clara do valor populacional (parâmetro) de interesse.

587. $H_0: p = 0{,}75$

A hipótese nula é a afirmação anterior que você quer testar — neste caso, que "75% dos eleitores concluem a questão de vínculo". As hipóteses nula e alternativa são sempre estabelecidas em termos de um parâmetro populacional (p neste caso).

588. $H_a: p \neq 0{,}75$

A hipótese alternativa é a afirmação sobre o mundo que você concluirá se tiver evidência estatística para rejeitar a hipótese nula, com base nos dados. As hipóteses nula e alternativa são sempre estabelecidas em termos de um parâmetro populacional (p neste caso).

589. impossível dizer sem mais informações

As hipóteses nula e alternativa são definidas por situações do mundo real. Suponha que 132 é a quantidade média pretendida de M&M's em um saco de peso estabelecido. Um grupo de advocacia do consumidor pode querer testar unicamente se $\mu < 132$ para garantir que os clientes não estão sendo enganados. Um gerente de controle de qualidade pode querer testar que $\mu \neq 132$ para que os sacos não estejam sendo enchidos de menos ou demais. Você não pode saber a hipótese alternativa sem saber o contexto da situação.

590. $H_0: \mu = 10{,}50$

A hipótese nula é a afirmação original ou o "melhor palpite" atual no valor de interesse. A hipótese nula é sempre escrita em termos de um parâmetro populacional (neste caso, μ) sendo equivalente a um valor específico.

591. $H_0: \mu = 52$

A hipótese nula estabelece uma afirmação atual sobre a condição do mundo. A hipótese nula é sempre escrita em termos de um parâmetro populacional (neste caso, μ) sendo equivalente a um valor específico.

592. O número médio de músicas em um MP3 player possuído por um aluno universitário é 228.

Uma hipótese nula afirma o valor específico de um parâmetro populacional, usando um sinal de igual. Neste caso, você afirma que a média populacional (μ) é igual a 228.

593. $H_0: p = 0{,}78$

Uma hipótese nula afirma o valor específico de um parâmetro populacional, usando um sinal de igual. Neste caso, você define que o parâmetro é a proporção (p) de toda a população de adolescentes que possuem celulares.

594. $H_0: p_1 - p_2 = 0$

Ambas as proporções são supostamente iguais, então sua diferença é supostamente zero. Outra maneira de representar esta afirmação é: $H_0: p_1 = p_2$.

Hipóteses nulas são sempre escritas usando parâmetros populacionais, neste caso p_1 e p_2.

595. $H_a: p < 0{,}70$

A hipótese alternativa é a hipótese que você conclui se há evidência suficiente para rejeitar a hipótese nula. Neste caso, espera-se rejeitar a hipótese nula de que 70% dos americanos pensam que o Congresso está fazendo um bom trabalho ($H_0: p = 0{,}70$) e assim concluir a hipótese alternativa de que a porcentagem verdadeira é mais baixa, com base nos dados. O teste de hipótese lhe ajudará a decidir.

596. $H_a: \mu > 2,5$

A hipótese alternativa é a hipótese que você concluirá se há evidência suficiente para rejeitar a hipótese nula. Neste caso, espera-se rejeitar a hipótese nula de que a viagem de trem leva uma média de 2,5 horas ($H_0: \mu = 2,5$) e concluir a alternativa de que leva mais de 2,5 horas, com base nos dados.

597. $H_a: p < 0,92$

A hipótese alternativa é a hipótese que você conclui se há evidência suficiente para rejeitar a hipótese nula. Neste caso, espera-se rejeitar a hipótese nula de que os aviões da linha aérea chegam mais cedo 92% do tempo ($H_0: p = 0,92$) e concluir a alternativa que a proporção real é mais baixa, com base nos dados.

598. $H_a: \mu < 39$

A hipótese alternativa é a hipótese que você conclui se há evidência suficiente para rejeitar a hipótese nula. Neste caso, espera-se rejeitar a hipótese nula de que o carro faz uma média de 39 milhas por galão ($H_0: \mu = 39$) e concluir a alternativa de que a média real é mais baixa, com base nos dados.

599. $H_a: p > 0,005$

A hipótese alternativa é a hipótese que você conclui se há evidência suficiente para rejeitar a hipótese nula. Neste caso, espera-se rejeitar a hipótese nula de que apenas 1 em 200 computadores tem uma falha mecânica ($H_0: p = 0,005$) e concluir a hipótese alternativa de que a proporção verdadeira é mais alta, com base nos dados.

600. $H_a: p > 0,05$

A hipótese alternativa é a hipótese que você conclui se há evidência suficiente para rejeitar a hipótese nula. Neste caso, espera-se rejeitar a hipótese nula de que apenas 5% dos pacientes estão insatisfeitos com os cuidados ($H_0: p = 0,005$) e concluir a hipótese alternativa de que a proporção real é mais alta, com base nos dados.

601. $H_a: \mu \neq 3.300$

A hipótese alternativa é a hipótese que você conclui se há evidência suficiente para rejeitar a hipótese nula. Neste caso, espera-se rejeitar a hipótese nula de que todos os americanos adultos consumem uma média de 3.300 calorias por dia ($H_0: \mu = 3.300$) e concluir a hipótese alternativa de que a média real é diferente, com base nos dados.

Não é dada a instrução específica se você acredita que a estatística subestima ou superestima a verdade, então precisa-se da alternativa de dois lados.

602. $H_a: \mu > 1,8$

A hipótese alternativa é a hipótese que você conclui se há evidência suficiente para rejeitar a hipótese nula. Neste caso, espera-se rejeitar a hipótese nula de que adultos assistem uma média de 1,8 horas de televisão por dia ($H_0: \mu = 1,8$) e concluir a hipótese alternativa de que a média verdadeira é mais alta, com base nos dados.

603. $H_a: \mu < 0,08$

A hipótese alternativa é a hipótese que você conclui se há evidência suficiente para rejeitar a hipótese nula. Neste caso, espera-se rejeitar a hipótese nula de que os clientes da empresa de investimentos fazem uma média de 8% de retorno por ano ($H_0: \mu = 0,08$) e concluir a hipótese alternativa de que a média verdadeira de retorno é mais baixa, com base nos dados.

Note que taxas de interesse são medidas contínuas. Elas não são proporções binomiais, como se dissessem "8% das vezes você tem retorno". Como tal, o retorno de 8% é uma média, não uma proporção.

604. $H_a: p_1 - p_2 \neq 0,25$

A hipótese alternativa é a hipótese que você conclui se há evidência suficiente para rejeitar a hipótese nula com base nos dados. Neste caso, espera-se rejeitar a hipótese nula de que a diferença em presença escolar entre as duas cidades é 25% ($H_0: p_1 - p_2 = 0,25$) e concluir a alternativa de que a diferença verdadeira em proporções é algum outro valor, com base nos dados.

Não lhe é dada a instrução se você acredita que a estatística subestima ou superestima a verdade. A possibilidade existe de que a diferença verdadeira é maior que 25% ou talvez que seja significantemente menor que isso. Então precisa-se da alternativa de dois lados.

605. –2

Você calcula a estatística de teste subtraindo o valor afirmado (da hipótese nula) da estatística amostral e divide pelo erro padrão. Neste exemplo, o valor afirmado é 4, a estatística amostral é 3 e o erro padrão é 0,5, então a estatística de teste é

$$\frac{3-4}{0,5} = -2$$

606. 1

Você calcula a estatística de teste subtraindo o valor afirmado (da hipótese nula) da estatística amostral e dividindo pelo erro padrão. Neste exemplo, o valor afirmado é 4, a estatística amostral é 4,5 e o erro padrão é 0,5, então a estatística de teste é

$$\frac{4{,}5-4}{0{,}5}=1$$

607. 2,4

Você calcula a estatística de teste subtraindo o valor afirmado (da hipótese nula) da estatística amostral e dividindo pelo erro padrão. Neste exemplo, o valor afirmado é 4, a estatística amostral é 5,2 e o erro padrão é 0,5, então a estatística de teste é

$$\frac{5{,}2-4}{0{,}5}=2{,}4$$

608. –0,8

Você calcula a estatística de teste subtraindo o valor afirmado (da hipótese nula) da estatística amostral e dividindo pelo erro padrão. Neste exemplo, o valor afirmado é 4, a estatística amostral é 3,6 e o erro padrão é 0,5, então a estatística de teste é

$$\frac{3{,}6-4}{0{,}5}=-0{,}8$$

609. 0,1556

O valor-*p* lhe diz a probabilidade de um resultado estar no limite ou além da sua estatística de teste, se a hipótese nula é verdadeira. Como você tem um teste bicaudal, dobrará a probabilidade da tabela para contabilizar os resultados de testes para ambos, acima e abaixo do valor afirmado. Note que o valor-*p* é uma probabilidade e nunca pode ser negativa.

Na Tabela A-1 no apêndice, encontre 1,4 na coluna *z*. Então leia através da linha *1,4* para encontrar a coluna rotulada *0,02*. O número onde a linha *1,4* intercepta com a coluna *0,02* é 0,9222.

A Tabela A-1 mostra a probabilidade de um valor abaixo de um dado escore-*z*. Você quer a probabilidade de um valor acima de 1,42, então subtraia o valor da tabela de 1 (porque a probabilidade total é igual a 1): $1-0{,}9222=0{,}0778$.

Para conseguir o valor-*p* neste caso, dobre este número porque H_a é "diferente de" e ambas as extremidades superior e inferior da distribuição devem ser incluídas: $2(0{,}0778)=0{,}1556$.

610. 0,1188

O valor-*p* lhe diz a probabilidade de um resultado estar no limite ou além da sua estatística de teste, se a hipótese nula é verdadeira. Como você tem um teste bicaudal, dobrará a probabilidade da tabela para contabilizar os resultados de testes para ambos, acima e abaixo do valor afirmado.

Na Tabela A-1 no apêndice encontre –1,5 na coluna *z*. Então leia através da linha *–1,5* para encontrar a coluna rotulada *0,06*. O número onde a linha *–1,5* intercepta com a coluna *0,06* é 0,0594.

Para conseguir o valor-*p* neste caso, dobre este número porque H_a é "diferente de" e ambas as extremidades superior e inferior da distribuição devem ser incluídas: 2(0,0594) = 0,1188.

611. 0,4532

O valor-*p* lhe diz a probabilidade de um resultado estar no limite ou além da sua estatística de teste, se a hipótese nula é verdadeira. Como você tem um teste bicaudal, dobrará a probabilidade da tabela para contabilizar os resultados de testes para ambos, acima e abaixo do valor afirmado. Note que o valor-*p* é uma probabilidade e nunca pode ser negativa.

Na Tabela A-1 no apêndice, encontre 0,7 na coluna *z*. Então leia através da linha *0,7* para encontrar a coluna rotulada *0,05*. O número onde a linha *0,7* intercepta com a coluna *0,05* é 0,7734.

A Tabela A-1 mostra a probabilidade de um valor abaixo de um dado escore-*z*. Você quer a probabilidade de um valor acima de 0,75, então subtraia o valor da tabela de 1 (porque a probabilidade total é igual a 1): 1 – 0,7734 = 0,2266.

Para conseguir o valor-*p* neste caso, dobre este número porque H_a é "diferente de" e ambas as extremidades superior e inferior da distribuição devem ser incluídas: 2(0,2266) = 0,4532.

612. 0,4180

O valor-*p* lhe diz a probabilidade de um resultado estar no limite ou além da sua estatística de teste, se a hipótese nula é verdadeira. Como você tem um teste bicaudal, dobrará a probabilidade da tabela para contabilizar os resultados de testes para ambos, acima e abaixo do valor afirmado. Note que o valor-*p* é uma probabilidade e nunca pode ser negativa.

Na Tabela A-1 no apêndice, encontre –0,8 na coluna *z*. Então leia através da linha *–0,8* para encontrar a coluna rotulada *0,01*. O número onde a linha *–0,8* intercepta com a coluna *0,01* é 0,2090.

Para conseguir o valor-*p* neste caso, dobre este número porque H_a é "diferente de" e ambas as extremidades superior e inferior da distribuição devem ser incluídas:

2(0,2090) = 0,4180.

613. Falha em rejeitar H_0 porque o valor-*p* do seu resultado é maior que alfa.

Para rejeitar a hipótese nula no nível alfa = 0,05, você precisa de uma estatística de teste com um valor-*p* de menos de 0,05.

Sua hipótese alternativa é direcional (>), então você rejeitará a hipótese nula apenas se sua estatística de teste for positiva e tiver um valor-*p* menor que o nível alfa de 0,05.

Usando a Tabela A-1 no apêndice encontre o valor onde a linha *1,5* intercepta a coluna *0,01*. Este valor de 0,9345 é a probabilidade de um valor ser menor que 1,51. Para encontrar a probabilidade de um valor ser maior que 1,51, subtraia o valor da tabela de 1 (porque a probabilidade total é sempre 1):

$$1 - 0{,}9345 = 0{,}0655$$

Este valor é o valor-*p* da sua estatística de teste de 1,51, se a hipótese nula for verdadeira e você usar um teste unicaudal (sua hipótese alternativa é que a proporção populacional é maior que 0,45).

Este valor-*p* é maior que seu nível alfa de 0,05, então você falhará em rejeitar a hipótese nula quando o nível alfa for 0,05. Seus dados não forneceram evidência suficiente para rejeitar a hipótese nula.

614. Rejeitar H_0 porque o valor-*p* do seu resultado é menor que seu alfa.

Para rejeitar a hipótese nula no nível alfa = 0,10, você precisa de uma estatística de teste com um valor-*p* de menos de 0,10.

Sua hipótese alternativa é direcional (>), então você rejeitará a hipótese nula apenas se sua estatística de teste for positiva e tiver um valor-*p* menor que o nível alfa de 0,10.

Usando a Tabela A-1 no apêndice encontre o valor onde a linha *1,5* intercepta a coluna *0,01*. Este valor de 0,9345 é a probabilidade de um valor ser menor que 1,51. Para encontrar a probabilidade de um valor ser maior que 1,51, subtraia o valor da tabela de 1 (porque a probabilidade total é sempre 1):

$$1 - 0{,}9345 = 0{,}0655$$

Este valor é o valor-*p* da sua estatística de teste de 1,51, se a hipótese nula for verdadeira e você usar um teste unicaudal (sua hipótese alternativa é que a proporção populacional é maior que 0,45).

Este valor-*p* é menor que seu nível alfa de 0,10, o que significa que sua estatística de teste observada era improvável, supondo que a afirmação original fosse verdadeira. Então você rejeitará a hipótese nula no nível alfa 0,10.

615. Falha em rejeitar H_0 porque o valor-*p* do seu resultado é maior que alfa.

Para rejeitar a hipótese nula no nível alfa = 0,01, você precisa de uma estatística de teste com um valor-*p* de menos de 0,01.

Sua hipótese alternativa é direcional (>), então você rejeitará a hipótese nula apenas se sua estatística de teste for positiva e tiver um valor-*p* menor que o nível alfa de 0,01.

Usando a Tabela A-1 no apêndice encontre o valor onde a linha *1,9* intercepta a coluna *0,08*. Este valor de 0,9761 é a probabilidade de um valor ser menor que 1,98. Para encontrar a probabilidade de um valor ser maior que 1,98, subtraia o valor da tabela de 1 (porque a probabilidade total é sempre 1):

$$1 - 0{,}9761 = 0{,}0239$$

Este valor é o valor-*p* da sua estatística de teste de 1,98, se a hipótese nula for verdadeira e você usar um teste unicaudal (sua hipótese alternativa é que a proporção populacional é maior que 0,45).

Este valor-*p* é maior que seu nível alfa de 0,01, então você falhará em rejeitar a hipótese nula quando o nível alfa for 0,01. Seus dados não forneceram evidência suficiente para rejeitar a hipótese nula.

616. Rejeitar H_0 porque o valor-*p* do seu resultado é menor que o alfa.

Para rejeitar a hipótese nula no nível alfa = 0,05, você precisa de uma estatística de teste com um valor-*p* de menos de 0,05.

Sua hipótese alternativa é direcional (>), então você rejeitará a hipótese nula apenas se sua estatística de teste for positiva e tiver um valor-*p* menor que o nível alfa de 0,05.

Usando a Tabela A-1 no apêndice, encontre o valor onde a linha *1,9* intercepta a coluna *0,08*. Este valor de 0,9761 é a probabilidade de um valor ser menor que 1,98 Para encontrar a probabilidade de um valor ser maior que 1,98, subtraia o valor da tabela de 1 (porque a probabilidade total é sempre 1):

$$1 - 0{,}9761 = 0{,}0239$$

Este valor é o valor-*p* da sua estatística de teste de 1,98, se a hipótese nula for verdadeira e você usar um teste unicaudal (sua hipótese alternativa é que a proporção populacional é maior que 0,45).

Este valor-*p* é maior que seu nível alfa de 0,05, o que significa que sua estatística de teste observada era improvável. Assumindo que a afirmação original era verdadeira, então você vai rejeitar a hipótese nula no nível alfa de 0,05.

617. Falha em rejeitar H_0 porque sua estatística de teste é negativa, enquanto a hipótese alternativa é que a probabilidade populacional é maior que 0,45.

Você não tem que fazer nenhum cálculo para este problema. Sua hipótese alternativa ($p > 0{,}45$) indica que sua estatística de teste também deve ser positiva para rejeitar a hipótese nula. Ou seja, você pode rejeitar a afirmação apenas se seu valor observado for significantemente maior que 0,45. Entretanto, neste exemplo, a estatística de teste é negativa, então a hipótese nula não será rejeitada.

Você ainda poderia calcular o valor-*p* para verificar. Para rejeitar a hipótese nula no nível alfa = 0,05, você precisa de uma estatística de teste com um valor-*p* de menos de 0,05. Usando a Tabela A-1 no apêndice, encontre o valor onde a linha *–1,9* intercepta a coluna *0,08*. Este valor de 0,0239 é a probabilidade de um valor ser menor que –1,98 Para encontrar a probabilidade de um valor ser maior que –1,98, subtraia o valor da tabela de 1 (porque a probabilidade total é sempre 1):

$$1 - 0{,}0239 = 0{,}9761$$

Este valor é o valor-*p* da sua estatística de teste de –1,98, se a hipótese nula for verdadeira e você usar um teste unicaudal (sua hipótese alternativa é que a proporção populacional é maior que 0,45).

Este valor-*p* é muito maior que seu nível alfa de 0,05, então você falhará em rejeitar a hipótese nula quando o nível alfa for 0,05. Seus dados não forneceram evidência suficiente para rejeitar a hipótese nula.

618. Falha em rejeitar H_0 porque sua estatística de teste é negativa, enquanto a hipótese alternativa é que a probabilidade populacional é maior que 0,45.

Você não tem que fazer nenhum cálculo para este problema. Sua hipótese alternativa ($p > 0{,}45$) indica que sua estatística de teste também deve ser positiva para rejeitar a hipótese nula. Ou seja, você pode rejeitar a afirmação apenas se seu valor observado for significantemente maior que 0,45. Entretanto, neste exemplo, a estatística de teste é negativa, então a hipótese nula não será rejeitada.

Você ainda poderia calcular o valor-*p* para verificar. Para rejeitar a hipótese nula no nível alfa = 0,01, será preciso uma estatística de teste com um valor-*p* de menos de 0,01. Usando a Tabela A-1 no apêndice, encontre o valor onde a linha *–3,0* intercepta a coluna *0,00*. Este valor de 0,0013 é a probabilidade de um valor ser menor que –3,0 Para encontrar a probabilidade de um valor ser maior que –3,0, subtraia o valor da tabela de 1 (porque a probabilidade total é sempre 1):

$$1 - 0{,}0013 = 0{,}9987$$

Este valor é o valor-*p* da sua estatística de teste de –3,0, se a hipótese nula for verdadeira e você usar um teste unicaudal (sua hipótese alternativa é que a proporção populacional é maior que 0,45).

Este valor-*p* é muito maior que seu nível alfa de 0,01, então você falhará em rejeitar a hipótese nula quando o nível alfa for 0,01. Seus dados não forneceram evidência suficiente para rejeitar a hipótese nula.

619. Existe uma chance de 1% de conseguir um valor pelo menos tão extremo se a hipótese nula for verdadeira.

O valor-*p* de uma estatística de teste lhe diz a probabilidade de conseguir um valor específico observado ou um valor mais extremo (mais longe do valor afirmado), supondo que a hipótese nula seja verdadeira.

620. Alternativas (A) e (C) (Existe uma chance de 10% de você rejeitar a hipótese nula quando ela é verdadeira; deve-se rejeitar a hipótese nula se sua estatística de teste tem um valor-*p* de 0,10 ou menos.)

Um nível alfa de 0,10 significa que você tem 10% de chance de rejeitar aleatoriamente a hipótese nula quando ela é realmente verdadeira e também de que você rejeitará a hipótese nula se sua estatística de teste tiver um valor-*p* de 0,10 ou menos.

621. Falha em rejeitar a hipótese nula.

Você rejeita a hipótese nula se o valor-*p* da sua estatística de teste for menor que o nível alfa. Nunca é certo dizer que a hipótese nula é aceita (isso implica que você sabe que a hipótese nula é factualmente verdadeira) ou que rejeita a hipótese alternativa (porque é a nula, não a hipótese alternativa, que é colocada em teste).

622. estatisticamente muito significativo

Um resultado de teste com um valor-*p* de 0,001, quando o nível alfa é 0,05 é normalmente determinado como sendo "estatisticamente muito significativo", porque é muito menor que o valor requerido de 0,05.

623. Rejeitar H_0 porque os resultados são estatisticamente significantes.

O valor-*p* está bem abaixo do nível de significância $\alpha = 0{,}05$. Os resultados apoiam a rejeição de H_0. Os valores alfa e as hipóteses devem sempre ser estabelecidos antes dos resultados serem calculados. É incorreto ajustar qualquer um depois que os dados foram recolhidos, esperando conseguir um resultado significante.

624. B. 0,01

H_0 é rejeitado se o valor-*p* for menor que o nível de significância ($\alpha = 0{,}02$).

625. E. 0,04

H_0 é rejeitado se o valor-*p* for menor que o nível de significância ($\alpha = 0{,}05$).

626. Rejeita H_0.

Você rejeita H_0 porque o valor-*p* é menor que o nível de significância (nível α) de 0,01.

627. Rejeita H_0.

Você rejeita H_0 porque o valor-*p* é menor que o nível de significância (nível α) de 0,03.

628. Falha em rejeitar H_0.

O valor-*p* de 0,06 é maior que o nível de significância de $\alpha = 0{,}05$. Você deve falhar em rejeitar H_0.

629. Falha em rejeitar H_0.

O valor-*p* de 0,42 é muito maior que o nível de significância de $\alpha = 0{,}05$, então você falha em rejeitar H_0.

630. Falha em rejeitar H_0.

O valor-*p* de 0,2 é muito maior que o nível de significância de $\alpha = 0{,}02$, então você falha em rejeitar H_0.

631. Falha em rejeitar H_0.

O valor-*p* de 0,018 é maior que o nível de significância de $\alpha = 0{,}01$, então você falha em rejeitar H_0.

632. impossível determinar a partir das informações dadas

Mesmo embora o valor-*p* seja menor que o nível de significância de $\alpha = 0{,}05$, note que a estatística de teste é negativa. Isso significa que a média amostral é *menor* que a média populacional afirmada de 9,65. Entretanto, a hipótese alternativa afirma que é esperado que a média amostral seja *maior* que a média populacional. Isso é uma contradição que lhe diz que ou a estatística de teste ou o valor-*p* foram calculados incorretamente. Você deveria retornar aos dados originais e verificar novamente os cálculos.

633. Você deveria falhar em rejeitar H_0.

Se o nível alfa é 0,05 e o valor-*p* da estatística de teste é 0,07, você deveria falhar em rejeitar H_0. ***Nota:*** Nunca é correto dizer que *aceita* H_0.

634. C. rejeitar a hipótese nula quando ela é verdadeira

Faz-se um erro do Tipo I quando a hipótese nula é verdadeira mas é rejeitada. Este erro é apenas por acaso, porque se você soubesse de fato que a nula era verdadeira, certamente não a rejeitaria. Mas existe uma chance pequena (o nível alfa) de acontecer.

Um erro do Tipo I é, às vezes, referido como um "alarme falso", porque rejeitar a hipótese nula é como soar um alarme para mudar um valor estabelecido. Se a nula é verdadeira, então não há necessidade para tal mudança.

635. D. falhar em rejeitar a hipótese nula quando ela é falsa

Você faz um erro do Tipo II quando a hipótese nula é falsa, mas falha em rejeitá-la porque seus dados não puderam detectar, apenas por acaso.

Este erro é, às vezes, referido como "perdendo uma detecção". A afirmação realmente estava errada, mas você não pegou uma amostra aleatória que fornecesse evidência suficiente (um valor-*p* pequeno o suficiente) para rejeitá-la.

636. 0,01

O nível alfa (ou nível de significância) de 0,01 indica a probabilidade de um erro Tipo I — ou seja, o erro de rejeitar a hipótese nula quando ela é verdadeira.

637. impossível dizer sem mais informações

A probabilidade de um erro Tipo II não é diretamente relacionada ao nível alfa em termos de sua fórmula ou cálculos. Ao invés, é determinada pela combinação de vários fatores, incluindo o tamanho amostral. Entretanto, o comportamento de alfa é relacionado ao comportamento de beta (probabilidade de erro Tipo II). Em geral, eles têm um relacionamento indireto: Quanto maior é o alfa, mais provável será de você rejeitar (independentemente da verdade) e assim menos provável de você fazer um erro do Tipo II.

638. D. a probabilidade de rejeitar a hipótese nula quando ela é falsa

O poder do teste descreve a probabilidade de rejeitar a hipótese nula quando ela é falsa — ou seja, de tomar a decisão correta quando a hipótese nula é falsa. Dessa maneira, é o oposto (ou complemento) de fazer um erro do Tipo II.

Respostas 601–700

639. E. Alternativas (B) e (C) (ter uma amostra aleatória de dados; ter um tamanho amostral grande)

Uma amostra aleatória é necessária para tentar pegar os dados mais representativos e imparciais possíveis. Caso contrário, uma amostra poderia ser adulterada para ter apenas valores de dados que apoiem a hipótese nula, forçando que você falhe em rejeitar H_0 não importando como.

Um tamanho amostral grande aumenta o poder do teste e torna mais provável que você seja capaz de detectar corretamente quando H_0 é falso.

640. E. Alternativas (A), (B) e (C) (ter um nível de significância baixo; ter uma amostra aleatória de dados; ter um tamanho amostral grande)

Um nível de significância baixo, como $\alpha = 0{,}01$ ou $\alpha = 0{,}05$, significa que você rejeitará apenas se os dados observados fornecerem um resultado que consideraria muito improvável sob a condição da hipótese nula.

Uma amostra aleatória é necessária para tentar pegar os dados mais representativos e imparciais possíveis. Caso contrário, uma amostra poderia ser adulterada para ter apenas valores de dados extremos longe do valor afirmado na hipótese nula, forçando-o a rejeitar H_0 independentemente da verdade.

Uma amostra grande reduzirá a variação lhe dando uma estimativa mais precisa da verdade do que uma amostra pequena o faria.

O valor-*p* sendo baixo ou alto está fora do seu alcance e é responsabilidade dos dados. Mas uma amostra grande aleatória ajudará a garantir um valor-*p* mais confiável.

641. o desvio padrão populacional e uma afirmação que o consumo de refrigerante é normalmente distribuído entre os adolescentes dos EUA

Para executar um teste-*z* para ver se a média amostral difere da média populacional, você precisa do desvio padrão populacional; também precisa saber se a característica de interesse é normalmente distribuída na população ou se o tamanho amostral é pelo menos $n = 30$. Como a amostra é pequena ($n = 15$), você precisa saber que o consumo de refrigerante é normalmente distribuído entre os adolescentes dos EUA e o desvio padrão populacional do consumo de refrigerante.

642. E. Alternativas (A) e (C) (se a característica de interesse é normalmente distribuída na população; a média populacional e o desvio padrão)

Além de precisar da média amostral e do tamanho amostral, você pode executar um teste-*z* se tiver informação sobre a população de interesse. É preciso a média populacional e o desvio padrão e algum conhecimento do comportamento da população. Neste cenário, porque o tamanho amostral é pequeno ($n = 20$), é necessário saber que a característica de interesse é normalmente distribuída na população.

643. $H_0: \mu = 25$

A hipótese nula é sempre que o parâmetro populacional é *igual a* algum valor específico.

Para um teste de uma média populacional. A hipótese nula é que a média populacional de interesse é igual a um certo valor afirmado, que é 25 neste caso.

644. $H_a: \mu \neq 10$

A hipótese nula é sempre que a média populacional é *igual ao* valor afirmado. Neste caso, o pesquisador acredita que a hipótese nula está errada, mas o pesquisador não tem nenhuma teoria sobre se a média populacional verdadeira é mais alta ou mais baixa que isso, então a hipótese alternativa é uma hipótese *diferente de*.

645. $H_a: \mu > 5$

A dona da loja de computadores acredita que seus clientes compram mais de cinco flash drives por ano em média. Em outras palavras, ela acredita que a média populacional de seus clientes, μ, é maior que o valor afirmado de cinco. Portanto, a hipótese alternativa é uma hipótese *maior que*.

646. $H_a: \mu < 3$

O homem acredita que o custo de lavar uma camisa a seco em sua cidade é mais baixo do que a quantia média de R$3,00. Portanto, a hipótese alternativa é uma hipótese *menor que*.

647. 0,0668

Usando a Tabela A-1, encontre –1,5 na coluna esquerda e então vá através da linha para a coluna para 0,00, onde o valor é 0,0668. Esta é a proporção da área curva que está à esquerda (menor que) do valor de z da estatística de teste que você está procurando. Neste caso, a hipótese alternativa é uma hipótese *menor que*, então possível ler o valor-p da tabela sem fazer mais cálculos.

648. 0,1336

Usando a Tabela A-1, encontre –1,5 na coluna esquerda e então vá através da linha para a coluna para 0,00, onde o valor é 0,0668. Esta é a proporção da área curva que está à esquerda (menor que) do valor de z da estatística de teste que você está procurando. Neste caso, a hipótese alternativa é uma hipótese *diferente de*, então você dobra a quantidade de cauda (área abaixo do valor-z de –1,5) para conseguir o valor-p.

649. 0,0456

Usando a Tabela A-1, encontre –2,0 na coluna esquerda e, então, vá através da linha para a coluna para 0,0, onde o valor é 0,0228. Esta é a proporção da área curva que está à esquerda (menor que) do valor de z da estatística de teste que você está procurando. Neste caso, a hipótese alternativa é uma hipótese *diferente de*, então dobre a quantidade de cauda (área abaixo do valor-z de –2,0) para conseguir o valor-p.

650. 0,2714

Usando a Tabela A-1, encontre 1,1 na coluna esquerda e então vá através da linha para a coluna para 0,0, onde o valor é 0,8643. Esta é a área abaixo da curva que está à esquerda do valor de z de 1,1. Como a área total sob a curva é igual a 1, a área acima de z neste caso é 1 – 0,8643 = 0,1357.

Para uma hipótese alternativa *diferente de*, você dobra o valor da área de cauda: $p = 2(0{,}1357) = 0{,}2714$

651. 3,54

Comece identificando a média amostral $\bar{x}$. Neste caso, lhe é dito que a mesma média é 115 graus.

A seguir, calcule o erro padrão. Para um teste-z de uma amostra, o erro padrão é o desvio padrão populacional, σ_x, dividido pela raiz quadrada do tamanho amostral, n:

$$\begin{aligned}\sigma_{\bar{X}} &= \frac{\sigma_X}{\sqrt{n}}\\ &= \frac{10}{\sqrt{50}}\\ &= 1{,}4142\end{aligned}$$

Para conseguir a estatística do teste-z, encontre a diferença entre a média amostral, $\bar{x}$, e a média populacional afirmada, μ_0, e divida isso pelo erro padrão, $\sigma_{\bar{X}}$:

$$\begin{aligned}z &= \frac{\bar{x} - \mu_0}{\sigma_{\bar{X}}}\\ &= \frac{115 - 110}{1{,}4142}\\ &= 3{,}5355678, \text{ ou } 3{,}54 \text{ (arredondado)}\end{aligned}$$

652. –3,4031

Primeiro, encontre o erro padrão dividindo o desvio padrão populacional, σ_x, pela raiz quadrada do tamanho amostral, n:

$$\sigma_{\bar{X}} = \frac{\sigma_X}{\sqrt{n}} = \frac{26{,}52}{\sqrt{40}} = 4{,}19318$$

Então calcule a estatística-z subtraindo a média populacional afirmada, μ_0, da média amostral, $\bar{x}$, e dividindo o resultado pelo erro padrão, $\sigma_{\bar{X}}$:

$$z = \frac{\bar{x} - \mu_0}{\sigma_{\bar{X}}} = \frac{172{,}12 - 186{,}39}{4{,}19318} = \frac{-14{,}27}{4{,}19318} = -3{,}403145, \text{ ou } 3{,}4031 \text{ (arredondado)}$$

653. 0,0132

Primeiro, estabeleça as hipóteses nula e alternativa. A hipótese nula é sempre uma hipótese *igual a*:

$H_0: \mu = 40$

Como o diretor de pesquisas acredita que os clientes esperam usar uma caneta por menos de 40 dias, você usa uma hipótese alternativa *menor que*:

$H_a: \mu < 40$

Em seguida, identifique a média amostral, que é 36 neste caso.

Então, calcule o erro padrão dividindo o desvio padrão populacional, σ_x, pela raiz quadrada do tamanho amostral, n:

$$\sigma_{\bar{X}} = \frac{\sigma_X}{\sqrt{n}} = \frac{9}{\sqrt{25}} = 1{,}8$$

Agora, encontre a estatística-z subtraindo a média populacional afirmada, μ_0, da média amostral, $\bar{x}$, e dividindo o resultado pelo erro padrão, σ_x:

$$z = \frac{\bar{x} - \mu_0}{\sigma_{\bar{X}}} = \frac{36 - 40}{1{,}8} = -2{,}222\bar{2}$$

Arredondado para duas casas decimais (o grau de precisão na Tabela A-1 no apêndice), você tem –2,22. Usando a Tabela A-1, encontre –2,2 na coluna esquerda e então vá através da linha para a coluna para 0,02, onde o valor é 0,0132. Esta é a área à esquerda de –2,22. Como a hipótese alternativa é uma hipótese *menor que*, o valor-*p* é o mesmo que o valor que você encontra na tabela: 0,0132.

654. 0,1587

Primeiro, estabeleça as hipóteses nula e alternativa. A hipótese nula é que a média da população de arbustos produzidos da fazendeira será a mesma que a média afirmada:

$$H_0: \mu = 3$$

Como a fazendeira espera conseguir menos frutas do que ela leu, você usa uma hipótese alternativa *menor que*:

$$H_a: \mu < 3$$

Em seguida, identifique a média amostral, que é 2,9 neste caso.

Então, calcule o erro padrão dividindo o desvio padrão populacional, σ_x, pela raiz quadrada do tamanho amostral, n:

$$\begin{aligned}\sigma_{\bar{X}} &= \frac{\sigma_X}{\sqrt{n}}\\ &= \frac{1}{\sqrt{100}}\\ &= 0,1\end{aligned}$$

Agora, encontre a estatística-*z* subtraindo a média populacional afirmada, μ_0, da média amostral, x, e dividindo o resultado pelo erro padrão, σ_x:

$$\begin{aligned}z &= \frac{\bar{x} - \mu_0}{\sigma_{\bar{X}}}\\ &= \frac{2,9 - 3}{0,1}\\ &= -1\end{aligned}$$

Use a Tabela A-1 no apêndice, encontre o valor –1,0 na coluna esquerda e então vá através da linha para a coluna para 0,0. Este valor é a área sob a curva à esquerda (menor que) deste valor de z, 0,1587. Como a hipótese alternativa é uma hipótese *menor que*, este valor também é o valor-*p*.

655. Rejeitar a hipótese nula.

Em qualquer momento que o valor-*p* for menor que o nível alfa (α, também conhecido como nível de significância), você rejeita a hipótese nula. Neste caso, lhe é dado um valor-*p* de 0,02 e um nível de significância $\alpha = 0,05$, que é informação suficiente para rejeitar a hipótese nula para este estudo.

656. A hipótese nula não pode ser rejeitada.

Primeiro, estabeleça as hipóteses nula e alternativa. A hipótese nula é que viajantes a negócios terão a mesma média populacional que o passageiro médio do avião:

$$H_0: \mu = 45$$

A hipótese alternativa é que viajantes a negócios carregam menos do que o valor afirmado de bagagem, você usa uma hipótese alternativa *menor que*:

$$H_a: \mu < 45$$

Em seguida, identifique a média amostral, que é 44,5 neste caso.

Então, calcule o erro padrão dividindo o desvio padrão populacional, σ_X, pela raiz quadrada do tamanho amostral, n:

$$\begin{aligned}\sigma_{\bar{X}} &= \frac{\sigma_X}{\sqrt{n}}\\ &= \frac{10}{\sqrt{250}}\\ &= 0{,}6325\end{aligned}$$

Agora, encontre a estatística-*z* subtraindo a média populacional afirmada, μ_0, da média amostral, x, e dividindo o resultado pelo erro padrão, σ_x:

$$\begin{aligned}z &= \frac{\bar{x} - \mu_0}{\sigma_{\bar{X}}}\\ &= \frac{44{,}5 - 45}{0{,}6325}\\ &= -0{,}790513834\end{aligned}$$

Use uma tabela-*Z*, como a Tabela A-1 no apêndice, para encontrar a área sob a curva normal à esquerda do valor calculado da estatística de teste. Arredonde o valor da estatística de teste para duas casas decimais (para –0,79). Encontre o valor de –0,7 na coluna à esquerda e, então, vá através da linha para a coluna para 0,09. A Tabela A-1 especifica que uma área de 0,2148 fica à esquerda deste valor. Para uma hipótese alternativa *menor que*, o valor-*p* é o mesmo que o valor da tabela: 0,2148.

Finalmente, compare o valor-*p* (0,2148) com o nível de significância afirmado (0,05). Neste caso, o valor-*p* é maior que o nível de significância, então você *não pode rejeitar* a hipótese nula com base nesses dados.

657. O lojista não tem evidência suficiente para concluir que seu aluguel é mais barato em média.

O lojista não pode concluir que o aluguel é, em média, mais baixo que R$2,00 por mês porque a média em sua amostra (R$3,00) é mais alta que essa quantidade.

658. 0,0082

Primeiro, estabeleça as hipóteses nula e alternativa. A hipótese nula é que os pacientes da médica têm a mesma temperatura média que os humanos em geral:

$$H_0: \mu = 98{,}6$$

Como a médica acredita que seus pacientes têm uma temperatura mais alta que os humanos em média, você usa uma hipótese alternativa *maior que*:

$$H_a: \mu > 98{,}6$$

Em seguida, identifique a média amostral, que é 98,8 neste caso.

Então, calcule o erro padrão dividindo o desvio padrão populacional, σ_x, pela raiz quadrada do tamanho amostral, n:

$$\begin{aligned}\sigma_{\bar{X}} &= \frac{\sigma_X}{\sqrt{n}}\\ &= \frac{0{,}5}{\sqrt{36}}\\ &= \frac{0{,}5}{6}\\ &= 0{,}0833\end{aligned}$$

Agora, encontre a estatística-z subtraindo a média populacional afirmada, μ_0, da média amostral, $\bar{x}$, e dividindo o resultado pelo erro padrão, $\sigma_{\bar{X}}$:

$$\begin{aligned}z &= \frac{\bar{x} - \mu_0}{\sigma_{\bar{X}}}\\ &= \frac{98{,}8 - 98{,}6}{0{,}0833}\\ &= 2{,}40096\end{aligned}$$

Use uma tabela-Z, como a Tabela A-1 no apêndice, encontre o valor de 2,4 na coluna esquerda e, então, vá através da coluna para 0,00. O valor de 0,9918 é a área à esquerda do valor-z de 2,40. Como você tem uma hipótese alternativa *maior que*, você precisa subtrair o valor da tabela de 1 (a área total sob a curva) para conseguir o valor-p: $1 - 0{,}9918 = 0{,}0082$.

659. 0,0606

Primeiro, estabeleça as hipóteses nula e alternativa. A hipótese nula é que a média da população de interesse (os clientes da divisão Nordeste) é a mesma que a média afirmada:

$$H_0: \mu = 5$$

Neste caso, o pesquisador suspeita que a média populacional para a divisão Nordeste é mais alta que 5, então você usa uma hipótese alternativa *maior que*:

$$H_a: \mu > 5$$

Em seguida, identifique a média amostral, que é 5,1 neste caso.

Então, calcule o erro padrão dividindo o desvio padrão populacional, σ_x, pela raiz quadrada do tamanho amostral, n:

$$\begin{aligned}\sigma_{\bar{X}} &= \frac{\sigma_X}{\sqrt{n}} \\ &= \frac{0{,}5}{\sqrt{60}} \\ &= \frac{0{,}5}{7{,}746} \\ &= 0{,}0645\end{aligned}$$

Agora, encontre a estatística-z subtraindo a média populacional afirmada, μ_0, da média amostral, $\bar{x}$, e dividindo o resultado pelo erro padrão, $\sigma_{\bar{X}}$:

$$\begin{aligned}z &= \frac{\bar{x} - \mu_0}{\sigma_{\bar{X}}} \\ &= \frac{5{,}1 - 5{,}0}{0{,}0645} \\ &= \frac{0{,}1}{0{,}0645} \\ &= 1{,}5504\end{aligned}$$

Use uma tabela-Z, como a Tabela A-1 no apêndice, encontre o valor de 1,5 na coluna esquerda e então vá através da coluna para 0,05. O valor de 0,9394 é a área à esquerda do valor-z de 1,55. Como você tem uma hipótese alternativa *maior que*, você precisa subtrair o valor da tabela de 1 (a área total sob a curva) para conseguir o valor-p: 1 – 0,9394 = 0,0606.

660. Falhar em rejeitar a hipótese nula de que a média de palavras por minuto é igual a 20.

Primeiro, estabeleça as hipóteses nula e alternativa. A hipótese nula é que a média da população de interesse (os empregados da divisão do gerente) é igual à média afirmada:

$$H_0: \mu = 20$$

Neste caso, você usa uma hipótese alternativa *maior que* porque o gerente acredita que seus empregados têm uma velocidade maior que a média afirmada:

$$H_a: \mu > 20$$

Em seguida, identifique a média amostral, que é 30,5 palavras por minuto.

Então, calcule o erro padrão dividindo o desvio padrão populacional, σ_x, pela raiz quadrada do tamanho amostral, n:

$$\begin{aligned}\sigma_{\bar{X}} &= \frac{\sigma_X}{\sqrt{n}}\\ &= \frac{3}{\sqrt{30}}\\ &= 0{,}5477\end{aligned}$$

Agora, encontre a estatística-z subtraindo a média populacional afirmada, μ_0, da média amostral, $\bar{x}$, e dividindo o resultado pelo erro padrão, $\sigma_{\bar{X}}$:

$$\begin{aligned}z &= \frac{\bar{x}-\mu_0}{\sigma_{\bar{X}}}\\ &= \frac{30{,}5-30}{0{,}5477}\\ &= 0{,}9129\end{aligned}$$

Use uma tabela-Z, como a Tabela A-1 no apêndice, encontre o valor de 0,9 na coluna esquerda e, então, vá através da coluna para 0,01. O valor de 0,8186 é a área à esquerda do valor-z de 0,91. Porque você tem uma hipótese alternativa *maior que*, o valor-p é 1 menos o valor da tabela: $1 - 0{,}8186 = 0{,}1814$.

Compare o valor-p com o nível de significância e rejeite a hipótese nula apenas se o valor-p for menor que o nível de significância. Aqui, o valor-p = 0,1814, que é maior que o nível de significância de 0,05. Isso significa que você *falhou em rejeitar a hipótese nula.*

661. Falhar em rejeitar H_0.

Primeiro, estabeleça as hipóteses nula e alternativa. Neste caso, μ representa a quantidade média de verniz colocada em um único vaso por trabalhadores no workshop. O valor alvo de 2 onças tem o mesmo papel que um valor afirmado teria. A ceramista quer saber se seu valor atual é significantemente acima de 2 onças.

$$H_0: \mu = 2$$

Como a ceramista acredita que seu workshop usa mais de 2 onças, a hipótese alternativa é uma hipótese *maior que*:

$$H_a: \mu > 2$$

Em seguida, identifique a média amostral, que é 2,3 onças neste caso.

Então, calcule o erro padrão dividindo o desvio padrão populacional, σ_x, pela raiz quadrada do tamanho amostral, n:

$$\sigma_{\bar{X}} = \frac{\sigma_X}{\sqrt{n}} = \frac{0{,}8}{\sqrt{30}} = 0{,}14606$$

Agora, encontre a estatística-*z* subtraindo a média populacional afirmada, μ_0, da média amostral, $\bar{x}$, e dividindo o resultado pelo erro padrão, $\sigma_{\bar{X}}$:

$$z = \frac{\bar{x} - \mu_0}{\sigma_{\bar{X}}} = \frac{2{,}3 - 2}{0{,}14606} = 2{,}054$$

Use uma tabela-*Z*, como a Tabela A-1 no apêndice, encontre o valor de 2,0 na coluna esquerda e então vá através da coluna para 0,05. O valor de 0,9798 é a área à esquerda do valor-*z* de 2,05.

Agora encontre o valor-*p* subtraindo a área da curva de 1, porque você tem uma hipótese alternativa *maior que*: 1 – 0,9798 = 0,0202.

Finalmente, compare este valor com seu nível de significância. O valor-*p* (0,0202) é maior que o nível de significância (0,01), então você *falhou em rejeitar a hipótese nula*.

662. Rejeitar H_0.

Primeiro, estabeleça as hipóteses nula e alternativa. A hipótese nula é que a média da população de interesse (a densidade das culturas de pele) é igual à média afirmada:

$$H_0: \mu = 0{,}0047$$

A pesquisadora suspeita que suas amostras são mais pesadas que o normal, então você tem uma hipótese alternativa *maior que*:

$$H_a: \mu > 0{,}0047$$

Em seguida, identifique a média amostral, 0,005 neste caso, que é maior que o valor afirmado, então continue testando.

Então, calcule o erro padrão dividindo o desvio padrão populacional, σ_x, pela raiz quadrada do tamanho amostral, *n*:

$$\sigma_{\bar{X}} = \frac{\sigma_X}{\sqrt{n}} = \frac{0{,}00047}{\sqrt{40}} = 0{,}00007431$$

Agora, encontre a estatística-z subtraindo a média populacional afirmada, μ_0, da média amostral, $\bar{x}$, e dividindo o resultado pelo erro padrão, $\sigma_{\bar{X}}$:

$$\begin{aligned} z &= \frac{\bar{x}-\mu_0}{\sigma_{\bar{X}}} \\ &= \frac{0{,}005-0{,}0047}{0{,}00007431} \\ &= 4{,}037 \end{aligned}$$

Isso arredonda para 4,04, que é acima do valor mais alto na Tabela A-1 no apêndice, então a probabilidade de um valor pelo menos tão extremo é menor que 0,0001 (a área sob a curva acima do valor mais alto da tabela de 3,69). Um valor-*p* de 0,0001 é menor que o nível de significância de 0,001, então você deveria rejeitar a hipótese nula.

A pesquisadora tem evidência suficiente para concluir que as culturas de tecidos em seu laboratório são mais densas que a média. E como o valor-*p* é tão pequeno (0,0001), ela pode dizer que estes resultados são altamente significativos.

663. O fazendeiro não pode rejeitar a hipótese nula em um nível de significância de 0,05.

Primeiro, estabeleça as hipóteses nula e alternativa. A hipótese nula é que as galinhas do fazendeiro botam uma média de 15 ovos por mês:

$$H_0: \mu = 15$$

A hipótese alternativa é que a média das galinhas do fazendeiro é um valor diferente (uma hipótese *diferente de*):

$$H_a: \mu \neq 15$$

Então, calcule o erro padrão dividindo o desvio padrão populacional, σ_x, pela raiz quadrada do tamanho amostral, n:

$$\begin{aligned} \sigma_{\bar{X}} &= \frac{\sigma_X}{\sqrt{n}} \\ &= \frac{5}{\sqrt{30}} \\ &= 0{,}9129 \end{aligned}$$

Agora, encontre a estatística-z subtraindo a média populacional afirmada, μ_0, da média amostral, $\bar{x}$, e dividindo o resultado pelo erro padrão, $\sigma_{\bar{X}}$:

$$\begin{aligned} z &= \frac{\bar{x}-\mu_0}{\sigma_{\bar{X}}} \\ &= \frac{16{,}5-15}{0{,}9129} \\ &= 1{,}6431 \end{aligned}$$

Agora, encontre a área associada sob a curva normal à esquerda do valor que você conseguiu para z, usando uma tabela-Z, como a Tabela A-1 no apêndice. Encontre o valor para 1,6 na coluna esquerda e vá através da linha para a coluna para 0,04. O valor é 0,9495.

Como a hipótese alternativa é uma hipótese *diferente de* e o valor da estatística de teste é positivo, você precisa subtrair o valor que encontrou na tabela de 1 (1 – 0,9495 = 0,0505) e então dobrar esse resultado para conseguir o valor-p: 2(0,0505) = 0,101.

Como o valor-p é maior que o nível de significância, o fazendeiro não pode rejeitar a hipótese nula. Em outras palavras, ele não pode dizer que suas galinhas botam ovos de qualquer forma diferente do que a norma.

664. Rejeitar a hipótese nula.

Primeiro, estabeleça as hipóteses nula e alternativa. A hipótese nula é que o número médio de caixas usadas por famílias de Chicago é igual à média nacional:

$$H_0: \mu = 110$$

Porque a empresa de Chicago só quer ver como ela se compara à média nacional em termos de caixas usadas em mudanças, ela está interessada em ser ou maior ou menor que a média. Então você usa uma hipótese alternativa *diferente de*:

$$H_a: \mu \neq 110$$

Então, calcule o erro padrão dividindo o desvio padrão populacional, σ_x, pela raiz quadrada do tamanho amostral, n:

$$\begin{aligned}\sigma_{\bar{X}} &= \frac{\sigma_X}{\sqrt{n}}\\ &= \frac{30}{\sqrt{80}}\\ &= 3{,}3541\end{aligned}$$

Agora, encontre a estatística-z subtraindo a média populacional afirmada, μ_0, da média amostral, $\bar{x}$, e dividindo o resultado pelo erro padrão, $\sigma_{\bar{X}}$:

$$\begin{aligned}z &= \frac{\bar{x}-\mu_0}{\sigma_{\bar{X}}}\\ &= \frac{103-110}{3{,}3541}\\ &= -2{,}087\end{aligned}$$

Agora encontre a área associada sob a curva normal à esquerda do valor que você conseguiu para z, usando uma tabela-Z, como a Tabela A-1 no apêndice. Encontre o valor de –2,0 na coluna esquerda e vá através da linha para a coluna para 0,09 (arredondando para dois decimais). O valor é 0,0183, que é a área sob a curva à esquerda deste valor-z.

Como você tem uma hipótese alternativa *diferente de* e o valor da estatística de teste é negativo, precisará dobrar a área da curva para conseguir o valor-*p*: 2(0,0183) = 0,0366.

Este valor-*p* é mais baixo que o nível de significância de 0,05, então você *rejeita a hipótese nula*. Em outras palavras, rejeita a afirmação de que o número médio de caixas usadas por famílias de Chicago é igual à média nacional. (Como o valor-*z* é negativo, a média de contagem de caixas é provavelmente menor que a média nacional.)

665. Falha em rejeitar a hipótese nula.

Primeiro, estabeleça as hipóteses nula e alternativa. A hipótese nula é que a família média americana que usa um carro para sair de férias viaja em média 382 milhas de casa:

$$H_0: \mu = 382$$

Como a pesquisadora está interessada em ver se ocorre uma diferença na distância média viajada, a hipótese alternativa é uma hipótese *diferente de*:

$$H_a: \mu \neq 382$$

Então, calcule o erro padrão dividindo o desvio padrão populacional, σ_X, pela raiz quadrada do tamanho amostral, n:

$$\begin{aligned}\sigma_{\bar{X}} &= \frac{\sigma_X}{\sqrt{n}}\\ &= \frac{150}{\sqrt{30}}\\ &= 27{,}3861\end{aligned}$$

Agora, encontre a estatística-*z* subtraindo a média populacional afirmada, μ_0, da média amostral, $\bar{x}$, e dividindo o resultado pelo erro padrão, $\sigma_{\bar{X}}$:

$$\begin{aligned}z &= \frac{\bar{x} - \mu_0}{\sigma_{\bar{X}}}\\ &= \frac{398 - 382}{27{,}3861}\\ &= 0{,}5842\end{aligned}$$

Agora, encontre a área associada sob a curva normal à esquerda do valor que você conseguiu para *z*, usando uma tabela-*Z*, como a Tabela A-1 no apêndice. Encontre o valor para 0,5 na coluna esquerda e vá através da linha para a coluna para 0,08. O valor é 0,7190, que é a área à esquerda deste valor. Como você tem uma hipótese alternativa *diferente de*, encontre o valor-*p* subtraindo a área sob a curva de 1 e dobrando o resultado: valor-*p* = 2(1 – 0,7190) = 0,562.

Este valor é maior que o nível de significância de 0,05, então você falha em rejeitar a hipótese nula e não pode dizer que as famílias que saem de férias de carro com cachorros viajam uma distância diferente em média do que outras famílias, com base nestes dados.

666. H_0: $\mu = 120$; H_a: $\mu < 120$

A pergunta é sobre o número médio de minutos que adolescentes dos EUA passam mandando mensagens, o que representa a população. Então, o símbolo para a média populacional, μ, está nas hipóteses nula e alternativa (e não o símbolo para média amostral, $\bar{x}$). A afirmação é que a média é igual a 120, então este é o valor na hipótese nula. Você acredita que seja menor que isso, então sua hipótese alternativa é a alternativa *menor que*.

667. H_0: $\mu = 250$; H_a: $\mu > 250$

As hipóteses nula e alternativa são sempre sobre o valor populacional (neste caso, a média populacional), não sobre o valor amostral. Então, os símbolos nas hipóteses nula e alternativa devem ser μ (média populacional), não $\bar{x}$ (média amostral). Além disso, os próprios números nas hipóteses nula e alternativa devem referenciar a afirmação original em relação à média populacional (250 calorias). Finalmente, como o pesquisador acredita que a pizza no campus da faculdade onde ele trabalha tem mais calorias, a hipótese alternativa é uma hipótese *maior que*.

668. A. O desvio padrão da população é desconhecido.

Se a população tem uma distribuição normal mas o desvio padrão populacional é desconhecido, você usa um teste-*t* (caso contrário, use um teste-*z*). O desvio padrão amostral vem de seus dados, então sempre saberá seu valor.

669. A. O desvio padrão populacional não é conhecido.

Quando o desvio padrão populacional não é conhecido mas pode ser estimado do desvio padrão amostral, você deve usar um teste-*t* em vez de usar a distribuição-*Z* para testar uma hipótese sobre uma única média populacional.

670. O aluno deve fazer um teste-*t* de uma única população.

Sempre que o desvio padrão populacional não é conhecido, mas o desvio padrão amostral permite uma estimativa dele, você deve fazer um teste-*t* para uma única média populacional em vez de usar a distribuição-*Z*.

671. $H_0: \mu_1 = \mu_0$

A hipótese nula é que a média da população da qual a amostra foi retirada é igual à média afirmada.

672. $H_a: \mu_1 < \mu_0$

Porque o aluno acredita que seus amigos passam menos tempo do que é afirmado, a hipótese alternativa é uma hipótese *menor que*.

673. Ela poderia tirar a conclusão sob outras condições, mas a amostra da sua loja não representa todas as lojas da rede de lojas.

Uma condição importante para qualquer teste de hipótese é que os dados indo para os cálculos são confiáveis e válidos. Neste caso, como a pergunta trata do preço médio de um certo produto de cabelo de uma rede nacional, cujas lojas estão por todo o país, os dados coletados devem também representar esta população. Neste caso, os dados representam 30 garrafas deste produto retirados apenas da loja dela. Então qualquer conclusão que ela tire do teste de hipótese deve ser dada como inválida.

674. $H_0: \mu = 3.5$; $H_a: \mu < 3,5$

A hipótese nula é que a média da população da qual a amostra foi retirada é igual à média populacional afirmada. A hipótese alternativa neste caso é que os pacientes da dentista experienciam menos dor do que a média, então a hipótese alternativa é *menor que*.

675. –2

Para encontrar o valor para a estatística de teste, *t*, use a fórmula do teste-*t*:

$$t = \frac{\bar{x} - \mu_0}{s/\sqrt{n}}$$

onde $\bar{x}$ é a média amostral, μ_0 é a média populacional afirmada, s é o desvio padrão amostral e n é o tamanho amostral. Substitua esses valores da pergunta na fórmula e resolva:

$$\begin{aligned} t &= \frac{30 - 35}{10/\sqrt{16}} \\ &= \frac{-5}{2,5} \\ &= -2 \end{aligned}$$

676. –2,733

Para encontrar o valor para a estatística de teste, *t*, use a fórmula do teste-*t*:

$$t = \frac{\bar{x} - \mu_0}{s/\sqrt{n}}$$

onde $\bar{x}$ é a média amostral, μ_0 é a média populacional afirmada, *s* é o desvio padrão amostral e *n* é o tamanho amostral. Substitua esses valores da pergunta na fórmula e resolva:

$$\begin{aligned} t &= \frac{5{,}2 - 6{,}3}{1{,}8/\sqrt{20}} \\ &= \frac{-1{,}1}{0{,}4025} \\ &= -2{,}733 \end{aligned}$$

677. 1,761310

Primeiro, descubra os graus de liberdade, que são um a menos que o tamanho amostral *n*:

$gl = 15 - 1 = 14.$

Como o pesquisador acredita que a população de interesse tem uma média maior que 6.1, você usa uma hipótese alternativa *maior que*, então 0,05 da área sob a curva deve estar na cauda superior. Usando uma tabela-*t*, como a Tabela A-2 no apêndice, encontre a linha para 14 graus de liberdade e a coluna para 0,05. O valor crítico é 1,761310.

678. 2,26216

Primeiro, descubra os graus de liberdade, que são um a menos que o tamanho amostral *n*: $gl = 10 - 1 = 9$.

Como o pesquisador acredita que a população de interesse amostrada tem uma média que difere do valor afirmado, você usa um *diferente de* para hipótese alternativa, então metade do nível de confiança estará em cada cauda: 0,05/2 = 0,025.

Usando uma tabela-*t*, como a Tabela A-2 no apêndice, encontre a linha para 9 graus de liberdade e a coluna para 0,025. Os valores críticos são 2,26216 e –2,26216; você rejeita a hipótese nula se sua estatística de teste estiver fora da amplitude de –2,26216 a 2,26216.

679. Ela rejeitaria H_0.

A estatística de teste é –2,733, que está na direção correta para uma hipótese alternativa *menor que*. Compare-a com o valor crítico para uma hipótese alternativa *menor que* com um nível de confiança de 0,05, com

$n - 1 = 20 - 1 = 19$ graus de liberdade. Usando uma tabela-*t*, como a Tabela A-2 no apêndice, encontre a linha para 19 graus de liberdade e a coluna para 0,05. O valor que você encontra é 1,729133. Entretanto, como este é um teste de cauda esquerda, o valor crítico é –1,729133 neste caso.

Como a Tabela A-2 contém apenas valores positivos, compare o valor absoluto da estatística de teste, 2,733 com o valor crítico. O valor absoluto da estatística de teste é maior, então rejeite a hipótese nula. A pesquisadora tem evidência significante para sugerir que mães dormem menos do que uma pessoa média.

680. A estatística de teste *t* é maior que o valor crítico positivo.

Primeiro, descubra os graus de liberdade, que são um a menos que o tamanho amostral *n*: $gl = 17 - 1 = 16$.

Como esse é um teste *diferente de* para hipótese alternativa (a pergunta especificou que a pesquisadora está interessada na diferença "em qualquer direção"), metade do nível de confiança estará na cauda superior e metade na cauda inferior (0,05 em cada).

Então, encontre o valor crítico de uma tabela-*t*, como a Tabela A-2 no apêndice. Encontre a linha para 16 graus de liberdade e a coluna para 0,05. Os valores críticos são –1,745884 e 1,745884.

Em seguida, encontre a estatística de teste *t*, usando a fórmula básica para *t*:

$$t = \frac{\bar{x} - \mu_0}{s/\sqrt{n}}$$

onde $\bar{x}$ é a média amostral, μ_0 é a média populacional afirmada, *s* é o desvio padrão amostral e *n* é o tamanho amostral.

$$\begin{aligned} t &= \frac{\bar{x} - \mu_0}{s/\sqrt{n}} \\ &= \frac{0{,}0123 - 0{,}0112}{0{,}0019/\sqrt{17}} \\ &= 2{,}387061 \end{aligned}$$

Isso é maior que o valor crítico positivo de *t*.

681. $0{,}20 < \text{valor-}p < 0{,}50$

Primeiro, encontre os graus de liberdade, que são um a menos que o tamanho amostral, *n*: $gl = 11 - 1 = 10$.

Então, usando a Tabela A-2 no apêndice, encontre a linha para 10 graus de liberdade. Leia a partir da esquerda para encontrar o último valor que é *menor que* sua estatística de teste *t*. Neste caso, isso é 0,699812, que corresponde a uma área unicaudal de 0,25. Porque a alternativa tem dois lados, você tem que dobrar isso para conseguir 0,50 como um vínculo para o valor-*p*.

Na mesma linha, leia a partir da esquerda para encontrar o primeiro valor que é *maior que* a estatística de teste *t*, que é 1,372184. Agora, olhe para o cabeçalho da coluna para encontrar a área unicaudal 0,10. Duplique isso para conseguir o outro vínculo do valor-*p*, 0,20.

Você pode dizer que o valor-*p* está entre 0,20 e 0,50, ou que 0,20 < valor-*p* < 0,50.

682. 0,10 < valor-*p* < 0,25

Primeiro, encontre os graus de liberdade, que são um a menos que o tamanho amostral, *n*: *gl* = 29 – 1 = 28.

Então, encontre a estatística de teste *t*, usando a fórmula básica para *t*:

$$t = \frac{\bar{x} - \mu_0}{s/\sqrt{n}}$$

onde $\bar{x}$ é a média amostral, μ_0 é a média populacional afirmada, *s* é o desvio padrão amostral e *n* é o tamanho amostral.

$$\begin{aligned} t &= \frac{\bar{x} - \mu_0}{s/\sqrt{n}} \\ &= \frac{89{,}8 - 90}{1/\sqrt{29}} \\ &= \frac{-0{,}2}{0{,}1857} \\ &= -1{,}077 \end{aligned}$$

Você tem uma hipótese alternativa *menor que* porque a pesquisadora "acredita que sua média amostral é menor que 90". Por causa disso e porque a média amostral está abaixo da média populacional hipotética, você deve traduzir a estatística-*t* em um valor absoluto de 1,077. Usando a Tabela A-2 no apêndice, vá para a linha para 28 graus de liberdade e encontre os valores mais próximos da sua estatística de teste. Este valor fica entre as colunas 0,25 e 0,10, então o valor-*p* está entre 0,10 e 0,25.

683. 0,01 < valor-*p* < 0,02

Primeiro, encontre os graus de liberdade, que são um a menos que o tamanho amostral, *n*: *gl* = 12 – 1 = 11.

Como a diretora do presídio não tem hipóteses sobre a direção que seus custos com prisioneiras podem se diferenciar, a hipótese alternativa é uma hipótese *diferente de*.

Calcule a estatística de teste *t*, usando a fórmula para um teste-*t* de uma amostra,

$$t = \frac{\bar{x} - \mu_0}{s/\sqrt{n}}$$

onde $\bar{x}$ é a média amostral, μ_0 é a média populacional afirmada, s é o desvio padrão amostral e n é o tamanho amostral.

$$\begin{aligned} t &= \frac{\bar{x}-\mu_0}{s/\sqrt{n}} \\ &= \frac{58.660-50.000}{10.000/\sqrt{12}} \\ &= \frac{8.660}{2.886{,}75} \\ &= 2{,}9999 \end{aligned}$$

Como você tem um valor positivo de t, poderá usar a tabela-t sem se preocupar com o sinal em t. Usando a Tabela A-2 no apêndice leia através da linha para 11 graus de liberdade. Os números mais próximos na tabela para a estatística de teste são 2,71808, que tem uma área de cauda direita de 0,01 (do cabeçalho de coluna) e 3,10581, que tem uma área de cauda direita de 0,005.

Você tem uma hipótese *diferente de* porque nenhuma direção é estabelecida no problema.

Dobre as áreas de cauda direita (porque existe uma área igual na cauda esquerda), para que o valor-p seja entre 2(0,005) e 2(0,01) ou entre 0,01 e 0,02.

684. Os valores-p estão entre 0,01 e 0,025.

Usando a Tabela A-2 no apêndice, encontre a linha para 14 graus de liberdade. A estatística de teste, 2,5, cai entre 2,14479 (correspondendo a uma área de cauda direita de 0,025 como dado no cabeçalho de coluna) e 2,68449 (com uma área de cauda direita de 0,01).

Porque você tem uma hipótese alternativa *maior que*, os valores-p são os mesmos que as áreas de cauda direita. Então o valor-p está entre 0,01 e 0,025.

685. $0{,}02 < \text{valor-}p < 0{,}05$

Como a estatística de teste é negativa mas a tabela-t lida com valores positivos, use o valor absoluto da estatística de teste, 2,5.

Na Tabela A-2 no apêndice, leia através da linha para 20 graus de liberdade. Os números mais próximos à estatística de teste são 2,08596, que tem uma área de cauda direita de 0,025 e 2,52798, que tem uma área de cauda direita de 0,01. Porque você tem uma hipótese alternativa *diferente de*, dobre ambos os valores, lhe dando uma amplitude de 0,02 a 0,05.

686. Existe evidência suficiente para concluir que o tempo médio de exame é mais que 45 minutos.

A afirmação é que a média de tempo para fazer o teste é 45 minutos (a hipótese nula). Você acredita que o tempo médio para fazer o teste é mais de 45 minutos (a hipótese alternativa). Como o valor-*p* da sua amostra é menor que seu nível de significância, você rejeita a hipótese nula, mas pode ir mais além e dizer que pode-se concluir que o tempo médio é maior que 45 minutos, com base nos seus dados. ***Nota:*** Você poderia estar errado, então seus resultados não "provam" nada; entretanto, eles fornecem fortes evidências contra a afirmação.

687. Falha em rejeitar H_0.

Como o tamanho amostral é pequeno e você está testando a média populacional com desvio padrão populacional desconhecido (apenas o desvio padrão amostral é dado), um teste-*t* é o certo para a ocasião.

A hipótese nula é que os alunos de música têm uma habilidade verbal média. O cientista acredita que é mais baixa, então a hipótese alternativa é uma alternativa *menor que*.

Primeiro, note os graus de liberdade, que é um a menor que o tamanho amostral n: $gl = 8 - 1 = 7$.

Então, para encontrar o valor crítico, use a Tabela A-2 no apêndice para conseguir o valor de 1,894579. Entretanto, porque é um teste de cauda esquerda, o valor crítico é –1,894579.Em seguida, calcule a estatística de teste *t* usando esta fórmula:

$$t = \frac{\bar{x} - \mu_0}{s/\sqrt{n}}$$

onde $\bar{x}$ é a média amostral, μ_0 é a média populacional afirmada, s é o desvio padrão amostral e n é o tamanho amostral.

$$\begin{aligned} t &= \frac{\bar{x} - \mu_0}{s/\sqrt{n}} \\ &= \frac{97{,}5 - 100}{5/\sqrt{8}} \\ &= \frac{-2{,}5}{1{,}7678} \\ &= -1{,}4142 \end{aligned}$$

O valor desta estatística de teste (–1,4142) é mais próximo de zero que o valor crítico (–1.894579), que foi encontrado anteriormente. Portanto, você *não pode rejeitar* a hipótese nula. Não há evidência suficiente para dizer que as pessoas que tocam instrumentos musicais têm uma habilidade verbal abaixo da média.

688. Rejeitar H_0.

Como o tamanho amostral é pequeno e você está testando a média populacional com desvio padrão populacional desconhecido (apenas o desvio padrão amostral é dado), um teste-*t* é o certo para a ocasião.

A hipótese nula é que os empregados doam a quantidade alvo de R$50,00 por ano em média. A presidente acredita que seja menos que isso, então a hipótese alternativa é uma alternativa menor que.

Primeiro, note os graus de liberdade, que é um a menor que o tamanho amostral n: $gl = 10 - 1 = 9$.

Então, encontre o valor crítico na Tabela A-2 no apêndice, que é –1,833113 (porque este é um teste de cauda esquerda).

Em seguida, calcule a estatística de teste t usando esta fórmula:

$$t = \frac{\bar{x} - \mu_0}{s/\sqrt{n}}$$

onde $\bar{x}$ é a média amostral, μ_0 é a média populacional afirmada, s é o desvio padrão amostral e n é o tamanho amostral.

$$\begin{aligned} t &= \frac{\bar{x} - \mu_0}{s/\sqrt{n}} \\ &= \frac{43{,}40 - 50}{5{,}2/\sqrt{10}} \\ &= \frac{-6{,}6}{1{,}6444} \\ &= -4{,}0136 \end{aligned}$$

Como você tem uma estatística de teste-t negativa e uma hipótese alternativa *menor que*, você rejeita a hipótese nula porque o valor da estatística de teste-t é menor que o valor crítico (–4,0136 < 1,833113).

Então a presidente tem um ponto e pode concluir que as doações de seus empregados para a caridade são menores que o valor alvo em média, com base em seus dados.

689. Rejeitar H_0.

Como o tamanho amostral é pequeno e você está testando a média populacional com desvio padrão populacional desconhecido (apenas o desvio padrão amostral é dado), um teste-t é o certo para a ocasião.

A hipótese nula é que os casacos são protegidos a uma média de –5 graus Celsius, em média. Mas o fabricante de casacos acredita que a temperatura média é menor que isso; então a hipótese alternativa é uma alternativa *menor que*.

Primeiro, note os graus de liberdade, que é um a menor que o tamanho amostral n: $gl = 15 - 1 = 14$.

Então, para encontrar o valor crítico, use a Tabela A-2 no apêndice, indo para a linha para 14 graus de liberdade e a coluna para 0,10; o valor é 1,345030. Como este é um teste de cauda esquerda, o valor crítico é –1,345030.

Em seguida, calcule a estatística de teste *t* usando esta fórmula:

$$t=\frac{\bar{x}-\mu_0}{s/\sqrt{n}}$$

onde $\bar{x}$ é a média amostral, μ_0 é a média populacional afirmada, *s* é o desvio padrão amostral e *n* é o tamanho amostral.

$$\begin{aligned} t&=\frac{\bar{x}-\mu_0}{s/\sqrt{n}}\\ &=\frac{-6{,}5-(-5)}{1/\sqrt{15}}\\ &=\frac{-1{,}5}{0{,}2582}\\ &=-5{,}8095 \end{aligned}$$

Como você tem uma hipótese alternativa *menor que* e o resultado do teste é negativo, você rejeita a hipótese nula porque o valor da estatística de teste é menor que o valor crítico (–5,8095 < 1,8345030).

Com base nesses dados, o fabricante de casacos tem evidência suficiente para rejeitar a afirmação da propaganda e concluir que a temperatura de proteção média é mais baixa que isso.

690. Falhar em rejeitar H_0.

Como o tamanho amostral é pequeno e você está testando a média populacional com desvio padrão populacional desconhecido (apenas o desvio padrão amostral é dado), um teste-*t* é o certo para a ocasião.

A hipótese nula é que as avaliações médias de professores na escola da professora são as mesmas que aquelas no distrito. Mas a professora acredita que a média é mais baixa que isso; então a hipótese alternativa é uma alternativa *menor que*.

Primeiro, note os graus de liberdade, que é um a menor que o tamanho amostral *n*: $gl = 6 - 1 = 5$.

O nível de significância é $\alpha = 0{,}05$. Como você tem uma hipótese alternativa *menor que* e a média amostral é menor que o valor hipotético, você pode apenas usar o cabeçalho de coluna da tabela-*t* (Tabela A-2 no apêndice) para encontrar o nível de significância (0,05) e ler para baixo para encontrar a linha correspondente aos graus de liberdade (5). Você consegue um valor de 2,015048. Como este é um teste de cauda esquerda, o valor crítico é –2,015048.

Agora, calcule a estatística de teste *t* usando esta fórmula:

$$t=\frac{\bar{x}-\mu_0}{s/\sqrt{n}}$$

onde $\bar{x}$ é a média amostral, μ_0 é a média populacional afirmada, s é o desvio padrão amostral e n é o tamanho amostral.

$$\begin{aligned} t &= \frac{\bar{x}-\mu_0}{s/\sqrt{n}} \\ &= \frac{6{,}667-7{,}2}{2/\sqrt{6}} \\ &= \frac{-0{,}533}{0{,}8165} \\ &= -0{,}6528 \end{aligned}$$

Pelo fato de que a hipótese alternativa é *menor que* (porque a professora "acredita que outros professores em sua escola recebem avaliações mais baixas comparado com professores em outras escolas do distrito") e a estatística de teste não é menor que (é mais próxima de zero que) o valor crítico ($-0{,}6525 > -2{,}015048$), você *falha em rejeitar* a hipótese nula. Não há evidência suficiente para concluir que a média das avaliações de professores na escola da professora é mais baixa que no distrito.

691. Falha em rejeitar H_0.

Como o tamanho amostral é pequeno e você está testando a média populacional com desvio padrão populacional desconhecido (apenas o desvio padrão amostral é dado), um teste-*t* é o certo para a ocasião.

A hipótese nula é que a temperatura média do picolé é 1,92 graus Celsius. A presidente acredita que a média é mais baixa que isso; então a hipótese alternativa é uma alternativa *menor que*.

Primeiro, note os graus de liberdade, que é um a menor que o tamanho amostral n: $gl = 5 - 1 = 4$.

Então, para encontrar o valor crítico, use a Tabela A-2 no apêndice. Você consegue um valor de 3,74695 indo para a linha para 4 graus de liberdade e a coluna para 0,01. Como este é um teste de cauda esquerda, o valor é –3,74695.

Em seguida, calcule a estatística de teste t usando esta fórmula:

$$t = \frac{\bar{x}-\mu_0}{s/\sqrt{n}}$$

onde $\bar{x}$ é a média amostral, μ_0 é a média populacional afirmada, s é o desvio padrão amostral e n é o tamanho amostral.

$$\begin{aligned} t &= \frac{\bar{x}-\mu_0}{s/\sqrt{n}} \\ &= \frac{-2{,}25-(-1{,}92)}{1{,}62/\sqrt{5}} \\ &= \frac{-0{,}33}{0{,}7245} \\ &= -0{,}4555 \end{aligned}$$

Como você tem uma hipótese alternativa *menor que*, falha em rejeitar a hipótese nula porque a estatística de teste não é menor que (é mais próxima de zero que) o valor crítico (–0,4555 > –3,74695). A presidente não tem evidência suficiente para concluir que a temperatura para os picolés esteja configurada muito abaixo da média, com base nestes dados.

692. Rejeitar H_0.

Como o tamanho amostral é pequeno e você está testando a média populacional com desvio padrão populacional desconhecido (apenas o desvio padrão amostral é dado), um teste-*t* é o certo para a ocasião.

A hipótese nula é que o peso médio é 50 gramas por objeto. A hipótese alternativa é que o peso médio é mais que 50 gramas, então aqui você tem uma hipótese alternativa *maior que*.

Primeiro, note os graus de liberdade, que é um a menor que o tamanho amostral n: $gl = 16 - 1 = 15$.

Então, encontre o valor crítico na Tabela A-2 no apêndice que é 1,753050 indo para a linha de 15 graus de liberdade e a coluna para 0,05.

Em seguida, calcule a estatística de teste t usando esta fórmula:

$$t = \frac{\bar{x} - \mu_0}{s/\sqrt{n}}$$

onde $\bar{x}$ é a média amostral, μ_0 é a média populacional afirmada, s é o desvio padrão amostral e n é o tamanho amostral.

$$\begin{aligned} t &= \frac{\bar{x} - \mu_0}{s/\sqrt{n}} \\ &= \frac{54 - 50}{8/\sqrt{16}} \\ &= \frac{4}{2} = 2 \end{aligned}$$

Como a estatística de teste (2) é maior que o valor crítico (1,753050), você rejeita a hipótese nula. Em outras palavras, rejeita a hipótese nula de que o peso médio é 50 gramas por objeto em favor à hipótese alternativa de que o peso médio é mais que 50 gramas.

693. Falha em rejeitar H_0.

Como você está testando a média populacional com desvio padrão populacional desconhecido (apenas o desvio padrão amostral é dado), um teste-*t* é o certo para a ocasião.

A hipótese nula é que o número médio de contas por saco de 1 libra é 1.200. A hipótese alternativa é que o peso médio é mais que isso, então você tem uma hipótese alternativa *maior que*.

Primeiro, note os graus de liberdade, que é um a menor que o tamanho amostral n: $gl = 30 - 1 = 29$.

Então, encontre o valor crítico na Tabela A-2 no apêndice indo para a linha para 29 graus de liberdade e a coluna para 0,01; o valor crítico é 2,46202.

Em seguida, calcule a estatística de teste t usando esta fórmula:

$$t = \frac{\bar{x} - \mu_0}{s/\sqrt{n}}$$

onde $\bar{x}$ é a média amostral, μ_0 é a média populacional afirmada, s é o desvio padrão amostral e n é o tamanho amostral.

$$\begin{aligned} t &= \frac{\bar{x} - \mu_0}{s/\sqrt{n}} \\ &= \frac{1.350 - 1.200}{500/\sqrt{30}} \\ &= \frac{150}{91,2871} \\ &= 1,6432 \end{aligned}$$

O valor crítico de 2,46202 é maior que o valor da estatística de teste de 1,6432, então a conclusão é que você falha em rejeitar a hipótese nula. Não há evidência suficiente para que o varejista diga que o número médio de contas em um saco de 1 libra é maior que 1.200.

694. Falha em rejeitar H_0.

Como você está testando a média populacional com desvio padrão populacional desconhecido, um teste-t é o certo para a ocasião.

A hipótese nula é que o número médio de contas por saco de 1 libra é 1.200. A hipótese alternativa é que o peso médio é mais do que isso, então você tem uma alternativa *maior que*.

Primeiro, note os graus de liberdade, que é um a menos que o tamanho amostral n: $gl = 30 - 1 = 29$.

Então, encontre o valor crítico na Tabela A-2 no apêndice indo até a linha para 29 graus de liberdade e a coluna para 0,05; o valor crítico é 1,699127.

Em seguida, calcule a estatística de teste t, usando esta fórmula:

$$t = \frac{\bar{x} - \mu_0}{s/\sqrt{n}}$$

onde $\bar{x}$ é a média amostral, μ_0 é a média populacional afirmada, s é o desvio padrão amostral e n é o tamanho amostral.

$$t = \frac{\bar{x} - \mu_0}{s/\sqrt{n}}$$
$$= \frac{1.350 - 1.200}{500/\sqrt{30}}$$
$$= \frac{150}{91,2871}$$
$$= 1,6432$$

A estatística de teste de 1,6432 é menor que o valor crítico de 1,699127 então você falha em rejeitar a hipótese nula. Não há evidência suficiente para dizer que o número médio de contas em um saco de 1 libra é maior que 1.200.

695. Rejeita H_0.

Como você está testando a média populacional com desvio padrão populacional desconhecido (apenas o desvio padrão amostral é dado), um teste-*t* é o certo para a ocasião.

A hipótese nula é que a quantidade média de dinheiro gasto em entretenimento é R$100,00 (máximo). A hipótese alternativa é que a média de dinheiro gasto é mais que isso, então você tem uma alternativa *maior que*.

Primeiro, note os graus de liberdade, que é um a menos que o tamanho amostral n: $gl = 25 - 1 = 24$.

Então, encontre o valor crítico na Tabela A-2 no apêndice indo até a linha para 24 graus de liberdade e a coluna para 0,01; o valor crítico é 2,49216.

Em seguida, calcule a estatística de teste t, usando esta fórmula:

$$t = \frac{\bar{x} - \mu_0}{s/\sqrt{n}}$$

onde $\bar{x}$ é a média amostral, μ_0 é a média populacional afirmada, s é o desvio padrão amostral e n é o tamanho amostral.

$$t = \frac{\bar{x} - \mu_0}{s/\sqrt{n}}$$
$$= \frac{118,44 - 100}{35/\sqrt{25}}$$
$$= \frac{18,44}{7}$$
$$= 2,6343$$

A estatística de teste é maior que o valor crítico, então você rejeita H_0. Existe evidência suficiente, com base nestes dados, de que a média de dinheiro gasto em entretenimento é maior que R$100,00 por mês.

696. Rejeita H_0.

Como você está testando a média populacional com desvio padrão populacional desconhecido (apenas o desvio padrão amostral é dado), um teste-*t* é o certo para a ocasião.

A hipótese nula é que a quantidade média de queijo nos Estados Unidos se iguala à da Europa, que é 25,83 quilogramas por pessoa por ano. A hipótese alternativa é que a quantidade média de queijo comido nos Estados Unidos é maior que isso, então você tem uma hipótese alternativa maior que.

Primeiro, note os graus de liberdade, que é um a menos que o tamanho amostral *n*: $gl = 30 - 1 = 29$.

Então, encontre o valor crítico na Tabela A-2 no apêndice indo até a linha para 29 graus de liberdade e a coluna para 0,05; o valor crítico é 1,699127.

Em seguida, calcule a estatística de teste *t*, usando esta fórmula:

$$t = \frac{\bar{x} - \mu_0}{s/\sqrt{n}}$$

onde $\bar{x}$ é a média amostral, μ_0 é a média populacional afirmada, *s* é o desvio padrão amostral e *n* é o tamanho amostral.

$$\begin{aligned} t &= \frac{\bar{x} - \mu_0}{s/\sqrt{n}} \\ &= \frac{27{,}86 - 25{,}83}{6{,}46/\sqrt{30}} \\ &= \frac{2{,}03}{1{,}1794} \\ &= 1{,}7212 \end{aligned}$$

A estatística de teste é maior que o valor crítico, então você rejeita a hipótese nula. Existe evidência suficiente, com base nesses dados, para rejeitar a afirmação de que o consumo médio de queijo nos Estados Unidos é de 25,83 quilogramas por pessoa e concluir que é, na verdade, maior do que isso.

697. Rejeita H_0.

Como você está testando a média populacional com desvio padrão populacional desconhecido (apenas o desvio padrão amostral é dado), um teste-*t* é o certo para a ocasião.

A hipótese nula é que seus alunos correspondem ao tempo ideal de meditação de 20 minutos. A hipótese alternativa é que a quantidade média difere disso, então você tem uma hipótese alternativa *diferente de*.

Primeiro, note os graus de liberdade, que é um a menos que o tamanho amostral n: $gl = 9 - 1 = 8$.

Então, encontre o valor crítico na Tabela A-2 no apêndice indo até a linha para 8 graus de liberdade e a área de cauda direita de 0,05 (metade de 0,10 porque a alternativa tem dois lados); o valor é 1,859548. Como este é um teste bicaudal, os valores críticos são 1,849548 e –1,859548.

Em seguida, calcule a estatística de teste t, usando esta fórmula:

$$t = \frac{\bar{x} - \mu_0}{s/\sqrt{n}}$$

onde $\bar{x}$ é a média amostral, μ_0 é a média populacional afirmada, s é o desvio padrão amostral e n é o tamanho amostral.

$$\begin{aligned} t &= \frac{\bar{x} - \mu_0}{s/\sqrt{n}} \\ &= \frac{24 - 20}{5/\sqrt{9}} \\ &= \frac{4}{1{,}6667} \\ &= 2{,}39995 \end{aligned}$$

A estatística de teste de 2,4 (arredondada para cima) é maior que o valor crítico positivo de 1,859548, então você rejeita a hipótese nula. Existe evidência suficiente para concluir que os alunos deste instrutor não meditam a quantidade ideal em média.

698. Rejeita H_0.

Como você está testando a média populacional com desvio padrão populacional desconhecido (apenas o desvio padrão amostral é dado), um teste-t é o certo para a ocasião.

A hipótese nula é que a produção média deste tipo de impressora à laser antes da revisão é 20.000 páginas. A hipótese alternativa é que a produção média difere disso, então você tem uma hipótese alternativa *diferente de*.

Primeiro, note os graus de liberdade, que é um a menos que o tamanho amostral n: $gl = 16 - 1 = 15$.

Em seguida, encontre os valores críticos. A Tabela A-2 no apêndice lhe dá probabilidades de cauda direita nos cabeçalhos de coluna. A probabilidade de cauda direita é metade do nível de significância quando a hipótese alternativa é *diferente de*. Isso funciona para metade de $\alpha = 0{,}05$, ou seja, 0,025; encontre o valor indo para a linha para 15 graus de liberdade e a coluna para 0,025. O valor é 2,13145. Como este é um teste bicaudal, os valores críticos são 2,13145 e –2,13145.

Você rejeitará a hipótese nula se o valor da estatística de teste de t cair fora da amplitude de –2,13145 e 2,13145.

Em seguida, calcule a estatística de teste t, usando esta fórmula:

$$t = \frac{\bar{x} - \mu_0}{s/\sqrt{n}}$$

onde $\bar{x}$ é a média amostral, μ_0 é a média populacional afirmada, s é o desvio padrão amostral e n é o tamanho amostral.

$$\begin{aligned} t &= \frac{\bar{x} - \mu_0}{s/\sqrt{n}} \\ &= \frac{18.356 - 20.000}{2.741/\sqrt{16}} \\ &= \frac{-1.644}{685,25} \\ &= -2,39912 \end{aligned}$$

O valor da estatística de teste de –2,39912 está fora da amplitude definida pelo valor crítico de t (–2,13145 até +2,13145). Isso significa que você rejeita a hipótese nula. Há evidências significantes que este tipo de impressora à laser não requer revisão em 20.000 páginas em média. Parece que (porque a estatística de teste é negativa) é provável que seja menos que isso.

699. Falha em rejeitar H_0.

Como você está testando a média populacional com desvio padrão populacional desconhecido (apenas o desvio padrão amostral é dado), um teste-t é o certo para a ocasião.

A hipótese nula é que as dissertações dos alunos no programa de doutorado correspondem à norma de 90 páginas. A hipótese alternativa é que a quantidade média difere disso, então você tem uma hipótese alternativa *diferente de*.

Primeiro, note os graus de liberdade, que é um a menos que o tamanho amostral n: $gl = 10 - 1 = 9$.

Em seguida, encontre o valor crítico. Como este é um teste *diferente de*, o nível de significância de 0,05 significa que 5% da área curva é dividida entre duas caudas, deixando 2,5% (ou 0,025) em cada cauda. Use a Tabela A-2 no apêndice para encontrar o valor crítico de t indo até a linha para 9 graus de liberdade e a coluna para 0,025; o valor é 2,26216. Como este é um teste *diferente de*, você falhará em rejeitar a hipótese nula se a estatística de teste estiver na amplitude de –2,26216 a +2,26216.

Em seguida, calcule a estatística de teste t, usando esta fórmula:

$$t = \frac{\bar{x} - \mu_0}{s/\sqrt{n}}$$

onde $\bar{x}$ é a média amostral, μ_0 é a média populacional afirmada, s é o desvio padrão amostral e n é o tamanho amostral.

$$\begin{aligned} t &= \frac{\bar{x}-\mu_0}{s/\sqrt{n}} \\ &= \frac{85{,}2-90}{7{,}59/\sqrt{10}} \\ &= \frac{-4{,}8}{2{,}40} \\ &= -2{,}0 \end{aligned}$$

O valor do teste está dentro da amplitude definida pelos valores críticos –2,26216 e +2,26216, então você falha em rejeitar a hipótese nula. A aluna não tem suporte suficiente para a ideia de que alunos em seu programa de doutorado escrevem dissertações que diferem em tamanho da suposta média de 90 páginas.

700. Rejeita H_0.

Como você está testando a média populacional com desvio padrão populacional desconhecido (apenas o desvio padrão amostral é dado), um teste-*t* é o certo para a ocasião.

A hipótese nula é que a média de idade das árvores na floresta é 30 anos. A hipótese alternativa é que a média de idade difere disso, então você tem uma hipótese alternativa *diferente de*.

Primeiro, note os graus de liberdade, que é um a menos que o tamanho amostral n: $gl = 5 - 1 = 4$.

Em seguida, encontre o valor crítico. Na Tabela A-2 no apêndice encontre o valor crítico para 4 graus de liberdade que deixará uma área de 0,25 em cada cauda (porque esta é uma hipótese alternativa *diferente de*) indo até a linha para 4 graus de liberdade e a coluna para 0,25; o valor é 0,740697. Você rejeitará a hipótese nula se o valor da estatística de teste estiver fora da amplitude de –0,740697 a +0,740697.

Em seguida, calcule a estatística de teste t, usando esta fórmula:

$$t = \frac{\bar{x}-\mu_0}{s/\sqrt{n}}$$

onde $\bar{x}$ é a média amostral, μ_0 é a média populacional afirmada, s é o desvio padrão amostral e n é o tamanho amostral.

$$\begin{aligned} t &= \frac{\bar{x}-\mu_0}{s/\sqrt{n}} \\ &= \frac{33-30}{5{,}6/\sqrt{5}} \\ &= \frac{3}{2{,}5044} \\ &= 1{,}19789 \end{aligned}$$

O valor-*t* calculado da estatística de teste de 1,19789 está claramente fora da amplitude de –0,740697 a +0,740697, então você rejeita a hipótese nula. A madeireira tem evidência para concluir que a média de idade das árvores nesta floresta não é igual a 30 anos. (E porque a estatística de teste é positiva, é provável que a média de idade seja maior que isso.)

701. A hipótese nula deve ser rejeitada; o banco deve abrir uma nova filial.

Primeiro, estabeleça as hipóteses nula e alternativa:

$$H_0: p_0 = 0{,}10$$

$$H_a: p_0 > 0{,}10$$

Nota: Como o banco quer garantir que *pelo menos* 10% dos residentes usarão a nova filial, está implicitamente interessado em uma hipótese alternativa *maior que*.

A seguir, determine se a amostra é grande o bastante para executar um teste-*z* verificando se ambos, np_0 e $n(1-p)$ são iguais a pelo menos 10. Neste caso, $n = 100$ e $p_0 = 0{,}10$, então $np_0 = (100)(0{,}10) = 10$ e $n(1 - np_0) = 100(1 - 0{,}10) = 100(0{,}90) = 90$.

Então, calcule o erro padrão com esta fórmula:

$$\text{EP} = \sqrt{\frac{p_0(1-p_0)}{n}}$$

onde p_0 é a proporção populacional e n é o tamanho amostral. Substitua os valores conhecidos na fórmula para conseguir

$$\begin{aligned}\text{EP} &= \sqrt{\frac{0{,}10(1-0{,}10)}{100}}\\ &= \sqrt{\frac{0{,}10(0{,}90)}{100}}\\ &= \sqrt{\frac{0{,}09}{100}}\\ &= \sqrt{0{,}0009}\\ &= 0{,}03\end{aligned}$$

Em seguida, encontre a proporção observada dividindo o número de quem disse que iria considerar fazer suas transações bancárias na nova filial pelo tamanho amostral de 100: $19/100 = 0{,}19$.

Então, calcule a estatística de teste-*z*, usando esta fórmula:

$$z = \frac{\hat{p} - p_0}{\text{EP}}$$

onde $\hat{p}$ é a proporção observada, p_0 é a proporção hipotética e EP é o erro padrão.

$$z = \frac{0,19 - 0,1}{0,03}$$
$$= 3$$

Agora, use uma tabela-*Z*, como a Tabela A-1 no apêndice, para determinar a probabilidade de observar um escore-*z* tão alto ou maior que esse. Infelizmente, a tabela mostra a probabilidade de observar uma contagem de z = 3,0 ou mais baixa, então você tem que subtrair a probabilidade de 1 para conseguir a probabilidade: 1 – 0,9987 = 0,0013.

Finalmente, compare a probabilidade (ou seja, o valor-*p*) com o nível alfa (α). O banco queria usar um nível de significância de 0,05, então $\alpha = 0,05$, e o valor-*p* de 0,0013 é muito mais baixo que isso. Então você rejeita a hipótese nula.

702. A hipótese nula deve ser rejeitada; o objetivo mínimo foi alcançado e excedido.

Primeiro, estabeleça as hipóteses nula e alternativa:

H_0: $p_0 = 0,75$

H_a: $p_0 > 0,75$

Nota: A hipótese alternativa é *maior que* porque o call center estabelece um limiar mínimo para desempenho e está perguntando apenas se o sistema alcança ou excede o limiar com um alto grau de confiança.

Então, determine se a amostra é grande o bastante para executar um teste-*z* verificando se ambos, np_0 e $n(1 - p)$ são iguais a pelo menos 10. Neste caso, $n = 50$ e $p_0 = 0,75$, então $np_0 = (50)(0,75) = 37,5$ e $n(1 - np_0) = 50(1 - 0,75) = 50(0,25) = 12,5$.

Calcule o erro padrão com esta fórmula:

$$\text{EP} = \sqrt{\frac{p_0(1 - p_0)}{n}}$$

onde p_0 é a proporção populacional e n é o tamanho amostral. Substitua os valores conhecidos na fórmula para conseguir

$$\text{EP} = \sqrt{\frac{0,75(1 - 0,75)}{50}}$$
$$= \sqrt{\frac{0,75(0,25)}{50}}$$
$$= \sqrt{\frac{0,1875}{50}}$$
$$= \sqrt{0,00375}$$
$$= 0,061237$$

Em seguida, encontre a proporção observada dividindo o número de "sucessos" pelo tamanho amostral: 45/50 = 0,90.

Então, calcule a estatística de teste-z, usando esta fórmula:

$$z = \frac{\hat{p} - p_0}{EP}$$

onde $\hat{p}$ é a proporção observada, p_0 é a proporção hipotética e EP é o erro padrão.

$$z = \frac{0{,}90 - 0{,}75}{0{,}061237}$$
$$= 2{,}4495, \text{ ou } 2{,}45 \text{ (arredondado)}$$

Agora, use uma tabela-Z, como a Tabela A-1 no apêndice, para determinar a probabilidade de observar um escore-z tão alto ou maior que esse (porque a hipótese alternativa é *maior que*). A tabela lhe dá a proporção da área sob a curva que é menor que o valor dado de z, que é 0,9929. Para conseguir a área desejada (proporção acima deste valor-z), você tem que subtrair esse número de 1: $1 - 0{,}9929 = 0{,}0071$.

Finalmente, identifique o nível alfa (α) desejado e compare a probabilidade que você encontrou na tabela-Z com isso. Como 0,0071 é menor que 0,05, você rejeita a hipótese nula.

703. A hipótese nula não pode ser rejeitada; o vendedor não deve comprar os livros.

Primeiro, estabeleça as hipóteses nula e alternativa:

$$H_0: p_0 = 0{,}50$$
$$H_a: p_0 > 0{,}50$$

Nota: A loja estabelece um limiar mínimo (50%) e está interessada em descobrir se uma coleção de livros é pelo menos tão comercializável ou mais, então é uma hipótese alternativa *maior que*.

A seguir, determine se a amostra é grande o bastante para executar um teste-z verificando se ambos, np_0 e $n(1 - p)$ são iguais a pelo menos 10. Neste caso, $n = 30$ e $p_0 = 0{,}5$, então $np_0 = (30)(0{,}5) = 15$ e $n(1 - np_0) = 30(1 - 0{,}5) = 15$.

Calcule a proporção observada dividindo o número de livros que provavelmente vendam pelo número de livros oferecidos: $17/30 = 0{,}5667$.

Então, calcule o erro padrão com esta fórmula:

$$EP = \sqrt{\frac{p_0(1 - p_0)}{n}}$$

onde p_0 é a proporção populacional e n é o tamanho amostral. Substitua os valores conhecidos na fórmula para conseguir

$$
\begin{aligned}
EP &= \sqrt{\frac{0,5\,(1-0,5)}{30}} \\
&= \sqrt{\frac{0,50\,(0,50)}{30}} \\
&= \sqrt{\frac{0,25}{30}} \\
&= \sqrt{0,008\bar{3}} \\
&= 0,091287
\end{aligned}
$$

Em seguida, calcule a estatística de teste-z, usando esta fórmula:

$$z = \frac{\hat{p} - p_0}{EP}$$

onde $\hat{p}$ é a proporção observada, p_0 é a proporção hipotética e EP é o erro padrão.

$$
\begin{aligned}
z &= \frac{0,5667 - 0,5}{0,091287} \\
&= 0,7307,\ \text{ou } 0,73 \text{ (arredondado)}
\end{aligned}
$$

Agora, encontre esse escore-z em uma tabela-Z, como a Tabela A-1 no apêndice. O valor da tabela é 0,7673, que é a área sob a curva à esquerda, a estatística de teste-z que você observou na amostra. Entretanto, você quer saber a probabilidade de conseguir um escore-z tão alto ou maior que esse (como a hipótese alternativa é *maior que*), então tem que subtrair o valor da tabela de 1 para conseguir o valor-p para a estatística-z: $1 - 0,7673 = 0,2327$.

Finalmente, compare este valor ao nível α (0,05) e você descobrirá que o valor-p é maior que α. Assim, sua conclusão é que não pode rejeitar a hipótese nula, e o vendedor não deveria se oferecer para comprar a coleção de livros.

704. A hipótese nula não deve ser rejeitada; a dona não pode concluir que a taxa de defeito é menor que 1%.

Primeiro, estabeleça as hipóteses nula e alternativa:

H_0: $p_0 = 0,01$

H_a: $p_0 < 0,01$

Nota: A hipótese alternativa é uma hipótese *menor que* porque a dona da fábrica tem uma taxa de erro máximo aceitável e ela quer garantir que o processo produz um erro de 1% ou menos do tempo.

Então, determine se a amostra é grande o bastante para executar um teste-z verificando se ambos, np_0 e $n(1 - p)$ são iguais a pelo menos 10. Neste caso, $n = 1.000$ e $p_0 = 0,01$, então $np_0 = (1.000)(0,01) = 10$ e $n(1 - np_0) = 1.000(1 - 0,01) = 1.000(0,99) = 999$.

Calcule a proporção observada dividindo o número de rolamentos defeituosos pelo tamanho amostral. Se for descoberto que 6 entre 1.000 rolamentos são defeituosos, a proporção será 6/1.000 = 0,006.

Em seguida, calcule o erro padrão com esta fórmula:

$$EP=\sqrt{\frac{p_0(1-p_0)}{n}}$$

onde p_0 é a proporção populacional e n é o tamanho amostral. Substitua os valores conhecidos na fórmula para conseguir

$$\begin{aligned}EP&=\sqrt{\frac{0{,}01(0{,}99)}{1.000}}\\&=\sqrt{0{,}0000099}\\&=0{,}0031464\end{aligned}$$

Em seguida, calcule a estatística de teste-z, usando esta fórmula:

$$z=\frac{\hat{p}-p_0}{EP}$$

onde $\hat{p}$ é a proporção observada, p_0 é a proporção hipotética e EP é o erro padrão.

$$\begin{aligned}z&=\frac{0{,}006-0{,}01}{0{,}0031464}\\&=-1{,}2712,\text{ ou}-1{,}27\text{ (arredondado)}\end{aligned}$$

Agora, encontre a probabilidade de conseguir um valor de z de estatística de teste pelo menos tão longe da proporção afirmada sob a hipótese nula. Neste caso, a tabela-Z (Tabela A-1 no apêndice) lhe dá a proporção sob a curva para a esquerda do valor-z que você procura, e a hipótese alternativa é *menor que*, então consegue a probabilidade que precisa diretamente da tabela. A probabilidade é 0,1020 e representa o valor-p.

Compare o valor-p com o nível desejado de α = 0,05. Como o valor-p é maior que α, você falha em rejeitar a hipótese nula.

Em termos práticos, a dona da fábrica não tem evidência significante de que o processo está funcionando corretamente e está mantendo a taxa de erro em 1% ou menos.

705. $\hat{p}$ é a proporção amostral, e p_0 é o valor afirmado para a proporção populacional.

Quando você faz um teste de hipótese para uma proporção, a hipótese nula (H_0) faz uma afirmação sobre qual é a proporção populacional; este valor afirmado para a proporção populacional é denotado por p_0. Por exemplo, um artigo de jornal pode dizer que 30% (ou 0,30) dos americanos usam óculos; então $p_0 = 0{,}30$ é um valor afirmado para a proporção de todos os americanos na população que usam óculos. Você testa a afirmação retirando uma amostra de americanos e encontrando a proporção de pessoas na amostra que usam óculos. Este resultado é chamado de proporção amostral e é denotado por . Então é um valor que vem da sua amostra (a proporção amostral), enquanto p_0 é um valor que alguém afirmou ser a proporção populacional.

706. A hipótese nula não pode ser rejeitada; o fabricante não deve aceitar o carregamento.

Primeiro, estabeleça as hipóteses nula e alternativa:

$H_0: p_0 = 0{,}01$

$H_a: p_0 < 0{,}01$

Nota: A hipótese alternativa é *menor que* porque a empresa quer trabalhar apenas com fornecedores cujos componentes sejam menos que 1% defeituosos.

Então, determine se a amostra é grande o bastante para executar um teste-*z* verificando se ambos, np_0 e $n(1-p)$ são iguais a pelo menos 10. Neste caso, $n = 10.000$ e $p_0 = 0{,}01$, então $np_0 = (10.000)(0{,}1) = 100$ e $n(1 - np_0) = 10.000(1 - 0{,}1) = 9.900$.

Calcule a proporção observada dividindo o número de itens defeituosos pelo tamanho amostral: 90/10.000 = 0,009.

Em seguida, calcule o erro padrão com esta fórmula:

$$\text{EP} = \sqrt{\frac{p_0(1-p_0)}{n}}$$

onde p_0 é a proporção populacional e n é o tamanho amostral. Substitua os valores conhecidos na fórmula para conseguir

$$\begin{aligned}\text{EP} &= \sqrt{\frac{0{,}01(1-0{,}01)}{10.000}}\\ &= \sqrt{\frac{0{,}01(0{,}99)}{10.000}}\\ &= \sqrt{\frac{0{,}0099}{10.000}}\\ &= 0{,}000994987\end{aligned}$$

Em seguida, calcule a estatística de teste-*z*, usando esta fórmula:

$$z = \frac{\hat{p} - p_0}{\text{EP}}$$

onde $\hat{p}$ é a proporção observada, p_0 é a proporção hipotética e EP é o erro padrão.

$$z = \frac{0{,}009 - 0{,}01}{0{,}000994987}$$
$$= -1{,}005038 \text{ ou } -1{,}01 \text{ (arredondado)}$$

Agora, encontre a área sob a curva à esquerda do valor de z do teste de estatística e converta isso para um valor-p. De acordo com a Tabela A-1, o valor mais próximo para $z = -1{,}01$, o que lhe dá uma área de 0,1562. Como você tinha uma hipótese alternativa *menor que* e o valor de z é negativo, o valor da tabela é o mesmo que o valor-p.

Finalmente, compare o valor-p com o nível de significância $\alpha = 0{,}01$. Neste caso, o valor-p é maior que α, então você não pode rejeitar a hipótese nula. A empresa não pode estar razoavelmente segura de que o carregamento mantém a taxa de defeito baixa o bastante.

707. E. Nenhuma das anteriores.

O verdadeiro valor para a proporção populacional é denotado por p. Como p é normalmente desconhecido, frequentemente recebe um valor afirmado (denotado por p_0). O valor afirmado para p é desafiado pela comparação dele aos resultados de uma amostra, usando um teste de hipótese. No fim, uma probabilidade é relatada, que é chamada de valor-p. O valor-p é a probabilidade de que os resultados na amostra aconteceram ao acaso, enquanto o valor afirmado para p é verdadeiro. Um valor-p pequeno indica que os resultados amostrais eram improváveis de terem sido ao acaso. Isso dá evidência contra o valor afirmado de p, resultando em possível rejeição de H_0, dependendo do quão pequeno ele é.

708. As evidências são insuficientes para tomar uma conclusão.

Neste caso, o negociante não retirou um tamanho amostral suficiente. Para determinar se a amostra é grande o bastante para executar um teste-z, você verifica que ambos, np_0 e $n(1 - p_0)$ são iguais a pelo menos 10. Neste caso, $n = 10$ e $p_0 = 0{,}05$, então $np_0 = 10(0{,}05) = 0{,}5$. Isso é menor que 10, então você não pode usar a aproximação normal para a binomial.

Por fim, as evidências são insuficientes para chegar a uma conclusão, neste caso, quando amostrando apenas dez itens.

709. 100% de confiança

É importante lembrar conceitos básicos antes de começar a executar testes estatísticos. Uma amostra é uma parte de uma população. Se existem impurezas em uma amostra de sangue coletado, então certamente existem impurezas na população da qual ela foi retirada. O banco de sangue pode dizer com 100% de confiança que a população de sangue coletado para doação tem doenças. O teste-z é irrelevante aqui.

710. A hipótese nula não pode ser rejeitada; a câmara municipal deveria trabalhar para controlar a população de pombas.

Neste caso, um pouco de raciocínio economizará muito teste estatístico. Se a câmara municipal quer que a taxa de infecção seja 3% ou menos e ela observa uma taxa de 3% em uma amostra (6/200 é 3%), então a hipótese nula não pode ser rejeitada, independentemente do nível de significância. Ou simplesmente considerar que o numerador da estatística de teste *z* seria 0 porque a proporção amostral e suposta proporção populacional são as mesmas. O valor-*p* seria 0,50, longe de ser significante. Você falha em rejeitar a hipótese nula e as pombas precisam ter melhor controle, dada a política.

711. A hipótese nula pode ser rejeitada; o designer não deve aceitar o carregamento.

Primeiro, estabeleça as hipóteses nula e alternativa:

$H_0: p_0 = 0{,}25$

$H_a: p_0 \neq 0{,}25$

Nota: A hipótese alternativa é *diferente de* porque o designer visa uma taxa de defeito de 0,25 e nem mais nem menos significante.

Em seguida, determine se a amostra é grande o bastante para executar um teste-*z* verificando se ambos, np_0 e $n(1-p)$ são iguais a pelo menos 10. Neste caso, $n = 50$ e $p_0 = 0{,}25$, então $np_0 = (50)(0{,}25) = 12{,}5$ e $n(1-np_0) = 50(1-0{,}25) = 50(0{,}75) = 37{,}5$.

A proporção amostral é 0,12, como afirmado no problema.

Então, calcule o erro padrão com esta fórmula:

$$EP = \sqrt{\frac{p_0(1-p_0)}{n}}$$

onde p_0 é a proporção populacional e n é o tamanho amostral. Substitua os valores conhecidos na fórmula para conseguir

$$\begin{aligned} EP &= \sqrt{\frac{0{,}25(1-0{,}25)}{50}} \\ &= \sqrt{\frac{0{,}25(0{,}75)}{50}} \\ &= \sqrt{\frac{0{,}1875}{50}} \\ &= \sqrt{0{,}00375} \\ &= 0{,}061237 \end{aligned}$$

Em seguida, calcule a estatística de teste-z, usando esta fórmula:

$$z = \frac{\hat{p} - p_0}{\text{EP}}$$

onde $\hat{p}$ é a proporção observada, p_0 é a proporção hipotética e EP é o erro padrão.

$$z = \frac{0{,}12 - 0{,}25}{0{,}061237}$$
$$= -2{,}1229 \text{ ou } -2{,}12 \text{ (arredondado)}$$

Encontre a área sob a curva à esquerda do valor de z da estatística de teste e converta isso para um valor-p. Usando a Tabela A-1 no apêndice (ou outra tabela-Z), você encontra que 0,0170 da curva está à esquerda de $z = -2{,}12$. A hipótese alternativa neste caso é *diferente de*, então essa área curva deve ser dobrada: 2(0,0170) = 0,0340.

Agora, compare o valor-p com o nível α desejado de 0,05. Porque o valor-p é menor que α, a hipótese nula pode ser rejeitada. Neste caso, o designer deve rejeitar o carregamento porque tem poucos defeitos para seu gosto.

712. H_0: $p = 0{,}50$; H_a: $p \neq 0{,}50$

Você está testando para ver se a moeda é honesta. Se a moeda for honesta, a probabilidade de conseguir caras (ou a proporção de caras em um número infinito de lançamentos de moeda) é $p = 0{,}50$. Se a moeda não for honesta, pode haver ou uma proporção significantemente menor de caras do que 0,50 ou uma proporção significantemente maior de caras do que 0,50. Em outras palavras, se a moeda não for honesta, $p \neq 0{,}50$. Em um teste de hipótese, você começa afirmando que a moeda é honesta a não ser que as evidências mostrem o contrário. Isso significa que H_0 é $p = 0{,}50$ e H_a é $p \neq 0{,}50$.

713. H_0: $p = 0{,}45$; H_a: $p > 0{,}45$

Neste caso, p é a proporção de respostas corretas que Joe conseguiria se você jogasse esse jogo um infinito número de vezes. Se Joe estivesse apenas adivinhando o naipe de cada carta, seria esperado que ele adivinhasse 25% dos naipes corretamente (porque existem quatro naipes possíveis, e cada naipe ocorre com a mesma frequência entre cada baralho). Em outras palavras, se Joe estiver adivinhando, p seria igual a 0,25 a longo prazo. Você decidiu que ele tem que ter pelo menos 20 pontos percentuais acima da precisão que esperaria ao acaso: 0,25 + 0,20 = 0,45. Então as hipóteses nula e alternativa neste caso são H_0: $p = 0{,}45$ e H_a: $p > 0{,}45$.

714. A hipótese nula não pode ser rejeitada e a amostra também não deve ser rejeitada.

Primeiro, estabeleça as hipóteses nula e alternativa:

$$H_0: p_0 = 0{,}25$$

H_a: $p_0 \neq 0{,}25$

Em seguida, determine se a amostra é grande o bastante para executar um teste-z verificando se ambos, np_0 e $n(1 - p)$ são iguais a pelo menos 10. Neste caso, $n = 1.000.000$ e $p_0 = 0{,}25$, então $np_0 = (1.000.000)(0{,}25) = 250.000$ e $n(1 - np_0) = 1.000.000(1 - 0{,}25) = 1.000.000(0{,}75) = 750.000$.

Calcule a proporção observada dividindo as células com os fenótipos pelo tamanho amostral: 250.060/1.000.000 = 0,25006.

Então, calcule o erro padrão com esta fórmula:

$$EP = \sqrt{\frac{p_0(1-p_0)}{n}}$$

onde p_0 é a proporção populacional e n é o tamanho amostral. Substitua os valores conhecidos na fórmula para conseguir

$$\begin{aligned} EP &= \sqrt{\frac{p_0(1-p_0)}{n}} \\ &= \sqrt{\frac{0{,}25(1-0{,}25)}{1.000.000}} \\ &= \sqrt{\frac{0{,}25(0{,}75)}{1.000.000}} \\ &= \sqrt{\frac{0{,}1875}{1.000.000}} \\ &= \sqrt{0{,}0000001875} \\ &= 0{,}000433 \end{aligned}$$

Em seguida, calcule a estatística de teste-z, usando esta fórmula:

$$z = \frac{\hat{p} - p_0}{EP}$$

onde $\hat{p}$ é a proporção observada, p_0 é a proporção hipotética e EP é o erro padrão.

$$\begin{aligned} z &= \frac{0{,}25006 - 0{,}25}{0{,}000433} \\ &= 0{,}1386 \text{ ou } 0{,}14 \text{ (arredondado)} \end{aligned}$$

Encontre a área sob a curva à direita do valor de z da estatística de teste (ou seja, longe da proporção afirmada) e converta isso para um valor-p. O valor-z mais próximo é 0,14, que corresponde a uma área de 0,5557. Isso, entretanto, é a área à esquerda de $z = 0{,}14$, então você encontra $1 - 0{,}4443$ como sendo a área à direita de z. A hipótese alternativa *diferente de* significa que você precisa da área total em duas caudas. Para conseguir isso, multiplique o resultado por 2:

valor-$p = 2(0{,}4443) = 0{,}8886$

Agora, compare isso com o nível α. O valor-p diz que existe uma probabilidade de 88,86% de ver uma amostra tão extrema quanto ou mais do que o que o biólogo observou. Isso é evidência de que uma proporção comum razoável foi vista e que excede muito o limiar de $\alpha = 0{,}10$. Como o valor-p é maior que α, o biólogo deve falhar em rejeitar a hipótese nula e aceitar esta amostra para estudo posterior.

715. Você sabe que não pode rejeitar H_0 porque 0,20 não é um dos valores em H_a.

A teoria de Bob é que 30% dos clientes na fila do caixa compram algo (então H_0 é $p = 0{,}30$). Você acredita que poderia ser mais alto que isso (então H_a é $p > 0{,}30$); neste caso, quaisquer valores menores que 0,30 não importam. Dada esta situação, a única esperança que você tem de rejeitar H_0 é se seus resultados amostrais forem maiores que 30%; então seria uma questão de calcular o teste de hipótese para determinar se seus resultados amostrais são altos o suficiente acima de 30% para rejeitar a afirmação de Bob. Entretanto, porque seus resultados amostrais (20%) são menores que 30% logo de cara, você não tem como ir mais além; pois sabe que não será capaz de rejeitar H_0.

716. $H_0: \mu_1 - \mu_2 = 0$; $H_a: \mu_1 - \mu_2 > 0$

A hipótese nula é sempre uma afirmação de igualdade. A alternativa neste caso é que a média populacional do Grupo 1 será maior que a do Grupo 2.

717. 1,645

Primeiro, determine se um teste-z para grupos independentes é adequado. Como a população de pontos é normalmente distribuída e você tem informação de desvio padrão populacional para ambos os grupos e pode proceder para executar o teste.

Esta é uma hipótese alternativa *maior que* com um nível alfa de 0,05. Usando a Tabela A-1 no apêndice, encontre o valor crítico de z tal que 0,05 da probabilidade esteja acima dele. Este valor cai entre 1,64 e 1,65 e acontece de arredondar para 1,645.

718. 4,472

Para calcular o erro padrão, use esta fórmula:

$$EP = \sqrt{\frac{\sigma_1^2}{n_1} + \frac{\sigma_2^2}{n_2}}$$

onde σ_1^2 e σ_2^2 são as variâncias das duas populações e n_1 e n_2 são os dois tamanhos amostrais. Então para este teste, o erro padrão é

$$EP = \sqrt{\frac{17{,}32^2}{30} + \frac{17{,}32^2}{30}}$$
$$= \sqrt{\frac{299{,}98}{30} + \frac{299{,}98}{30}}$$
$$= 4{,}472$$

719. 4,2263

Primeiro, encontre o erro padrão, usando esta fórmula:

$$EP = \sqrt{\frac{\sigma_1^2}{n_1} + \frac{\sigma_2^2}{n_2}}$$

onde σ_1^2 e σ_2^2 são as variâncias das duas populações e n_1 e n_2 são os dois tamanhos amostrais. Então para este teste, o erro padrão é

$$EP = \sqrt{\frac{17{,}32^2}{30} + \frac{17{,}32^2}{30}}$$
$$= \sqrt{\frac{299{,}98}{30} + \frac{299{,}98}{30}}$$
$$= 4{,}472$$

Então, use a fórmula para encontrar a estatística de teste:

$$z = \frac{(\bar{x}_1 - \bar{x}_2) - (\mu_1 - \mu_2)}{EP}$$

onde $\bar{x}_1$ e $\bar{x}_2$ são médias amostrais e μ_1 e μ_2 são as médias populacionais. A hipótese nula é que as duas populações têm a mesma média (em outras palavras, que a diferença em média populacional é 0).

$$z = \frac{(33{,}3 - 14{,}4) - (0)}{4{,}472}$$
$$= 4{,}2263$$

720. A hipótese nula pode ser rejeitada; parece que os trabalhadores que sorriem mais são mais produtivos.

Estabeleça as hipóteses nula e alternativa. Como o gerente acredita que trabalhadores felizes são mais produtivos, faz sentido estabelecer uma hipótese alternativa *maior que*.

$$H_0: \mu_1 - \mu_2 = 0$$

$$H_a: \mu_1 - \mu_2 > 0$$

Em seguida, identifique o nível alfa. A pergunta diz para usar $\alpha = 0{,}05$.

Use uma tabela-*Z*, como a Tabela A-1 no apêndice, para encontrar um valor crítico para o teste-*z*. Como a hipótese alternativa é *maior que*, o valor crítico para *z* será positivo e ocorre no ponto onde 0,05 da área curva está à direita do escore-z, colocando $1 - 0{,}05 = 0{,}95$ da área à esquerda desse escore-z. Como resultado, você procura por um valor de tabela de 0,95 e identifica o valor-z correspondente a ele. Ele acaba por estar entre 1,64 e 1,65, então você pode chamá-lo de 1,645.

Agora, calcule o erro padrão usando esta fórmula:

$$EP = \sqrt{\frac{\sigma_1^2}{n_1} + \frac{\sigma_2^2}{n_2}}$$

onde σ_1^2 e σ_2^2 são as variâncias das duas populações e n_1 e n_2 são os dois tamanhos amostrais. Então para este teste, o erro padrão é

$$\begin{aligned} EP &= \sqrt{\frac{17{,}32^2}{30} + \frac{17{,}32^2}{30}} \\ &= \sqrt{\frac{299{,}98}{30} + \frac{299{,}98}{30}} \\ &= 4{,}472 \end{aligned}$$

Então use a fórmula para encontrar a estatística de teste:

$$z = \frac{(\bar{x}_1 - \bar{x}_2) - (\mu_1 - \mu_2)}{EP}$$

onde $\bar{x}_1$ e $\bar{x}_2$ são médias amostrais e μ_1 e μ_2 são as médias populacionais. A hipótese nula é que as duas populações têm a mesma média (em outras palavras, que a diferença em média populacional é 0).

$$\begin{aligned} z &= \frac{(33{,}3 - 14{,}4) - (0)}{4{,}472} \\ &= 4{,}2263 \end{aligned}$$

Finalmente, determine se o valor da estatística de teste para z é maior que o valor crítico para z, e rejeite a hipótese nula, se sim. Neste caso, o valor da estatística de teste (4,2263) é maior que o valor crítico (1,645), então você rejeita a hipótese nula. Parece que os caixas que sorriem mais são mais produtivos.

721. $H_0: \mu_1 = \mu_2$; $H_a: \mu_1 \neq \mu_2$

A hipótese nula é que as duas médias populacionais não diferem, enquanto a hipótese alternativa é que elas diferem (uma hipótese alternativa *diferente de*).

722. 1,96

Como esta é uma hipótese alternativa *diferente de*, metade do valor alfa de 0,05 estará na cauda superior e 0,05 na cauda inferior. Usando a Tabela A-1, você pode ver que 1,96 é o valor-z que tem 0,025 da área total sobre ele. Dobrar esta probabilidade (para incluir a cauda inferior) dá um nível de significância de 0,05.

723. –1,2123

Para encontrar a estatística de teste, use esta fórmula:

$$z = \frac{\bar{x}_1 - \bar{x}_2}{\sqrt{(\sigma_1^2/n_1) + (\sigma_2^2/n_2)}}$$

onde $\bar{x}_1$ e $\bar{x}_2$ são as médias amostrais e σ_1^2 e σ_2^2 são as variâncias populacionais e n_1 e n_2 são os tamanhos amostrais.

Então, substitua os valores conhecidos na fórmula e resolva:

$$\begin{aligned} z &= \frac{51{,}9 - 52{,}6}{\sqrt{(5/30) + (5/30)}} \\ &= \frac{-0{,}7}{\sqrt{0{,}1667 + 0{,}1667}} \\ &= \frac{-0{,}7}{\sqrt{0{,}3334}} \\ &= -1{,}2123 \end{aligned}$$

724. A hipótese nula não pode ser rejeitada. Este estudo não apoia a ideia de que fumantes e não fumantes têm QI diferenciados.

Primeiro, encontre a estatística de teste, usando esta fórmula:

$$z = \frac{\bar{x}_1 - \bar{x}_2}{\sqrt{(\sigma_1^2/n_1) + (\sigma_2^2/n_2)}}$$

onde $\bar{x}_1$ e $\bar{x}_2$ são as médias amostrais e σ_1^2 e σ_2^2 são as variâncias populacionais e n_1 e n_2 são os tamanhos amostrais.

Então, substitua os valores conhecidos na fórmula e resolva:

$$\begin{aligned} z &= \frac{51{,}9 - 52{,}6}{\sqrt{(5/30) + (5/30)}} \\ &= \frac{-0{,}7}{\sqrt{0{,}1667 + 0{,}1667}} \\ &= \frac{-0{,}7}{\sqrt{0{,}3334}} \\ &= -1{,}2123 \end{aligned}$$

Como você pode ver na Tabela A-1 no apêndice, a estatística de teste para uma hipótese *diferente de* com um nível alfa de 0,10 é 1,645. A estatística-z é apenas 1,2123 desvios padrão longe da média afirmada de 0. Em outras palavras, como o valor absoluto de z é menor que o valor crítico (1,2123 < 1,645), você não tem evidência suficiente para rejeitar a hipótese nula.

725. A hipótese nula não pode ser rejeitada. Este estudo não apoia a ideia de que fumantes e não fumantes têm QI diferenciados.

Primeiro, encontre a estatística de teste, usando esta fórmula:

$$z = \frac{\bar{x}_1 - \bar{x}_2}{\sqrt{(\sigma_1^2/n_1) + (\sigma_2^2/n_2)}}$$

onde $\bar{x}_1$ e $\bar{x}_2$ são as médias amostrais e σ_1^2 e σ_2^2 são as variâncias populacionais e n_1 e n_2 são os tamanhos amostrais.

Então, substitua os valores conhecidos na fórmula e resolva:

$$\begin{aligned} z &= \frac{51{,}9 - 52{,}6}{\sqrt{(5/30) + (5/30)}} \\ &= \frac{-0{,}7}{\sqrt{0{,}1667 + 0{,}1667}} \\ &= \frac{-0{,}7}{\sqrt{0{,}3334}} \\ &= -1{,}2123 \end{aligned}$$

Como você pode ver na Tabela A-1 no apêndice, a estatística de teste para uma hipótese *diferente de* com um nível alfa de 0,5 é 1,96. A estatística-z é apenas 1,2123 desvios padrão longe da média afirmada de 0. Em outras palavras, como o valor absoluto de z é menor que o valor crítico ($1{,}2123 < 1{,}96$), você não tem evidência suficiente para rejeitar a hipótese nula.

726. H_0: $\mu_1 = \mu_2$; H_a: $\mu_1 \neq \mu_2$

Você pode achar que mais sono levaria a uma nota melhor no teste de memória, Mas como isso não está explicitamente afirmado, deve-se supor que o pesquisado está interessado em se os grupos diferem de qualquer maneira. Assim, a hipótese alternativa deve ser *diferente de*, enquanto a hipótese nula é que as médias de notas populacionais são iguais.

727. H_0: $\mu_1 = \mu_2$; H_a: $\mu_1 > \mu_2$

Se o pesquisador está interessado apenas em se o Grupo 1 (o grupo que recebeu permissão para dormir cinco horas) tem um desempenho melhor que o Grupo 2 (o grupo que recebeu permissão para dormir apenas três horas), esta é uma hipótese alternativa *maior que*. A hipótese nula é sempre uma afirmação de igualdade.

728. 2,8803

Para calcular a estatística de teste, use esta fórmula:

$$z = \frac{\bar{x}_1 - \bar{x}_2}{\sqrt{(\sigma_1^2/n_1) + (\sigma_2^2/n_2)}}$$

onde $\bar{x}_1$ e $\bar{x}_2$ são as médias amostrais e σ_1^2 e σ_2^2 são as variâncias populacionais e n_1 e n_2 são os tamanhos amostrais.

Então, substitua os valores conhecidos na fórmula e resolva:

$$\begin{aligned} z &= \frac{62 - 58}{\sqrt{(6^2/40) + (6^2/35)}} \\ &= \frac{4}{\sqrt{(36/40) + (36/35)}} \\ &= \frac{4}{\sqrt{0{,}9 + 1{,}0286}} \\ &= \frac{4}{\sqrt{1{,}3887}} \\ &= 2{,}8803 \end{aligned}$$

729. Rejeite a hipótese nula e conclua que uma diferença no sono está associada com uma diferença em desempenho.

Primeiro, encontre a estatística de teste, use esta fórmula:

$$z = \frac{\bar{x}_1 - \bar{x}_2}{\sqrt{(\sigma_1^2/n_1) + (\sigma_2^2/n_2)}}$$

onde $\bar{x}_1$ e $\bar{x}_2$ são as médias amostrais e σ_1^2 e σ_2^2 são as variâncias populacionais e n_1 e n_2 são os tamanhos amostrais.

Então, substitua os valores conhecidos na fórmula e resolva:

$$\begin{aligned} z &= \frac{62 - 58}{\sqrt{(6^2/40) + (6^2/35)}} \\ &= \frac{4}{\sqrt{(36/40) + (36/35)}} \\ &= \frac{4}{\sqrt{0{,}9 + 1{,}0286}} \\ &= \frac{4}{\sqrt{1{,}3887}} \\ &= 2{,}8803 \end{aligned}$$

Para um teste-z bicaudal com um nível de significância de $\alpha = 0{,}01$, alfa deve ser dividido entre as duas caudas. Usando a Tabela A-1 e procurando pela probabilidade de 0,01/2 = 0,005, você encontra o valor crítico como sendo aproximadamente 2,58. A estatística de teste é maior que isso então o pesquisador rejeitará a hipótese nula. Com base na hipótese alternativa de dois lados, pode-se concluir apenas que uma diferença no sono está associada com uma diferença em desempenho.

730. Rejeite a hipótese nula e conclua que mais sono está associado a um desempenho melhor.

Primeiro, encontre a estatística de teste, use esta fórmula:

$$z = \frac{\bar{x}_1 - \bar{x}_2}{\sqrt{(\sigma_1^2/n_1) + (\sigma_2^2/n_2)}}$$

onde $\bar{x}_1$ e $\bar{x}_2$ são as médias amostrais e σ_1^2 e σ_2^2 são as variâncias populacionais e n_1 e n_2 são os tamanhos amostrais.

Então, substitua os valores conhecidos na fórmula e resolva:

$$\begin{aligned} z &= \frac{62 - 58}{\sqrt{(6^2/40) + (6^2/35)}} \\ &= \frac{4}{\sqrt{(36/40) + (36/35)}} \\ &= \frac{4}{\sqrt{0{,}9 + 1{,}0286}} \\ &= \frac{4}{\sqrt{1{,}3887}} \\ &= 2{,}8803 \end{aligned}$$

Usando a Tabela A-1 no apêndice, encontre o valor crítico para um teste-*z* unicaudal em $\alpha = 0{,}05$, que é aproximadamente 1,64. A estatística de teste é maior que isso então o pesquisador rejeitará a hipótese nula e concluirá que mais sono está associado a um desempenho melhor.

731. um teste-*t* de médias populacionais emparelhadas

As famílias são observadas duas vezes, uma para cada apelo, então as duas medidas em cada família são emparelhadas em vez de independentes. O tamanho amostral de dez é pequeno demais para um teste-*z*, então o teste-*t* deve ser usado.

732. A. O apelo da carteira teve mais sucesso.

Para o teste-*t* emparelhado, você calcula as diferenças subtraindo o segundo grupo do primeiro. Como a diferença média de pontuação, *d*, é negativa, em média, o consumo de energia foi mais baixo na condição da carteira comparado com a condição moral. Entretanto, para testar se as duas condições se diferenciaram significantemente, você precisa conduzir um teste-*t* emparelhado.

733. 9

O teste adequado é um teste-*t* emparelhado. Os graus de liberdade são um a menos que o número de pares: $n_{\text{pares}} - 1 = 10 - 1 = 9$.

734. 14,67

Para calcular o erro padrão para um teste-*t* emparelhado, use esta fórmula:

$$EP=\frac{s_{\bar{d}}}{\sqrt{n_{\text{pares}}}}$$

onde $s_{\bar{d}}$ é o desvio padrão das diferenças da amostra e n_{pares} é o número de pares.

Então o erro padrão é

$$\begin{aligned}EP&=\frac{46{,}39}{\sqrt{10}}\\&=14{,}67\end{aligned}$$

735. –5,69

Primeiro, encontre o erro padrão para um teste-*t* emparelhado, use esta fórmula:

$$EP=\frac{s_{\bar{d}}}{\sqrt{n_{\text{pares}}}}$$

onde $s_{\bar{d}}$ é o desvio padrão das diferenças da amostra e n_{pares} é o número de pares.

Então o erro padrão é

$$\begin{aligned}EP&=\frac{46{,}39}{\sqrt{10}}\\&=14{,}67\end{aligned}$$

Então, encontre a estatística de teste, usando esta fórmula:

$$t=\frac{\bar{d}}{EP}$$

onde $\bar{d}$ é a média das diferenças emparelhadas da amostra. Então, substituindo os números, isso faz a estatística de teste

$$\begin{aligned}t&=\frac{-83{,}5}{14{,}67}\\&=-5{,}69189\end{aligned}$$

736. Rejeita a hipótese nula e conclui que o apelo moral é menos bem-sucedido que o apelo da carteira.

Você conduzirá um teste-*t* emparelhado. Esta é uma hipótese alternativa *diferente de*, então as hipóteses nula e alternativa são

$H_0: \mu_1 - \mu_2 = 0$

$H_a: \mu_1 - \mu_2 \neq 0$

Para calcular o erro padrão para um teste-*t* emparelhado, use esta fórmula:

$$EP = \frac{s_{\bar{d}}}{\sqrt{n_{\text{pares}}}}$$

onde $s_{\bar{d}}$ é o desvio padrão das diferenças da amostra e n_{pares} é o número de pares.

Então o erro padrão é

$$EP = \frac{46{,}39}{\sqrt{10}} = 14{,}67$$

Então, encontre a estatística de teste:

$$t = \frac{\bar{d}}{EP} = \frac{-83{,}5}{14{,}67} = -5{,}69189$$

onde $\bar{d}$ é a média das diferenças emparelhadas da amostra. Este resultado arredonda para –5,69.

Os graus de liberdade são $n - 1 = 10 - 1 = 9$. Você pode encontrar o valor crítico para um nível alfa de 0,10 primeiro dividindo o nível de significância na metade para cada uma das duas caudas, porque este teste tem uma alternativa de dois lados. Examinando a coluna para 0,10/2 = 0,05 e a linha para 9 *gl* na Tabela A-2 no apêndice, você descobre que o valor crítico é 1,833113.

A estatística de teste é maior que o valor crítico, então você rejeita a hipótese nula. A direção da diferença em médias indica que menos energia foi usada depois do apelo da carteira, tornando o apelo moral menos bem-sucedido.

737. um teste-*t* de médias populacionais emparelhadas

Os dados são emparelhados porque ambas as marcas são testadas em cada brinquedo, e as quantidades de tempo que cada marca de bateria opera um dado brinquedo são comparadas.

738. $H_0: \mu_d = 0$; $H_a: \mu_d \neq 0$

Em um teste-*t* emparelhado, a hipótese nula é que a média das diferenças de contagem é 0. Como uma hipótese *diferente de*, a hipótese alternativa é que a média das diferenças de contagem não é 0.

739. –0,9286

Você pode calcular a média das diferenças de contagem, $\bar{d}$, fazendo a média das diferenças de contagem individuais, com esta fórmula:

$$\bar{d} = \frac{\sum_{i=1}^{n} d_i}{n}$$

onde d_i representa as diferenças de contagem individual e n é o número de pares. Então, substituindo os números na fórmula, você tem

$$\begin{aligned}\bar{d} &= \frac{-1,7+(-2,2)+(-0,5)+(-0,8)+(-1,1)+0,7+(-0,9)}{7}\\ &= \frac{-6,5}{7}\\ &= -0,9286\end{aligned}$$

740. 0,3483

Para encontrar o erro padrão, use esta fórmula:

$$EP = \frac{s_d}{\sqrt{n}}$$

onde $s_{\bar{d}}$ é o desvio padrão das diferenças de contagem na amostra e n é o tamanho amostral.

Substitua os valores conhecidos na fórmula para conseguir

$$\begin{aligned}EP &= \frac{0,9214}{\sqrt{7}}\\ &= 0,3483\end{aligned}$$

741. 2,44691

Para encontrar o valor crítico, você precisa dos graus de liberdade e do nível alfa. Os graus de liberdade são um a menos que o número de pares; 7 – 1 = 6. O nível alfa é dado.

Para uma hipótese alternativa *diferente de*, você quer metade do valor de alfa de 0,05 na cauda inferior e metade na cauda superior. Olhando na coluna para 0,025 e na linha para 6 *gl* na tabela-*t* (Tabela A-2 no apêndice), você encontra o valor crítico 2,44691.

742. 3,70743

Para encontrar o valor crítico, você precisa dos graus de liberdade e do nível alfa. Os graus de liberdade são um a menos que o número de pares; 7 – 1 = 6. O nível alfa é dado.

Para uma hipótese alternativa *diferente de*, você quer metade do valor de alfa de 0,01 na cauda inferior e metade na cauda superior. Olhando na coluna para 0,005 e na linha para 6 *gl* na tabela-*t* (Tabela A-2 no apêndice), você encontra o valor crítico 3,70743.

743. –2,6661

Calcule a estatística de teste para um teste-*t* emparelhado usando esta fórmula:

$$t = \frac{\bar{d}}{\text{EP}}$$

Você calcula a média das diferenças de contagem, d, fazendo a média das diferenças de contagem individuais com esta fórmula.

$$\bar{d} = \frac{\sum_{i=1}^{n} d_i}{n}$$

onde d_i representa as diferenças de contagem individual e n é o número de pares. Então, substituindo os números na fórmula, você tem

$$\begin{aligned}\bar{d} &= \frac{-1{,}7 + (-2{,}2) + (-0{,}5) + (-0{,}8) + (-1{,}1) + 0{,}7 + (-0{,}9)}{7} \\ &= \frac{-6{,}5}{7} \\ &= -0{,}9286\end{aligned}$$

Para encontrar o erro padrão, use esta fórmula:

$$\text{EP} = \frac{s_d}{\sqrt{n}}$$

onde $s_{\bar{d}}$ é o desvio padrão das diferenças de contagem na amostra e n é o tamanho amostral.

Substitua os valores conhecidos na fórmula para conseguir

$$\begin{aligned}\text{EP} &= \frac{0{,}9214}{\sqrt{7}} \\ &= 0{,}3483\end{aligned}$$

Substituindo os valores, a estatística de teste é, portanto,

$$\begin{aligned}t &= \frac{\bar{d}}{\text{EP}} \\ &= \frac{-0{,}9286}{0{,}3483} \\ &= -2{,}6661\end{aligned}$$

744. Falha em rejeitar a hipótese nula.

Você calcula a média das diferenças de contagem, $\bar{d}$, fazendo a média das diferenças de contagem individuais com esta fórmula.

$$\bar{d} = \frac{\sum_{i=1}^{n} d_i}{n}$$

onde d_i representa as diferenças de contagem individual e n é o número de pares. Então, substituindo os números na fórmula, você tem

$$\begin{aligned}\bar{d} &= \frac{-1{,}7+(-2{,}2)+(-0{,}5)+(-0{,}8)+(-1{,}1)+0{,}7+(-0{,}9)}{7}\\ &= \frac{-6{,}5}{7}\\ &= -0{,}9286\end{aligned}$$

Para encontrar o erro padrão, use esta fórmula:

$$\text{EP} = \frac{s_d}{\sqrt{n}}$$

onde $s_{\bar{d}}$ é o desvio padrão das diferenças de contagem na amostra e n é o tamanho amostral.

Substitua os valores conhecidos na fórmula para conseguir

$$\begin{aligned}\text{EP} &= \frac{0{,}9214}{\sqrt{7}}\\ &= 0{,}3483\end{aligned}$$

Então, calcule a estatística de teste

$$\begin{aligned}t &= \frac{\bar{d}}{\text{EP}}\\ &= \frac{-0{,}9286}{0{,}3483}\\ &= -2{,}6661\end{aligned}$$

Para encontrar o valor crítico, você precisa dos graus de liberdade e do nível alfa. Os graus de liberdade são um a menos que o número de pares: 7 – 1 = 6 e o nível alfa é dado como 0,01.

Para uma hipótese alternativa *diferente de*, você quer metade do valor alfa de 0,01 na cauda inferior e metade na cauda superior. Procurando na coluna por 0,005 e na linha por 6 *gl* na tabela-*t* (Tabela A-2 no apêndice), encontrará o valor crítico de 3,70743.

Como há uma hipótese alternativa *diferente de*, você rejeitará a hipótese nula se o valor absoluto da sua estatística de teste exceder o valor crítico. Entretanto, o valor absoluto da sua estatística de teste, 2,6661, é menor que o valor crítico, então não rejeita a hipótese nula.

Sua estatística de teste é mais próxima da média que o valor crítico, então você falha em rejeitar a hipótese nula.

745. Rejeita a hipótese nula e conclui que existe uma diferença significante em vida de bateria entre as duas marcas.

Você precisa calcular a estatística-*t* e compará-la ao valor crítico para decidir se aceita ou rejeita a hipótese nula. Os graus de liberdade para a estatística de teste são um a menos que o número de pares: 7 – 1 = 6.

Para uma hipótese alternativa *diferente de*, você quer metade do valor alfa de 0,01 na cauda inferior e metade na cauda superior. Procurando na coluna por 0,005 e na linha por 6 *gl* na tabela-*t* (Tabela A-2 no apêndice), encontrará o valor crítico 2,44691.

Você calcula a média das diferenças de contagem, *d*, fazendo a média das diferenças de contagem individuais com esta fórmula:

$$\bar{d} = \frac{\sum_{i=1}^{n} d_i}{n}$$

onde d_i representa as diferenças de contagem individual e *n* é o número de pares. Então, substituindo os números na fórmula, você tem

$$\begin{aligned}\bar{d} &= \frac{-1{,}7 + (-2{,}2) + (-0{,}5) + (-0{,}8) + (-1{,}1) + 0{,}7 + (-0{,}9)}{7} \\ &= \frac{-6{,}5}{7} \\ &= -0{,}9286\end{aligned}$$

Para encontrar o erro padrão, use esta fórmula:

$$\text{EP} = \frac{s_d}{\sqrt{n}}$$

onde $s_{\bar{d}}$ é o desvio padrão das diferenças de contagem na amostra e *n* é o tamanho amostral.

Substitua os valores conhecidos na fórmula para conseguir

$$\begin{aligned}\text{EP} &= \frac{0{,}9214}{\sqrt{7}} \\ &= 0{,}3483\end{aligned}$$

Então, calcule a estatística de teste

$$\begin{aligned}t &= \frac{\bar{d}}{\text{EP}} \\ &= \frac{-0{,}9286}{0{,}3483} \\ &= -2{,}6661\end{aligned}$$

Sua estatística de teste está mais distante da média do que o valor crítico, então você rejeitará a hipótese nula. Seus dados amostrais lhe fornecem evidências suficientes para rejeitar a hipótese nula e concluir que existe uma diferença entre as duas marcas.

746. um teste-z de duas proporções populacionais

A pergunta da pesquisa é se a proporção de falhas de segurança difere entre duas populações independentes. E o tamanho amostral é grande o suficiente para suportar um teste-z.

747. $H_0: p_1 = p_2$; $H_a: p_1 \neq p_2$

As hipóteses nula e alternativa são sempre afirmadas em termos de parâmetros populacionais — neste caso, proporções populacionais p_1 e p_2. A hipótese nula é sempre uma afirmação de igualdade; quando o pesquisador não tem um palpite inicial sobre a direção das diferenças populacionais, a hipótese alternativa é escrita como *diferente de*, usando o símbolo ≠.

748. 0,0211 e 0,05144

Você calcula as proporções amostrais, $\hat{p}_1$ e $\hat{p}_2$, para cada grupo dividindo o número de falhas de segurança pelo número de relatos observados.

O Grupo 1 teve 1.055 falhas em 50.000 casos, então a proporção observada é

$$\hat{p}_1 = \frac{1.055}{50.000} = 0{,}02110$$

O Grupo 2 teve 2.572 falhas em 50.000 casos, então a proporção observada é

$$\hat{p}_2 = \frac{2.572}{50.000} = 0{,}05144$$

749. 0,03627

Você calcula a proporção amostral geral, $\hat{p}$, dividindo o número total de falhas de segurança pelo número total de relatos observados. Neste exemplo, o Grupo 1 teve 1.055 falhas e o Grupo 2 teve 2.572 falhas. Cada grupo teve 50.000 relatos.

$$\hat{p} = \frac{1.055 + 2.572}{50.000 + 50.000} = 0{,}03627$$

750. 0,0012

Calcule o erro padrão usando a seguinte fórmula, onde $\hat{p}$ é a proporção populacional e n_1 e n_2 são os tamanhos amostrais:

$$\begin{aligned}
EP &= \sqrt{\hat{p}\,(1-\hat{p})\left(\frac{1}{n_1}+\frac{1}{n_2}\right)} \\
&= \sqrt{0{,}03627(1-0{,}03627)\left(\frac{1}{50.000}+\frac{1}{50.000}\right)} \\
&= \sqrt{0{,}034954(0{,}00004)} \\
&= 0{,}0011824
\end{aligned}$$

751. –25,66

Calcule a estatística-z usando a seguinte fórmula, onde $\hat{p}$ é a proporção populacional e n_1 e n_2 são os tamanhos amostrais:

$$\begin{aligned}
z &= \frac{\hat{p}_1-\hat{p}_2}{\sqrt{\hat{p}\,(1-\hat{p})\left(\frac{1}{n_1}+\frac{1}{n_2}\right)}} \\
&= \frac{0{,}02110-0{,}05144}{\sqrt{0{,}03627(1-0{,}03627)\left(\frac{1}{50.000}+\frac{1}{50.000}\right)}} \\
&= \frac{-0{,}03034}{\sqrt{0{,}034954(0{,}00004)}} \\
&= \frac{-0{,}03034}{0{,}0011824} \\
&= -25{,}6597, \text{ou } -25{,}66 \text{ (arredondado)}
\end{aligned}$$

752. Rejeita a hipótese nula e conclui que existe uma diferença significante na segurança dos dois tipos de senhas.

Você conduzirá um teste-z para duas proporções populacionais, para uma pergunta *diferente de*, usando as hipóteses nula e alternativa:

H_0: $p_1 = p_2$

H_a: $p_1 \neq p_2$

Para calcular a estatística de teste, você usa esta fórmula:

$$z = \frac{\hat{p}_1-\hat{p}_2}{\sqrt{\hat{p}\,(1-\hat{p})\left(\frac{1}{n_1}+\frac{1}{n_2}\right)}}$$

onde $\hat{p}_1$ e $\hat{p}_2$ são as duas proporções amostrais e n_1 e n_2 são os tamanhos amostrais.

Você calcula a proporção amostral geral, $\hat{p}$, dividindo o número total de falhas de segurança pelo número total de relatos observados. Neste exemplo, o Grupo 1 teve 1.055 falhas e o Grupo 2 teve 2.572 falhas. Cada grupo teve 50.000 relatos.

$$\begin{aligned}\hat{p} &= \frac{1.055+2.572}{50.000+50.000}\\ &= \frac{3.627}{100.000}\\ &= 0{,}03627\end{aligned}$$

Então você encontra as proporções, $\hat{p}_1$ e $\hat{p}_2$, para cada grupo dividindo o número de falhas de segurança pelo número de relatos observados.

O Grupo 1 teve 1.055 falhas em 50.000 casos, então a proporção observada é

$$\begin{aligned}\hat{p}_1 &= \frac{1.055}{50.000}\\ &= 0{,}02110\end{aligned}$$

O Grupo 2 teve 2.572 falhas em 50.000 casos, então a proporção observada é

$$\begin{aligned}\hat{p} &= \frac{2.572}{50.000}\\ &= 0{,}05144\end{aligned}$$

Substitua os valores na fórmula e resolva:

$$\begin{aligned}z &= \frac{\hat{p}_1-\hat{p}_2}{\sqrt{\hat{p}\,(1-\hat{p})\left(\frac{1}{n_1}+\frac{1}{n_2}\right)}}\\ &= \frac{0{,}02110-0{,}05144}{\sqrt{0{,}03627(1-0{,}03627)\left(\frac{1}{50.000}+\frac{1}{50.000}\right)}}\\ &= \frac{-0{,}03034}{\sqrt{0{,}034954(0{,}00004)}}\\ &= \frac{-0{,}03034}{0{,}0011824}\\ &= -25{,}6597,\ \text{ou} -25{,}66\ \text{(arredondado)}\end{aligned}$$

O valor crítico, usando a Tabela A-1, um nível de significância de 0,05 e uma hipótese alternativa *diferente de*, significam que o valor crítico para z é ± 1,96 (o valor que deixa 2,5% ou 0,025 da área curva em cada cauda). Você rejeitará a hipótese nula se o valor de z da estatística de teste estiver fora da amplitude de −1,96 a +1,96.

Sua estatística de teste de –25,66 está fora da amplitude de –1,96 a +1,96, então você rejeita a hipótese nula. Assim, a explicação mais plausível é a hipótese alternativa de dois lados de que existe uma diferença entre os dois conjuntos de regras de segurança. A hipótese alternativa não favoreceu um conjunto de regras de segurança sobre o outro, mas como a estatística de teste é negativa, você sabe que o primeiro grupo teve menos falhas de segurança do que o segundo, então a regra extra sobre senhas parece aumentar a segurança.

753. 0,5 e 0,7

$\hat{p}_1$ e $\hat{p}_2$ são as proporções amostrais para o Grupo 1 e o Grupo 2. Você as calcula dividindo o número de celas com casos de interesse (distúrbio comportamental) em cada grupo pelo tamanho amostral para cada grupo.

$$\hat{p}_1 = \frac{50}{100} = 0{,}5$$

$$\hat{p}_2 = \frac{70}{100} = 0{,}7$$

754. 0,6

Você encontra a proporção amostral geral, $\hat{p}$, dividindo o número total de celas com casos de interesse (aquelas com distúrbio comportamental) pelo número total de casos no estudo.

$$\begin{aligned}\hat{p} &= \frac{50+70}{100+100} \\ &= \frac{120}{200} \\ &= 0{,}6\end{aligned}$$

755. 0,0693

Calcule o erro padrão utilizando esta fórmula:

$$\text{EP} = \sqrt{\hat{p}\,(1-\hat{p})\left(\frac{1}{n_1}+\frac{1}{n_2}\right)}$$

onde n_1 e n_2 são dois tamanhos amostrais e a proporção amostral geral, $\hat{p}$, é calculada dividindo o número total de casos de interesse (aquelas com um distúrbio comportamental) pelo número total de casos no estudo.

$$\begin{aligned}\hat{p} &= \frac{50+70}{100+100} \\ &= \frac{120}{200} \\ &= 0{,}6\end{aligned}$$

Então, substitua os números para a fórmula de erro padrão:

$$\begin{aligned} EP &= \sqrt{\hat{p}(1-\hat{p})\left(\frac{1}{n_1}+\frac{1}{n_2}\right)} \\ &= \sqrt{0{,}6(1-0{,}6)\left(\frac{1}{100}+\frac{1}{100}\right)} \\ &= \sqrt{0{,}24(0{,}02)} \\ &= 0{,}06928, \text{ou } 0{,}0693 \text{ (arredondado)} \end{aligned}$$

756. 2,58

Esta é uma hipótese alternativa *diferente de*, então você dividirá a probabilidade de 0,01 entre as caudas superior e inferior da distribuição, resultando em um valor de 0,01/2 = 0,005 em cada cauda. Usando a Tabela A-1, descobrirá que o valor crítico é aproximadamente 2,58.

757. 2,33

Esta é uma hipótese alternativa *maior que*, então você quer a probabilidade total de 0,01 na cauda superior da distribuição. Usando a Tabela A-1, descobrirá que o valor crítico é cerca de 2,33.

758. –2,8868

Para encontrar a estatística de teste, use esta fórmula:

$$z = \frac{\hat{p}_1 - \hat{p}_2}{\sqrt{\hat{p}(1-\hat{p})\left(\frac{1}{n_1}+\frac{1}{n_2}\right)}}$$

onde n_1 e n_2 são dois tamanhos amostrais para os dois grupos e $\hat{p}$ é a proporção amostral. Você encontra o valor de $\hat{p}$ dividindo o número total de celas com um distúrbio comportamental pelo número total de celas no estudo.

$$\begin{aligned} \hat{p} &= \frac{50+70}{100+100} \\ &= \frac{120}{200} \\ &= 0{,}6 \end{aligned}$$

Agora, substitua os números e resolva:

$$z = \frac{\hat{p}_1 - \hat{p}_2}{\sqrt{\hat{p}(1-\hat{p})\left(\frac{1}{n_1} + \frac{1}{n_2}\right)}}$$
$$= \frac{0,5 - 0,7}{\sqrt{0,6(1-0,6)\left(\frac{1}{100} + \frac{1}{100}\right)}}$$
$$= \frac{-0,2}{\sqrt{(0,24)(0,02)}}$$
$$= \frac{-0,2}{\sqrt{0,0048}}$$
$$= -2,8868$$

759. Rejeite a hipótese nula e conclua que existe uma diferença significante em distúrbios comportamentais entre os dois grupos.

Calcule a estatística de teste usando esta fórmula:

$$z = \frac{\hat{p}_1 - \hat{p}_2}{\sqrt{\hat{p}(1-\hat{p})\left(\frac{1}{n_1} + \frac{1}{n_2}\right)}}$$

onde n_1 e n_2 são dois tamanhos amostrais para os dois grupos. Você calcula a proporção amostral geral, $\hat{p}$, dividindo o número total de celas com um distúrbio comportamental pelo número total de celas no estudo.

$$\hat{p} = \frac{50 + 70}{100 + 100}$$
$$= \frac{120}{200}$$
$$= 0,6$$

Agora, substitua os números na fórmula e resolva:

$$z = \frac{\hat{p}_1 - \hat{p}_2}{\sqrt{\hat{p}(1-\hat{p})\left(\frac{1}{n_1} + \frac{1}{n_2}\right)}}$$
$$= \frac{0,5 - 0,7}{\sqrt{0,6(1-0,6)\left(\frac{1}{100} + \frac{1}{100}\right)}}$$
$$= \frac{-0,2}{\sqrt{(0,24)(0,02)}}$$
$$= \frac{-0,2}{\sqrt{0,0048}}$$
$$= -2,8868$$

A estatística de teste de –2,8868 está fora da amplitude de –1,96 a 1,96, que são os valores críticos (da Tabela A-1) para um teste-*z* para uma hipótese alternativa *diferente de* com um nível de significância de 0,05. Você, portanto, rejeita a hipótese nula. Assim, a explicação mais plausível é a hipótese alternativa de dois lados de que existe uma diferença em comportamento entre permitir o uso da Internet e não o permitir. Como afirmado, a hipótese alternativa não favorece uma linha de ação específica, mas como a estatística de teste é negativa, isso mostra que o segundo grupo (aquele sem acesso à Internet) teve mais distúrbios comportamentais do que o primeiro.

760. Rejeita a hipótese nula e conclui que existe uma diferença significante em distúrbios comportamentais entre os dois grupos.

Você calcula a proporção amostral geral, $\hat{p}$, dividindo o número total de celas com um distúrbio comportamental pelo número total de celas no estudo.

$$\hat{p} = \frac{50+70}{100+100} = \frac{120}{200} = 0{,}6$$

Para encontrar a estatística de teste, use esta fórmula:

$$z = \frac{\hat{p}_1 - \hat{p}_2}{\sqrt{\hat{p}\,(1-\hat{p})\left(\frac{1}{n_1}+\frac{1}{n_2}\right)}}$$

onde n_1 e n_2 são dois tamanhos amostrais para os dois grupos.

Agora, substitua os números na fórmula e resolva:

$$\begin{aligned} z &= \frac{\hat{p}_1 - \hat{p}_2}{\sqrt{\hat{p}\,(1-\hat{p})\left(\frac{1}{n_1}+\frac{1}{n_2}\right)}} \\ &= \frac{0{,}5-0{,}7}{\sqrt{0{,}6(1-0{,}6)\left(\frac{1}{100}+\frac{1}{100}\right)}} \\ &= \frac{-0{,}2}{\sqrt{(0{,}24)(0{,}02)}} \\ &= \frac{-0{,}2}{\sqrt{0{,}0048}} \\ &= -2{,}8868 \end{aligned}$$

A estatística de teste de –2,8868 está fora da amplitude de –2,58 a 2,58, que são os valores críticos (da Tabela A-1) para um teste-*z* para uma hipótese alternativa *diferente de*. Você, portanto, rejeita a hipótese nula.

Respostas 701–800

Assim, a explicação mais plausível é a hipótese alternativa de dois lados de que existe uma diferença em comportamento entre permitir o uso da Internet e não o permitir. Como afirmado, a hipótese alternativa não favorece uma linha de ação específica, mas como a estatística de teste é negativa, isso mostra que o segundo grupo (aquele sem acesso à Internet) teve mais distúrbios comportamentais do que o primeiro.

761. todos os motoristas adultos na área metropolitana

A população-alvo são as pessoas às quais você quer que seus resultados se apliquem, que, neste exemplo, são todos os motoristas adultos na área metropolitana.

762. viés

Viés significa que os resultados da sua amostra são improváveis de serem verdadeiros para a população como um todo de alguma maneira sistemática.

763. Alternativas (A), (B) e (C) (Nem todo mundo tem um telefone ou um número de telefone listado; nem todo mundo está em casa durante o dia nos dias de semana; nem todo muito está disposto a participar de enquetes por telefone.)

Usando listas telefônicas publicadas como uma estrutura de amostragem e marcando ligações durante apenas uma parte do dia você pode introduzir vários tipos de viés a um estudo. Primeiro, pessoas sem um telefone ou um número de telefone publicado não tem possibilidade de serem selecionadas para a amostra. Segundo, as pessoas que não estão em casa durante o tempo marcado não podem fornecer dados. E terceiro, levantamentos por telefone em geral estão sujeitos a viés de não-resposta porque uma alta proporção de pessoas contatadas podem se recusar a participar do levantamento. Todos esses fatores podem enviesar a amostra e os dados, então seus resultados não representam a população-alvo.

764. Indica que uma resposta é preferida e pode introduzir viés.

Em sondagens responsáveis, as perguntas devem ser feitas de uma maneira neutra.

765. viés de não-resposta

O viés de não-resposta ocorre quando aqueles entre a amostra que optam por não participar em um estudo têm uma opinião que difere de uma maneira significante daqueles que participam.

766. viés de resposta

Neste caso, é provável que alguns dos respondentes não tenham sido verdadeiros. É quando o viés de resposta acontece. Por exemplo, a maioria das pessoas acredita que votar nas eleições é uma característica positiva, então eles são mais propensos a relatar terem votado, mesmo que não tenham.

767. porque pode ser impossível detectar e, assim, impossível de corrigir

Existem muitas causas potenciais de viés em levantamentos de pesquisa e elas são particularmente problemáticas porque os resultados dos levantamentos por si só não dão nenhuma indicação de que tipos de viés, se algum, afetou os resultados. Assim, pode ser impossível compensar ou corrigir quaisquer viés presentes nos dados.

768. A. calcular a média de idade de todos os alunos usando seus registros oficiais

Você pode assumir razoavelmente que todos os alunos na escola têm registros oficiais e que os registros incluem a idade. Este método é o único que garante a coleta da informação da população-alvo total, que é a definição de um censo.

769. E. numerar os alunos utilizando a lista oficial da escola e selecionar a amostra usando um gerador aleatório de números

Este método é o único descrito que resultará em uma amostra aleatória simples. Os outros métodos sugeridos são uma amostra estratificada (classificar os alunos como homens ou mulheres e retirar amostras aleatórias de cada), uma amostra sistemática (usar uma lista de alunos em ordem alfabética e selecionar cada 15º nome começando com o primeiro), uma amostra em aglomerados (selecionar três mesas aleatoriamente da lanchonete durante a hora do almoço e perguntar aos alunos nessas mesas as suas idades) e uma amostra de bola de neve (selecionar um aluno aleatoriamente, pedir que ele ou ela sugira três amigos para participar e continuar desta maneira até ter seu tamanho amostral).

770. viés de subcobertura

O viés de subcobertura resulta quando parte da população-alvo é excluída da possibilidade de ser selecionada para a amostra. Neste caso, a exclusão é devida à estrutura amostral não incluir todos os empregados atuais da firma.

771. viés de amostra voluntária

Serão recebidas respostas apenas de pessoas que por acaso estão assistindo ao programa e então se voluntariam a participar do levantamento. Como você mesmo não os selecionou antecipadamente, eles não formam uma amostra estatística, e provavelmente não representam nenhuma população de interesse real.

772. viés de amostra de conveniência

Você está amostrando e entrevistando uma amostra de pessoas que é a mais conveniente e não há maneira de saber qual população elas representam (se alguma).

773. para reduzir viés causado por sempre usar declarações positivas ou negativas

Algumas pessoas podem ter a tendência de concordar com declarações positivas em vez da questão equivalente escrita como uma declaração negativa, então incluindo ambos os tipos de declarações, este viés pode ser reduzido.

774. Ela faz duas perguntas ao mesmo tempo.

Como este levantamento faz duas perguntas em uma (se todos devem ir para a faculdade e se todos devem buscar emprego remunerado), alguns respondentes podem ficar confusos sobre como responder, especialmente se eles concordam apenas com uma parte da pergunta. Por exemplo, eles podem achar que todos devem buscar emprego remunerado, mas não necessariamente ir para a faculdade.

775. Alternativas (A) e (B) (porque o respondente pode estar desinformado sobre o tópico; porque o respondente pode não lembrar de informações o suficiente para responder a pergunta)

Incluir "não sei" como uma categoria é necessário para pessoas que não sabem a resposta para a pergunta, seja porque ela requer conhecimento que elas não possuem (sobre uma situação política mundial, por exemplo) ou porque elas não lembram da informação necessária para responder a pergunta (por exemplo, qual era a dieta normal deles 30 anos atrás). Se você está preocupado com os respondentes acharem a pergunta ofensiva, inclua uma categoria separada, como "escolho não responder"

776. E. Alternativas (A) e (C) (forte; positivo)

Esse diagrama de dispersão exibe uma relação linear forte e positivo ($r = 0,77$) entre a Média Geral do ensino médio e da faculdade.

777. E. 4,0

A relação linear forte e positiva ente as Médias Gerais do ensino médio e da faculdade sugere que, sem ter qualquer informação adicional, o aluno com a Média Geral mais alta do ensino médio também tem a Média Geral mais alta da faculdade.

778. A inclinação dos pontos para cima da esquerda para a direita.

Que a inclinação dos pontos para cima da esquerda para a direita significa que valores mais baixos na variável *X* tendem a ter valores mais baixos também na variável *Y*, e valores mais altos na variável *X* tendem a ter valores mais altos na variável *Y*.

779. Os pontos se aglomeram mais perto ao redor da linha reta.

Essa relação não é perfeita (se fosse, todos os pontos estariam em uma perfeita linha reta), mas os pontos se aglomeram mais perto acerca de uma linha reta, então a relação é bastante forte.

780. Todos os pontos estariam em uma perfeita linha reta inclinando para cima.

Com uma correlação de 1.0, todos os pontos estariam em uma perfeita linha reta em vez de apenas se aglomerando ao redor dela. A linha seria inclinada para cima da esquerda para a direita.

781. D. Alternativas (A) e (C) (Todos os pontos ficariam alinhados em uma linha reta; todos os pontos teriam um declive para baixo da esquerda para a direita.)

O diagrama de dispersão de duas variáveis com uma correlação de –1,0 teria todos os pontos perfeitamente alinhados em uma reta inclinada para baixo da esquerda para a direita.

782. C. peso

Diagramas de dispersão exibem a relação entre duas variáveis quantitativas. Dessas escolhas, apenas o peso é quantitativo; as outras são categóricas CEPs não podem ser tratados como variáveis quantitativas; por exemplo, você não pode encontrar o CEP médio para os Estados Unidos.

783. E. Alternativas (A) e (D) (altura e idade; altura e peso)

Diagramas de dispersão exibem a relação entre duas variáveis quantitativas. Desses pares de variáveis, apenas altura e idade e altura e peso são quantitativas.

784. B. –0,8

Entre as escolhas, apenas –0,8 indica uma relação que é tanto negativa quanto forte.

785. C. 0,2

Entre as escolhas apenas 0,2 indica uma relação que é tanto positiva quanto fraca.

786. E. 0,9

Entre as escolhas, apenas 0,9 indica uma relação que é tanto positiva quanto muito forte.

787. A. –0,2

Entre as escolhas, apenas –0,2 indica uma relação que é tanto negativa quanto fraca.

788. não-linear

Relações lineares assemelham-se a uma linha reta. Essa relação assemelha-se a uma curva (na verdade, é uma relação quadrática) e é, portanto, não-linear.

789. 0

Embora essas variáveis sejam fortemente relacionadas, a relação não é linear. A correlação mede apenas relações lineares. Neste caso, não há relação linear.

790. Essa relação é não-linear.

A correlação expressa o grau de relação linear entre duas variáveis e não é adequado para relações não-lineares.

791. A. –0,85

A relação linear mais forte é indicado pelo maior valor absoluto de correlação; uma correlação de –0,85 e 0,85 representa relações igualmente fortes entre as variáveis. O sinal apenas indica se a relação é para cima ou para baixo.

792. C. 0,1

A relação mais fraca é indicado pelo menor valor absoluto de correlação; uma correlação de –0,1 e 0,1 representa relações igualmente fracas entre as variáveis. O sinal apenas indica se a relação é para cima ou para baixo.

793. D. Alternativas (A) e (C) (–1; 1)

Ambos, 1 e –1, representam correlações perfeitas (uma para cima e uma para baixo).

794. 2,5

Para calcular a média, some todos os valores e então divida pelo número total de valores:

$$\bar{x} = \frac{1+2+3+4}{4}$$
$$= \frac{10}{4} = 2{,}5$$

795. 2,75

Para calcular a média, some todos os valores e então divida pelo número total de valores:

$$\bar{y} = \frac{2+2+4+3}{4}$$
$$= \frac{11}{4} = 2{,}75$$

796. 3

n é o número de casos (ou pares de dados neste caso). Neste exemplo, $n = 4$, então $n - 1 = 4 - 1 = 3$.

797. 1,29

Para calcular o desvio padrão dos valores X, use esta fórmula:

$$s_x = \sqrt{\frac{\sum (x-\bar{x})^2}{n-1}}$$

onde x é um valor único, $\bar{x}$ é a média de todos os valores, $\sum$ representa a soma das diferenças de quadrados da média e n é o tamanho amostral.

$$s_x = \sqrt{\frac{(1-2{,}5)^2 + (2-2{,}5)^2 + (3-2{,}5)^2 + (4-2{,}5)^2}{4-1}}$$
$$= \sqrt{\frac{2{,}25+0{,}25+0{,}25+2{,}25}{3}}$$
$$= \sqrt{\frac{5}{3}}$$
$$= 1{,}29099$$

798. 0,96

Para calcular o desvio padrão dos valores *Y*, use esta fórmula:

$$s_y = \sqrt{\frac{\sum (y - \bar{y})^2}{n-1}}$$

onde *y* é um valor único, $\bar{y}$ é a média de todos os valores, $\sum$ representa a soma das diferenças de quadrados da média e *n* é o tamanho amostral.

$$\begin{aligned} s_y &= \sqrt{\frac{(2-2{,}75)^2 + (2-2{,}75)^2 + (4-2{,}75)^2 + (3-2{,}75)^2}{4-1}} \\ &= \sqrt{\frac{0{,}5625 + 0{,}5625 + 1{,}5625 + 0{,}0625}{3}} \\ &= \sqrt{\frac{2{,}75}{3}} \\ &= 0{,}95743 \end{aligned}$$

799. 0,67

Para calcular a correlação entre *X* e *Y*, divida a soma dos produtos cruzados pelos desvios padrão de *x* e *y*, e então divida o resultado por $n - 1$.

Para este exemplo, a soma dos produtos cruzados é 2,5, *n* é 4, o desvio padrão de *X* é 1,29 e o desvio padrão de *Y* é 0,96.

$$\begin{aligned} r &= \frac{1}{n-1}\left(\frac{\sum_x \sum_y (x-\bar{x})(y-\bar{y})}{s_x s_y}\right) \\ &= \frac{1}{3}\left[\frac{2{,}5}{(1{,}29)(0{,}96)}\right] \\ &= 0{,}6729 \end{aligned}$$

800. 0,82

Para calcular a correlação entre *X* e *Y*, divida a soma dos produtos cruzados pelos desvios padrão de *x* e *y*, e então divida o resultado por $n - 1$.

Para este exemplo, a soma dos produtos cruzados é 274, o desvio padrão de *X* é 4,47, o desvio padrão de *Y* é 5,36 e *n* é 15:

$$\begin{aligned} r &= \frac{1}{n-1}\left(\frac{\sum_x \sum_y (x-\bar{x})(y-\bar{y})}{s_x s_y}\right) \\ &= \frac{1}{14}\left[\frac{274}{(4{,}47)(5{,}36)}\right] \\ &= 0{,}81686 \end{aligned}$$

801. Ela diminuirá.

A correlação diminuirá porque você dividiria por um número maior ($n - 1 = 19$) em vez de $n - 1 = 14$.

802. Ela aumentará.

A correlação aumentará porque você dividiria por um número menor (4,82 em vez de 5,36).

803. Ela aumentará.

A correlação aumentará porque o numerador seria maior (349 em vez de 274).

804. Permanecerá a mesma.

A correlação é uma medida sem unidade, então mudar as unidades nas quais as variáveis são medidas não mudará suas correlações.

805. D. Alternativas (A) e (C) (–2,64; 1,5)

Correlações estão sempre entre –1 e 1.

806. As duas correlações serão iguais.

Em uma correlação, não importa qual variável está designada como *X* e qual como *Y*; a correlação será a mesma de qualquer jeito.

807. E. Alternativas (B) e (C) (a variável *Y*; a variável de resposta)

Este estudo examina se o tamanho da fonte do texto influencia a compreensão da leitura, então é lógico designar a compreensão de leitura como a variável *Y*, ou resposta.

808. A. a variável *X*

Este estudo examina se o tamanho da fonte do texto influencia a compreensão da leitura, então é lógico designar o tamanho da fonte como a variável *X*, ou independente.

809. Não mudará.

Em uma correlação, não importa qual variável é designada como *X* e qual como *Y*; a correlação será a mesma de qualquer maneira.

810. Permanece a mesma.

A correlação é uma medida sem unidade, então uma mudança nas unidades não mudará a correlação.

811. Você cometeu um erro nos seus cálculos.

Correlações estão sempre entre –1 e 1, então se você consegue um valor fora dessa amplitude, cometeu um erro em seus cálculos.

812. Elas têm uma relação linear negativo e forte.

Uma correlação de –0,86 indica uma relação linear negativa e forte entre duas variáveis.

813. Elas têm uma relação linear positivo e fraco.

Uma correlação de 0,27 indica uma relação linear positiva e fraca entre duas variáveis.

814. a variável *X*

A suposição lógica neste estudo é que o tempo gasto estudando influência as notas (Média Geral), então faz sentido designar "tempo gasto estudando" como a variável *X*, ou explicativa.

815. E. Alternativas (B) e (C) (a variável *Y*; a variável de resposta)

A suposição lógica neste estudo é que o tempo gasto estudando influencia a Média Geral, então é lógico designar "Média Geral" como a variável *Y*, ou resposta.

816. Ela não muda.

A correlação é uma medida sem unidades, então mudar as unidades na qual as variáveis são medidas não muda sua correlação.

817. Ela não muda.

Em uma correlação, não importa qual variável é designada como *X* e qual como *Y*; a correlação será a mesma de qualquer maneira.

818. Elas têm uma relação linear negativa e fraca.

Uma correlação de –0,23 indica uma relação linear negativa e fraca entre duas variáveis.

819. Você cometeu um erro nos seus cálculos.

Correlações estão sempre entre –1 e 1, então se você consegue um valor fora dessa amplitude, cometeu um erro em seus cálculos.

820. Elas têm uma relação linear negativa e forte.

Uma correlação de –0,87 indica uma relação linear negativa e forte.

821. E. Alternativas (A), (B) e (C) (Ambas as variáveis são numéricas; o diagrama de dispersão indica uma relação linear; a correlação é pelo menos moderada.)

Antes de calcular a regressão entre duas variáveis, deve determinar que ambas as variáveis são quantitativas (numéricas), que elas são pelo menos moderadamente correlacionadas e que o diagrama de dispersão indica uma relação linear.

822. C. A relação delas não é linear.

As variáveis são numéricas e uma correlação de 0,75 é suficiente para desempenhar uma regressão linear. Entretanto, a relação dos pontos do diagrama de dispersão não é linear. Os pontos têm inicialmente uma relação positiva, mas então se curvam para baixo para uma relação negativa.

823. m

A inclinação da equação é m. Se duas variáveis têm uma relação negativa, elas terão uma inclinação negativa.

824. m

Na equação para a linha de regressão de mínimos quadrados, m designa a inclinação da linha de regressão.

825. b

Na equação para a linha de regressão de mínimos quadrados, b designa a interseção-y para a linha de regressão.

826. 3

A equação para calcular a linha de regressão é $y = mx + b$, e m representa a inclinação. Então na linha de regressão $y = 3x + 1$, a inclinação é 3.

827. 1

A equação para calcular a linha de regressão é $y = mx + b$, e b representa a interseção-y. Então na linha de regressão $y = 3x + 1$, a interseção-y é 1.

828. 11,5

A equação para a linha de regressão é $y = 3x + 1$. Para encontrar o valor para y quando $x = 3{,}5$, substitua 3,5 para x na equação:

$$y = 3x + 1 = (3)(3{,}5) + 1 = 11{,}5$$

829. 2,2

A equação para a linha de regressão é $y = 3x + 1$. Para encontrar o valor para y quando $x = 0{,}4$, substitua 0,4 para x na equação:

$$y = 3x + 1 = (3)(0{,}4) + 1 = 2{,}2$$

830. Ela diminui por 1,8.

A equação para calcular a linha de regressão é $y = mx + b$, e m representa a inclinação. Neste caso, a inclinação é –1,2. Se x aumentasse por 1,5, y muda por $(-1{,}2)(1{,}5) = -1{,}8$. Isso é uma diminuição de 1,8.

831. Ela aumenta por 2,76.

A equação para calcular a linha de regressão é $y = mx + b$, e m representa a inclinação. Neste caso, a inclinação é –1,2. Se x diminuísse por 2,3, y muda por $(-1{,}2)(-2{,}3) = 2{,}76$. Isso é um aumento de 2,76.

832. (0, 0,74)

Para encontrar a interseção-y, ou o ponto onde a linha intercepta o eixo-y, encontre o valor de y quando $x = 0$. Para fazer isso, substitua 0 para x na equação:

$$y = -1{,}2x + 0{,}74 = (-1{,}2)(0) + 0{,}74 = 0{,}74$$

833. forte e positivo

A correlação de 0,792 e o diagrama de dispersão exibindo os pontos se aglomerando bastante próximos ao redor da linha correndo para cima da esquerda para a direita indica um relacionamento forte e positivo.

834. 200 a 800 pontos

Olhando para o diagrama de dispersão, você vê que nenhum valor está fora da amplitude de 200 a 800 para qualquer variável.

835. 0,79

Como s_x e s_y são iguais, a inclinação será igual à correlação (uma ocorrência rara).

836. 0,792

A equação para calcular a inclinação é

$$m = r\left(\frac{s_y}{s_x}\right)$$

Neste caso, a correlação é 0,792, o desvio padrão de y é 103,2 e o desvio padrão de x é 103,2. Substitua esses números na fórmula e resolva:

$$\begin{aligned} m &= r\left(\frac{s_y}{s_x}\right) \\ &= 0{,}792\left(\frac{103{,}2}{103{,}2}\right) = 0{,}792 \end{aligned}$$

Nota: Como s_x e s_y são iguais, a inclinação será igual à correlação (uma ocorrência rara).

837. 107,8 pontos

A equação para calcular a interseção-y é $b = \bar{y} - m\bar{x}$.

Neste caso, você sabe que a média de y é 506,1 e que a média de x é 502,9. Para encontrar a inclinação, divida o desvio padrão de y pelo desvio padrão de x e então multiplique pela correlação. Neste caso, a correlação é 0,792, o desvio padrão de y é 103,2 e o desvio padrão de x é 103,2.

$$\begin{aligned} m &= r\left(\frac{s_y}{s_x}\right) \\ &= 0{,}792\left(\frac{103{,}2}{103{,}2}\right) = 0{,}792 \end{aligned}$$

Agora, substitua os valores na fórmula para a interseção-y:

$$\begin{aligned} b &= \bar{y} - m\bar{x} \\ &= 506{,}1 - (0{,}792)(502{,}9) \\ &= 506{,}1 - 398{,}2968 \\ &= 107{,}8032 \end{aligned}$$

838. $y = 0{,}792x + 107{,}8$

A equação para a linha de regressão é $y = mx + b$. Para encontrar a equação calculada dessa linha de regressão, você primeiro precisa encontrar a inclinação e a interseção-y.

A equação para calcular a inclinação é

$$m = r\left(\frac{s_y}{s_x}\right)$$

Neste caso, a correlação (r) é 0,792, o desvio padrão de y é 103,2 e o desvio padrão de x é 103,2.

$$\begin{aligned} m &= r\left(\frac{s_y}{s_x}\right) \\ &= 0{,}792\left(\frac{103{,}2}{103{,}2}\right) = 0{,}792 \end{aligned}$$

A equação para calcular a interseção-y é $b = \bar{y} - m\bar{x}$. Neste caso, a média de y é 506,1, a média de x é 502,9 e a inclinação é 0,792:

$$\begin{aligned} b &= \bar{y} - m\bar{x} \\ &= 506{,}1 - (0{,}792)(502{,}9) \\ &= 506{,}1 - 398{,}2968 \\ &= 107{,}8032 \end{aligned}$$

Agora, tendo os valores de m e b, você simplesmente os substitui na equação da linha de regressão para conseguir $y = 0792x + 107{,}8$.

839. 289,96 pontos

Para encontrar o valor esperado de y (nota verbal) quando x (nota de matemática) é 230 pontos, substitua 230 para x na equação e resolva para y:

$y = 0{,}792(230) + 107{,}8 = 289{,}96$ pontos

840. 166,32 pontos

Primeiro, você precisa encontrar a inclinação para esta equação dividindo o desvio padrão de y pelo desvio padrão de x e então multiplicando pela correlação. Neste caso, a correlação é 0,792, o desvio padrão de y é 103,2 e o desvio padrão de x é 103,2.

$$m = r\left(\frac{s_y}{s_x}\right)$$

$$= 0{,}792\left(\frac{103{,}2}{103{,}2}\right) = 0{,}792$$

Então para cada unidade de aumento em x, você espera ver um aumento unitário de 0,792 em y. Em outras palavras, se x (nota de matemática) está mais alto por 1 ponto, então é esperado que y (nota verbal) seja 0,792 pontos mais alto. Aqui, a nota de matemática (x) do Aluno A é 210 pontos mais alta, então você espera que a nota verbal (y) do Aluno A seja (0,792)(210) = 166,32 pontos mais alta (em média).

841. A nota verbal do Aluno C será 39,6 pontos mais baixa que a nova verbal do Aluno D.

Primeiro, você precisa encontrar a inclinação para esta equação dividindo o desvio padrão de y pelo desvio padrão de x e então multiplicando pela correlação. Neste caso, a correlação é 0,792, o desvio padrão de y é 103,2 e o desvio padrão de x é 103,2.

$$m = r\left(\frac{s_y}{s_x}\right)$$

$$= 0{,}792\left(\frac{103{,}2}{103{,}2}\right) = 0{,}792$$

Então para cada unidade de aumento em x (nota de matemática), você espera ver um aumento de 0,792 pontos em y. Aqui, a nota de matemática (x) do Aluno C diminui em 50 pontos comparada com a do Aluno D, então você espera que a nota verbal (y) do Aluno C diminua em (0,792)(50) = 39,6 pontos comparada à do Aluno D. (***Nota:*** Este valor não é a nota verbal real; é a quantidade de diminuição na nota verbal do Aluno C.)

842. Uma terceira variável poderia estar causando o relacionamento observado entre GRA_V e GRA_M.

Encontrar uma correlação entre duas variáveis não estabelece automaticamente uma relação causal entre elas. Por exemplo, um aumento na dosagem de remédio pode causar uma mudança na pressão sanguínea, mas um aumento no tamanho do sapato não causa um aumento na altura. Uma terceira variável poderia estar ligada com o relacionamento. Por exemplo, algumas pesquisas mostram que alunos que são bons em música são mais propensos a serem bons tanto em matemática quanto em habilidades verbais.

843. moderado e positivo

O diagrama de dispersão e a correlação calculada de 0,527 ambos indicam um relacionamento linear positivo e moderado entre o tamanho da casa em pés quadrados e o preço de venda.

844. E. 910 pés quadrados

Embora o relacionamento linear entre o tamanho da casa e o preço de venda seja moderado ($r = 0{,}527$), ele é positivo. Portanto, a não ser que você tenha informações adicionais para contradizer o padrão, pode esperar que casas maiores sejam normalmente vendidas por preços mais altos.

845. 0,106

Para calcular a inclinação de uma linha de regressão para x e y, divida o desvio padrão de y pelo desvio padrão de x e então multiplique pela correlação. Neste caso, o desvio padrão de y é 11,8, o desvio padrão de x é 58,5 e a correlação é 0,527.

$$\begin{aligned} m &= r\left(\frac{s_y}{s_x}\right) \\ &= 0{,}527\left(\frac{11{,}8}{58{,}5}\right) \\ &= 0{,}10630 \end{aligned}$$

846. 24,1

Para calcular a interseção da linha de regressão para x e y, multiplique a média de x pela inclinação e então subtraia esse produto da média de y. Neste caso, você sabe que a média de x é 915,1 e a média de y é 121,1. Mas precisa encontrar a inclinação. Para calcular a inclinação de uma linha de regressão para x e y, divida o desvio padrão de y pelo desvio padrão de x e então multiplique pela correlação. Neste caso, o desvio padrão de y é 11,8, o desvio padrão de x é 58,5 e a correlação é 0,527.

$$\begin{aligned} m &= r\left(\frac{s_y}{s_x}\right) \\ &= 0{,}527\left(\frac{11{,}8}{58{,}5}\right) \\ &= 0{,}10630 \end{aligned}$$

Agora, substitua os valores na equação para a interseção:

$$\begin{aligned} b &= \bar{y} - m\bar{x} \\ &= 121{,}1 - (0{,}106)(915{,}1) \\ &= 24{,}0994 \end{aligned}$$

847. $y = 0{,}106x + 24{,}1$

A equação para a linha de regressão é $y = mx + b$. Você pode encontrar a inclinação dividindo o desvio padrão de y (11,8) pelo desvio padrão de x (58,5) e então multiplicando pela correlação (0,527).

$$\begin{aligned} m &= r\left(\frac{s_y}{s_x}\right) \\ &= 0{,}527\left(\frac{11{,}8}{58{,}5}\right) \\ &= 0{,}10630 \end{aligned}$$

Para encontrar a interseção, você multiplica a média de x (915,1) pela inclinação (0,106) e então subtrai esse produto da média de y (121,1).

$$\begin{aligned} b &= \bar{y} - m\bar{x} \\ &= 121{,}1 - (0{,}106)(915{,}1) \\ &= 24{,}0994 \end{aligned}$$

Agora, substitua esses números na equação para a linha de regressão: $y = 0{,}106x + 24{,}1$.

848. $130.100,00

Primeiro, você tem que encontrar equação de regressão para relacionar pé quadrado (x) ao preço de venda (y). Você faz isso calculando a inclinação e a interseção, usando a informação fornecida:

$$\begin{aligned} m &= r\left(\frac{s_y}{s_x}\right) \\ &= 0{,}527\left(\frac{11{,}8}{58{,}5}\right) \\ &= 0{,}10630 \end{aligned}$$

$$\begin{aligned} b &= \bar{y} - m\bar{x} \\ &= 121{,}1 - (0{,}106)(915{,}1) \\ &= 24{,}0994 \end{aligned}$$

Então você substitui esses números na equação de linha de regressão: $y = 0{,}106x + 24{,}1$.

Para encontrar o preço de venda esperado medido em milhares de dólares para uma casa de 1.000 pés quadrados, substitua 1.000 para x na equação:

$$y = 0{,}106(1.000) + 24{,}1 = 130{,}1$$

Finalmente, você converte isso para dólares inteiros multiplicando por $1.000,00: 130,1($1.000,00) = $130.100,00

849. Não é possível fazer uma previsão adequada de preço para uma casa de 1.500 pés quadrados.

Os tamanhos das casas neste conjunto de dados variam de 700 a 1.000 pés quadrados do diagrama de dispersão. Portanto, fazer previsões para preço só é adequado para casas cuja área esteja dentro dessa amplitude ou próxima a ela. (Esta casa tem 1.500 pés quadrados, então você não pode fazer uma previsão adequada de preço.) Se fizer uma previsão para uma casa fora da amplitude destes dados, estará cometendo um erro chamado extrapolação.

850. $118.440,00

Primeiro, você tem que encontrar equação de regressão para relacionar pé quadrado (x) ao preço de venda (y). Você faz isso calculando a inclinação e a interseção, usando a informação fornecida:

$$\begin{aligned} m &= r\left(\frac{s_y}{s_x}\right) \\ &= 0{,}527\left(\frac{11{,}8}{58{,}5}\right) \\ &= 0{,}10630 \end{aligned}$$

$$\begin{aligned} b &= \bar{y} - m\bar{x} \\ &= 121{,}1 - (0{,}106)(915{,}1) \\ &= 24{,}0994 \end{aligned}$$

Então você substitui esses números na equação de linha de regressão: $y = 0{,}106x + 24{,}1$.

Para encontrar o preço de venda esperado medido em milhares de dólares para uma casa de 890 pés quadrados, substitua 890 por x na equação:

$$y = 0{,}106(890) + 24{,}1 = 118{,}44$$

Finalmente, você converte isso para dólares inteiros multiplicando por $1.000,00: 118,44($1.000,00) = $118.440,00

851. R$9.540,00 a mais

Primeiro, você tem que encontrar a inclinação dividindo o desvio padrão de y pelo desvio padrão de x e então multiplicando pela correlação. Neste caso, o desvio padrão de y é 11,8, o desvio padrão de x é 58,5 e a correlação é 0,527:

$$m = r\left(\frac{s_y}{s_x}\right)$$
$$= 0{,}527\left(\frac{11{,}8}{58{,}5}\right)$$
$$= 0{,}10630$$

Devido à inclinação, para cada mudança de unidade em área, o preço aumenta em 0,106 mil dólares: 90(0,106) = 9,54. Então espera-se que uma casa que tem 90 pés quadrados a mais custe $9.540,00 a mais.

852. A Casa C deve custar cerca de $5.720,00 a menos que a Casa D.

Primeiro, você tem que encontrar a inclinação dividindo o desvio padrão de y pelo desvio padrão de x e então multiplicando pela correlação. Neste caso, o desvio padrão de y é 11,8, o desvio padrão de x é 58,5 e a correlação é 0,527:

$$m = r\left(\frac{s_y}{s_x}\right)$$
$$= 0{,}527\left(\frac{11{,}8}{58{,}5}\right)$$
$$= 0{,}10630$$

Devido à inclinação para cada mudança de unidade em área, o preço aumenta em 0,106 mil dólares e para cada diminuição de unidade em área quadrada, o preço diminui em 0,106 mil dólares. Neste caso, a diferença de tamanho é uma diminuição em 54 pés quadrados; a diferença em preço é uma diminuição de (54)(0,106) = 5,724. Converta para dólares inteiros multiplicando por $1.000,00: 5,724($1.000,00) = $5.724,00 ou cerca de $5.720,00.

853. negativo moderado

Esses pontos estão, em sua maioria, agrupados ao redor da linha correndo da esquerda superior para a direita inferior, indicando uma relação linear negativa e moderada e moderado. Eles não estão firmemente embalados o suficiente ao redor da linha para considerar que a relação linear seja "forte".

854. –0,5

Essas variáveis têm uma correlação negativa moderada, como evidência de sua aglomeração solta ao redor da linha correndo da esquerda superior para a direita inferior Na verdade, sua correlação é –0,54.

855. Não mudaria.

A correlação mede a força do padrão ao redor da linha assim como a direção da linha (para cima ou para baixo). Quando você troca *X* e *Y*, não muda a força da relação ou a direção da relação. Por exemplo, se a correlação entre altura e peso é –0,5, a correlação entre peso e altura ainda é –0,5.

856. Sim, porque elas são moderadamente correlacionadas e os pontos sugerem uma tendência linear.

O diagrama de dispersão indica um possível relacionamento linear entre as variáveis, e o coeficiente de correlação de –0,5 normalmente tem um valor absoluto alto o suficiente para justificar começar uma análise de regressão linear.

857. impossível dizer sem olhar para o diagrama de dispersão

Uma correlação moderada sozinha não é o suficiente para indicar que duas variáveis são boas candidatas para regressão linear. Você também precisa fazer um diagrama de dispersão para confirmar se seu relacionamento é pelo menos aproximadamente linear. Em alguns acasos, o diagrama de dispersão mostra um pouco de uma curva, mas a correlação ainda é moderadamente alta; ou a correlação é fraca, mas o diagrama de dispersão é feito para parecer que existe um relacionamento forte.

858. não, porque a correlação não é alta o suficiente para justificar uma análise de regressão linear

Uma correlação de 0,05 é só um pouco melhor que o acaso e, sozinha, não indica que duas variáveis sejam boas candidatas para regressão linear. Você não precisa nem olhar no diagrama de dispersão para saber que este não é um bom relacionamento linear.

859. E. Alternativas (A) e (D) (–0,9; 0,9)

A parte numérica (valor absoluto) da correlação é a parte que mede a força do relacionamento; o sinal na correlação determina apenas a direção (para cima ou para baixo). As correlações 0,9 e –0,9 têm a mesma força e são as alternativas mais fortes da lista (porque seus valores absolutos são mais próximos de 1).

860. 0,65

A correlação mede a força e a direção do relacionamento linear entre duas variáveis e nada mais. Mudar as variáveis *X* e *Y* não influencia no valor de uma correlação, então a correlação de peso e altura é a mesma que a correlação de altura e peso.

861. Não mudará.

A correlação tem uma interpretação universal — em outras palavras, ela não depende das unidades das variáveis. Por design, mudar as unidades não tem efeito no tamanho ou na direção de uma correlação. A correlação é uma estatística "livre de unidade".

862. A relação linear é mais forte para homens do que para mulheres.

A relação linear entre altura e peso é mais forte para homens, como indicado pela correlação mais alta, e mais fraca para mulheres, como indicada pela correlação mais baixa. (Note que você não pode somar correlações para dois grupos; a correlação deve estar entre –1 e 1.)

863. A –1,5

Correlações estão sempre entre –1 e +1, e –1,5 está fora dessa amplitude.

864. não, porque somente a correlação não estabelece um relacionamento linear causal entre duas variáveis

Uma correlação observada, por mais forte, não é o suficiente para estabelecer um relacionamento linear causal. A correlação observada pode ser devido a inúmeras razões além do relacionamento linear causal, incluindo variáveis de confusão (variáveis não inclusas no estudo que poderiam afetar os resultados), como idade ou gênero. Por exemplo, se você quer diminuir seu peso, não poderá diminuir sua altura.

865. altura

Altura é a variável *X* porque você está usando altura para prever peso. Altura é a variável independente (explicativa) na equação, e peso é a variável dependente (de resposta).

866. linear positivo e forte

Como existe uma tendência linear no diagrama de dispersão de duas variáveis, uma correlação de 0,74 indica um relacionamento linear positivo e forte entre as duas variáveis. Neste caso, números maiores de minutos de estudo estão associados a Médias Gerais mais altas e números menores de minutos de estudo correspondem a Médias Gerais menores.

867. E. 450 minutos

Dada a correlação positiva e forte entre minutos estudando e Médias Gerais, você pode prever que alunos que passam mais minutos estudando teriam as maiores Médias Gerais em média. Isso não é necessariamente verdade para cada aluno; é uma previsão com base na informação dada.

868. negativo e fraco

Uma correlação de –0,38 indica um relacionamento linear negativo e fraco entre duas variáveis. Neste caso, números altos de minutos assistindo TV são normalmente associados com Média Geral baixa e números baixos de minutos assistindo TV correspondem com Média Geral alta, mas a relação linear é bastante fraca.

869. A. 30

A relação linear entre minutos assistindo TV e Média Geral é moderadamente forte e negativa; porque o diagrama de dispersão parece bem e a correlação é moderadamente forte, você poderia prever que o aluno que passa a menor quantidade de tempo assistindo TV teria a maior Média Geral.

870. Média Geral

Embora este estudo não possa estabelecer um relacionamento linear causal meramente do relacionamento linear entre essas duas variáveis, é interessante ver se o tempo gasto estudando significa uma Média Geral mais alta em vez do contrário.

871. B. A relação linear é mais forte para os estudantes de engenharia.

Quanto mais próximo o valor absoluto da correlação é de 1, mais forte o relacionamento linear se torna. A correlação de 0,48 para estudantes de inglês é mais baixa que a de 0,78 para estudantes de engenharia, indicando um relacionamento linear mais forte para estudantes de engenharia e um relacionamento linear mais fraco para estudantes de inglês.

872. Você cometeu um erro nos seus cálculos.

O valor de uma correlação deve estar entre –1 e +1. O valor de –2,56 está fora dessa amplitude e assim indica que você cometeu um erro em seus cálculos.

873. renda

Renda é a variável X porque você está usando a renda para prever a satisfação de vida. Renda é a variável independente (explicativa) na equação e satisfação de vida é a variável dependente (de resposta).

874. 0,58

Para encontrar a inclinação de uma linha de regressão, use esta fórmula:

$$m = \left(r \frac{s_y}{s_x} \right)$$

Onde s_y é o desvio padrão de y, s_x é o desvio padrão de x e r é a correlação. Neste caso, a variável X é a renda porque está sendo usada para prever a satisfação de vida (Y). Substitua os valores na fórmula para resolver:

$$\begin{aligned} m &= \left(r \frac{s_y}{s_x} \right) \\ &= \left[0{,}77 \left(\frac{12{,}5}{16{,}7} \right) \right] \\ &\approx 0{,}58 \end{aligned}$$

875. 13,7

Para encontrar a interseção-*y* de uma linha de regressão, use esta fórmula:

$$b = \bar{y} - m\bar{x}$$

onde $\bar{x}$ é a média de x, m é a inclinação e $\bar{y}$ é a média de y. Neste caso, a variável X é a renda porque está sendo usada para prever a satisfação de vida (Y). Substitua os valores na fórmula para resolver:

$$\begin{aligned} b &= \bar{y} - m\bar{x} \\ &= 60{,}4 - 0{,}58\,(80{,}5) \\ &= 60{,}4 - 46{,}69 \\ &= 13{,}7 \end{aligned}$$

876. $y = 0{,}58x + 13{,}7$

Esta equação prevê a satisfação de vida (Y) a partir da renda (X), com uma inclinação de 0,58 e uma interseção-*y* de 13,7.

877. E. Alternativas (B) e (C) (prever satisfação para alguém com uma renda de R$45.000,00; prever satisfação para alguém com uma renda de R$200.000,00)

Em regressão, extrapolação significa usar uma equação para fazer previsões fora da amplitude dos dados usados para fazer a equação. Neste caso, rendas de R$45.000,00 e R$200.000,00 caem fora da amplitude dos dados usados para encontrar a equação de regressão. Como você não tem dados que se estendam tão longe, não pode ter certeza de que existe a mesma tendência linear para esses valores.

878. R$190,00

Para descobrir o custo previsto, use a equação y = R\$50,00x + R\$65,00, substituindo x com o número dado de horas para completar o trabalho. Neste caso, x = 2,5, então y = R\$50,00(2.5) + R\$65,00 = R\$190,00

879. R$302,50

Para descobrir o custo previsto, use a equação y = R\$50,00x + R\$65,00, substituindo x com o número dado de horas para completar o trabalho. Neste caso, x = 4,75, então y = R\$50,00(4,75) + R\$65,00 = R\$302,50

880. R$12,50

Você pode resolver este problema de duas maneiras.

Primeiro, a inclinação mede a mudança em custo (Y) para uma dada mudança no número de horas (X). Então você pode simplesmente calcular a mudança em horas (3,74 – 3,50 = 0,25) e então multiplicar pela inclinação (50) para conseguir a diferença em custo, (0,25)(50) = R\$12,50.

Segundo, você pode calcular os custos com base nos dois números de horas e então pegar a diferença. Então substitua x = 3,75 (horas) na equação e substitua x = 3,50 (horas) na equação, calcule seus valores y (custos) e subtraia. Então você tem

y = R\$50,00(3,75) + R\$65,00 = R\$252,50

y = R\$50,00(3,50) + R\$65,00 = R\$240,00

Subtraia esses dois valores para conseguir R\$252,50 – R\$240,00 = R\$12,50.

Isso significa que prevê-se que o trabalho custe R\$12,50 a mais se as horas aumentarem de 3,50 para 3,75.

881. R$175,00

Se a interseção é R\$75,00 enquanto a inclinação continuar a mesma, a nova equação para prever custos será x = 50x + R\$75,00.

Neste caso, x = 2, então y = R\$50,00(2) + R\$75,00 = R\$175,00.

882. R$10,00

Como a inclinação é a mesma nas duas equações, você precisa considerar apenas a diferença na interseção: R\$75,00 – R\$65,00 = R\$10,00.

883. R$203,00

Se a inclinação é R$60,00 e a interseção é R$65,00, a equação para prever custos é y = R$60,00$x$ + R$65,00.

Neste caso, x = 2.3, então y = R$60,00(2,3) + R$65,00 = R$203,00.

884. R$36,00

Você pode resolver este problema de duas maneiras.

A equação para a linha de regressão prevendo custos no ano corrente é y = R$50,00$x$ + R$65,00. A equação para o ano anterior é y = R$60,00$x$ + R$65,00.

Primeiro, a inclinação (50) mede a mudança em custo (y) para uma dada mudança no número de horas (x). Então você pode simplesmente calcular a mudança na inclinação (60 – 50 = 10), então multiplique pela hora (3,6) para pegar a diferença em custo, (10)(3,6) = R$36,00.

Segundo, você pode calcular os custos com base em ambos os números de horas, então pegue a diferença. Então substitua x = 36 (horas) em ambas as equações, calcule o custo em cada ano e subtraia.

y = R$50,00(3,6) + R$65,00 = R$245,00

y = R$60,00(3,6) + R$65,00 = R$281,00

Subtraia estes dois valores para conseguir R$281,00 – R$245,00 = R$36,00.

Os custos no ano anterior teriam sido R$36,00 mais altos do que no ano atual para um trabalho requerendo 3,6 horas para completar.

885. interseção-y = 62; inclinação = 1,4

Esta equação é escrita na forma $y = mx + b$, onde m é a inclinação e b é a interseção-y. Portanto, na equação de regressão $y = 1{,}4x + 62$, 62 é a interseção-y e 1,4 é a inclinação.

886. a quantidade de mudança esperada em y para uma mudança de uma unidade em x.

A inclinação é a quantidade de mudança que você pode esperar no valor da variável y quando a variável x muda em uma unidade.

887. o ponto onde a linha de regressão cruza o eixo-y

A interseção-y é o valor de y quando $x = 0$. É o mesmo que o ponto onde a linha de regressão cruza o eixo-y. Se o valor de $x = 0$ não está dentro da amplitude de valores observados de x, então você não pode interpretar o valor y nesse ponto. Entretanto, você ainda usa a interseção-y como parte da equação da linha de regressão.

888. 90 pontos

Para encontrar a taxa esperada de satisfação no trabalho, use a equação de regressão para prever satisfação no trabalho (y), substitua o valor de x (anos de experiência) e calcule y:

$$y = 1{,}4x + 62$$

Neste caso, $x = 20$, então $y = 1{,}4(20) + 62 = 90$.

Então a taxa esperada de satisfação no trabalho para um empregado com 20 anos de experiência, em uma escala de 0 a 100, é 90 pontos.

889. 64,8 pontos

Para encontrar a taxa esperada de satisfação no trabalho, use a equação de regressão para prever satisfação no trabalho (y), substitua o valor de x (anos de experiência) e calcule y:

$$y = 1{,}4x + 62$$

Neste caso, $x = 2$, então $y = 1{,}4(2) + 62 = 64{,}8$.

Então a taxa esperada de satisfação no trabalho para um empregado com 2 anos de experiência, em uma escala de 0 a 100, é 64,8 pontos.

890. 9,8 pontos

Para encontrar a taxa esperada de satisfação no trabalho, use a equação de regressão para prever satisfação no trabalho (y), substitua o valor de x (anos de experiência) e calcule y:

$$y = 1{,}4x + 62$$

Neste caso, você substitui ambos os anos de experiência ($x = 15$ anos e $x = 8$ anos) na equação, calcule seus valores y (satisfação) e então encontre a diferença, da seguinte forma:

$$y = 1{,}4(15) + 62 = 83$$

$$y = 1{,}4(8) + 62 = 73{,}2$$

$$83 - 73{,}2 = 9{,}8$$

Ou, como a inclinação (1,4) mede a mudança em satisfação para uma dada mudança em anos de experiência (x), você pode simplesmente calcular a mudança na taxa de satisfação no trabalho ($15 - 8 = 7$) e então multiplicar pela inclinação (1,4) para conseguir a diferença: $1{,}4(7) = 9{,}8$.

Qualquer método que você escolha, as respostas são sempre as mesmas: É esperado que uma pessoa com 15 anos de experiência tenha uma taxa de 9,8 pontos maior em satisfação no trabalho do que alguém com 8 anos de experiência.

891. 21,0 pontos

Para encontrar a taxa esperada de satisfação no trabalho, use a equação de regressão para prever satisfação no trabalho (y), substitua o valor de x (anos de experiência) e calcule y:

$$y = 1,4x + 62$$

Neste caso, você substitui ambos os anos de experiência ($x = 15$ anos e $x = 0$ anos) na equação, calcule seus valores y (satisfação) e então encontre a diferença, da seguinte forma:

$$y = 1,4(15) + 62 = 83$$

$$y = 1,4(0) + 62 = 62$$

$$83 - 62 = 21$$

Ou, como a inclinação (1,4) mede a mudança em satisfação para uma dada mudança em anos de experiência (x), você pode simplesmente calcular a mudança na taxa de satisfação no trabalho ($15 - 0 = 15$) e então multiplicar pela inclinação (1,4) para conseguir a diferença: $1,4(15) = 21$.

Qualquer método que você escolha, as respostas são sempre as mesmas: É esperado que uma pessoa com 15 anos de experiência tenha uma taxa de 21 pontos maior em satisfação no trabalho do que alguém com 0 anos de experiência.

892. 16,1 pontos

Para encontrar a taxa esperada de satisfação no trabalho, use a equação de regressão para prever satisfação no trabalho (y), substitua o valor de x (anos de experiência) e calcule y:

$$y = 1,4x + 62$$

Neste caso, você substitui ambos os anos de experiência ($x = 11,5$ anos e $x = 0$ anos) na equação, calcule seus valores y (satisfação) e então encontre a diferença, da seguinte forma:

$$y = 1,4(11,5) + 62 = 78,1$$

$$y = 1,4(0) + 62 = 62$$

$$78,1 - 62 = 16,1$$

Ou, como a inclinação (1,4) mede a mudança em satisfação para uma dada mudança em anos de experiência (x), você pode simplesmente calcular a mudança na taxa de satisfação no trabalho ($11,5 - 0 = 11,5$) e então multiplicar pela inclinação (1,4) para conseguir a diferença: $1,4(11,5) = 16,1$.

Qualquer método que você escolha, as respostas são sempre as mesmas: É esperado que uma pessoa com 11,5 anos de experiência tenha uma taxa de 16,1 pontos maior em satisfação no trabalho do que alguém com 0 anos de experiência.

893. 5

As linhas de regressão têm a mesma inclinação, mas diferentes interseções-*y*. Portanto, para empregados das duas empresas com os mesmos anos de experiência, a única diferença em suas taxas de satisfação no trabalho previstas é a diferença nas interseções-*y*: 67 – 62 = 5.

894. R$100.100,00

Para encontrar o valor de mercado esperado, use a equação de regressão para a Comunidade 1 e substitua o valor de x (área):

$$\begin{aligned} y_1 &= 77x_1 - 15.400 \\ &= 77(1.500) - 15.400 \\ &= 115.500 - 15.400 \\ &= 100.100 \end{aligned}$$

Então o valor de mercado esperado para uma casa de 1.500 pés quadrados na Comunidade 1 é R$100.100,00.

895. R$126.280,00

Para encontrar o valor de mercado esperado, use a equação de regressão para a Comunidade 1 e substitua o valor de x (área):

$$\begin{aligned} y_1 &= 77x_1 - 15.400 \\ &= 77(1.840) - 15.400 \\ &= 141.680 - 15.400 \\ &= 126.280 \end{aligned}$$

Então o valor de mercado esperado para uma casa de 1.840 pés quadrados na Comunidade 1 é R$126.280,00.

896. R$99.700,00

Para encontrar o valor de mercado esperado, use a equação de regressão para a Comunidade 2 e substitua o valor de x (área):

$$\begin{aligned} y_2 &= 74x_2 - 11.300 \\ &= 74(1.500) - 11.300 \\ &= 111.000 - 11.300 \\ &= 99.700 \end{aligned}$$

Então o valor de mercado esperado para uma casa de 1.500 pés quadrados na Comunidade 2 é R$99.700,00.

897. R$61.220,00

Para encontrar o valor de mercado esperado, use a equação de regressão para a Comunidade 2 e substitua o valor de *x* (área):

$$\begin{aligned} y_2 &= 74x_2 - 11.300 \\ &= 74(980) - 11.300 \\ &= 72.520 - 11.300 \\ &= 61.220 \end{aligned}$$

Então o valor de mercado esperado para uma casa de 980 pés quadrados na Comunidade 2 é R$61.220,00.

898. A casa na Comunidade 2 tem um valor de mercado esperado de R$1.100,00 a mais que a casa na Comunidade 1.

Porque a inclinação e a interseção-*y* são ambas diferentes para as duas equações, você precisa calcular o valor esperado para cada casa e então encontrar sua diferença. Em ambos os casos, $x = 1.000$.

Para a casa na Comunidade 1, o valor de mercado esperado é

$$\begin{aligned} y_1 &= 77x - 15.400 \\ &= 77(1.000) - 15.400 \\ &= 77.000 - 15.400 \\ &= 61.600 \end{aligned}$$

Para a casa na Comunidade 2, o valor de mercado esperado é

$$\begin{aligned} y_2 &= 74x - 11.300 \\ &= 74(1.000) - 11.300 \\ &= 74.000 - 11.300 \\ &= 62.700 \end{aligned}$$

A diferença nesses dois valores é $62.700 - 61.600 = 1.100$, com a casa na Comunidade 2 tendo o valor mais alto.

899. A casa na Comunidade 2 tem um valor de mercado esperado de R$760.00 a menos que a casa na Comunidade 1.

Como a inclinação e a interseção-*y* são ambas diferentes para as duas equações, você precisa calcular o valor esperado para cada casa e então encontrar sua diferença. Em ambos os casos, $x = 1.620$.

Para a casa na Comunidade 1, o valor de mercado esperado é

$$\begin{aligned} y_1 &= 77x - 15.400 \\ &= 77(1.620) - 15.400 \\ &= 124.740 - 15.400 \\ &= 109.340 \end{aligned}$$

Para a casa na Comunidade 2, o valor de mercado esperado é

$$\begin{aligned} y_2 &= 74x - 11.300 \\ &= 74(1.620) - 11.300 \\ &= 119.880 - 11.300 \\ &= 108.580 \end{aligned}$$

A diferença nesses dois valores é 108.580 – 109.340 = –760, com a casa na Comunidade 2 tendo o valor mais baixo.

900. A casa na Comunidade 1 tem um valor de mercado esperado de R$1.690,00 a mais que a casa na Comunidade 2.

Como a inclinação e a interseção-*y* são ambas diferentes para as duas equações, você precisa calcular o valor esperado para cada casa e então encontrar sua diferença. Em ambos os casos, $x = 1.930$.

Para a casa na Comunidade 1, o valor de mercado esperado é

$$\begin{aligned} y_1 &= 77x - 15.400 \\ &= 77(1.930) - 15.400 \\ &= 148.610 - 15.400 \\ &= 133.210 \end{aligned}$$

Para a casa na Comunidade 2, o valor de mercado esperado é

$$\begin{aligned} y_2 &= 74x - 11.300 \\ &= 74(1.930) - 11.300 \\ &= 142.820 - 11.300 \\ &= 131.520 \end{aligned}$$

A diferença nesses dois valores é 131.520 – 133.210 = –1.690, com a casa na Comunidade 1 tendo o valor mais alto.

901. A casa na Comunidade 1 tem um valor de mercado esperado de R$8.200,00 a menos que a casa na Comunidade 2.

Como a inclinação e a interseção-*y* são ambas diferentes para as duas equações, você precisa calcular o valor esperado para cada casa e então encontrar sua diferença. Neste caso, $x_1 = 1.100$ e $x_2 = 1.200$.

Para a casa na Comunidade 1, o valor de mercado esperado é

$$\begin{aligned} y_1 &= 77x - 15.400 \\ &= 77(1.100) - 15.400 \\ &= 84.700 - 15.400 \\ &= 69.300 \end{aligned}$$

Para a casa na Comunidade 2, o valor de mercado esperado é

$$\begin{aligned} y_2 &= 74x - 11.300 \\ &= 74(1.200) - 11.300 \\ &= 88.800 - 11.300 \\ &= 77.500 \end{aligned}$$

A diferença nesses dois valores é 77.500 – 69.300 = 8.200, com a casa na Comunidade 1 tendo o valor mais baixo.

902. E. Alternativas (B) e (C) (estimar o valor de mercado de uma casa na Comunidade 1 com 2.900 pés quadrados; estimar o valor de mercado de uma casa na Comunidade 1 com 750 pés quadrados)

Extrapolação significa aplicar uma equação de regressão para valores além da amplitude incluída no conjunto de dados usado para criar a equação de regressão. Neste caso, ambos, 750 pés quadrados e 2.900 pés quadrados, estão fora da amplitude do conjunto de dados usado para criar a mesma tendência linear existente para esses valores.

903. 545

Para encontrar a resposta, substitua o valor-x dado de 360 na equação e resolva:

ENEM = 725 – 0,5(360) = 545

904. 425

Para encontrar a resposta, substitua o valor-x dado de 600 na equação e resolva:

ENEM = 725 – 0,5(600) = 425

905. Aluno A, Aluno C, Aluno B

Como o coeficiente para minutos assistindo TV é negativo, os alunos que assistem a menor quantidade de TV terão as maiores notas do ENEM previstas. Neste exemplo, o Aluno A assiste a menor quantidade de TV, seguido pelo Aluno C e Aluno B.

906. US$42.700,00

Use a equação de regressão para a Empresa 1 e substitua o valor x_1 de 6:

$$\begin{aligned} y_1 &= 6,7(6) + 2,5 \\ &= 40,2 + 2,5 \\ &= 42,7 \end{aligned}$$

Esta resposta é em milhares de dólares, então multiplique por US$1.000,00: 42,7(US$1.000,00) = US$42.700,00.

907. US$116.400,00

Use a equação de regressão para a Empresa 1 e substitua o valor x_1 de 17:

$$\begin{aligned} y_1 &= 6{,}7\,(17) + 2{,}5 \\ &= 113{,}9 + 2{,}5 \\ &= 116{,}4 \end{aligned}$$

Esta resposta é em milhares de dólares, então multiplique por US$1.000,00: 116.410,00) = U$116.400,00.

908. US$19.200,00

Use a equação de regressão para a Empresa 2 e substitua o valor x_2 de 2,5:

$$\begin{aligned} y_2 &= 7{,}2\,(2{,}5) + 1{,}2 \\ &= 18 + 1{,}2 \\ &= 19{,}2 \end{aligned}$$

Esta resposta é em milhares de dólares, então multiplique por US$1.000,00: 19,2(US$1.000,00) = US$19.200,00.

909. US$43.200,00

Você pode encontrar a diferença exata de duas maneiras.

Primeiro, você pode calcular o salário de cada empregado com base em seus respectivos anos de experiência e então encontrar a diferença, desta forma:

$$7{,}2(13) + 1{,}2 = 94{,}8$$

$$7{,}2(7) + 1{,}2 = 51{,}6$$

$$94{,}8 - 51{,}6 = 43{,}2$$

Converta essas diferenças para milhares de dólares: 43,2(US$1.000,00) = US$43.200,00.

Ou, como a inclinação mede a mudança no salário (y) para uma dada mudança em anos de experiência (x), você pode simplesmente calcular a diferença em anos ($13 - 7 = 6$) e então multiplicar pela inclinação para conseguir a diferença no salário:

$$y = (6)(7{,}2) = 43{,}2$$

Converta para dólares inteiros: 43,2(US$1.000,00) = US$43.200,00.

Qualquer método que escolher, a resposta será a mesma: Você espera que um empregado de meio período da Empresa 2 com 13 anos de experiência ganhe US$43.200,00 a mais que um com 7 anos de experiência.

910. US$38.160,00

Você pode encontrar a diferença exata de duas maneiras.

Primeiro, você pode calcular o salário de cada empregado com base em seus respectivos anos de experiência e então encontrar a diferença, desta forma:

$$7{,}2(6{,}5) + 1{,}2 = 48$$

$$7{,}2(1{,}2) + 1{,}2 = 9{,}84$$

$$48 - 9{,}84 = 38{,}16$$

Converta essas diferenças para milhares de dólares: 38,16(US$1.000,00) = US$38.160,00.

Ou, como a inclinação mede a mudança no salário (y) para uma dada mudança em anos de experiência (x), você pode simplesmente calcular a diferença em anos ($6{,}5 - 1{,}2 = 5{,}3$) e então multiplicar pela inclinação para conseguir a diferença no salário:

$$y = (5{,}3)(7{,}2) = 38{,}16$$

Converta para dólares inteiros: 38,16(US$1.000,00) = US$38.160,00.

Qualquer método que escolher, a resposta será a mesma: Você espera que um empregado de meio período da Empresa 2 com 6,5 anos de experiência ganhe US$38.160,00 a mais que um com 1,2 anos de experiência.

911. Empresa 1

O salário inicial é o salário associado a 0 anos de experiência. Isso significa que os termos x caem fora das equações (sendo multiplicado por 0, ambos são iguais a 0), e você encontra a resposta comparando as interseções-y. Uma interseção-y maior significa um salário inicial maior.

Para a Empresa 1, a interseção-y é 2,5. Para a Empresa 2, a interseção-y é 1,2. Portanto, o salário inicial é maior na Empresa 1.

912. Empresa 2

A taxa de aumento é a quantidade que espera-se que o salário aumente com cada ano adicional de emprego. Para descobrir qual é maior, compare as inclinações; a empresa com o maior declive terá a maior taxa de aumento.

Para a Empresa 1, a inclinação é 6,7. Para a Empresa 2, a inclinação é 7,2. Portanto, a taxa de aumento é maior na Empresa 2.

913. Espera-se que o empregado na Empresa 1 ganhe US$18.200,00 a menos que o outro.

Como as inclinações e as interseções-*y* ambos diferem nessas equações, você deve calcular o salário esperado para cada caso e então compará-los. Para este exemplo, $x_1 = 3$ e $x_2 = 5{,}5$.

Para o empregado na Empresa 1, o salário esperado (em milhares de dólares) é

$$\begin{aligned} y_1 &= 6{,}7x + 2{,}5 \\ &= 6{,}7(3) + 2{,}5 \\ &= 20{,}1 + 2{,}5 \\ &= 22{,}6 \end{aligned}$$

Para o empregado na Empresa 2, o salário esperado (em milhares de dólares) é

$$\begin{aligned} y_2 &= 7{,}2x + 1{,}2 \\ &= 7{,}2(5{,}5) + 1{,}2 \\ &= 39{,}6 + 1{,}2 \\ &= 40{,}8 \end{aligned}$$

A diferença entre os dois salários esperados é $40{,}8 - 22{,}6 = 18{,}2$.

Esta resposta é em milhares de dólares, então multiplique por US$1.000,00: 18,2(US$1.000,00) = US$18.200,00. O empregado na Empresa 2 tem o maior salário esperado.

914. Espera-se que o empregado na Empresa 1 ganhe US$4.200,00 a menos que o outro.

Como as inclinações e as interseções-*y* ambos diferem nessas equações, você deve calcular o salário esperado para cada caso e então compará-los. Para este exemplo, $x_1 = 3{,}8$ e $x_2 = 4{,}3$.

Para o empregado na Empresa 1, o salário esperado (em milhares de dólares) é

$$\begin{aligned} y_1 &= 6{,}7x + 2{,}5 \\ &= 6{,}7(3{,}8) + 2{,}5 \\ &= 25{,}46 + 2{,}5 \\ &= 27{,}96 \end{aligned}$$

Para o empregado na Empresa 2, o salário esperado (em milhares de dólares) é

$$\begin{aligned} y_2 &= 7{,}2x + 1{,}2 \\ &= 7{,}2(4{,}3) + 1{,}2 \\ &= 30{,}96 + 1{,}2 \\ &= 32{,}16 \end{aligned}$$

A diferença entre os dois salários esperados é 32,16 – 27,96 = 4,2.

Esta resposta é em milhares de dólares, então multiplique por US$1.000,00: 4,2(US$1.000,00) = US$4.200,00. O empregado na Empresa 2 tem o maior salário esperado.

915. E. Alternativas (A), (B) e (C) (replicação desse estudo em outras empresas; um estudo longitudinal monitorando o crescimento em salários de empregados individuais enquanto os anos de emprego aumentam; somam variáveis adicionais ao modelo para controlar outras influências no salário)

Embora observar uma relação linear forte entre salário e anos de experiência não seja o suficiente para retirar inferências causais, informações adicionais podem fortalecer sua habilidade de retirar tais inferências. Exemplos de estudos que podem fortalecer inferência causal incluem estudos de replicação, estudos longitudinais e estudos incluindo variáveis adicionais para controlar para outras influências na variável de resultado.

916. D. Alternativas (A) e (B) (tipo sanguíneo; país de origem)

O tipo sanguíneo (A, AB, B ou O) e o país de origem são ambos categóricos porque os dados podem assumir um conjunto limitado de valores e os valores não possuem significado numérico. Renda anual é contínua em vez de categórica porque os dados podem assumir um número infinito de valores e os valores possuem significado numérico.

917. E. Alternativas (A), (B) e (C) (gênero; cor de cabelo; CEP)

Gênero, cor de cabelo e CEP são todos categóricos porque os dados podem assumir um conjunto limitado de valores e os valores não possuem significado numérico. Embora CEPs sejam escritos com símbolos numéricos (por exemplo, 10.024), os dígitos são símbolos em vez de números que podem ser somados, subtraídos e assim por diante.

918. E. Alternativas (C) e (D) (posse de casa própria (sim/não); gênero)

Para uma tabela de duas vias, os dados devem ser categóricos. Anos de educação e altura são numéricos e podem assumir um número indeterminado de valores possíveis e podem até ser considerados contínuos, não categóricos. Gênero e posse de casa própria são categóricos e podem ser usados em uma tabela de duas vias.

919. E. Alternativas (A), (B) e (C) (se alguém é graduado no ensino médio; se alguém é graduado na universidade; o nível mais alto de escolaridade completo)

Se alguém é graduado no ensino médio e *se alguém é graduado na universidade*, ambos claramente tem dois valores possíveis — sim ou

Respostas 901–1001

não — e podem ser considerados apropriados para uma tabela de duas vias. *O nível mais alto de escolaridade completo* também é uma variável categórica cujos valores possíveis podem ser listados (por exemplo, "mais baixo que o ensino médio", "formado no ensino médio", "alguma faculdade", "graduado na faculdade", e "escola de graduação"). Portanto, também é apropriado para uma tabela de duas vias.

920. 4

Uma tabela 2x2 é um termo que significa uma tabela de duas vias com exatamente duas linhas e duas colunas. As duas linhas representam as duas categorias possíveis para uma das variáveis e as duas colunas representam as duas categorias possíveis para a outra variável. Para encontrar o número de células em uma tabela, multiplique o número de linhas pelo número de colunas. Uma tabela 2x2 tem duas linhas e duas colunas, então tem quatro células: (2)(2) = 4. Essas representam as quatro combinações possíveis dos valores das duas variáveis.

921. o número de todos os alunos inquiridos que são tanto homens quanto a favor de um aumento

Em uma tabela de tabulação cruzada, o número em uma célula individual representa os casos que têm as características descritas pela linha e coluna interceptando aquela célula. Neste exemplo, 72 está na célula na interseção da linha para *Homem* e na coluna para *A Favor do Aumento da Taxa*, então 72 representa o número de alunos que são tanto homens quanto a favor de um aumento.

922. o número de todos os alunos inquiridos que são mulheres e contra o aumento

Em uma tabela de tabulação cruzada, o número em uma célula individual representa os casos que têm as características descritas pela linha e coluna interceptando aquela célula. Neste exemplo, 132 está na célula na interseção da linha para *Mulher* e na coluna para Contra *o Aumento da Taxa*, então 132 representa o número de alunos que são tanto homens quanto a favor de um aumento.

923. 48

Para encontrar o número de alunos inquiridos que são tanto mulheres quanto a favor do aumento da taxa, encontre a célula onde a linha para *Mulher* e a coluna *A Favor do Aumento da Taxa* interceptam. O valor nesta célula é 48. A palavra-chave nesta pergunta é *e*, que significa interseção.

924. 180

Para encontrar o número total de alunos homens incluídos nesta enquete (de 360 alunos inquiridos), some os valores na linha identificada como *Homem*: 72 + 108 = 180.

Esta soma representa todos os alunos que são homens e a favor do aumento mais todos os alunos que são homens e contra o aumento.

925. 180

Para encontrar o número total de alunas mulheres incluídas nesta enquete (de 360 alunos inquiridos), some os valores na linha identificada como *Mulher*: 48 + 132 = 180.

Esta soma representa todas as alunas que são mulheres e a favor do aumento mais todas as alunas que são mulheres e contra o aumento.

926. 120

Para encontrar o número total de alunos a favor do aumento da taxa (de 360 alunos inquiridos), some os valores na coluna identificada como *A Favor do Aumento da Taxa*: 72 + 48 = 120.

Esta soma representa todos os alunos que são a favor do aumento e homens mais todos os alunos que são a favor do aumento e mulheres.

927. 240

Para encontrar o número total de alunos contra o aumento da taxa (de 360 alunos inquiridos), some os valores na coluna identificada como Contra *o Aumento da Taxa*: 108 + 132 = 240.

Esta soma representa todos os alunos que são contra o aumento e homens mais todos os alunos que são contra o aumento e mulheres.

928. 360

Para encontrar o número total de alunos que participaram da enquete, some os valores de todas as quatro células na tabela 2x2: 72 + 108 + 48 + 132 = 360.

929. 0,40

Uma proporção envolve uma fração, incluindo um numerador e um denominador. O denominador é a chave porque ele representa o número total de indivíduos no grupo que você está olhando e você pode estar observando diferentes grupos de problema em problema.

Para encontrar a proporção de alunos homens que são a favor do aumento da taxa, você divide o número de alunos que são homens e a favor do aumento da taxa (72) pelo número total de alunos homens na enquete (72 + 108 = 180):

$$\frac{72}{180} = 0{,}4$$

Respostas 901–1001

Note que você não divide por 360 (todos os alunos inquiridos) porque a pergunta lhe pede para encontrar a *proporção de alunos homens*, não alunos homens e mulheres, que são a favor do aumento. Então divida pelo número total de alunos homens inquiridos (180).

930. 0,73

Uma proporção envolve uma fração, incluindo um numerador e um denominador. O denominador é a chave porque ele representa o número total de indivíduos no grupo que você está olhando e você pode estar observando diferentes grupos de problema em problema.

Para encontrar a proporção de alunas mulheres que são contra o aumento da taxa, você divide o número de alunas que são mulheres e contra o aumento da taxa (132) pelo número total de alunas mulheres na enquete (132 + 48 = 180):

$$\frac{132}{180} \approx 0,73$$

Note que você não divide por 360 (todos os alunos inquiridos) porque a pergunta lhe pede para encontrar a *proporção de alunas mulheres*, não ambos, alunos mulheres e homens, que são contra o aumento. Então você divide pelo número total de alunas mulheres inquiridas (180).

931. 0,67

Uma proporção envolve uma fração, incluindo um numerador e um denominador. O denominador é a chave porque ele representa o número total de indivíduos no grupo que você está olhando e pode-se estar olhando para diferentes grupos de problema em problema.

Para encontrar a proporção de todos os alunos que são contra o aumento da taxa, divida o número total de alunos que são contra o aumento da taxa (108 + 132 = 240) pelo número total de alunos na enquete (108 + 132 + 72 + 48 = 360):

$$\frac{240}{360} \approx 0,67$$

Note que você divide por 360 aqui porque você quer a proporção de *todos* os alunos.

932. a porcentagem de mulheres inquiridas que são a favor do aumento da taxa

Este gráfico de pizza representa as opiniões apenas das 180 mulheres que foram inquiridas, não de todos os alunos que foram inquiridos, então você usará 180 como o denominador para calcular a porcentagem de mulheres inquiridas. De acordo com a tabela, das 180 mulheres inquiridas, 48 delas são a favor do aumento, então a proporção de mulheres que são a favor do aumento da taxa é

$$\frac{48}{180} \approx 0{,}27, \text{ ou } 27\%$$

933. a porcentagem de todos os alunos que são a favor do aumento da taxa

Este gráfico de pizza representa as opiniões de todos os 360 alunos inquiridos, então você divide por 36 para fazer seus cálculos.

Dos 360 alunos, 120 deles são a favor do aumento, então a proporção de todos os alunos que são a favor do aumento é

$$\frac{120}{360} \approx 0{,}33, \text{ ou } 33\%$$

934. a porcentagem de todas as alunas que são mulheres e são contra o aumento

Olhando os dados do levantamento da tabela 2x2, você vê que existem 360 alunos no total. Para encontrar o número correspondente a 37% desses alunos, converta 37% para uma proporção dividindo por 100 e então multiplique esse resultado por 360:

$$\frac{37}{100} = 0{,}37$$
$$(0{,}37)(360) = 133{,}2$$

A diferença entre 133,2 e 132 é devido ao arredondamento:

$$\frac{132}{360} = 0{,}3\bar{6}$$

que arredonda para cima para 0,37. O valor mais próximo na tabela é 132, então 37% representa a porcentagem de todas as alunas que são mulheres e contra o aumento.

Nota: Se os resultados fossem baseados apenas em mulheres na enquete, você dividiria por 180, o número total de mulheres. Se o resultado fosse baseado apenas naqueles alunos contra o aumento da taxa, dividiria o número total de alunos inquiridos contra o aumento da taxa.

Você pode verificar isso encontrando qual porcentagem de alunos em cada outra célula na tabela representa:

$$\frac{48}{360} = 0{,}1\bar{3}, \text{ ou } 13\%$$
$$\frac{72}{360} = 0{,}2, \text{ ou } 20\%$$
$$\frac{108}{360} = 0{,}3, \text{ ou } 30\%$$

935. a porcentagem de todos os alunos que são homens e a favor do aumento da taxa

Olhando os dados do levantamento da tabela 2x2, você vê que existem 360 alunos no total. Para encontrar o número correspondente a 20% desses alunos, converta 20% para uma proporção dividindo por 100 e então multiplique esse resultado por 360:

$$\frac{20}{100}=0{,}2$$
$$(0{,}2)(360)=72$$

Existem 72 alunos que são homens e a favor do aumento da taxa, então é isso que os 20% representam.

936. porcentagem de todos os alunos que são homens e contra o aumento da taxa

Olhando os dados do levantamento da tabela 2x2, você vê que existem 360 alunos no total. Para encontrar o número correspondente a 30% desses alunos, converta 30% para uma proporção dividindo por 100 e então multiplique esse resultado por 360:

$$\frac{30}{100}=0{,}3$$
$$(0{,}3)(360)=108$$

Existem 108 alunos que são homens e contra o aumento da taxa, então é isso que os 30% representam.

937. a porcentagem de todas as alunas que são mulheres e a favor do aumento da taxa

Olhando os dados do levantamento da tabela 2x2, você vê que existem 360 alunos no total. Para encontrar o número correspondente a 13% desses alunos, converta 13% para uma proporção dividindo por 100 e então multiplique esse resultado por 360:

$$\frac{13}{100}=0{,}13$$
$$(0{,}13)(360)=46{,}8$$

O valor mais próximo na tabela é 48, então 13% representa a porcentagem de alunas que são mulheres e a favor do aumento da taxa.

A diferença entre 46,8 e 48 é devido ao arredondamento:

$$\frac{48}{360}=0{,}1\bar{3}$$

Isso arredonda para baixo para 0,13.

938. 72

Para encontrar o número total de fumantes, some as células na linha identificada como *Fumante*: 48 + 24 = 72.

939. 74

Para encontrar o número total de pacientes com um diagnóstico de hipertensão, some as células na coluna identificada como *Diagnóstico de Hipertensão*: 48 + 26 = 74.

940. 26

Para encontrar o número de pacientes que não são fumantes e têm um diagnóstico de hipertensão, encontre a célula na interseção da linha identificada como *Não-fumante* e a coluna identificada como *Diagnóstico de Hipertensão*: 26.

941. 48

Para encontrar o número de pacientes que são fumantes e têm um diagnóstico de hipertensão, encontre a célula na interseção da linha identificada como F*umante* e a coluna identificada como *Diagnóstico de Hipertensão*: 48.

942. 148

Para encontrar o número total de pacientes no estudo, some os números em cada célula da tabela: 48 + 24 + 26 + 50 = 148.

943. 24

Para encontrar o número de pacientes que não têm um diagnóstico de hipertensão e são fumantes, encontre a célula na interseção da coluna identificada como *Sem Diagnóstico de Hipertensão e da* linha identificada como *Fumante*: 24.

944. 50

Para encontrar o número de pacientes que não têm um diagnóstico de hipertensão e não são fumantes, encontre a célula na interseção da coluna identificada como *Sem Diagnóstico de Hipertensão e da* linha identificada como *Não-Fumante*: 50.

945. 0,65

Para encontrar a proporção de pacientes com um diagnóstico de hipertensão que são fumantes, você foca na primeira coluna da tabela. O número total de pacientes com um diagnóstico de hipertensão é 74: 48 deles são fumantes e 26 são não-fumantes. Então a proporção de pacientes hipertensos que são fumantes é

$$\frac{48}{74} \approx 0{,}65$$

946. 0,35

Para encontrar a proporção de pacientes com um diagnóstico de hipertensão que não são fumantes, você foca na primeira coluna da tabela. O número total de pacientes com um diagnóstico de hipertensão é 74: 48 deles são fumantes e 26 são não-fumantes. Então a proporção de pacientes hipertensos que são fumantes é

$$\frac{26}{74} = 0{,}35$$

947. 0,34

Para encontrar a proporção de não-fumantes com diagnóstico de hipertensão, você foca na segunda linha da tabela, porque está limitado aos 76 não-fumantes. Desse grupo, 26 deles têm diagnóstico de hipertensão. Então divida o número de não-fumantes com diagnóstico de hipertensão pelo número total de não-fumantes:

$$\frac{26}{76} \approx 0{,}34$$

948. 0,66

Para encontrar a proporção de não-fumantes sem diagnóstico de hipertensão, você foca na segunda linha da tabela, porque está limitado aos 76 não-fumantes. Desse grupo, 50 deles não têm diagnóstico de hipertensão. Então divida o número de não-fumantes sem diagnóstico de hipertensão pelo número total de não-fumantes:

$$\frac{50}{76} = 0{,}66$$

949. 0,16

Para encontrar a proporção de todos os pacientes que são fumantes sem diagnóstico de hipertensão, divida o número de pacientes que são fumantes e não têm diagnóstico de hipertensão (24) pelo número total de pacientes (148):

$$\frac{24}{148} \approx 0{,}16$$

950. 0,34

Para encontrar a proporção de todos os pacientes que não são fumantes sem diagnóstico de hipertensão, divida o número de pacientes que não são fumantes e não têm diagnóstico de hipertensão (50) pelo número total de pacientes (148):

$$\frac{50}{148} \approx 0{,}34$$

951. a probabilidade condicional de não fumar, dado o diagnóstico de hipertensão

A porção de 35% está na barra identificada como *Diagnóstico de Hipertensão*, que soma 100%, então esta área é uma probabilidade condicional para aqueles que têm um diagnóstico de hipertensão. Você sabe que nos dados da tabela, entre as pessoas com hipertensão, fumar é mais comum do que não fumar. Então a área menor desta barra deve ser a probabilidade condicional de não fumar, dado o diagnóstico de hipertensão.

Você também pode calcular a probabilidade condicional de não fumar, dado o diagnóstico de hipertensão, dividindo o número de respondentes que não fumam e têm um diagnóstico de hipertensão (26) pelo número total com diagnóstico de hipertensão (74):

$$P(\text{não-fumante} \mid \text{hipertensão}) = \frac{26}{74} \approx 0{,}35$$

Essa notação de probabilidade tem *hipertensão* na parte de trás dos parênteses porque esse é o subgrupo que você está olhando (e o porquê de dividir por 74). O *não-fumante* vai na parte da frente dos parênteses porque queremos saber qual proporção daquele subgrupo é de não-fumantes.

952. a probabilidade condicional de fumar, dado o diagnóstico de hipertensão

A porção de 65% está na barra identificada como *Diagnóstico de Hipertensão*, que soma 100%, então esta área é uma probabilidade condicional para aqueles que têm um diagnóstico de hipertensão. Você sabe que nos dados da tabela, entre as pessoas com hipertensão, fumar é mais comum do que não fumar. Então a área maior desta barra deve ser a probabilidade condicional de fumar, dado o diagnóstico de hipertensão.

Você também pode calcular a probabilidade condicional de fumar, dado um diagnóstico de hipertensão, dividindo o número de respondentes que fumam e têm um diagnóstico de hipertensão (48) pelo número total com diagnóstico de hipertensão (74):

$$P(\text{fumante} \mid \text{hipertensão}) = \frac{48}{74} \approx 0{,}65$$

Essa notação de probabilidade tem *hipertensão* na parte de trás dos parênteses porque esse é o subgrupo que você está olhando (e o porquê de dividir por 74). O *fumante* vai na parte da frente dos parênteses porque queremos saber qual proporção daquele subgrupo é de fumantes.

953. a probabilidade condicional de não fumar, dado o diagnóstico de não ter hipertensão

A porção de 68% está na barra identificada como *Sem Diagnóstico de Hipertensão*, que soma 100%, então esta área é uma probabilidade condicional para aqueles que não têm um diagnóstico de hipertensão. Você sabe que nos dados da tabela, entre as pessoas sem hipertensão, não fumar é mais comum do que fumar. Então a área maior desta barra deve ser a probabilidade condicional de não fumar, dado o diagnóstico de não ter hipertensão.

Você também pode calcular a probabilidade condicional de não fumar, dado o diagnóstico de não ter hipertensão, dividindo o número de respondentes que não fumam e não têm um diagnóstico de hipertensão (50) pelo número total sem diagnóstico de hipertensão (74):

$$P(\text{não-fumante} \mid \text{sem hipertensão}) = \frac{50}{74} \approx 0{,}68$$

Essa notação de probabilidade tem *sem hipertensão* na parte de trás dos parênteses porque esse é o subgrupo que você está olhando (e o porquê de dividir por 74). O *não-fumante* vai na parte da frente dos parênteses porque queremos saber qual proporção daquele subgrupo é de não-fumantes.

954. a probabilidade condicional de não fumar, dado o diagnóstico de não ter hipertensão

A porção de 32% está na barra identificada como *Sem Diagnóstico de Hipertensão*, que soma 100%, então esta área é uma probabilidade condicional para aqueles que não têm um diagnóstico de hipertensão. Você sabe que nos dados da tabela, entre as pessoas sem hipertensão, fumar é menos comum do que não fumar. Então a área menor desta barra deve ser a probabilidade condicional de não fumar, dado o diagnóstico de não ter hipertensão.

Você também pode calcular a probabilidade condicional de fumar, dado o diagnóstico de não ter hipertensão, dividindo o número de respondentes que fumam e não têm um diagnóstico de hipertensão (24) pelo número total sem diagnóstico de hipertensão (74):

$$P(\text{fumante} \mid \text{sem hipertensão}) = \frac{24}{74} \approx 0{,}32$$

Essa notação de probabilidade tem *sem hipertensão* na parte de trás dos parênteses porque esse é o subgrupo que você está olhando (e o porquê de dividir por 74). O *fumante* vai na parte da frente dos parênteses porque queremos saber qual proporção daquele subgrupo é de fumantes.

955. E. Alternativas (A) e (D) (É mais provável que pacientes com um diagnóstico de hipertensão sejam fumantes do que não fumantes; é mais provável que pacientes sem um diagnóstico de hipertensão sejam não fumantes do que fumantes.)

Embora você não queira generalizar muito amplamente de uma única amostra de dados, os padrões encontrados neste conjunto de dados indicam que pacientes com um diagnóstico de hipertensão são mais propensos a serem fumantes (65%) do que não-fumantes (35%) e pacientes sem um diagnóstico de hipertensão são mais propensos a não serem fumantes (68%) do que fumantes (32%).

Você pode encontrar essas porcentagens nos dois gráficos de barra.

956. C. $P(A)$ não depende se B ocorre ou não

A pergunta declara que as variáveis A e B são independentes. Duas variáveis são independentes se a probabilidade de um evento ocorrer não depende se outro evento ocorre; portanto, suas probabilidades não são afetadas pela ocorrência do outro evento.

957. B. Gênero e escolha de curso não são independentes.

Você não sabe nada sobre o *número* de alunos em nenhum grupo; apenas porcentagens lhe são dadas. Se gênero e escolha de curso fossem independentes, você esperaria ver a mesma proporção de homens e mulheres matriculados em cada curso. Em engenharia, 70% dos alunos são homens, mas em inglês 20% são homens. E em engenharia, 30% dos alunos são mulheres, enquanto em inglês 80% são mulheres.

958. B. A mesma proporção de homens e mulheres escolhem se matricular na educação superior.

Note que embora a mesma proporção de homens e mulheres escolherá se matricular, pode não ser verdade que o mesmo número de homens e mulheres escolha se matricular, porque a turma de formandos pode não ter o mesmo número de homens e mulheres.

959. 210

Dados esses dados, se 60% dos eleitores votou pela iniciativa de vínculo e o voto era independente de gênero, você também esperaria que 60% das mulheres eleitoras votem na iniciativa de vínculo. Para encontrar o número esperado de mulheres que votaram na iniciativa de vínculo, multiplique o número total de mulheres eleitoras registradas por 60%: $350(0,6) = 210$.

960. 120

Com esses dados, se 40% dos alunos participam em atividades depois da aula, então 60% não participam, porque 1,0 – 0,4 = 0,6 ou 60%.

Se 60% dos alunos não participam em atividades depois da aula e a participação é independente de gênero, você esperaria que 60% dos meninos não participasse em atividades depois da aula. Para descobrir quantos meninos é 60%, multiplique o número total de alunos homens por 60%: 200(0,6) = 120.

961. 0,33

A *probabilidade marginal* é a probabilidade de ter uma certa característica de uma variável, sem levar em conta a(s) outra(s) variável(is).

Neste caso, a probabilidade marginal de uma pessoa ser vegetariana é a probabilidade de ser vegetariana, sem levar em conta se essa pessoa tem colesterol alto. Nestes dados, 100 adultos são vegetarianos de um total de 300 adultos. Para encontrar a probabilidade marginal, divida o número de vegetarianos pelo número total de adultos:

$$\frac{100}{300} \approx 0,33$$

962. 0,67

A *probabilidade marginal* é a probabilidade de ter uma certa característica de uma variável, sem levar em conta a(s) outra(s) variável(is).

Nesta tabela, existem três categorias dietéticas: vegetariana, vegana e dieta regular. A probabilidade marginal de uma pessoa não ser vegana é a probabilidade de ser ou vegetariana ou ter uma dieta regular, sem levar em conta se essa pessoa tem colesterol alto. Nestes dados, 200 adultos não são veganos, de um total de 300 adultos. Para encontrar a probabilidade marginal divida o número de não-veganos pelo número total de adultos:

$$\frac{200}{300} = 0,67$$

963. 0,33

A *probabilidade marginal* é a probabilidade de ter uma certa característica de uma variável, sem levar em conta a(s) outra(s) variável(is).

Neste exemplo, a probabilidade marginal de uma pessoa ter colesterol alto é a probabilidade de ter colesterol alto sem levar em conta quais os hábitos dietéticos dessa pessoa. Nestes dados, 100 adultos têm colesterol alto de um total de 300 adultos. Para encontrar a probabilidade marginal, divida o número de adultos com colesterol alto pelo número total de adultos:

$$\frac{100}{300} \approx 0,33$$

964. 0,67

A *probabilidade marginal* é a probabilidade de ter uma certa característica de uma variável, sem levar em conta a(s) outra(s) variável(is).

Neste exemplo, a probabilidade marginal de uma pessoa não ter colesterol alto é a probabilidade de não ter colesterol alto sem levar em conta os hábitos dietéticos dessa pessoa. Nestes dados, 200 adultos não têm colesterol alto de um total de 300 adultos. Para encontrar a probabilidade marginal, divida o número de adultos sem colesterol alto pelo número total de adultos.

$$\frac{200}{300} \approx 0{,}67$$

965. E. Alternativas (A) e (C) (A mesma porcentagem de vegetarianos, veganos e com dieta regular terá colesterol alto; entre aqueles com colesterol alto, números iguais serão vegetarianos, veganos e com dieta regular.)

Este conjunto de dados inclui porcentagens iguais de veganos, vegetarianos e pessoas com dieta regular (100/300 = 33,3% cada). Se dieta e nível de colesterol não são relacionados, então a probabilidade de uma variável ocorrer não afeta a probabilidade da outra variável ocorrer. Portanto, a mesma porcentagem de veganos, vegetarianos e pessoas com dieta regular deve ser igualmente representada entre aqueles com colesterol alto.

966. 67

Se dieta e nível de colesterol são independentes, você pode encontrar a probabilidade conjunta multiplicando as frequências marginais e dividindo pelo tamanho amostral.

Nestes dados, existem 100 vegetarianos e 200 adultos sem colesterol alto, dentre 300 adultos.

$$\frac{100(200)}{300} \approx 67$$

967. 33

Se ser vegetariano e ter colesterol alto são independentes, você pode encontrar a probabilidade conjunta multiplicando as frequências marginais e dividindo pelo tamanho amostral.

Nestes dados, existem 100 vegetarianos e 100 adultos com colesterol alto, dentre 300 adultos:

$$\frac{100(100)}{300} \approx 33$$

968. 70

O total marginal de adultos com colesterol alto é 100. Se 10 deles são vegetarianos e 20 são veganos, o restante deve ser de pessoas com dieta regular: 100 – (10 + 20) = 70.

969. 90

o total marginal de vegetarianos é 100. Se 10 deles têm colesterol alto, o restante não deve ter colesterol alto: 100 – 10 = 90.

970. 65

O total marginal de pessoas com dieta regular é 100. Se 35 deles não têm colesterol alto, o restante deve ter colesterol alto: 100 – 35 = 65.

971. 300

Para encontrar o número total de participantes, some os números de cada célula na tabela:

$$60 + 30 + 10 + 40 + 40 + 20 + 20 + 30 + 50 = 300.$$

972. 0,33

A *probabilidade marginal* é a probabilidade de ter uma certa característica de uma variável, sem levar em conta a(s) outra(s) variável(is).

Para encontrar a probabilidade marginal de um indivíduo ter entre 41 a 65 anos de idade, divida o número de participantes entre 41 a 65 anos (40 + 40 + 20 = 100) pelo número total de participantes (60 + 30 + 10 + 40 + 40 + 20 + 20 + 30 + 50 = 300):

$$\frac{100}{300} \approx 0{,}33$$

973. 0,73

A *probabilidade marginal* é a probabilidade de ter uma certa característica de uma variável, sem levar em conta a(s) outra(s) variável(is).

Para encontrar a probabilidade marginal do tipo de telefone mais comumente usado por um respondente não ser um telefone fixo, divida o número de participantes que disseram que usavam mais comumente um smartphone ou outro telefone móvel (60 + 40 + 20 + 30 + 40 + 30 = 220) pelo número total de participantes (60 + 30 +10 + 40 + 40 + 20 + 20 + 30 + 50 = 300):

$$\frac{220}{300} \approx 0,73$$

974. 0,20

A probabilidade conjunta se refere à probabilidade de ter duas ou mais características — neste caso, ser de um grupo etário específico e usar um tipo de telefone específico.

Para encontrar a probabilidade conjunta de um respondente ter entre 18 e 40 anos de idade e que use mais comumente um smartphone, divida o número de participantes entre 18 e 40 anos que usam mais comumente um smartphone (60) pelo número total de participantes (60 + 30 +10 + 40 + 40 + 20 + 20 + 30 + 50 = 300):

$$\frac{60}{300} = 0,20$$

975. 0,17

A probabilidade conjunta se refere à probabilidade de ter duas ou mais características — neste caso, ser de um grupo etário específico e usar um tipo de telefone específico.

Para encontrar a probabilidade conjunta de um respondente ter 66 anos ou mais e mais comumente usar um telefone fixo, divida o número de participantes com 66 anos ou mais que usam mais comumente um telefone fixo (50) pelo número total de participantes (60 + 30 +10 + 40 + 40 + 20 + 20 + 30 + 50 = 300):

$$\frac{50}{300} \approx 0,17$$

976. 40

Para encontrar o número esperado de pessoas entre 18 e 40 anos que preferem um smartphone, se a idade e a preferência por um telefone são independentes, multiplique as frequências marginais para um respondente ter entre 18 e 40 anos de idade (60 + 30 + 10 = 100) e para preferir um smartphone (60 + 40 + 20 = 120) e divida pelo número total de participantes (60 + 30 +10 + 40 + 40 + 20 + 20 + 30 + 50 = 300):

$$\frac{100(120)}{300} = \frac{12.000}{300} = 40$$

977. 33

Para encontrar o número esperado de pessoas de 66 anos ou mais que preferem um telefone móvel, se a idade e a preferência por um telefone são independentes, multiplique as frequências marginais para um respondente ter 66 anos ou mais (20 + 30 + 50 = 100) e para preferir um telefone móvel (30 + 40 + 30 = 100) e divida pelo número total de participantes (60 + 30 + 10 + 40 + 40 + 20 + 20 + 30 + 50 = 300):

$$\frac{100(100)}{300} = \frac{10.000}{300} \approx 33$$

978. C. É menos provável que pessoas com 66 anos ou mais prefiram smartphones do que seria esperado se idade e preferência de telefone fossem independentes.

Você pode calcular o número esperado de pessoas em cada categoria conjunta (grupo etário e preferência telefônica) multiplicando as frequências marginais e dividindo pelo número total de participantes. Se idade e preferência telefônica são independentes, esses valores esperados serão os mesmos que os números observados em cada categoria.

Neste exemplo, 20 pessoas com 66 anos ou mais dizem que usam mais comumente um smartphone (o valor observado). Você pode encontrar o valor esperado multiplicando o número de pessoas com 66 anos ou mais (20 + 30 + 50 = 100) pelo número de pessoas que preferem um smartphone (60 + 40 + 20 = 120) e então dividindo pelo número total de participantes (60 + 30 + 10 + 40 + 40 + 20 + 20 + 30 + 50 = 300):

$$\frac{(100)(120)}{300} = \frac{12.000}{300} = 40$$

Como o número observado é menor que o número esperado, é correto dizer que pessoas com 66 anos ou mais são menos propensas a preferir smartphones do que seria esperado se idade e preferência telefônica fossem independentes.

979. E. Alternativas (C) e (D) (Não, porque as taxas de posse diferem por gênero; não, porque a taxa de posse marginal difere das taxas de posse condicionais.)

Se duas variáveis fossem independentes, todas as três porcentagens dadas deveriam ser iguais. A probabilidade condicional de posse (0,75) seria a mesma que as probabilidades marginais de posse (0,85 para homens; 0,65 para mulheres) e as probabilidades de posse seriam a mesma para ambos os gêneros.

980. 12

Para encontrar o número de células em uma tabela de duas vias, multiplique o número de categorias para cada variável. Neste caso, tipo de residência tem três categorias e renda anual tem quatro categorias: (3)(4) = 12.

981. 100

Para encontrar o tamanho amostral total, some as frequências para cada categoria: 15 + 40 + 10 + 35 = 100.

982. 0,73

Uma *probabilidade condicional* representa a porcentagem de indivíduos dentro de um dado grupo que têm uma certa característica. O número de indivíduos no dado grupo sempre vai no denominador.

Para encontrar a probabilidade condicional de possuir um carro, dado que a pessoa é um homem, divida o número de homens que possuem carros (40) pelo número total de homens (40 + 15 = 55):

$$\frac{40}{55} \approx 0{,}73$$

983. 0,78

Uma *probabilidade condicional* representa a porcentagem de indivíduos dentro de um dado grupo que têm uma certa característica. O número de indivíduos no dado grupo sempre vai no denominador.

Para encontrar a probabilidade condicional de possuir um carro, dado que a pessoa é mulher, divida o número de mulheres que possuem carro (35) pelo número total de mulheres (35 + 10 = 45):

$$\frac{35}{45} \approx 0{,}78$$

984. 0,75

A *probabilidade marginal* é a probabilidade de ter uma certa característica de uma variável, sem levar em conta a(s) outra(s) variável(is).

Para encontrar a probabilidade marginal de ter um carro, divida o número de donos de carros (40 + 35 = 75) pelo número total de participantes da pesquisa (40 + 15 + 35 + 10 = 100):

$$\frac{75}{100} \approx 0{,}75$$

985. 0,53

Uma *probabilidade condicional* representa a porcentagem de indivíduos dentro de um dado grupo que têm uma certa característica. O número de indivíduos no dado grupo sempre vai no denominador.

Para encontrar a probabilidade condicional de ser homem, dada a posse de carro, divida o número de homens donos de carros (40) pelo número total de donos de carros (40 + 35 = 75):

$$\frac{40}{75} \approx 0{,}53$$

986. 0,47

Uma *probabilidade condicional* representa a porcentagem de indivíduos dentro de um dado grupo que têm uma certa característica. O número de indivíduos no dado grupo sempre vai no denominador.

Para encontrar a probabilidade condicional de ser mulher, dada a posse de carro, divida o número de mulheres donas de carro (35) pelo número total de donos de carro (40 + 35 = 75):

$$\frac{35}{75} \approx 0{,}47$$

987. 41,25

A *probabilidade marginal* é a probabilidade de ter uma certa característica de uma variável, sem levar em conta a(s) outra(s) variável(is).

Para encontrar a probabilidade marginal de posse de carro, divida o número de donos de carros (40 + 35 = 75) pelo tamanho amostral (40 + 15 + 35 + 10 = 100):

$$\frac{75}{100} \approx 0{,}75$$

Para aplicar esta probabilidade para homens, multiplique o número de homens (40 + 15 = 55) pela probabilidade marginal de posse de carro:

$$55(0{,}75) = 41{,}25$$

988. 33,75

A *probabilidade marginal* é a probabilidade de ter uma certa característica de uma variável, sem levar em conta a(s) outra(s) variável(is).

Para encontrar a probabilidade marginal de posse de carro, divida o número de donos de carros (40 + 35 = 75) pelo tamanho amostral (40 + 15 + 35 + 10 = 100):

$$\frac{75}{100} \approx 0{,}75$$

Para aplicar esta probabilidade para mulheres, multiplique o número de mulheres (35 + 10 = 45) pela probabilidade marginal de posse de carro:

$$45(0{,}75) = 33{,}75$$

989. 0,55

A *probabilidade marginal* é a probabilidade de ter uma certa característica de uma variável, sem levar em conta a(s) outra(s) variável(is).

A probabilidade marginal de ser homem é a probabilidade de alguém escolhido aleatoriamente da amostra ser um homem. Isso também representa a porcentagem total de homens no grupo.

Para encontrar a probabilidade marginal de ser homem, divida o número de homens na amostra (40 + 15 = 55) pelo tamanho amostral total (40 + 15 + 35 + 10 = 100):

$$\frac{55}{100} = 0{,}55$$

990. 0,45

A *probabilidade marginal* é a probabilidade de ter uma certa característica de uma variável, sem levar em conta a(s) outra(s) variável(is).

A probabilidade marginal de ser mulher é a probabilidade de alguém escolhido aleatoriamente da amostra ser uma mulher. Isso também representa a porcentagem total de mulheres no grupo.

Para encontrar a probabilidade marginal de ser mulher, divida o número de mulheres na amostra (35 + 10 = 45) pelo tamanho amostral total (40 + 15 + 35 + 10 = 100):

$$\frac{45}{100} = 0{,}45$$

991. E. Alternativas (A) e (D) (Nesta amostra, mais homens que mulheres possuem carros; nesta amostra, a probabilidade condicional de possuir um carro é mais alta para mulheres.)

Nestes dados, mais homens (40) do que mulheres (35) possuem carros, mas a probabilidade condicional de posse de carro é maior para mulheres.

Para encontrar a probabilidade condicional de possuir um carro, dado o gênero masculino, divida o número de homens donos de carros (40) pelo número total de homens (15 + 40 = 55):

$$P(\text{carro} \mid \text{homem}) = \frac{40}{55} \approx 0{,}73$$

Para encontrar a probabilidade condicional de possuir um carro, dado o gênero feminino, divida o número de mulheres donas de carro (35) pelo número total de mulheres (35 + 10 = 45):

$$P(\text{carro} \mid \text{mulher}) = \frac{35}{45} \approx 0{,}78$$

992. E. Alternativas (A), (B) e (C) (replicação da pesquisa em outros locais; replicação da pesquisa com uma amostra maior; replicar a pesquisa com uma amostra nacionalmente representativa)

Tomar conclusões de causa e efeito a partir de pesquisas é difícil, mas replicar a mesma pesquisa com diferentes amostras, incluindo amostras maiores, amostras de localidades diferentes e com uma amostra nacionalmente representativa, tudo isso ajudaria a fortalecer o argumento de que existe uma relação entre posse de carro e gênero.

993. B. um ensaio clínico aleatório

Embora evidência estatística de uma relação entre duas variáveis não seja o suficiente para estabelecer causalidade, o projeto de teste clínico aleatório pode fortalecer sua habilidade de tirar conclusões de causa e efeito minimizando viés, usando tamanhos amostrais suficientes e controlando para outras variáveis que possam afetar o resultado.

994. 9

Para encontrar o número de células em uma tabela, multiplique o número de linhas pelo número de colunas. Com a adição da categoria "Inconclusivo" para cada uma das duas variáveis, esta tabela teria três linhas e três colunas: (3)(3) = 9.

995. 0,39

A *probabilidade marginal* é a probabilidade de ter uma certa característica de uma variável, sem levar em conta a(s) outra(s) variável(is).

Para calcular a probabilidade marginal de fazer uma triagem positiva para depressão, divida o número total de participantes que tiveram uma triagem positiva para depressão (25 + 20 = 45) pelo tamanho amostral total (25 + 20 + 10 + 60 = 115):

$$\frac{45}{115} \approx 0{,}39$$

996. 0,30

A *probabilidade marginal* é a probabilidade de ter uma certa característica de uma variável, sem levar em conta a(s) outra(s) variável(is).

Para calcular a probabilidade de avaliar positivamente para depressão, divida o número total de participantes que foram avaliados positivamente para depressão (25 + 10 = 35) pelo tamanho amostral total (25 + 20 + 10 + 60 = 115):

$$\frac{35}{115} \approx 0{,}30$$

997. 0,44

Uma *probabilidade condicional* representa a porcentagem de indivíduos dentro de um dado grupo que têm uma certa característica. O número de indivíduos no dado grupo sempre vai no denominador.

Para calcular a probabilidade condicional de avaliar negativamente para depressão, dado um resultado de triagem positiva, divida o número de participantes com um resultado de triagem positivo e avaliação negativa (20) pelo número total de participantes com um resultado de triagem positivo (25 + 20 = 45):

$$\frac{20}{45} \approx 0{,}44$$

998. 0,14

Uma *probabilidade condicional* representa a porcentagem de indivíduos dentro de um dado grupo que têm uma certa característica. O número de indivíduos no dado grupo sempre vai no denominador.

Para calcular a probabilidade condicional de avaliar positivamente para depressão, dado um resultado de triagem negativo, divida o número de participantes com um resultado de triagem negativo e avaliação positiva (10) pelo número total de participantes com um resultado de triagem negativo (10 + 60 = 70):

$$\frac{10}{70} \approx 0{,}14$$

999. triagem negativa e avaliação negativa

A probabilidade conjunta se refere à probabilidade de ter duas ou mais características = neste caso, ter um resultado de triagem específico e ter um resultado de avaliação específico.

Para encontrar as probabilidades conjuntas desses quatro resultados possíveis, divida o número de participantes com cada combinação específica (resultado de triagem e resultado de avaliação) pelo tamanho amostral total:

$$P(\text{triagem positiva e avaliação positiva}) = \frac{25}{115} \approx 0{,}22$$

$$P(\text{triagem positiva e avaliação negativa}) = \frac{20}{115} \approx 0{,}17$$

$$P(\text{triagem negativa e avaliação positiva}) = \frac{10}{115} \approx 0{,}09$$

$$P(\text{triagem negativa e avaliação negativa}) = \frac{60}{115} \approx 0{,}52$$

Triagem negativa e avaliação negativa tem a probabilidade conjunta mais alta em 0,52.

Nota: Como todos esses cálculos de probabilidades conjuntas compartilham o tamanho amostral total como o denominador, o resultado com a frequência mais alta também terá a probabilidade mais alta.

1.000. Não, porque as probabilidades condicionais para avaliação positiva são diferentes dependendo dos resultados de triagem.

Se os resultados de triagem e avaliações positivas para depressão fossem independentes, você esperaria que a probabilidade condicional para avaliar positivamente fosse a mesma se uma pessoa tivesse triagem positiva ou negativa. Este não é o caso. Como você descobre quando calcula as probabilidades condicionais, elas são bem diferentes.

Para calcular a probabilidade condicional de avaliar positivamente para depressão, dado um resultado de triagem positivo, divida o número de participantes com um resultado de triagem positivo (25) pelo número total de participantes com um resultado de triagem positivo (25 + 20 = 45):

$$P(\text{avaliação positiva} \mid \text{triagem positiva}) = \frac{25}{45} \approx 0{,}56$$

Para calcular a probabilidade condicional de avaliar positivamente para depressão, dado um resultado de triagem negativo, divida o número de participantes com um resultado de triagem negativo (10) pelo número total de participantes com um resultado de triagem negativo (10 + 60 = 70):

$$P(\textbf{avaliação positiva} \mid \textbf{triagem negativa}) = \frac{10}{70} \approx 0{,}14$$

Essas duas probabilidades condicionais não são iguais, o que significa que o processo de triagem tem um efeito se a pessoa é diagnosticada como sendo depressiva. Aqui, você vê que se alguém tem triagem positiva, ele tem uma chance maior de ser diagnosticado (0,56) do que se ele não tiver triagem (0,14). Como a triagem tem um efeito no resultado do diagnóstico, triagem e diagnóstico não são independentes. Seus resultados são relacionados.

1.001. E. Alternativas (A), (B) e (C) (A amostra do estudo foi selecionada aleatoriamente da população; a pessoa fazendo a avaliação não teve conhecimento dos resultados de triagem; este estudo replicou um estudo anterior que produziu resultados similares.)

Embora você deva ter cuidado quando tirar conclusões causais de resultados estatísticos, vários fatores poderiam aumentar sua confiança em fazê-lo, incluindo trabalhar com uma amostra de estudo selecionada aleatoriamente da população, cegar aqueles fazendo a avaliação a partir dos resultados de triagem e replicar os resultados de um estudo prévio com resultados similares.

Apêndice

Tabelas para Referência

Extraídas de Estatística Para Leigos, *2ª Edição, por Deborah J. Rumsey, PhD (2011, Wiley). Este material é reproduzido com permissão de John Wiley & Sons, Inc.*

Este apêndice inclui tabelas para encontrar probabilidades para três distribuições usadas neste livro: a distribuição-*Z* (normal padrão), a distribuição-*t* e a distribuição binomial. Também inclui uma listagem de valores-z^* de tabela para níveis de confiança selecionados (porcentagem).

A Tabela-Z

A Tabela A-1 mostra probabilidades menor que ou igual a para a distribuição-*Z*; ou seja, $p(Z \leq z)$ para um dado valor-*z*. Para usar a Tabela A-1, faça o seguinte:

1. **Determine o valor-*z* para seu problema específico.**

   O valor-*z* deve ter um dígito líder antes do ponto decimal (positivo, negativo, ou zero) e dois dígitos depois do ponto decimal — por exemplo, z = 1,28, –2,69 ou 0,13.

2. **Encontre a linha da tabela correspondendo ao dígito líder e ao primeiro dígito depois do ponto decimal.**

   Por exemplo, se seu valor-*z* é 1,28, procure na linha *1,2*; se z = –1,28, procure na linha *–1,2*.

3. **Encontre a coluna correspondente ao segundo dígito depois do ponto decimal.**

   Por exemplo, se seu valor-*z* é 1,28 ou –1,28, procure na coluna *0,08*.

4. **Interseccione a linha e a coluna dos Passos 2 e 3.**

   Esta é a probabilidade de *Z* ser menor que ou igual a seu valor-*z*. Em outras palavras, você encontrou $p(Z \leq z)$. Por exemplo, se z = 1,28, você vê $p(Z \leq 1{,}28) = 0{,}8997$. Para z = –1,28, você vê $p(Z \leq -1{,}28) = 0{,}1003$.

Tabela A-1 A Tabela-*Z*

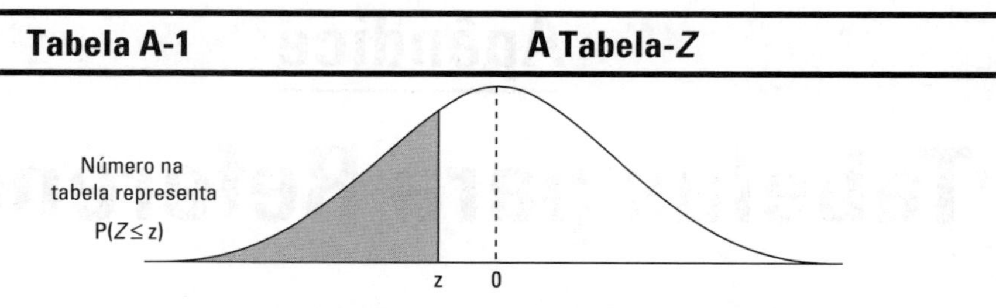

z	0,00	0,01	0,02	0,03	0,04	0,05	0,06	0,07	0,08	0,09
–3,6	,0002	,0002	,0001	,0001	,0001	,0001	,0001	,0001	,0001	,0001
–3,5	,0002	,0002	,0002	,0002	,0002	,0002	,0002	,0002	,0002	,0002
–3,4	,0003	,0003	,0003	,0003	,0003	,0003	,0003	,0003	,0003	,0002
–3,3	,0005	,0005	,0005	,0004	,0004	,0004	,0004	,0004	,0004	,0003
–3,2	,0007	,0007	,0006	,0006	,0006	,0006	,0006	,0005	,0005	,0005
–3,1	,0010	,0009	,0009	,0009	,0008	,0008	,0008	,0008	,0007	,0007
–3,0	,0013	,0013	,0013	,0012	,0012	,0011	,0011	,0011	,0010	,0010
–2,9	,0019	,0018	,0018	,0017	,0016	,0016	,0015	,0015	,0014	,0014
–2,8	,0026	,0025	,0024	,0023	,0023	,0022	,0021	,0021	,0020	,0019
–2,7	,0035	,0034	,0033	,0032	,0031	,0030	,0029	,0028	,0027	,0026
–2,6	,0047	,0045	,0044	,0043	,0041	,0040	,0039	,0038	,0037	,0036
–2,5	,0062	,0060	,0059	,0057	,0055	,0054	,0052	,0051	,0049	,0048
–2,4	,0082	,0080	,0078	,0075	,0073	,0071	,0069	,0068	,0066	,0064
–2,3	,0107	,0104	,0102	,0099	,0096	,0094	,0091	,0089	,0087	,0084
–2,2	,0139	,0136	,0132	,0129	,0125	,0122	,0119	,0116	,0113	,0110
–2,1	,0179	,0174	,0170	,0166	,0162	,0158	,0154	,0150	,0146	,0143
–2,0	,0228	,0222	,0217	,0212	,0207	,0202	,0197	,0192	,0188	,0183
–1,9	,0287	,0281	,0274	,0268	,0262	,0256	,0250	,0244	,0239	,0233
–1,8	,0359	,0351	,0344	,0336	,0329	,0322	,0314	,0307	,0301	,0294
–1,7	,0446	,0436	,0427	,0418	,0409	,0401	,0392	,0384	,0375	,0367
–1,6	,0548	,0537	,0526	,0516	,0505	,0495	,0485	,0475	,0465	,0455
–1,5	,0668	,0655	,0643	,0630	,0618	,0606	,0594	,0582	,0571	,0559
–1,4	,0808	,0793	,0778	,0764	,0749	,0735	,0721	,0708	,0694	,0681
–1,3	,0968	,0951	,0934	,0918	,0901	,0885	,0869	,0853	,0838	,0823
–1,2	,1151	,1131	,1112	,1093	,1075	,1056	,1038	,1020	,1003	,0985
–1,1	,1357	,1335	,1314	,1292	,1271	,1251	,1230	,1210	,1190	,1170
–1,0	,1587	,1562	,1539	,1515	,1492	,1469	,1446	,1423	,1401	,1379
–0,9	,1841	,1814	,1788	,1762	,1736	,1711	,1685	,1660	,1635	,1611
–0,8	,2119	,2090	,2061	,2033	,2005	,1977	,1949	,1922	,1894	,1867
–0,7	,2420	,2389	,2358	,2327	,2296	,2266	,2236	,2206	,2177	,2148
–0,6	,2743	,2709	,2676	,2643	,2611	,2578	,2546	,2514	,2483	,2451
–0,5	,3085	,3050	,3015	,2981	,2946	,2912	,2877	,2843	,2810	,2776
–0,4	,3446	,3409	,3372	,3336	,3300	,3264	,3228	,3192	,3156	,3121
–0,3	,3821	,3783	,3745	,3707	,3669	,3632	,3594	,3557	,3520	,3483
–0,2	,4207	,4168	,4129	,4090	,4052	,4013	,3974	,3936	,3897	,3859
–0,1	,4602	,4562	,4522	,4483	,4443	,4404	,4364	,4325	,4286	,4247
–0,0	,5000	,4960	,4920	,4880	,4840	,4801	,4761	,4721	,4681	,4641

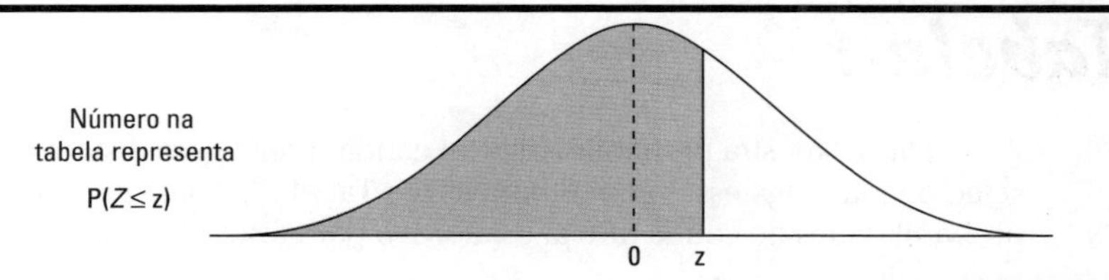

z	0,00	0,01	0,02	0,03	0,04	0,05	0,06	0,07	0,08	0,09
0,0	,5000	,5040	,5080	,5120	,5160	,5199	,5239	,5279	,5319	,5359
0,1	,5398	,5438	,5478	,5517	,5557	,5596	,5636	,5675	,5714	,5753
0,2	,5793	,5832	,5871	,5910	,5948	,5987	,6026	,6064	,6103	,6141
0,3	,6179	,6217	,6255	,6293	,6331	,6368	,6406	,6443	,6480	,6517
0,4	,6554	,6591	,6628	,6664	,6700	,6736	,6772	,6808	,6844	,6879
0,5	,6915	,6950	,6985	,7019	,7054	,7088	,7123	,7157	,7190	,7224
0,6	,7257	,7291	,7324	,7357	,7389	,7422	,7454	,7486	,7517	,7549
0,7	,7580	,7611	,7642	,7673	,7704	,7734	,7764	,7794	,7823	,7852
0,8	,7881	,7910	,7939	,7967	,7995	,8023	,8051	,8078	,8106	,8133
0,9	,8159	,8186	,8212	,8238	,8264	,8289	,8315	,8340	,8365	,8389
1,0	,8413	,8438	,8461	,8485	,8508	,8531	,8554	,8577	,8599	,8621
1,1	,8643	,8665	,8686	,8708	,8729	,8749	,8770	,8790	,8810	,8830
1,2	,8849	,8869	,8888	,8907	,8925	,8944	,8962	,8980	,8997	,9015
1,3	,9032	,9049	,9066	,9082	,9099	,9115	,9131	,9147	,9162	,9177
1,4	,9192	,9207	,9222	,9236	,9251	,9265	,9279	,9292	,9306	,9319
1,5	,9332	,9345	,9357	,9370	,9382	,9394	,9406	,9418	,9429	,9441
1,6	,9452	,9463	,9474	,9484	,9495	,9505	,9515	,9525	,9535	,9545
1,7	,9554	,9564	,9573	,9582	,9591	,9599	,9608	,9616	,9625	,9633
1,8	,9641	,9649	,9656	,9664	,9671	,9678	,9686	,9693	,9699	,9706
1,9	,9713	,9719	,9726	,9732	,9738	,9744	,9750	,9756	,9761	,9767
2,0	,9772	,9778	,9783	,9788	,9793	,9798	,9803	,9808	,9812	,9817
2,1	,9821	,9826	,9830	,9834	,9838	,9842	,9846	,9850	,9854	,9857
2,2	,9861	,9864	,9868	,9871	,9875	,9878	,9881	,9884	,9887	,9890
2,3	,9893	,9896	,9898	,9901	,9904	,9906	,9909	,9911	,9913	,9916
2,4	,9918	,9920	,9922	,9925	,9927	,9929	,9931	,9932	,9934	,9936
2,5	,9938	,9940	,9941	,9943	,9945	,9946	,9948	,9949	,9951	,9952
2,6	,9953	,9955	,9956	,9957	,9959	,9960	,9961	,9962	,9963	,9964
2,7	,9965	,9966	,9967	,9968	,9969	,9970	,9971	,9972	,9973	,9974
2,8	,9974	,9975	,9976	,9977	,9977	,9978	,9979	,9979	,9980	,9981
2,9	,9981	,9982	,9982	,9983	,9984	,9984	,9985	,9985	,9986	,9986
3,0	,9987	,9987	,9987	,9988	,9988	,9989	,9989	,9989	,9990	,9990
3,1	,9990	,9991	,9991	,9991	,9992	,9992	,9992	,9992	,9993	,9993
3,2	,9993	,9993	,9994	,9994	,9994	,9994	,9994	,9995	,9995	,9995
3,3	,9995	,9995	,9995	,9996	,9996	,9996	,9996	,9996	,9996	,9997
3,4	,9997	,9997	,9997	,9997	,9997	,9997	,9997	,9997	,9997	,9998
3,5	,9998	,9998	,9998	,9998	,9998	,9998	,9998	,9998	,9998	,9998
3,6	,9998	,9998	,9999	,9999	,9999	,9999	,9999	,9999	,9999	,9999

A Tabela-t

A Tabela A-2 mostra probabilidades de cauda direita para distribuições-t selecionadas. Siga esses passos para usar a Tabela A-2 para encontrar as probabilidades de cauda direita e valores-p para testes de hipótese envolvendo t:

1. **Encontre o valor-t para o qual você quer a probabilidade de cauda direita (chame-o de t) e encontre o tamanho amostral (por exemplo, n).**
2. **Encontre a linha correspondente aos graus de liberdade (gl) para seu problema (por exemplo, $n - 1$). Siga a linha até encontrar os dois valores-t entre os quais o seu t cai.**

   Por exemplo, se seu t é 1,60 e seu n é 7, você olha na linha para $gl - 7 - 1 = 6$.

   Através dessa linha, você descobre que seu t fica entre os valores-t 1,44 e 1,94.
3. **Olhe para o topo das colunas contendo os dois valores-t do Passo 2.**

   A probabilidade de cauda direita (maior que) para seu valor-t está em algum lugar entre os dois valores no topo dessas colunas. Por exemplo, seu $t = 1,60$ está entre os valores-t 1,44 e 1,94 ($gl = 6$), então a probabilidade de cauda direita para seu t é entre 0,10 (cabeçalho de coluna para $t = 1,44$) e 0,05 (cabeçalho de coluna para $t = 1,94$)

A linha perto do final com z na coluna gl dá probabilidades de cauda direita (maior que) para a distribuição-Z.

Para usar a Tabela A-2 para encontrar valores-t^* (valores críticos) para um intervalo de confiança envolvendo t, faça o seguinte

1. **Determine o nível de confiança que você precisa (como uma porcentagem).**
2. **Determine o tamanho amostral (por exemplo, n).**
3. **Veja na última linha da tabela onde as porcentagens são mostradas. Encontre seu nível de confiança % lá.**
4. **Interseccione esta coluna com a linha representando $n - 1$ graus de liberdade (gl).**

   Este é o valor-t que você precisa para seu intervalo de confiança. Por exemplo, um intervalo de confiança de 95% com $dgl= 6$ tem $t^* = 2.45$. (Encontre 95% na última linha e siga-a para cima até a linha 6).

Tabela A-2 A Tabela-*t*

Os números em cada linha da tabela são valores em uma distribuição-t com graus de liberdade (gl) para probabilidades (p) de cauda direita (maior que) selecionadas.

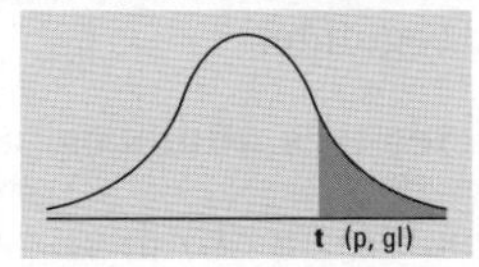

gl/p	0,40	0,25	0,10	0,05	0,025	0,01	0,005	0,0005
1	0,324920	1,000000	3,077684	6,313752	12,70620	31,82052	63,65674	636,6192
2	0,288675	0,816497	1,885618	2,919986	4,30265	6,96456	9,92484	31,5991
3	0,276671	0,764892	1,637744	2,353363	3,18245	4,54070	5,84091	12,9240
4	0,270722	0,740697	1,533206	2,131847	2,77645	3,74695	4,60409	8,6103
5	0,267181	0,726687	1,475884	2,015048	2,57058	3,36493	4,03214	6,8688
6	0,264835	0,717558	1,439756	1,943180	2,44691	3,14267	3,70743	5,9588
7	0,263167	0,711142	1,414924	1,894579	2,36462	2,99795	3,49948	5,4079
8	0,261921	0,706387	1,396815	1,859548	2,30600	2,89646	3,35539	5,0413
9	0,260955	0,702722	1,383029	1,833113	2,26216	2,82144	3,24984	4,7809
10	0,260185	0,699812	1,372184	1,812461	2,22814	2,76377	3,16927	4,5869
11	0,259556	0,697445	1,363430	1,795885	2,20099	2,71808	3,10581	4,4370
12	0,259033	0,695483	1,356217	1,782288	2,17881	2,68100	3,05454	43178
13	0,258591	0,693829	1,350171	1,770933	2,16037	2,65031	3,01228	4,2208
14	0,258213	0,692417	1,345030	1,761310	2,14479	2,62449	2,97684	4,1405
15	0,257885	0,691197	1,340606	1,753050	2,13145	2,60248	2,94671	4,0728
16	0,257599	0,690132	1,336757	1,745884	2,11991	2,58349	2,92078	4,0150
17	0,257347	0,689195	1,333379	1,739607	2,10982	2,56693	2,89823	3,9651
18	0,257123	0,688364	1,330391	1,734064	2,10092	2,55238	2,87844	3,9216
19	0,256923	0,687621	1,327728	1,729133	2,09302	2,53948	2,86093	3,8834
20	0,256743	0,686954	1,325341	1,724718	2,08596	2,52798	2,84534	3,8495
21	0,256580	0,686352	1,323188	1,720743	2,07961	2,51765	2,83136	3,8193
22	0,256432	0,685805	1,321237	1,717144	2,07387	2,50832	2,81876	3,7921
23	0,256297	0,685306	1,319460	1,713872	2,06866	2,49987	2,80734	3,7676
24	0,256173	0,684850	1,317836	1,710882	2,06390	2,49216	2,79694	3,7454
25	0,256060	0,684430	1,316345	1,708141	2,05954	2,48511	2,78744	3,7251
26	0,255955	0,684043	1,314972	1,705618	2,05553	2,47863	2,77871	3,7066
27	0,255858	0,683685	1,313703	1,703288	2,05183	2,47266	2,77068	3,6896
28	0,255768	0,683353	1,312527	1,701131	2,04841	2,46714	2,76326	3,6739
29	0,255684	0,683044	1,311434	1,699127	2,04523	2,46202	2,75639	3,6594
30	0,255605	0,682756	1,310415	1,697261	2,04227	2,45726	2,75000	3,6460
z	0,253347	0,674490	1,281552	1,644854	1,95996	2,32635	2,57583	3,2905
IC	———	———	80%	90%	95%	98%	99%	99,9%

A Tabela Binomial

A Tabela A-3 mostra probabilidades para a distribuição binomial. Para usar a Tabela A-3, faça o seguinte:

1. **Encontre estes três números para seu problema específico:**

   - O tamanho amostral, n
   - A probabilidade de sucesso, p
   - O valor-x para o qual você quer $p(X = x)$

2. **Encontre a seção da Tabela A-3 que é devotada a seu *n*.**
3. **Olhe para a linha para seu valor-*x* e para a coluna para seu *p*.**
4. **Interseccione essa linha e essa coluna.** Você encontrou $p(X = x)$.
5. **Para conseguir a probabilidade de ser menor que, maior que, maior ou igual a, menor ou igual a, ou entre dois valores de *X*, você soma os valores adequados da Tabela A-3.**

   Por exemplo, se $n = 10$, $p = 0{,}6$ e você quer $p(X = 9)$, vá até a seção $n = 10$, a linha $x = 9$ e a coluna $p = 0{,}6$ para encontrar 0,04.

Tabela A-3 A Tabela Binomial

Os números na tabela representam $p(X = x)$ para uma distribuição binomial com n tentativas e probabilidade de sucesso p.

Probabilidades binomiais:

$$\binom{n}{x} p^x (1-p)^{n-x}$$

		p										
n	**x**	**0,1**	**0,2**	**0,25**	**0,3**	**0,4**	**0,5**	**0,6**	**0,7**	**0,75**	**0,8**	**0,9**
1	0	0,900	0,800	0,750	0,700	0,600	0,500	0,400	0,300	0,250	0,200	0,100
	1	0,100	0,200	0,250	0,300	0,400	0,500	0,600	0,700	0,750	0,800	0,900
2	0	0,810	0,640	0,563	0,490	0,360	0,250	0,160	0,090	0,063	0,040	0,010
	1	0,180	0,320	0,375	0,420	0,480	0,500	0,480	0,420	0,375	0,320	0,180
	2	0,010	0,040	0,063	0,090	0,160	0,250	0,360	0,490	0,563	0,640	0,810
3	0	0,729	0,512	0,422	0,343	0,216	0,125	0,064	0,027	0,016	0,008	0,001
	1	0,243	0,384	0,422	0,441	0,432	0,375	0,288	0,189	0,141	0,096	0,027
	2	0,027	0,096	0,141	0,189	0,288	0,375	0,432	0,441	0,422	0,384	0,243
	3	0,001	0,008	0,016	0,027	0,064	0,125	0,216	0,343	0,422	0,512	0,729
4	0	0,656	0,410	0,316	0,240	0,130	0,063	0,026	0,008	0,004	0,002	0,000
	1	0,292	0,410	0,422	0,412	0,346	0,250	0,154	0,076	0,047	0,026	0,004
	2	0,049	0,154	0,211	0,265	0,346	0,375	0,346	0,265	0,211	0,154	0,049
	3	0,004	0,026	0,047	0,076	0,154	0,250	0,346	0,412	0,422	0,410	0,292
	4	0,000	0,002	0,004	0,008	0,026	0,063	0,130	0,240	0,316	0,410	0,656
5	0	0,590	0,328	0,237	0,168	0,078	0,031	0,010	0,002	0,001	0,000	0,000
	1	0,328	0,410	0,396	0,360	0,259	0,156	0,077	0,028	0,015	0,006	0,000
	2	0,073	0,205	0,264	0,309	0,346	0,313	0,230	0,132	0,088	0,051	0,008
	3	0,008	0,051	0,088	0,132	0,230	0,313	0,346	0,309	0,264	0,205	0,073
	4	0,000	0,006	0,015	0,028	0,077	0,156	0,259	0,360	0,396	0,410	0,328
	5	0,000	0,000	0,001	0,002	0,010	0,031	0,078	0,168	0,237	0,328	0,590
6	0	0,531	0,262	0,178	0,118	0,047	0,016	0,004	0,001	0,000	0,000	0,000
	1	0,354	0,393	0,356	0,303	0,187	0,094	0,037	0,010	0,004	0,002	0,000
	2	0,098	0,246	0,297	0,324	0,311	0,234	0,138	0,060	0,033	0,015	0,001
	3	0,015	0,082	0,132	0,185	0,276	0,313	0,276	0,185	0,132	0,082	0,015
	4	0,001	0,015	0,033	0,060	0,138	0,234	0,311	0,324	0,297	0,246	0,098
	5	0,000	0,002	0,004	0,010	0,037	0,094	0,187	0,303	0,356	0,393	0,354
	6	0,000	0,000	0,000	0,001	0,004	0,016	0,047	0,118	0,178	0,262	0,531
7	0	0,478	0,210	0,133	0,082	0,028	0,008	0,002	0,000	0,000	0,000	0,000
	1	0,372	0,367	0,311	0,247	0,131	0,055	0,017	0,004	0,001	0,000	0,000
	2	0,124	0,275	0,311	0,318	0,261	0,164	0,077	0,025	0,012	0,004	0,000
	3	0,023	0,115	0,173	0,227	0,290	0,273	0,194	0,097	0,058	0,029	0,003
	4	0,003	0,029	0,058	0,097	0,194	0,273	0,290	0,227	0,173	0,115	0,023
	5	0,000	0,004	0,012	0,025	0,077	0,164	0,261	0,318	0,311	0,275	0,124
	6	0,000	0,000	0,001	0,004	0,017	0,055	0,131	0,247	0,311	0,367	0,372
	7	0,000	0,000	0,000	0,000	0,002	0,008	0,028	0,082	0,133	0,210	0,478

(continua)

Tabela A-3 *(continuação)*

Os números na tabela representam $p(X = x)$ para uma distribuição binomial com n tentativas e probabilidade de sucesso p.

Probabilidades binomiais: $\binom{n}{x} p^x(1-p)^{n-x}$

		p										
n	***x***	**0,1**	**0,2**	**0,25**	**0,3**	**0,4**	**0,5**	**0,6**	**0,7**	**0,75**	**0,8**	**0,9**
8	0	0,430	0,168	0,100	0,058	0,017	0,004	0,001	0,000	0,000	0,000	0,000
	1	0,383	0,336	0,267	0,198	0,090	0,031	0,008	0,001	0,000	0,000	0,000
	2	0,149	0,294	0,311	0,296	0,209	0,109	0,041	0,010	0,004	0,001	0,000
	3	0,033	0,147	0,208	0,254	0,279	0,219	0,124	0,047	0,023	0,009	0,000
	4	0,005	0,046	0,087	0,136	0,232	0,273	0,232	0,136	0,087	0,046	0,005
	5	0,000	0,009	0,023	0,047	0,124	0,219	0,279	0,254	0,208	0,147	0,033
	6	0,000	0,001	0,004	0,010	0,041	0,109	0,209	0,296	0,311	0,294	0,149
	7	0,000	0,000	0,000	0,001	0,008	0,031	0,090	0,198	0,267	0,336	0,383
	8	0,000	0,000	0,000	0,000	0,001	0,004	0,017	0,058	0,100	0,168	0,430
9	0	0,387	0,134	0,075	0,040	0,010	0,002	0,000	0,000	0,000	0,000	0,000
	1	0,387	0,302	0,225	0,156	0,060	0,018	0,004	0,000	0,000	0,000	0,000
	2	0,172	0,302	0,300	0,267	0,161	0,070	0,021	0,004	0,001	0,000	0,000
	3	0,045	0,176	0,234	0,267	0,251	0,164	0,074	0,021	0,009	0,003	0,000
	4	0,007	0,066	0,117	0,172	0,251	0,246	0,167	0,074	0,039	0,017	0,001
	5	0,001	0,017	0,039	0,074	0,167	0,246	0,251	0,172	0,117	0,066	0,007
	6	0,000	0,003	0,009	0,021	0,074	0,164	0,251	0,267	0,234	0,176	0,045
	7	0,000	0,000	0,001	0,004	0,021	0,070	0,161	0,267	0,300	0,302	0,172
	8	0,000	0,000	0,000	0,000	0,004	0,018	0,060	0,156	0,225	0,302	0,387
	9	0,000	0,000	0,000	0,000	0,000	0,002	0,010	0,040	0,075	0,134	0,387
10	0	0,349	0,107	0,056	0,028	0,006	0,001	0,000	0,000	0,000	0,000	0,000
	1	0,387	0,268	0,188	0,121	0,040	0,010	0,002	0,000	0,000	0,000	0,000
	2	0,194	0,302	0,282	0,233	0,121	0,044	0,011	0,001	0,000	0,000	0,000
	3	0,057	0,201	0,250	0,267	0,215	0,117	0,042	0,009	0,003	0,001	0,000
	4	0,011	0,088	0,146	0,200	0,251	0,205	0,111	0,037	0,016	0,006	0,000
	5	0,001	0,026	0,058	0,103	0,201	0,246	0,201	0,103	0,058	0,026	0,001
	6	0,000	0,006	0,016	0,037	0,111	0,205	0,251	0,200	0,146	0,088	0,011
	7	0,000	0,001	0,003	0,009	0,042	0,117	0,215	0,267	0,250	0,201	0,057
	8	0,000	0,000	0,000	0,001	0,011	0,044	0,121	0,233	0,282	0,302	0,194
	9	0,000	0,000	0,000	0,000	0,002	0,010	0,040	0,121	0,188	0,268	0,387
	10	0,000	0,000	0,000	0,000	0,000	0,001	0,006	0,028	0,056	0,107	0,349
11	0	0,314	0,086	0,042	0,020	0,004	0,000	0,000	0,000	0,000	0,000	0,000
	1	0,384	0,236	0,155	0,093	0,027	0,005	0,001	0,000	0,000	0,000	0,000
	2	0,213	0,295	0,258	0,200	0,089	0,027	0,005	0,001	0,000	0,000	0,000
	3	0,071	0,221	0,258	0,257	0,177	0,081	0,023	0,004	0,001	0,000	0,000
	4	0,016	0,111	0,172	0,220	0,236	0,161	0,070	0,017	0,006	0,002	0,000
	5	0,002	0,039	0,080	0,132	0,221	0,226	0,147	0,057	0,027	0,010	0,000
	6	0,000	0,010	0,027	0,057	0,147	0,226	0,221	0,132	0,080	0,039	0,002
	7	0,000	0,002	0,006	0,017	0,070	0,161	0,236	0,220	0,172	0,111	0,016
	8	0,000	0,000	0,001	0,004	0,023	0,081	0,177	0,257	0,258	0,221	0,071
	9	0,000	0,000	0,000	0,001	0,005	0,027	0,089	0,200	0,258	0,295	0,213
	10	0,000	0,000	0,000	0,000	0,001	0,005	0,027	0,093	0,155	0,236	0,384
	11	0,000	0,000	0,000	0,000	0,000	0,000	0,004	0,020	0,042	0,086	0,314

Os números na tabela representam $p(X = x)$ para uma distribuição binomial com n tentativas e probabilidade de sucesso p.

Probabilidades binomiais:

$$\binom{n}{x} p^x (1-p)^{n-x}$$

		p										
n	***x***	**0,1**	**0,2**	**0,25**	**0,3**	**0,4**	**0,5**	**0,6**	**0,7**	**0,75**	**0,8**	**0,9**
12	*0*	0,282	0,069	0,032	0,014	0,002	0,000	0,000	0,000	0,000	0,000	0,000
	1	0,377	0,206	0,127	0,071	0,017	0,003	0,000	0,000	0,000	0,000	0,000
	2	0,230	0,283	0,232	0,168	0,064	0,016	0,002	0,000	0,000	0,000	0,000
	3	0,085	0,236	0,258	0,240	0,142	0,054	0,012	0,001	0,000	0,000	0,000
	4	0,021	0,133	0,194	0,231	0,213	0,121	0,042	0,008	0,002	0,001	0,000
	5	0,004	0,053	0,103	0,158	0,227	0,193	0,101	0,029	0,011	0,003	0,000
	6	0,000	0,016	0,040	0,079	0,177	0,226	0,177	0,079	0,040	0,016	0,000
	7	0,000	0,003	0,011	0,029	0,101	0,193	0,227	0,158	0,103	0,053	0,004
	8	0,000	0,001	0,002	0,008	0,042	0,121	0,213	0,231	0,194	0,133	0,021
	9	0,000	0,000	0,000	0,001	0,012	0,054	0,142	0,240	0,258	0,236	0,085
	10	0,000	0,000	0,000	0,000	0,002	0,016	0,064	0,168	0,232	0,283	0,230
	11	0,000	0,000	0,000	0,000	0,000	0,003	0,017	0,071	0,127	0,206	0,377
	12	0,000	0,000	0,000	0,000	0,000	0,000	0,002	0,014	0,032	0,069	0,282
13	*0*	0,254	0,055	0,024	0,010	0,001	0,000	0,000	0,000	0,000	0,000	0,000
	1	0,367	0,179	0,103	0,054	0,011	0,002	0,000	0,000	0,000	0,000	0,000
	2	0,245	0,268	0,206	0,139	0,045	0,010	0,001	0,000	0,000	0,000	0,000
	3	0,100	0,246	0,252	0,218	0,111	0,035	0,006	0,001	0,000	0,000	0,000
	4	0,028	0,154	0,210	0,234	0,184	0,087	0,024	0,003	0,001	0,000	0,000
	5	0,006	0,069	0,126	0,180	0,221	0,157	0,066	0,014	0,005	0,001	0,000
	6	0,001	0,023	0,056	0,103	0,197	0,209	0,131	0,044	0,019	0,006	0,000
	7	0,000	0,006	0,019	0,044	0,131	0,209	0,197	0,103	0,056	0,023	0,001
	8	0,000	0,001	0,005	0,014	0,066	0,157	0,221	0,180	0,126	0,069	0,006
	9	0,000	0,000	0,001	0,003	0,024	0,087	0,184	0,234	0,210	0,154	0,028
	10	0,000	0,000	0,000	0,001	0,006	0,035	0,111	0,218	0,252	0,246	0,100
	11	0,000	0,000	0,000	0,000	0,001	0,010	0,045	0,139	0,206	0,268	0,245
	12	0,000	0,000	0,000	0,000	0,000	0,002	0,011	0,054	0,103	0,179	0,367
	13	0,000	0,000	0,000	0,000	0,000	0,000	0,001	0,010	0,024	0,055	0,254
14	*0*	0,229	0,044	0,018	0,007	0,001	0,000	0,000	0,000	0,000	0,000	0,000
	1	0,356	0,154	0,083	0,041	0,007	0,001	0,000	0,000	0,000	0,000	0,000
	2	0,257	0,250	0,180	0,113	0,032	0,006	0,001	0,000	0,000	0,000	0,000
	3	0,114	0,250	0,240	0,194	0,085	0,022	0,003	0,000	0,000	0,000	0,000
	4	0,035	0,172	0,220	0,229	0,155	0,061	0,014	0,001	0,000	0,000	0,000
	5	0,008	0,086	0,147	0,196	0,207	0,122	0,041	0,007	0,002	0,000	0,000
	6	0,001	0,032	0,073	0,126	0,207	0,183	0,092	0,023	0,008	0,002	0,000
	7	0,000	0,009	0,028	0,062	0,157	0,209	0,157	0,062	0,028	0,009	0,000
	8	0,000	0,002	0,008	0,023	0,092	0,183	0,207	0,126	0,073	0,032	0,001
	9	0,000	0,000	0,002	0,007	0,041	0,122	0,207	0,196	0,147	0,086	0,008
	10	0,000	0,000	0,000	0,001	0,014	0,061	0,155	0,229	0,220	0,172	0,035
	11	0,000	0,000	0,000	0,000	0,003	0,022	0,085	0,194	0,240	0,250	0,114
	12	0,000	0,000	0,000	0,000	0,001	0,006	0,032	0,113	0,180	0,250	0,257
	13	0,000	0,000	0,000	0,000	0,000	0,001	0,007	0,041	0,083	0,154	0,356
	14	0,000	0,000	0,000	0,000	0,000	0,000	0,001	0,007	0,018	0,044	0,229

(continua)

Tabela A-3 *(continuação)*

Os números na tabela representam $p(X = x)$ para uma distribuição binomial com n tentativas e probabilidade de sucesso p.

Probabilidades binomiais:

$$\binom{n}{x} p^x(1-p)^{n-x}$$

		p										
n	*x*	0,1	0,2	0,25	0,3	0,4	0,5	0,6	0,7	0,75	0,8	0,9
15	0	0,206	0,035	0,013	0,005	0,000	0,000	0,000	0,000	0,000	0,000	0,000
	1	0,343	0,132	0,067	0,031	0,005	0,000	0,000	0,000	0,000	0,000	0,000
	2	0,267	0,231	0,156	0,092	0,022	0,003	0,000	0,000	0,000	0,000	0,000
	3	0,129	0,250	0,225	0,170	0,063	0,014	0,002	0,000	0,000	0,000	0,000
	4	0,043	0,188	0,225	0,219	0,127	0,042	0,007	0,001	0,000	0,000	0,000
	5	0,010	0,103	0,165	0,206	0,186	0,092	0,024	0,003	0,001	0,000	0,000
	6	0,002	0,043	0,092	0,147	0,207	0,153	0,061	0,012	0,003	0,001	0,000
	7	0,000	0,014	0,039	0,081	0,177	0,196	0,118	0,035	0,013	0,003	0,000
	8	0,000	0,003	0,013	0,035	0,118	0,196	0,177	0,081	0,039	0,014	0,000
	9	0,000	0,001	0,003	0,012	0,061	0,153	0,207	0,147	0,092	0,043	0,002
	10	0,000	0,000	0,001	0,003	0,024	0,092	0,186	0,206	0,165	0,103	0,010
	11	0,000	0,000	0,000	0,001	0,007	0,042	0,127	0,219	0,225	0,188	0,043
	12	0,000	0,000	0,000	0,000	0,002	0,014	0,063	0,170	0,225	0,250	0,129
	13	0,000	0,000	0,000	0,000	0,000	0,003	0,022	0,092	0,156	0,231	0,267
	14	0,000	0,000	0,000	0,000	0,000	0,000	0,005	0,031	0,067	0,132	0,343
	15	0,000	0,000	0,000	0,000	0,000	0,000	0,000	0,005	0,013	0,035	0,206
20	0	0,122	0,012	0,003	0,001	0,000	0,000	0,000	0,000	0,000	0,000	0,000
	1	0,270	0,058	0,021	0,007	0,000	0,000	0,000	0,000	0,000	0,000	0,000
	2	0,285	0,137	0,067	0,028	0,003	0,000	0,000	0,000	0,000	0,000	0,000
	3	0,190	0,205	0,134	0,072	0,012	0,001	0,000	0,000	0,000	0,000	0,000
	4	0,090	0,218	0,190	0,130	0,035	0,005	0,000	0,000	0,000	0,000	0,000
	5	0,032	0,175	0,202	0,179	0,075	0,015	0,001	0,000	0,000	0,000	0,000
	6	0,009	0,109	0,169	0,192	0,124	0,037	0,005	0,000	0,000	0,000	0,000
	7	0,002	0,055	0,112	0,164	0,166	0,074	0,015	0,001	0,000	0,000	0,000
	8	0,000	0,022	0,061	0,114	0,180	0,120	0,035	0,004	0,001	0,000	0,000
	9	0,000	0,007	0,027	0,065	0,160	0,160	0,071	0,012	0,003	0,000	0,000
	10	0,000	0,002	0,010	0,031	0,117	0,176	0,117	0,031	0,010	0,002	0,000
	11	0,000	0,000	0,003	0,012	0,071	0,160	0,160	0,065	0,027	0,007	0,000
	12	0,000	0,000	0,001	0,004	0,035	0,120	0,180	0,114	0,061	0,022	0,000
	13	0,000	0,000	0,000	0,001	0,015	0,074	0,166	0,164	0,112	0,055	0,002
	14	0,000	0,000	0,000	0,000	0,005	0,037	0,124	0,192	0,169	0,109	0,009
	15	0,000	0,000	0,000	0,000	0,001	0,015	0,075	0,179	0,202	0,175	0,032
	16	0,000	0,000	0,000	0,000	0,000	0,005	0,035	0,130	0,190	0,218	0,090
	17	0,000	0,000	0,000	0,000	0,000	0,001	0,012	0,072	0,134	0,205	0,190
	18	0,000	0,000	0,000	0,000	0,000	0,000	0,003	0,028	0,067	0,137	0,285
	19	0,000	0,000	0,000	0,000	0,000	0,000	0,000	0,007	0,021	0,058	0,270
	20	0,000	0,000	0,000	0,000	0,000	0,000	0,000	0,001	0,003	0,012	0,122

Valores-z* para Níveis de Confiança Selecionados

A Tabela A-4 lhe dá o valor-z^* específico necessário para conseguir o nível de confiança (também conhecido como porcentagem de confiança) que você quer quando está calculando dois tipos de intervalos de confiança neste livro:

- Intervalos de confiança para uma média populacional onde o desvio padrão populacional σ é conhecido
- Intervalos de confiança para uma proporção populacional onde as duas condições são atendidas para usar a aproximação normal
  - $n\hat{p} \geq 10$
  - $n(1-\hat{p}) \geq 10$

Nota: Você não usa a Tabela A-4 se você estiver calculando intervalos de confiança para uma média populacional quando o desvio padrão populacional, σ, é desconhecido. Para este tipo de intervalo de confiança você usa a tabela-*t* (Tabela A-2).

Para os dois cenários adequados na lista anterior, alguns dos níveis de confiança mais comumente usados, juntamente com seus valores-z^* correspondentes, estão na Tabela A-4. Aqui está como você encontra o valor-z^* que você precisa:

1. **Determine o nível de confiança necessário para o intervalo de confiança que você está fazendo (isso é normalmente dado no problema).**

   Encontre a linha pertencente a este nível de confiança. Por exemplo, pode lhe ser perguntado para encontrar um intervalo de confiança de 95% para a média. Neste caso, o nível de confiança é 95%, então olhe nessa linha.

2. **Encontre o valor-z^* correspondente na segunda coluna dessa mesma linha na tabela.**

   Por exemplo, para um nível de confiança de 95%, o valor-z^* é 1,96.

3. **Pegue o valor-z^* da tabela e substitua na fórmula adequada do intervalo de confiança que você precisa.**

Nota: Para encontrar um valor-z^* para um nível de confiança que não está incluso na Tabela A-4, você usa a tabela-*Z* (Tabela A-1) com uma modificação. A tabela-*Z* mostra o valor-*z* correspondente à porcentagem *abaixo* de um número. Para um intervalo de confiança, você quer um valor-z^* correspondente à porcentagem *entre* dois números. Para modificar a tabela-*Z* para encontrar o que é preciso, pegue sua porcentagem original *entre* (nível de confiança) e converta para uma porcentagem *menor que*. Faça isso pegando sua porcentagem original (nível de confiança) e somando metade do que sobrar quando subtraí-la de 1. Procure essa nova porcentagem no corpo da tabela e veja qual valor-z pertence a ela na linha/coluna correspondente da tabela. Esse é o valor-z^* que você usa em sua fórmula adequada de intervalo de confiança.

Por exemplo, um nível de confiança de 95% significa que a probabilidade *entre* é 95%, então a probabilidade *menor que* é 95% mais 2,5% (metade do que sobra) ou 97.5%. Procure 0,975 no corpo da tabela-Z e encontre $z^* = 1{,}96$ para um nível de confiança de 95%.

Tabela A-4 Valores-z^* para Níveis de Confiança Selecionados (Porcentagem)

Percentual de Confiança	Valor-z^*
80	1,28
90	1,645
95	1,96
98	2,33
99	2,58

Índice

• L •

• M •

• N •

• P •

• Q •

• R •

• S •

• T •